矿井避难与救援系统

金龙哲　黄志凌　汪　澍　著

煤炭工业出版社

·北　京·

图书在版编目（CIP）数据

矿井避难与救援系统/金龙哲，黄志凌，汪澍著．－－北京：
煤炭工业出版社，2022

ISBN 978 - 7 - 5020 - 5697 - 1

Ⅰ．①矿… Ⅱ．①金… ②黄… ③汪… Ⅲ．①矿山事故—
矿山救护 Ⅳ．①TD77

中国版本图书馆 CIP 数据核字（2018）第 140747 号

矿井避难与救援系统

著　者	金龙哲　黄志凌　汪　澍
责任编辑	孟　楠
责任校对	李新荣
封面设计	罗针盘

出版发行　煤炭工业出版社（北京市朝阳区芍药居 35 号　100029）
电　　话　010 - 84657898（总编室）　010 - 84657880（读者服务部）
网　　址　www. cciph. com. cn
印　　刷　北京建宏印刷有限公司
经　　销　全国新华书店

开　　本　787mm×1092mm$\frac{1}{16}$　印张　23　字数　560 千字
版　　次　2022 年 3 月第 1 版　2022 年 3 月第 1 次印刷
社内编号　20180910　　　　　定价　168.00 元

前 言

由于矿井开采生产工艺的特殊性，矿难事故在世界范围内时有发生，因此，事故后遇险人员如何快速地逃生和自救、在无法逃离矿井时如何保证生命的延续、救援人员如何快速地救援一直是矿井安全生产的重要研究方向。我国作为一个产煤大国，受开采工艺、井下地质条件、人员素质等多方面因素的影响，矿难事故时有发生，并造成大量的人员伤亡和财产损失。近些年，在党和国家的高度重视下，煤矿事故频发的态势有所缓和，但总体形势仍然不容乐观。

事故发生后的应急救援对减少安全生产突发事件的损失具有重要意义，而救援技术、装备及队伍的先进性直接影响救援工作的效率和效果。井下紧急避险系统作为我国矿山应急救援体系的一部分，自2010年开始在井下进行全面推广应用，旨在为事故后遇险人员的救援提供安全避险的技术保障，为应急救援工作的开展争取时间、创造条件。

随着紧急避险系统研究的不断深入及现场应用规模的逐步扩大，各方面技术与装备日趋完善，但也暴露出一些问题。尽管国内一些学者和单位进行了大量的研究，提出了过渡站、专用管路、避险条带、全硐室型紧急避险系统等方案，为紧急避险系统的建设模式提供了多种选择，但仍有诸多问题未得到解决，如避险与逃生的矛盾、避险系统的可靠性及实用性有待验证、供氧方式的选择、投入较大、维护与管理复杂且成本高等。

另一方面，钻孔救援技术在矿山事故应急救援工作中的使用越来越广泛，常用于灾害环境的探测、通风、排水、遇险人员的通信及饮水、食品的供给等。在利用垂直钻孔进行提升救援方面，也已有一些成功案例，例如2002年美国魁溪煤矿的透水事故、2010年智利圣何塞铜矿塌方事故、2015年我国山东平邑玉容石膏矿的坍塌事故。

美国魁溪煤矿、智利圣何塞铜矿及山东平邑石膏矿的救援成功案例为矿山事故应急救援提供了新的思路。但我们也应注意到其救援存在耗时耗力、成本高且风险大等问题，如美国魁溪矿难救援工作耗时9天（救援深度72 m），智利矿难历时69天（救援深度700 m），而我国平邑玉容石膏矿的救援工作历时 36 天（救援深度 220 m）。

　　为此，本书对井下紧急避险系统与垂直救援钻孔做了进一步研究。研究内容大致包括在避险设施内部预先构建大孔径垂直救援钻孔，建立矿井钻孔逃生救援系统；对井下紧急避险系统进行进一步改进和完善，提高其可靠性及实用性。

著　者

2022 年 1 月

目　　录

第一章　矿井应急救援技术和装备发展现状

第一节　国内外矿井应急救援体系

煤矿灾害的突发性和多样性，决定了灾害事故应急救援工作的广泛性、综合性和专业性。应急救援的总目标是通过预先设计的应急措施，利用一切可以利用的力量，在灾害事故发生后迅速控制其发展，并努力使灾害损失降至最小。

最新工业化国家统计数据表明，有效的应急救援体系可以将事故损失减低至无应急预案体系的 6% 。2007 年 8 月 30 日，第十届全国人民代表大会常务委员会第二十九次会议通过了《中华人民共和国突发事件应对法》，标志着我国应急救援工作正式进入到法律规范阶段，此举是落实科学发展观，贯彻依法治国方略，构建和谐社会主义的重要举措。而应急预案是应急管理的主线，也是开展应急救援工作的重要保障。应急预案是针对可能的重大灾害事件，为保证迅速、有序、高效地开展应急救援行动、降低事故损失而预先制定的有关方案。它是在辨识和评估潜在的重大危险、事故类型、发生可能性、发生过程、事故后果及影响程度基础上，对应急机构与职责、人员、技术、设施装备、物资、救援行动及其指挥与协调等方面预先做出的具体安排。应急预案是应急管理工作的核心内容，是应急管理体系的基础。它对于企业提高应急救援能力，降低企业人员伤亡和财产损失具有重大意义。

一、国外矿井应急救援体系

国外学者和研究机构从 19 世纪就开始专注于从事应急管理理论方面的研究，研究历史较长，总结的经验教训也较为丰富。很多研究理论得到了比较成功的实施和推广，例如芬克的危机生命周期理论和希斯的 4R 危机管理模型理论。

随着研究学者在应急预案领域的不断深入研究，他们越来越意识到，与其花费大量的资金用于事后救助，不如把钱花在事前的预防。由此对灾害事故管理工作重点从灾害救助和灾后恢复转向灾前准备和事前预防，但实现这些的前提是重视应急管理的法制化建设和应急预案的制定。许多国家都已经建立了与应急预案体系相关的法案，如美国有《国家安全法》《国家响应计划》《国家应对框架》，德国有《民事保护法》《民事保护新战略》《灾难救助法》等。

澳大利亚是世界第四大产煤国和第一大煤炭出口国，其煤矿应急管理能力处于世界领先地位。据统计，2000 年以后，澳大利亚煤矿年死亡人数一直保持在 3 人以下，其中 2002 年、2004 年和 2007 年实现零死亡。这与澳大利亚重视煤矿安全立法、依法治理密切相关。澳大利亚煤矿针对各种不同的危害发生情况和不同的灾害发生地点，制定了十分完善的应急预案。如某煤矿在防火方面，分别明确了煤柱、采空区、封闭后采空区、采煤工作面及掘进工作面瓦斯监控系统失效等多个应急预案，规定了各种条件下各种数据达到规定值时的应急反应计划。另外，澳大利亚的每个煤矿都具备应急救援能力，每个矿山救护队都定期进行培训，同时建立地面模拟巷道系统，根据预案内容进行一系列灾害事故的现场模拟培训。

2006年5月，美国劳工部出台了《2006年矿山改进与新应急反应法》（Miner Act of 2006）。该法案是对1977年颁布实施的美国《联邦矿业安全与健康法》的第一份修正案。法案致力于改善美国矿山安全工作，对于提高矿山应急预案的编制与管理水平做出了巨大的贡献。该法案的内容主要包括5个方面：

一是提出井工煤矿要进一步增强矿山安全意识，强化矿山事故应急反应能力。

二是由劳工部部长责成联邦矿业安全与健康监察局制定并及时更新矿山救护队的资格条件，并将具体的实施考核操作细则纳入应急预案的编制过程当中。

三是要求在美国全国职业安全与健康研究所建立矿业安全与健康办公室，推动新型矿山安全技术的开发及应用。将新技术和新成果转化为指导应急救援和安全生产的现实应用，进而迅速在全国矿山推广。

四是由美国全国职业安全与健康研究所开展井工煤矿各种避难硐室的研发工作，并明确了应急预案的培训和实践是应急救援管理工作的重点内容。

五是目前矿山的应急预案编制和管理还不够完善，尤其是在事故发生后的自救、互救和逃避灾难过程的规划内容不够详尽和实用，需要继续开展深入的研究工作。

以澳大利亚和美国为代表的发达国家在煤矿应急预案的编制与管理过程中具有很多的优点：第一，煤矿应急预案体系管理全方位、多层次、立体化。第二，煤矿灾害事故应急救援预案体系建设法制化，具有健全的法律、法规，为应急管理提供保障。第三，应急救援结构常设化。第四，构建了以首长负责、多位一体的中枢指挥系统。第五，统一协调、加强协同成为其煤矿应急管理体制建设的重点。第六，注重应急能力提升，形成及时高效专业的响应队伍。

二、国内矿井应急救援体系

我国煤矿主要是井工开采，生产环境条件复杂，与其他行业相比，煤矿安全尤为重要。安全生产是煤矿生产的头等大事，安全对煤矿生产起着保证、支撑和推动作用。通过深化煤矿安全整治和贯彻执行"先抽后采、监测监控、以风定产"的12字方针，各地区、各部门和煤炭企业提高了认识，强化了管理。但是近年来煤矿屡屡发生性质恶劣、经济损失惨重的重特大死亡事故，煤矿的安全生产形势仍未实现根本性好转，安全生产形势依然严峻。

国家"十二五"规划中明确指出，要"完善我国应急救援体系，提高事故救援和应急处置能力"，深入开展我国的应急救援体系建设工程。党的十八大报告中提出，构建系统完备、科学规范、运行有效的制度体系，"以巨大的勇气确保到2020年全面建成小康社会的宏伟目标"。党和国家的重大战略部署对建设我国矿山应急救援体系提出了更高、更严格的要求。

我国对于应急预案体系的研究起步较晚。近年来，众多的专家、学者通过研究思考和探索实践，形成了一系列有关煤矿企业应急预案编制与管理方面的先进理论和指导思想，主要集中于对应急预案的法制规范、内容编制和实施管理 3 个方面。这里主要介绍法制规范、内容编制两个方面。

在煤矿应急预案法制规范方面，我国已经颁布实施《中华人民共和国煤炭法》《中华人民共和国矿山安全法》《中华人民共和国安全生产法》《煤矿安全规程》《煤矿企业安全生产管理制度规定》《煤矿救护规程》《国务院关于预防煤炭安全生产事故的特别规定》《关于加强国有重点煤矿安全基础管理的指导意见》《矿山事故灾难应急预案》《国务院关于全面加强应急管理工作的意见》和《生产安全事故应急预案管理办法》等法律法规和政策性文件。这些文件作为规范煤矿企业应急预案的编制、管理的基础依据和重要保障。

在煤矿应急预案的编制内容方面，鹤煤集团公司的刘西党论述了煤矿企业事故应急预案编制的原则、程序、方法、内容和注意事项。中国矿业大学的郭德勇指出评估是预案内容编制的基础，组织管理是应急预案编制的重点，响应程序是应急预案编制的关键，救援技术是应急预案编制的核心。华北科技学院的张景钢论述了如何针对煤矿危险源制定应急预案，从而准确把握煤矿生产系统中的重大隐患和薄弱环节。辽宁省安全科学研究院的马薇分析了我国煤矿企业的安全生产形势和面临的现实问题，论述了煤矿企业事故应急预案的编制形式和编制方法。河北工程大学的杨琳对煤矿企业在进行应急预案编制过程中的程序体系以及应急预案所包括的内容进行了详细的阐述。中国矿业大学的牛德振在分析煤矿重大事故应急救援预案的必要性和重要性基础上，提出了编制煤矿重大事故应急救援预案应包括的主要过程和应着重做好的几项工作。中国安全生产科学研究院的廖国礼借鉴、总结城市应急救援预案编制技术和事故现场应急救援的实践经验，阐述了编制矿山事故应急救援预案的基本结构，并指出了预案编制过程中存在的问题。中国矿业大学的林娜从煤矿应急预案内容的编制过程和演练内容等方面阐述了目前煤矿应急预案编制应注意的问题和事项。天津大学的职炜认为应急组织、应急运作和应急资源是煤矿企业应急行动的基础，也是应急预案编制的关键内容。

综上所述，我国应急预案在理论研究和管理实践方面已初见成效，但与发达国家相比仍存在以下问题：第一，编制内容没有与煤矿的安全生产现状很好地进行融合，对应急救援工作的指导性意义较差。第二，部分应急预案内容仅规划了组织体系构成和相应责权，在组织和部门间协调救援方面仍需要进行改善。第三，应急预案中对于事故灾害的预防和现场处置研究内容较浅，普遍存在"治标不治本"的情况，没有解决灾害事故救援的根本性问题。第四，在应急救援预案的管理中普遍缺失针对灾害事故的经验教训总结，没有形成健全的知识管理体系，阻碍了煤矿应急救援知识和经验的传播与共享。第五，应急救援预案在制定过程中缺乏全员参与，没有形成良好的应急文化研习氛围，造成煤矿人员应急素质普遍偏低，在预案的实施过程中执行力度较弱。

救援方案的确定、技术与装备的采用都需要在短时间内做出准确的判断和协调管理，才能真正达到应急救援的目的。目前我国在煤矿事故应急预案编制和指挥调度、救灾通信和装备方面开展了较为深入的研究，并取得了一些进展。此外，随着煤矿安全监察体系的逐步健全与完善，安全投入的逐年增加，我国煤矿应急救援技术有了较大发展，应急救援能力随之提高。我国煤矿监测监控技术发展较快，监测监控产品涉及煤矿安全生产的各个方面，从而大大提高了煤矿安全防治水平。同时部分产品也具备了为事故救援提供服务的能力。

第二节　矿山井下避险"六大系统"

一、国外井下紧急避险系统

一直以来，欧美各采煤国家对矿井事故的应急救援工作十分重视，针对紧急避险系统技术和避险设备进行了大量的研究与试验，已经形成了一套较完善的体系。其中，南非、加拿大、美国、澳大利亚等国家对紧急避险系统研究取得的成果尤为突出，先后建立了以矿井永久避难硐室和可移动式救生舱为主要救援设备的矿井紧急避险体系，已经取得了多次成功营救的经验，并且仍在不断完善中。

（一）南非井下紧急避险系统

南非的煤矿紧急避险系统的发展经历了 3 个时期：第一个时期，未建立紧急避险系统，矿井伤亡事故多发的体系初期

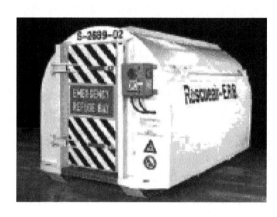

图 1 - 1　南非 Surviviar 型可移动式救生舱

（1904—1916 年）。第二个时期，紧急避险系统构建雏形，考虑人的安全防护和人机之间协调性问题，事故伤亡改善的体系形成期（1961—1989 年）。第三个时期，重视并加强安全防护建设，极少事故发生，紧急避险系统已经达到了世界领先水平的体系发展期（1994 年迄今）。其研制的高精度瓦斯分析仪、被困人员定位仪、井下救援通信系统以及惰性气体灭火系统、井下紧急呼吸机、便携式自救器等一系列矿井安全及救援产品均在国际上获得广泛好评。南非 Surviviar 型可移动式救生舱如图 1 - 1 所示。

（二）美国煤矿井下紧急避险系统

美国是井下安全防护系统开发较早、技术较发达的国家之一。其完善的体系是建立在强大的生产技术基础上的，尤其体现在井下通信技术。目前，美国正在研制的 TeleMag Transtek 系统是一种无线 TTE 双向话音和数据通信系统，它是一种便携式站对站系统，尚未在煤矿使用。

美国对于矿井移动式救生舱的研究已经趋于成熟，主要产品包括：美国杰克肯尼迪金属制品公司可移动式救生舱、现代矿业安全公司救生舱（图 1 - 2）、美国 Strata 公司充气式避难硐室（图 1 - 3）等。

（三）澳大利亚井下紧急避险系统

澳大利亚研究的安全防护设施主要

图 1 - 2　现代矿业安全公司的救生舱

包括：防护服装、紧急呼救器（能给矿工提供40～50 min的氧气）、救生舱（图1-4）、救生站（避难硐室）等。其较有代表性的安全防护救援系统技术是单向TTE传输系统。这种系统是根据漏泄馈电原理实现无电缆方式的信息传输PED通信系统，该系统可将信息传送到矿灯蓄电池上部的液晶显示器上。

图1-3　美国Strata公司充气式避难硐室　　　　图1-4　Mine ARC Systems公司救生舱

（四）加拿大井下紧急避险系统

加拿大的紧急避险系统的研究处于世界领先水平，其自主研发的Flexalert系统是一种单向TTE传输应急疏散系统。在矿山地面架设10～120 m金属环形天线，矿灯内安装接收器。接收的疏散信号使矿灯闪光，继而收到所传送的信息，收发信号能力及效果得到使用方好评。

二、国内安全避险"六大系统"

《国家安全监管总局国家煤矿安监局关于建设完善煤矿井下安全避险"六大系统"的通知》中提出煤矿系统建设应不断建立、健全通信联络系统、供水施救系统、压风自救系统、井下紧急避险系统、井下人员定位系统以及安全监测监控系统等六大安全避险系统，并提出了具体的目标要求。

煤矿安全避险六大系统中，最为重要的部位为紧急避险系统，其主要作用在于为煤矿紧急避险和矿工安全生产提供保证。救生舱、避难硐室等紧急避险设施为井下遇险人员提供一个安全避险的密闭空间，对外隔绝外部有害环境，对内提供维持人员生存的环境。

近年来，我国的部分企业和高校在井下可移动式救生舱研究工作中取得了较大的进展，已有大量成型的产品在井下进行了应用。山西潞安集团与北京科技大学联合组成矿用可移动式救生舱项目研究课题组，在国内率先展开对救生舱的研究，并研发出国内首台救生舱，如图1-5所示。

图1-5　矿用可移动式救生舱

在矿用可移动式救生舱研发的基础上,北京科技大学进行了避难硐室的研究,于2011年4月在潞安集团常村煤矿井下N3采区建设完成国内首个永久避难硐室,并进行了80人48h真人生存试验。永久避难硐室如图1-6所示。

同时,在救生舱水灾事故防护方面,由北京科技大学与山东某煤矿共同承担的矿用可移动式救生舱关键技术研究项目也已顺利通过国家验收,成功研制出可用防水型可移动式救生舱。防水型救生舱如图1-7所示。

图1-6　永久避难硐室　　　　　　　　图1-7　防水型救生舱

安徽霖丰源制造的应急接力系统(应急接力站)是指在井下人员撤离的主要避灾路线上间隔一定的距离设置过渡站,为撤离过程中的人员提供自救器更换、能量补给、临时避险等功能。应急接力系统(应急接力站)如图1-8所示。

西安科技大学进行了全硐室紧急避险系统的研究,设计了永久避难硐室、临时避难硐室、过渡站和安全绳相结合的井下紧急避险系统。其在兖矿集团南屯煤矿进行了示范建设。

长春金鹰智谷科技集团开发了煤矿专用管路安全避险系统,主要由地面控制及供给设施、传输专用管路、井下避难硐室组成,如图1-9所示。在地面连接气、水、电源,通过专用管路传输至避难硐室,硐室内设一根管,4个供气供水阀、2个排气排水阀和6个监测点,以两点(地面设施、避难硐室)一线(传输专用管路)建设为主。在灾害紧急情况下保持连续工作,真正做到避灾应用地面有指导,在线供给不限时,通信检测有保障。

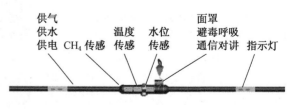

图1-8　应急接力系统(应急接力站)　　　　图1-9　煤矿安全避险专用管路

第三节　矿井应急救援装备

矿井应急救援是矿山安全的重要保障，为处理突发性事故、解救遇险人员、减少人民财产损失、维护社会稳定，发挥了重要的作用。应急救援装备是实施应急救援必不可少的条件，也是保证安全、高效地开展救援工作不可或缺的手段。

矿井应急救援装备历经多年发展，目前国内外生产有大量应用于矿井应急救援的产品，装备种类繁多、功能不一。总体来说，矿井应急救援产品可分为个体防护装备、抢险救援救灾装备等。这里主要介绍前两种。

一、个体防护装备

个体防护中最重要的是维持人体的呼吸，保证人员的生存。自救器、氧气呼吸器、自动苏生器等装备均属于呼吸防护装置。

自救器是入井人员在井下发生火灾、瓦斯、煤尘爆炸、煤与瓦斯突出时防止有害气体中毒或缺氧窒息的一种随身携带的呼吸保护器具，具有体积小、重量轻、便于携带等特点。自救器按其作用原理可分为过滤式和隔离式两种。隔离式自救器又分为化学氧和压缩氧自救器两种。目前，井下呼吸维持装备朝着正压隔绝式及长时间防护方向发展，过滤式呼吸器在煤矿井下已经逐步淘汰。正压呼吸器、自动苏生器如图 1 – 10 所示。

图 1 – 10　正压呼吸器、自动苏生器

国内外生产的正压氧气呼吸器有气囊式和呼吸仓式两种，主要参数包括额定防护时间、二氧化碳浓度、吸气温度、呼吸阻力、正压性能等。其中较为先进的产品有美国的 Biomarine 公司生产的 Biopak240R 型正压呼吸器和德国的 Drager 公司生产的 BG4 型正压呼吸器，其额定防护时间均大于 4 h。

在安全帽方面，也有学者尝试着提出生产多功能、新型安全帽，改变矿井安全帽单一的人员头部打击防护的功能。高阳等人提出将自救器、矿灯、安全帽集中组合，使其具有集照明、自救、呼吸防护为一体的新型矿用安全帽。陈雅婷、张英华等人提出一种能够防护头部和面部，同时兼有供气供给功能的安全帽。矿用安全帽如图 1 – 11 所示。

图 1 - 11　矿用安全帽

二、抢险救援救灾装备

个体防护装备保障井下遇险人员、救援人员的生命安全，使得应急救援工作成为可能，而抢险救援装备是保障应急救援工作顺利实施的重要条件。

(一) 生命探测仪

生命探测仪采用被动接收方式侦测生命体的方法，能穿越钢板、水泥、复合材料等障碍物。目前生命探测仪分为音频生命探测仪（包括声波、震动波）、视频生命探测仪（包括光学、光纤、红外）、雷达生命探测仪（包括成像、非成像）、气敏生命探测仪、红外生命探测仪、微波生命探测仪等。生命探测仪如图 1 - 12 所示。

图 1 - 12　生命探测仪

(二) 救援通信设备

目前矿山应急救援通信设备按传输介质不同分为有线和无线通信及有线无线自适应 3 类。矿山救护通信设备如图 1 - 13 所示。

图 1 - 13　矿山救护通信设备

有线应急救援通信设备是在信号的传输过程中依靠线路进行传输，传输线有双绞电话线、同轴线缆、网线、光纤等。按传输的数据又分为单纯音频传输装置和多媒体信息同时采集传输装置。目前使用的单纯音频传输装置主要有 PXS - 1 型声能电话机和 KJT - 75 型救灾通信设备。多媒体信息同时采集传输装置使用较为广泛的有 KTE5 型矿山救援可视化指挥装置。

目前无线应急救援通信设备使用的有 SC2000 型灾区电话和 KTW2 型矿用救灾无线电通信装置，主要用于矿山救护队。

（三）起重设备

井下灾害事故救援中，遇有大块矸石、木柱、金属网、铁梁、铁柱等物体坠落，可使用液压起重器、千斤顶、支护设备等进行处理。

目前国内矿山使用液压起重器产品型号均为 QFB，该产品被列入救护规程后，经过多次改进，现已发展成规格为 0.5 ~ 20 t 的一系列产品。该液压起重器选用高强度锰钢材料，能在任意空间、角度起重，使用方便可靠，如图 1 - 14 所示。

除液压起重器外，起重气垫也可用于矿山救援中。国内拥有型号为 QD 系列的矿山救援起重气垫，广泛用于处理矿山冒顶事故、塌方事故、煤矿救援救护、抢险救援辅助等。QD 系列矿山救援起重气垫具有抗静电、抗裂、耐磨、抗油、抗老化等性能如图 1 - 15 所示。

图 1 - 14　QFB 型矿用液压起重器　　　　　　图 1 - 15　救援起重气垫

遇有大块岩石威胁遇险人员时，可使用千斤顶等工具移动岩块，尽量避免破坏冒顶岩石的堆积状态。千斤顶可分为电动、液压、油压和气动等多种。依据特殊要求还有大吨位千斤顶（起重能力 1000 t）、超薄千斤顶、超高压千斤顶、空心千斤顶、同步千斤顶等。

（四）破拆工具

在井下事故救护过程中，需要用到破拆工具，消除阻挡救援的障碍。破拆工具包括剪切器、扩张器、切割机、链锯等。液压破拆工具组如图 1 - 16 所示。这些装备能够完

图 1 - 16　液压破拆工具组

成清渣机无法独立完成的清障工作，起到关键作用，加快了救援人员的搜救工作。

（五）救援钻机

目前，救生钻孔钻机逐渐应用于矿山救援领域，并发挥了一定的作用。一是，救援钻孔钻进装备在井下应急抢险过程中可向救援人员短时间内无法进入的灾区内钻进钻孔，通过钻孔实现排水、瓦斯抽出等救援工作，同时定位被困人员，利用快速钻机钻孔，为被困人员输送氧气、食物、急救药品等，使其维持生命。二是，用快速钻机钻取深孔、大直径钻孔，在条件允许的情况下，利用救援舱等将人员提升到地面。可用于矿山救援的钻机主要有：

（1）美国 SCHRAMM T685WS 型车载全液压钻机如图 1 - 17 所示。该钻机利用顶驱动力装置及空气潜孔锤冲击钻进与牙轮回转钻进功能，明显提高了钻进速度。其中在第四系冲积层中钻进速度可达 10 m/h（传统钻进方式约 2 m/h）。在基岩地层中钻进平均速度为 20 m/h，最高可达 30 m/h（传统钻进方式为 1 ~ 2 m/h）。钻孔直径一般为 190 ~ 216 mm，孔径经扩孔可达 311 ~ 500 mm，可以作为通风、输送食品、通信联络乃至升降人员的通道。

图 1 - 17　美国 SCHRAMM T685WS 型车载全液压钻机

（2）美国 SC - BRCH 轻型钻机。SC - BRCH 轻型钻机钻孔直径一般为 165 mm。在确定被困人员位置后，可钻取直径为 560 mm 或 635 mm 的钻孔，使用救援密封舱把被困人员提升上来。此外在表土层，该钻机还可以钻直径为 760 mm 的钻孔，以便在钻孔土质不稳定的部分安装围壁。经测量，该钻机的钻进速度约为 10 m/h。

（3）瑞典 DM 系列救援钻机，如图 1 - 18 所示。该系列钻机包括：DM230 型救援钻孔机、DM310 型救援钻孔机、DM406HL 型救援钻孔机等。钻机最大钻头直径分别可达 150 mm、300 mm、650 mm，钻机质量为 7 kg、13 kg、16 kg。

（4）北方交通重工集团研制出煤矿用履带式液压坑道钻机，能够在井下进行水平定向钻进，钻进深度可达 1000 m（图 1 - 19）。

（5）石家庄海鸿重工机械制造公司的煤矿救生大孔径深井钻机能够从地面向井下快速实施大孔径钻孔，最大孔径可达 1200 mm，钻进深度可达 750 m（图 1 - 20）。

（6）北方重矿机械有限公司生产的井下快速抢险掘进机能够在井下抢险救护过程中，快速处理堵塞巷道的岩石，为抢险打通救护通道，赢得搜救时间。

图 1 - 18　瑞典 DM 系列钻机

图 1 - 19　煤矿用履带式液压坑道钻机

图 1 - 20　煤矿救生大孔径深井钻机

（六）煤矿灾害救援机器人

煤矿灾害救援机器人是智能化机器人在煤矿领域的全新应用。机器人可以代替救援人员进入煤矿井下采集井下环境的信息，如把有毒气体浓度、环境温度等重要参数回报给控制中心，供搜救者在安全地区进行决策。另外还可以在机器人机身上携带一些简单的救援求生设备，延长被困者的生存时间以提高救援成功率。

目前国外机器人技术发展迅速且日益成熟，并已经开始进入实用化阶段。对于救援机器人的研究，其中以美国和日本为代表。

美国起步较早，已有多家高校或研究机构研发了针对不同用途的矿井救援机器人。具有代表性的产品包括：AndrosV - 2 机器人、Sim2bot 矿井搜索机器人、全自主矿井探测机器人 Groundhog、Gemini - Scout 搜救机器人等，如图 1 - 21 所示。其中 AndrosV - 2 机器人于 2007 年已经应用于矿难救援中，并起到一定的作用。

图 1-21　美国 AndrosV-2 机器人、Groundhog 机器人、Gemini-Scout 机器人

日本 HiBot 公司研制的蛇形机器人 ACM-R5，如图 1-22 所示。该机器人能够穿越狭窄空间，在高低不平的废墟上前进，其头部装有一部摄像头，身体各关节都装有传感器，主要用于地震和恐怖袭击后的探测和救援工作。

国内研究矿井救援机器人的工作相对较晚，研究机构也相对较少。中国矿业大学较早开始了煤矿救援机器人的研制工作，已经取得了卓有成效的进展。中国矿业大学可靠性工程与救援机器人研究所于 2006 年 6 月成功研制了我国第 1 台用于煤矿救援的 CUMT-1 型矿井搜救机器人，如图 1-23 所示。该机器人备有低照度摄像机、气体传感器和温度计等设备，能够探测灾害环境，实时传回灾区的瓦斯、CO、粉尘浓度和温度以及高分辨率的现场图像等信息。同时具有双向语音对讲功能，能够使救灾指挥人员与受害者进行快速联络，指挥受伤人员选择最佳的逃生路线。

图 1-22　日本蛇形机器人 ACM-R5　　　　图 1-23　中国矿业大学 CUMT-1 型
　　　　　　　　　　　　　　　　　　　　　　　　　　矿井搜救机器人

我国首台具有生命探测功能的井下探测救援机器人"急先锋"是由山东省科学院自动化研究所、沈阳新松机器人自动化有限公司和山东省煤炭工业局共同研制成功的。其具有井下防爆防水、生命探测和远程协助救援、环境监测及环境参数实时探测、无光线搜救、数据信号传输等功能。该机器人可进入 500 m 范围内的事故现场进行探测救援，并可将采集到的信息以图像、声音和数据形式传送到主控制中心，为制定抢险救灾方案、及时进行抢险救援工作提供重要依据和支持。

第四节　矿井应急救援典型案例

2002 年，美国魁溪煤矿新开挖巷道打通废弃的 Saxman 煤矿，发生透水事故，9 名矿工被困在约 72 m 深的井下。由于井下水量较大，救援人员从淹水巷道进入实施救援危险性太高，而排除巷道中的水需要大量的时间，为此该矿通过先向井下钻进 6 吋（6 吋 = 152.4 mm）钻孔，用于确定井下人员的位置及状况，同时与被困人员取得联系，并向井下被困人员提供温暖的新鲜空气，确保人员生存，之后向被困区域钻进 30 吋（30 吋 = 762 mm）的大钻孔，通过大钻孔利用救生吊篮救出被困人员，整个救援工作历时 9 天，9 名被困人员最终全部获救，如图 1 - 24、图 1 - 25 所示。

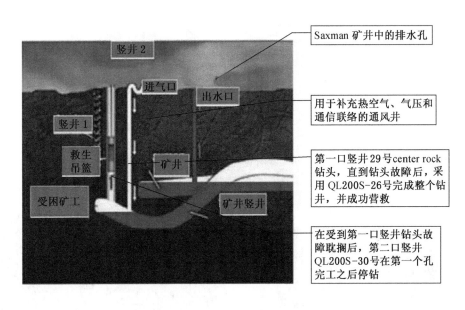

图 1 - 24　美国魁溪煤矿透水事故救援过程

图 1 - 25　美国魁溪煤矿透水事故救援所用救生吊篮

2010 年 8 月 5 日，智利圣何塞的铜金矿发生塌方事故，导致 33 人被困 700 m 深的地下，在事故发生的前 17 天内，被困人员躲入避难所利用避难所内的食品维持生命。救援人员在事故发生的第 17 天，从地面开凿出一个直径 6 英寸（6 英寸 = 152.4 mm）的钻孔至井下避难所，通过该钻孔向井下输送视频、水及氧气，并与被困矿工取得联系，在掌握井下人员的位置及状况之后，救援人员从地面开凿出直径约 66 cm 的钻孔，利用起重机将搭载被困人员的救生舱提升至地面，整个救援工作历时 69 天，被困 33 名矿工全部获救，如图 1-26、图 1-27 所示。

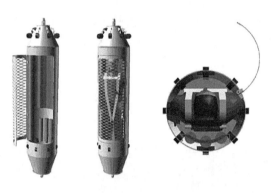

图 1-26　智利圣何塞矿难提升救生舱

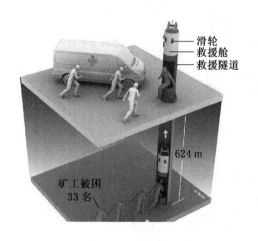

图 1-27　智利圣何塞矿难事故应急救援

2010 年，王家岭煤矿发生透水事故，造成 153 人被困井下。救援指挥中心调集 90 余台水泵对矿井进行排水，并安排救援人员从矿井通道进入救援。开凿钻孔对井下进行新鲜空气及流食的输送，救援工作历时 8 天，153 名被困人员中 115 人获救，救援工作耗资逾亿元，如图 1-28 所示。

2014 年，土耳其索玛地区一煤矿发生矿井瓦斯爆炸事故，事故发生时井下人员 787 人，部分矿工由于准备换班距离井口不远，从井口撤离逃脱，矿井内虽然设计有多个避难

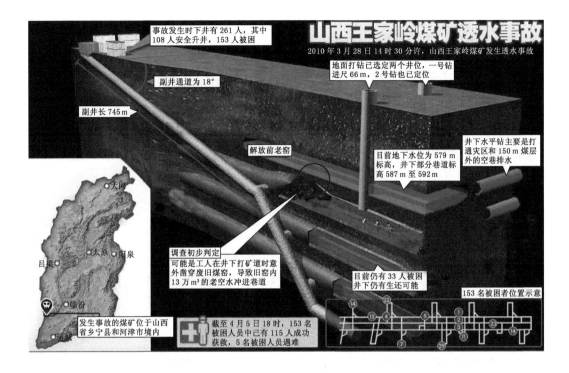

图1-28　王家岭煤矿透水事故

硐室，但是爆炸造成巷道中高温、有毒有害气体、缺氧等状况，致使救援工作无法迅速展开。最终，救援人员成功打通了第一个避难硐室的通道，营救出部分被困矿工，但通往其余避难硐室的巷道被阻，仍有不少受困矿工无法及时营救，事故最终造成373人遇难。

第二章　矿井避难与逃生救援系统概述

本章介绍了井下紧急避险系统的内涵及意义、避险设施的分类及关键技术，分析了井下紧急避险系统的局限性，并对矿井避难与逃生救援系统的框架、构建原则及适用条件、应急救援模式等内容进行了介绍。

第一节　井下紧急避险系统

自我国在矿井全面推行井下紧急避险系统以来，相关理论和各项技术、装备不断发展，但在推广应用过程中也暴露出一些与井下实际的不适应性。本节结合既往研究基础和实践经验，介绍了紧急避险系统的基础理论，并对其局限性进行分析。

一、井下紧急避险系统的内涵

井下紧急避险系统是指在煤矿井下发生紧急情况下，为遇险人员提供保障生命的设施、设备、措施组成的有机整体。其建设内容包括为入井人员提供自救器、建设井下紧急避险设施、合理设置避灾路线、科学制定应急预案等，如图 2 - 1 所示。

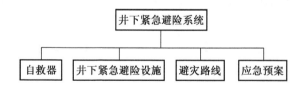

图 2 - 1　紧急避险系统构成

井下紧急避险系统中，井下紧急避险设施是指在井下发生灾害事故时，为无法及时撤离的遇险人员提供生命保障的密闭空间。其对外能够抵御高温烟气，隔绝有毒有害气体，对内提供氧气、食物、水，去除有毒有害气体，为应急救援创造条件、赢得时间。

根据能量意外释放理论，事故造成的伤害分为施加了超过局部或全身性损伤阈值的能量引起的伤害（第一类伤害）和由影响了局部或全身性能量交换而引起的伤害（第二类伤害）。相关研究表明，矿井事故造成的伤亡中大部分属于第二类伤害，多由事故发生后遇险人员长时间处于高温烟气、有毒有害气体等有害环境中引起。

井下紧急避险系统的防护机理是在事故发生后，为无法撤离危险环境的遇险人员提供一个安全的避难空间；为避难人员提供维持生命的环境，避免二次灾害引起的人员伤亡；为矿井灾害应急救援工作争取时间、创造条件，减少人员伤亡和灾害损失。

井下紧急避险系统运行原理如图 2 - 2 所示。通过在井下合理的位置设置满足使用需求的紧急避险设施，并与矿井现有生产、安全系统连接，建立井下安全防护体系。

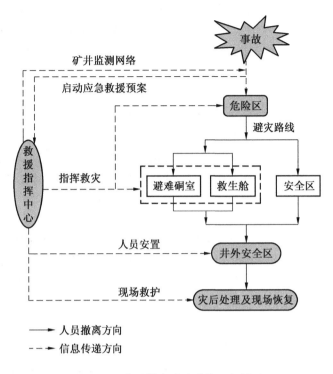

图 2-2 井下紧急避险系统运行原理

二、井下紧急避险设施的分类及关键技术

（一）井下紧急避险设施的分类

井下紧急避险设施按其容纳人数、服务区域、服务年限、结构形式的不同，可分为永久避难硐室、临时避难硐室和可移动式救生舱，如图 2-3 所示。

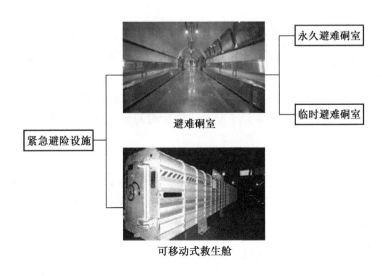

图 2-3 紧急避险设施分类

永久避难硐室是指设置在水平大巷、采（盘）区避灾路线上，具有紧急避险功能的井下专用巷道硐室，服务于整个矿井、水平或采区，服务年限一般不低于 5 年，通常布置在矿井大巷或采（盘）区避灾路线上。一般来说，永久避难硐室服务人数应不少于 20 人，不多于 100 人。

临时避难硐室主要服务于采掘工作面及其附近区域，服务年限一般不大于 5 年，通常布置在采掘区域或采区避灾路线上，是具有紧急避险功能的井下专用巷道硐室。一般来说，临时避难硐室服务人数不少于 10 人，不多于 40 人。

可移动式救生舱是指在井下发生灾变事故时，为遇险矿工提供应急避险空间和生存条件，并可通过牵引、吊装等方式实现移动，以适应井下采掘作业地点变化要求的避险设施。可移动式救生舱一般布置在离作业地点最近的工作面"迎头"。

（二）紧急避险设施关键技术

紧急避险设施具备外部防护及内部保障的功能。其外部防护为避难人员隔绝有毒有害气体、高温环境，并抵御一定程度的爆炸冲击波的侵袭。内部保障为避难人员提供所需的生存条件，涉及密闭空间人体生存生理参数、防爆密闭、供氧、空气净化、制冷等关键技术，可实现遇险人员不低于 96 h 的安全避险。

1. 密闭空间人体生存生理参数

人员在避险设施等密闭空间内避难时，将消耗氧气、产生二氧化碳、散湿、散热。避难人员对井下密闭空间内各类气体成分、温度、湿度等相关参数的影响及其边界条件，是避险设施构建及相关技术研究的基础。密闭避险空间内人体生存的研究主要针对避难人员不同状态下的氧气消耗量、二氧化碳呼出量、产湿量、产热功率等。

2. 防爆密闭

防爆密闭包括防爆措施和密闭措施。

防爆措施包括救生舱整体防爆结构、避难硐室防爆门、防爆墙等，能够抵御 1.5 MPa 爆炸冲击波压力、1000 ℃瞬时高温。密闭措施包括避险设施过渡区结构的设计、防爆门墙的密闭措施、气幕阻隔装置、喷淋装置等。

3. 供氧

在紧急避险设施内建立了多种方式联合保障的供氧方式，主要包括压风供氧、压缩氧供氧、化学氧供氧等。压风供氧又可分为地面钻孔压风供氧和矿井压风供氧。

4. 空气净化

避险设施内空气净化包括对 CO_2、CO、CH_4、H_2S 等有毒有害气体的处理，其技术措施包括通风换气、药剂吸收处理等，并配有适用于避险设施的多种空气净化装置和吸收药剂。

5. 制冷

避险设施内常用的制冷技术包括蓄冰制冷、液态气体制冷、化学相变材料制冷、涡流管制冷等。其中蓄冰制冷和液态气体制冷为主要的制冷措施，化学相变材料制冷及涡流管制冷常作为辅助制冷措施。

三、井下紧急避险系统的局限性

井下紧急避险系统的建立为灾变情况下无法撤离的遇险人员提供了安全保障，有利于提高矿井的安全防护水平，减少事故造成的人员伤亡。但在矿井推广应用过程中，也暴露出来一定的局限性。

（一）遇险人员逃生与避险的选择矛盾

井下发生事故时，避免伤亡的自救办法为撤离至井口升井逃生，在紧急避险系统建立之前，井下所有的避灾路线均指向矿井的安全出口。紧急避险系统的建立为遇险人员的自救提供了一种选择，但也为遇险人员自救方案的选择带来矛盾。

一方面，从井口撤离顺利到达地面是最为安全的自救方式，但在撤离过程中存在着自救器防护时间超限，撤离途中遭到有害环境或二次灾害的伤害等风险。另一方面，进入避险设施内部进行避难，亦存在着因灾害继续扩大而造成避险设施功能破坏或避险设施防护时间超限等风险。

为此，要求遇险人员在事发后，能够在准确判断事故影响范围及其发展态势的基础上进行选择。而由于灾害的突发性、不确定性以及井下人员对事故相关信息的掌握不全以及自身经验和知识的欠缺，往往无法进行准确判断和选择。

（二）避险设施可靠性的验证

尽管我国诸多学者、科研单位、煤炭生产企业对避险设施的外部防护及内部保障等技术进行了大量的研究，形成了一系列的技术和装备，并进行了多次避难硐室或救生舱载人模拟试验，但由于井下环境的复杂性以及事故的突发性、不确定性和破坏性，避险设施在复杂环境下的可靠性和安全性仍有待验证。

此外，避险设施的内部保障系统具有一定的防护时间限制，我国相关规定要求其防护时间不低于 96 h，大部分避险设施的额定防护时间在 96～120 h 之间。而在矿井灾害事故中，若发生大规模破坏性火灾、爆炸、坍塌等事故，则存在着在避险设施防护时间内救援队伍不能顺利打开救援通道的风险。

（三）避险设施存在的主要问题

避险设施包括外部防护系统和内部保障系统，配备有防爆密闭门、空气净化装置、压风供氧装置、压缩氧供氧或化学氧供氧、制冷装置等装备，避险设施具有较高的安全防护性能，但同时其成本也较高。我国在井下紧急避险系统推出初期，100 人避难硐室平均建设成本约为 400 万～600 万元（含井巷工程及内部设备），救生舱平均售价为 200 万～300 万元，随着政策调整及产品的增多，产品价格有所降低。

此外，由于避险设施内部各种装备众多、复杂，且大部分装备为非标准产品，建设完成之后运营、维护成本高，技术难度大，大部分应用企业无法自行完成维修工作。

（四）避险设施建设带来的新隐患

我国现有的避险设施内有不少采用压缩氧作为二级供氧措施，或采用液态 CO_2、液氮作为制冷装置及动力源，部分矿井的避难硐室内高压液态 CO_2 气瓶多达 100 余瓶，氧气瓶数量亦在 50 瓶以上。大量高压气瓶在井下集中放置成为矿井的新隐患。压缩气瓶在存放过程中，内部气体会发生泄漏，泄漏的 O_2 或 CO_2 积聚后可能引发事故，对气瓶的重新充装过程也存在一定的风险。

第二节　矿井避难与救援系统

一、系统组成

矿井避难与救援系统由井下的人员逃生设施和装备、地面的救援设施和装备以及实现地面与井下连通的逃生钻孔和供给钻孔组成，矿井现有的压风、供水、通信、人员定位及紧急避险系统等设施为矿井钻孔逃生救援系统的建立提供支撑，如图2-4所示。

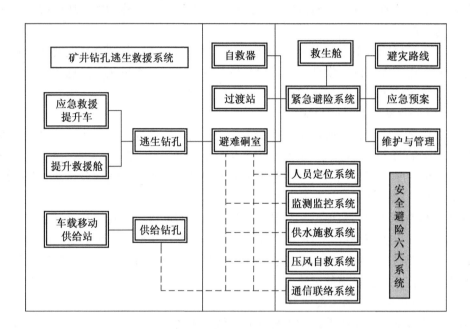

图2-4　矿井钻孔逃生救援系统结构

井下人员逃生的设备设施主要包括自救器、过渡站、避难硐室。在井下发生火灾、瓦斯煤尘爆炸、煤与瓦斯突出时，自救器可使井下人员免于有害气体中毒或缺氧窒息，为人员从有毒有害的环境中撤离和逃生提供可能。过渡站是设置在人员撤离避灾路线上、为撤离人员提供自救器更换的中转场所。避难硐室为遇险人员提供一个生命保障的密闭空间，对外能够抵御高温烟气，隔绝有毒有害气体；对内创造人员生存基本条件，为遇险人员的逃生和救援创造条件。

地面的救援设施和装备主要包括提升车、救援提升舱以及车载移动供给站。提升车及救援提升舱是实现钻孔提升救援的主要装备，提升车上配备提升绞车、井架等设备，如图2-5所示，可通过逃生钻孔将救援提升舱下放至避险设施内部，实现遇险人员的提升救援。车载移动供给站能够为避难硐室供给新鲜的空气、水、流食等物资，保障遇险人员的基本生存需求，同时具备通信、监测功能，能够实时监测避险空间内环境参数，并实现地面与井下通信联络。

逃生钻孔为安设在避险空间内直通地面的大孔径钻孔，为井下遇险人员的快速撤离提

图 2-5　提升车与救援提升舱

供通道。供给钻孔内配备供风管、流食管、通信电缆、动力电缆等管线，是地面供给站为避险空间内遇险人员供给的通道。

矿井避难与救援系统以井下避难硐室为载体，在避难硐室内接入矿井现有安全生产系统及地面供给系统，为灾变情况下遇险人员的自救和救援信息的传达提供保障。其以逃生钻孔及提升装备为核心，为实现遇险人员高效、快速的提升救援提供方法。系统的建立为遇险人员新增一条安全、可靠的逃生通道，且逃生钻孔通常比井口、风井等安全出口更接近采掘工作面等事故易发地区，人员可在相对较短的时间内撤离，降低了撤离过程中受事故造成的有害环境及二次灾害造成伤害的风险。

系统的建立是对现有紧急避险系统的延伸与改进，将灾变情况下井下人员在避险空间内被动等待救援转变为快速、高效的逃生与救援。通过钻孔逃生救援系统的建立，避免了遇险人员在避灾路线选择上的矛盾，人员可按照就近原则选择避险设施或安全出口，逃生钻孔的配备大大提高了避难硐室的可靠性，解决了现有避险设施的诸多问题。

此外，矿井避难与救援系统的构建将有助于矿井高效应急救援模式的建立，救援队伍可通过逃生钻孔进入井下及时开始救援行动，逃生钻孔配合井口、安全井等传统救援路线同时施救，尤其是对事故造成矿井主要通行巷道受阻情况下应急救援效率的提高、遇险人员的及时救助具有重要意义。同时，也可通过逃生钻孔进行排水、通风，供给食品、水、医药物品、简单救护装备等物资。

二、构建原则及适用条件

（一）构建原则

矿井避难与救援系统是矿井安全防护体系的重要组成部分，其建设应当立足于矿井实际，着眼于建设目标，遵循系统性、多样性、动态性、实用性等原则。

1. 系统性原则

系统是事物存在的方式，一个事物不是一个系统，就是系统的组成部分。矿井钻孔逃生救援系统自身是一个系统，具有一定的系统性，同时又是矿井安全防护系统的组成部分。

一方面，矿井避难与救援系统是矿井现有应急救援体系的重要部分，其建设是在现有紧急避险系统的基础上进行拓展、延伸，同时与矿井现有的压风施救、供水施救、通信联络、人员定位、监测监控等要素相互配合，相互协调，共同维持井下的安全生产。矿井避难与救援系统的建设不能够孤立于矿井现有的安全系统之外，其井下设备设施应当纳入矿井安全防护系统，地面救援装备设施应当与现有的应急救援力量、救援装备统一管理。在日常培训过程中，也应当将钻孔逃生救援系统的相关内容纳入。

另一方面，矿井避难与救援系统应当保持自身的系统性，井下人员逃生避险设备设施应当与地面救援装备和设施保持有机、紧密的联系，且自身能够独立实现突发状况下应急救援的功能。

2. 多样性原则

矿井避难与救援系统的多样性包括：井下人员防护设施的多样性、地面救援装备的多样性。在系统建设过程中应当因地制宜、因矿制宜，合理选择系统中各类设施的类型及配备。

井下人员防护设施的多样性是指在系统建设过程中，应当根据矿井现有的避险设施的情况，在人员避灾路线上合理选择过渡站、专有管路、避难所、救生舱等设施，根据不同矿井、不同采区、不同事故类型和事故特点，建立适用于各矿实际的人员避险条带。地面救援装备的多样性是指，在优先考虑采用车载移动式提升、供给装备的同时，根据自身的情况，对通往逃生钻孔的道路状况较差，不利于车载设备的通行或其他不适宜采用车载式救援装备的情况，亦可采用固定式的提升救援装备。

3. 动态性原则

矿井避难与救援系统的建设应当遵循 PDCA 循环的管理原则。其动态性原则：一方面是系统自身的动态性，在系统构建实施过程中，应当对系统的构建进行总体规划、实施，对实施过程中发现的问题进行改进，不断完善。另一方面是系统随矿井采掘面的接续及工作人员分布情况的变化而及时调整，以适应矿井安全生产的需要。

4. 实用性原则

矿井避难与救援系统的建立能够切实发挥其在矿山突发事件应急救援中的作用，如对于距离矿井安全出口较远的区域，建立钻孔逃生救援系统是有必要的，也是有意义的。

同时，矿井避难与救援系统的构建应当明确合适的服务范围及防护功能，逃生钻孔的服务范围应当是服务于主要人员作业场所，不应立足于全面覆盖整个矿井，井下避险设施的防护功能应是根据矿井的危险源及可能发生的事故类型确定。

（二）适用条件

1. 适用于具备钻孔开凿地质条件的矿井

矿井避难与救援系统的建设，其核心环节之一就是开凿一个大直径的提升救援钻孔，且保证钻孔在一定年限内的稳定性。为此，矿井避难与救援系统的建立，要求逃生钻孔选址位置地质条件较好，适合开凿至少 600 mm 以上的大直径垂直钻孔，且能够保证钻孔至少在 5 年的时间内维持较好的稳定性。

对地质条件复杂的情况：一方面在钻孔开凿过程中，施工难度大，钻孔的垂度及施工精度难以保证，施工成本往往也较高。另一方面，钻孔施工完成之后，随着时间的变化，其稳定性难以保证，后续的维护难度及成本高，不利于矿井避难与救援系统功能的实现。

2. 适用于中浅部开采的矿井

一方面，随着矿井开采深度的增加，地压不断增大，地质条件愈发复杂，逃生钻孔及井下避险设施的结构稳定性变差，矿井避难与救援系统的可靠性和稳定性降低。另一方面，提升救援的深度越深，对提升设备的性能以及提升过程中的人员安全保障要求加大，系统构建成本将随之增加。

一般来说，开采深度不超过 600 m 的矿井适合构建矿井避难与救援系统；开采深度在 600～1000 m 的矿井应根据矿井的开采布局、地质条件等矿井实际情况具体问题具体分析，酌情考虑构建本系统；开采深度超过 1000 m 以上的矿井，不建议构建矿井避难与救援系统。

3. 适用于采区、采煤面开采时间长或采煤区域较为集中的情况

矿井避难与救援系统构建时，其服务目标应为采区及工作面矿产资源丰富，接续变化较慢，或者采掘区域较为集中，工作面及采区接续集中在一定范围内的情况，以保证系统构建的投入能够在未来较长一段时间内切实服务于井下工作人员。对采区或者附近区域资源枯竭，开采年限较短的区域，不建议考虑设置逃生钻孔。

4. 适用于采区距离矿井安全出口较远的情况

对距离井口、风井等矿井安全出口较近的区域，灾变时期人员可在较短的时间内撤离至安全出口并升井，不必要构建矿井避难与救援系统；对距离安全出口较远的采区，灾变情况下人员向井口撤离距离较远、风险较高时，应考虑建设本系统。

一般来说，距离安全井口 2 km 以内的区域，原则上不建设矿井避难与救援系统；2～5 km 的区域，视情况酌情考虑；5 km 以上的区域，建议考虑建设矿井避难与救援系统。

三、构建方法

矿井避难与救援系统的构建至少应当包含分析情况与目标规划、整合资源与构建设施、完善配套与培训演练、动态调整与及时改进 4 个方面的内容。

1. 分析情况与目标规划

在矿井避难与救援系统建立之前，应当对矿井开采现状、井下易发事故及其风险情况、现有安全生产系统现状、矿区周边矿井的相关情况等信息进行调查分析。在此基础上，结合系统的建设原则、适用条件，对其服务范围、主要针对的事故类型以及服务年限等建设目标进行规划。

2. 整合资源与构建设施

应在矿井现有紧急避险系统及其他安全设施的基础上，进行矿井避难与救援系统的构建，以充分利用已有的安全投入，降低系统构建的成本。对已建设完成紧急避险系统的矿井，可视情况对现有的避险设施进行改建。对尚未有紧急避险设施的矿井，应在充分调查井下现有可利用的安全设施后进行系统的构建。

3. 完善配套与培训演练

系统基础设施构建完成之后，应当对配套的避灾路线、应急预案、日常维护管理制度等进行规范和完善，并加强对井下人员及地面救援队伍的培训与演练。

4. 动态调整与及时改进

井下的避险设施应根据采掘布局的调整及时调整，以适应不断变化的生产现状需要。

当矿井开采深度、采区发生较大改变，现有的逃生钻孔不能够满足新调整的生产布局需求时，应考虑及时增设逃生钻孔。此外，对系统运行过程中存在的问题应进行充分分析并及时改进。

四、基于矿井避难与救援系统的应急救援模式

矿井避难与救援系统建设完成之后，井下人员在灾变情况下的自救与避险方法将发生改变，地面救援队伍的应急救援模式亦与常规矿井事故的应急救援有所区别。基于矿井逃生救援系统的应急救援流程图，如图2-6所示。

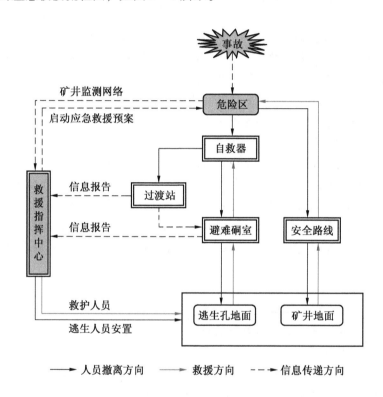

图2-6　基于矿井逃生救援系统的应急救援流程图

当井下发生事故时，矿井监测监控系统监测到井下巷道内传感器参数异常，地面调度中心应当及时与井下传感器参数异常区域取得联系，掌握井下实际情况，并及时启动应急预案，成立应急救援指挥中心。

井下工作人员在遇到突发事故时，应当及时携带自救器按照既定避灾路线撤离受事故影响的危险区域，在撤离过程中应当坚持有序、自救、互救的原则。

撤离至避难硐室的人员及时与地面指挥中心联系，汇报避险设施内人员状况及巷道外面现场情况。地面指挥中心组织救护人员从井口开展救援行动的同时，应迅速安排人员及救援装备至钻孔地面，及时将避难人员从避险设施内提升至地面。

在确定避险空间内及周边外部巷道环境安全的前提下，指挥中心安排救护人员从逃生孔进入避险设施内，深入灾害现场，从避难硐室、井口两条线路开展救援工作，提高救援

效率。

五、矿井避难与救援系统井下设施的布置原则

（一）避难硐室的选址及布置

避难硐室的选址应该综合考虑钻孔地层情况、井下作业情况、人员分布情况、煤层特点、施工难度等多方面因素，经过一系列的试验测定和现场勘探以后才能最终选定硐室的位置。

1. 布置距离

避难硐室的选址首先要针对煤矿灾害事故类型进行有针对性的分析。煤矿井下灾害事故中瓦斯爆炸是最严重的煤矿灾害，瓦斯爆炸往往导致特大事故，为此，本小节着重针对瓦斯爆炸灾害时，井下避难硐室选址距离的确定进行介绍。

1）瓦斯爆炸事故分析

瓦斯爆炸是瓦斯和空气混合后，在一定的条件下遇高温热源发生的剧烈的连锁反应，并伴有高温、高压的现象。

（1）瓦斯爆炸超压。

目前对于瓦斯爆炸超压的研究主要有试验和理论研究方法。理论研究方法主要有 TNT 当量法、多能模型、数值模拟、激波方程方法等。国防工程设计规范中规定的空爆冲击波超压 TNT 当量计算法见式（2-1）。

$$Q_S = Q_N \sqrt{\frac{\rho_N P_N T_S}{\rho_{SN} P_S T_N}} \qquad (2-1)$$

瓦斯量转化为 TNT 炸药量的计算方法见式（2-2）。

$$Q_{SN} = Q_S \frac{P_S T_N}{P_N T_S} = 0.945 V_{CH_4} \qquad (2-2)$$

将式（2-1）代入式（2-2）可得巷道中瓦斯爆炸超压计算方法，见式（2-3）。

$$\Delta P = 0.152 \left(\frac{V_{CH_4}}{SR}\right)^{1/3} + 0.89 \left(\frac{V_{CH_4}}{SR}\right)^{2/3} + 4.2 \left(\frac{V_{CH_4}}{SR}\right) \qquad (2-3)$$

式中　ΔP——瓦斯爆炸冲击波超压，MPa；

V_{CH_4}——参与爆炸的瓦斯体积，m^3；

R——离爆炸点的距离，m；

S——巷道断面面积，m^2。

冲击波是由压缩波叠加形成的，是波阵面以突进形式在介质中传播的压缩波。一般说来，爆炸时所释放的能量越大及距爆心较近，则爆炸冲击波压力就越大。实践证明爆炸后破坏最严重的地方不是在爆心而是在形成了尖锋压力的地方，一般距爆心 100 m 以外，多在 200～300 m 处。本处以距离爆炸源 200 m，某独头巷道为例进行瓦斯爆炸计算，取巷道断面为半圆拱形结构，断面面积 10 m^2，瓦斯爆炸体积 200 m^3，计算可得距离爆炸源 200 m 处冲击波压力为 0.68 MPa。

（2）瓦斯爆炸试验。

爆炸产生的最大静压是实验室中使用封闭球体测定的定容爆炸压力，10.1% 的瓦斯空气混合气体测定得到的定容爆炸压力大约为 0.71～0.81 MPa。1952 年舒尔茨·容霍夫在

美国一个废弃矿井进行了两次瓦斯浓度 9.5% 、积聚区域 300 m³ 的大型爆炸试验，爆炸测得峰值压力 1.01 MPa。

在重庆实验巷道进行的爆炸试验，瓦斯浓度 8.6% ，体积 50 m³ ，测得的最大压力为 65.86 kPa；瓦斯浓度 9.5% ，体积 100 m³ ，测得的最大压力为 0.18 MPa；瓦斯浓度 9.5% ，体积 200 m³ ，测得的最大压力为 0.46 MPa。

北京科技大学矿用可移动式救生舱在煤炭科学研究总院重庆分院瓦斯爆炸模拟巷道进行试验。测得可移动式救生舱正面冲击波压力为 2.2 MPa，侧面冲击波压力为 1 MPa。

综合以上分析，为防止避难硐室产生激励效应，避难硐室应设置在爆炸冲击波传播方向的侧向，并且不易设置离瓦斯易爆点太近的位置，一般大于 300 m，以防止爆炸冲击波峰值的破坏。同时避难硐室抵御瓦斯爆炸冲击波压力为 1 MPa。

2）爆炸冲击波与避难硐室位置的关系

通常情况下根据人员所能经受的冲击波超压值，将矿井巷道围绕爆源点划分为死亡、重伤以及轻伤 3 个区域。司荣军对不同情况下爆炸冲击波超压的极限进行了取值，见表 2 – 1。

表 2 – 1　冲击波破坏压力取值表

冲击波破坏程度	人员死亡	人员重伤	人员轻伤
冲击波压力/MPa	$\Delta P \geqslant 0.3$	$0.3 > \Delta P \geqslant 0.1$	$0.1 > \Delta P \geqslant 0.02$

根据表 2 – 1 中各区域的压力边界值可以得出当工作面发生瓦斯爆炸时，爆源点至各个边界的距离：

$$\begin{cases} R_1 = 19.34344 \dfrac{M}{S} \\ R_2 = 130.559 \dfrac{M}{S} \\ R_3 = 2060.068 \dfrac{M}{S} \end{cases} \quad (2-4)$$

式中　R_1、R_2、R_3——爆炸点距离死亡、重伤、轻伤域边界的距离，m；

　　　　M——TNT 的当量值；

　　　　S——巷道的断面面积，m²。

根据公式可以求出 $R_1 = 365.59$ m，$R_2 = 2467.57$ m，$R_3 = 38935.29$ m。避难硐室应设置在死亡区域之外，距离爆源点不能小于 R_1，适宜设置在 R_2 或者 R_3 的距离内。

3）人员疏散时间检验

采用地铁中火灾事故人群疏散的原理，以工作面发生事故为例，对避难硐室位置进行检验与研究。由于矿井地质条件比较复杂，假设由事故地点到达避难硐室为水平巷道，并且疏散开始后遇险人员从工作面经过顺槽、采区巷道转移到避难硐室。

在矿井灾害事故应急疏散过程中，疏散总时间 T 由式（2 – 5）给出：

$$T_总 = T_1 + T_2 + T_3 + T_4 \quad (2-5)$$

式中　T_1——灾害发生后的报警响应时间，s；

T_2——遇险人员响应时间，s；

T_3——巷道通行时间，s；

T_4——硐室入口疏散时间，s。

目前，我国井下已经建立了较为完善的监测监控系统，报警响应时间按照 20 s 考虑，同时井下人员对作业环境较为熟悉，遇险人员响应时间按 20 s 计算。

根据井下实测，考虑最大安全系数，取井下人员巷道内行走速度为 58.6 m/min，水平巷道的人流量为 1.5 人/（m·s），因此以 100 人永久避难硐室为例，假设避难硐室距离工作面 1000 m，则

$$T_3 = \frac{L}{V} = \frac{1000 \times 60}{58.6} = 1023.89 \text{ s} \qquad (2-6)$$

硐室所在位置一般为采区车场，巷道宽度假设为 3 m，避难硐室防爆密闭门的有效宽度为 $B_2 = 0.9$ m，参考相关研究结果，紧急疏散时通过门的人流量按 1.02 人/（m·s）计算。通过计算巷道内的通行能力为 $N_1 \times B_1 = 1.5 \times 3.0 = 4.5$，硐室入口通行能力为 $N_2 \times B_2 = 1.02 \times 0.9 = 0.918$，可知硐室入口的通行能力要小于巷道内的通行能力，人员在硐室入口处会发生滞留。则

$$T_4 = \frac{Q}{N_2 \times B_2} = \frac{100}{0.918} = 109 \text{ s} \qquad (2-7)$$

因此疏散总时间为 19.55 min，即工作面的 100 名工人可以携带救护时间为 40 min 的自救器，从事故地点向 1000 m 处的避难硐室逃生，20 min 内可以安全进入避难硐室。考虑灾害发生时的安全系数，避难硐室距离工作面不宜超过 1000 m。

2. 选址地质因素

避难硐室的选址还需考虑硐室所在位置的地质因素，其需要遵循以下原则：

避难硐室应布置在稳定的岩层中，避开地质构造带、高温带、应力异常区以及透水危险区。避难硐室的选址应考虑上部至地表的地层情况，上部地层情况要利于逃生钻孔的施工以及日常稳定性的维护。另外，避难硐室选址还要考虑采场对围岩的采动影响，尽量避开受采动影响的区域。

避难硐室还要与周围巷道保持一定的安全距离，根据理论分析和实验研究得知，硐室围岩的应力升高区不超过硐室跨度的 5～6 倍，应力的重新分布只限于硐室周围一定的范围，两个硐室相邻需要间隔一定距离以保证岩体的稳定。间隔距离的大小应根据地质条件、断面尺寸及施工条件确定。

3. 选址的其他建议

避难硐室的选址除了考虑灾害事故的类型及其伤亡范围的因素、地质因素和人员疏散的因素之外还要注意以下几个原则：

（1）避难硐室不宜设置在进回风巷道之间。一是由于回风巷道用于瓦斯的排放，避难硐室的一个出口设置在此，一旦发生气密性不严的情况，有毒有害气体会涌入避难硐室。二是由于避难硐室日常维护中两侧门体同时打开会对矿井通风系统造成影响，因此避难硐室两侧的出入口均应为进风巷道。

（2）硐室两端断面标高尽可能相等，将断面安设在坡度较缓的巷道段，这样有利于降低避难所坡度。避难硐室不宜设置在变电所、火药库、燃油存贮设施或者停车点等存在

火灾隐患的地点附近。

（二）过渡站的设置

过渡站是为在井下灾变时期人员撤离时提供一个更换自救器、中转过渡的场所，其内部放置有自救器、压风自救、供水施救、通信联络等简单装备。

过渡站的设置距离受路况、人员行走速度、自救器防护时间等因素的影响，其计算公式见式（2 - 8）。

$$S = k_1 k_2 vt \tag{2 - 8}$$

式中　　S——过渡站设置距离，m；

　　　　k_1——安全系数；

　　　　k_2——路况系数；

　　　　v——人员行走速度，m/min；

　　　　t——自救器防护时间，min。

对井下采区内人员的行走速度进行测试，结果见表 2 - 2，可知试验情况下人员的平均行走速度为 117.2 m/min。

表 2 - 2　井下人员实测行走速度

编号	年龄	测试时间/min	距离/m	速度/（m·min⁻¹）	测试地点	行走方式	巷道照明
1	35	3	316	105	采区轨道	正常	有
2	28	3	350	117	采区轨道	正常	有
3	30	3	319	106	采区轨道	正常	有
4	24	3	453	151	皮带上山	快速	有
5	28	3	415	138	皮带上山	快速	无
6	28	3	375	125	皮带上山	快速	无
7	39	3	298	98	综采工作面	正常	无
8	26	3	345	115	掘进工作面	正常	无
9	27	3	331	110	掘进工作面	正常	无
10	33	3	321	107	掘进工作面	正常	无

自救器实际防护时间受人员呼吸量的影响。不同劳动强度下人体的呼吸空气量见表 2 - 3。在不同呼吸空气量下，自救器防护时间见表 2 - 4。在采区上下山中，路况较为复杂，对人体体力消耗较大，耗氧量相对较大，等同于Ⅰ级或Ⅱ级体力劳动时，自救器防护时间宜按表 2 - 4 中 30 L/min 呼吸量下的测试值计算。在大巷中，路况相对较好时，自救器防护时间按额定时间计算。

过渡站设置距离计算时，安全系数取 0.8，考虑灾变情况对巷道的损坏或对巷道环境的影响，路况系数取 0.5。通过计算可得在工作面及采区上下山之间或路况较复杂人员行走体力消耗大的路段，过渡站设置间距为 1200 m；在大巷中或路况良好人员行走体力消耗相对较小的路段，过渡站设置间距为 2100 m。

表2-3　不同劳动强度下人体的呼吸空气量

工作状态	体力劳动强度级别	呼吸空气/(L·min⁻¹)（氧浓度21%）	耗氧量/(L·min⁻¹)
休息	—	6~15	0.2~0.4
轻度劳动	Ⅰ级体力劳动	20~25	0.6~1.0
中度劳动	Ⅱ级体力劳动	30~40	1.2~1.6
重体力劳动	Ⅲ级体力劳动	40~60	1.8~2.4
极重体力劳动	Ⅳ级体力劳动	40~80	2.5~3.0

表2-4　不同呼吸量下ZY45型压缩氧自救器防护时间及工作参数

呼吸量/(L·min⁻¹)	防护时间/min	通气阻力/Pa	最高温度/℃
30	26	180	45
22	58	180	42
10	66	180	38

第三章 密闭避难空间人体生存生理参数

为得到人体密闭空间生存生理参数，采用了建立模拟实验室的方法。建立模拟实验室的主要目的是研究人体对密闭空间气体成分、温度、湿度等相关参数的影响，从而确定实验室内各环境参数的上下边界，得到保持实验室内气压平衡、有毒有害气体去除、实验室内温（湿）度控制的最优方法。根据获得的大量基础数据，分析密闭实验室内长时间生存存在的问题以及解决的方法，归纳作为紧急避险设施设计的依据。

第一节 模拟试验平台

一、整体情况

由于试验环境要求模拟井下外部实际环境，因此需要建立试验平台。

实验室的尺寸主要根据矿井特点按实际大小设计，内部采取密封、保温措施，并作密封性以及保温性测试。根据《军用方舱标准》测试密封性能，用以保证试验数据的准确性以及稳定性。总体结构以拆装方便为主。

（一）实验室尺寸

实验室外形尺寸：4500 mm ×1300 mm ×1800 mm；

内部结构：设两道门，分为门舱和乘员舱，空间总容积为 8.6 m³；

门舱尺寸：835 mm ×1180 mm ×1680 mm，容积为 1.7 m³；

乘员舱尺寸：3470 mm ×1180 mm ×1680 mm，容积为 6.9 m³。

（二）舱门、隔间等基础设置

（1）舱门材质及密封：该密闭实验室采用方形钢材为支撑连接框架，实验室以特殊设计的钣金结构连接固定。舱壁为双层钢结构，内外部钢板均为 1.2 mm 低碳钢板，钢板之间填充 50 mm 保温隔热材料，密闭实验室入口处为双层气密门结构。

（2）隔间：采用气密门分隔两个不同的空间。这种双层门的设计可以有效地减少人员进入内舱时带入外部气体，降低实验室内空气净化装置的压力。同时在试验过程中，在紧急情况下需要内外交换物品时，可通过门舱的缓冲来进行，防止内外空气发生交换。

（3）舱底：有底，悬空支架，减少和外界接触散热，方便某些管道底部的设置。

（4）双层门（窗）：保证气密性，同时方便临时仪器以及别的物资内外传递。

（5）观察窗：观察窗为 1100 mm ×1100 mm，方便监测仪器及观察实验室内试验情况变化。

（6）实验室内外接口：设置电、气等设备专用接口，留有几个临时备用方孔，同时保证实验室的气密性。

（7）保温材料：白泡沫，海绵厚 50 mm。

实验室如图 3-1 至图 3-3 所示。

图 3-1　实验室外观图

图 3-2　实验室门外观图

二、监测系统

（一）监测系统要求

传感器均采用本安型，在可达到要求测试范围及精度范围内，尽可能选用矿用设备，其次以测试范围、分辨率、精度和性价比为优先选择条件。控制设备根据试验要求，尽可能完善测试环境，并选用功能强大的 PLC 设备，有利于建立各种条件下的数学模型。

图 3-3　实验室舱门图

（二）内部测试设备

与人体生存密切相关的环境包括气体环境及热环境，实验室内测量参数包括 O_2、CO_2、CO、CH_4、温度、湿度、压力及风速。具体仪表配置见表 3-1。

表 3-1　模拟实验室内部测试设备

测量参数	型　号	个　数
O_2	GTY1000/25 组合	2
CO_2	F200 IAQ - CO_2	1
CO	GTY1000/25 组合	2
温度、湿度	F200 IAQ - CO_2、KGW5	2（温度），1（湿度）
压力（正压）	矿井通风多参数仪	1
压力（压差）	U 型压力管	1
风速	KGF2	1
CH_4	KGJ25	1

（三）外部测试设备

实验室外部测试设备见表3-2。

表3-2　实验室外部测试设备

测量参数	型　号	个　数
O_2	CD4 多种气体测试仪	1
CH_4	CD4 多种气体测试仪	1
H_2S	CD4 多种气体测试仪	1
CO	CD4 多种气体测试仪	1
CO_2	F200 IAQ - CO_2	1
温度、湿度	干湿球温度计	1（温度），1（湿度）
频率	zn48、sp1500c（高精度）	8（zn48），1（sp1500c）
采集器	ROCKE40PLC	1
计算机	联想	1

（四）测试分析系统

实验室测试分析系统采用 Rock E40 系列 PLC，昆仑纵横组态软件，显示屏嵌入式电控柜，通过上位机、下位机软件连接实时监控并分析实验室内、外监控数据。

三、实验室内附属设备

实验室内附属设备主要是为了舒缓实验室内人员的心理压力，其中有音箱以及用于联络的对讲电话等。

其他附属设备：风扇、照明灯、空调、座椅、血压脉搏计、体温计、急救药品。

第二节　实验室特性

密闭空间人体生存生理参数的确定，需隔绝外部环境的影响，这就要求实验室具备良好的密闭性能和隔热性能。一方面能够阻隔实验室内外的气体扩散，另一方面能够抑制热量的传递。

为检验试验系统自身的全部静态特性以及为后续人体生理参数的确定提供基础，在实验室进行了静场试验和热传递试验。

一、静场性能

为测定在与外界隔离情况下，模拟实验室内由于泄漏、自身内部设备吸收、吸附等因素的影响，在实验室内开展了静场性能测试试验。

（一）温度变化

静场试验中，实验室内温度变化如图3-4所示。试验开始后115 min，实验室内温度保持不变；115~380 min，实验室内温度在21.5~22.0 ℃之间波动；380~620 min，实验室内温度保持不变。整个静场过程温度变化0.5 ℃。

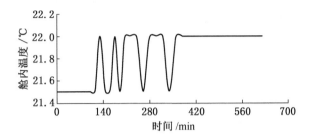

图3-4　静场无扰动实验室内温度随时间的变化

（二）湿度变化——相对湿度（RH）

静场试验中，实验室内湿度变化如图3-5所示。试验开始后190 min，实验室内湿度由28% RH降为26% RH；190~620 min，实验室内湿度保持不变，为26% RH。整个过程湿度下降2% RH。

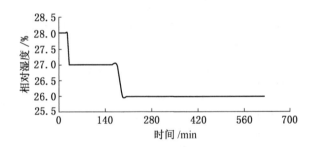

图3-5　静场无扰动舱内湿度随时间的变化

（三）空气静压变化

静场试验中，实验室内空气静压变化如图3-6所示。试验开始后0~500 min内，实验室内空气静压下降了0.62 kPa（99.84 kPa降为99.22 kPa）；500~620 min内，实验室内空气静压升高了0.14 kPa。整个试验过程中，实验室内空气静压变化量为0.48 kPa。

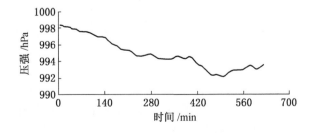

图3-6　静场无扰动舱内空气静压随时间的变化

（四）CO_2 浓度变化

静场试验中，实验室内 CO_2 浓度变化如图 3-7 所示。试验开始，CO_2 浓度有所下降，之后又上升，曲线在一定范围波动，与实验室内气体浓度不均匀有关。整个过程 CO_2 浓度下降 $9×10^{-6}$（浓度从 $713×10^{-6}$ 下降为 $704×10^{-6}$）。

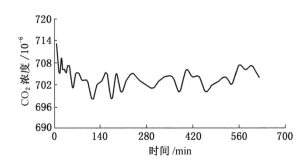

图 3-7　静场无扰动舱内 CO_2 浓度随时间的变化

静场试验表明，静场 10.33 h 内，温度变化量为 0.5 ℃，湿度变化量为 2% RH，空气静压变化量为 0.62 kPa，CO_2 浓度变化量为 $9×10^{-6}$，见表 3-3。通过试验，可认为实验室内外环境相同的情况下，实验室本身特性是稳定的，不会对试验结果有所影响。

表 3-3　静场无扰动试验相关参数变化值

初始值	结束值	温度/℃	备　注
		变化量	趋势
21.5 ℃	22.0 ℃	0.5	先升高后基本保持不变
		湿度/% RH	
初始值	结束值	变化量	趋势
28% RH	26% RH	2	先下降后基本保持不变
		空气静压/kPa	
初始值	结束值	变化量	趋势
998.4 kPa	992.2 kPa	6.2	先下降后升高
		CO_2 浓度/ $×10^{-6}$	
初始值	结束值	变化量	趋势
$713×10^{-6}$	$704×10^{-6}$	9	在 $704×10^{-6}$ 与 $713×10^{-6}$ 之间波动

二、传热性能

为测定实验室的传热性能，确定实验室以及实验室内设备的吸热性能，在实验室内配置了 2 台 1000 W 加热炉。加热 80 min 后停止加热，测试实验室内的温度、湿度变化情况。

测试时用 2 台 1000 W 加热炉加热 80 min 后，停止加热，测定实验室内环境参数变化情况。

（一）温度变化

加热炉加热过程中温度变化，如图 3 - 8 所示。加热过程中，80 min 内实验室内温度升高了 14 ℃，实验室内温度近似呈直线变化，温度变化率为 0.175 ℃/min。

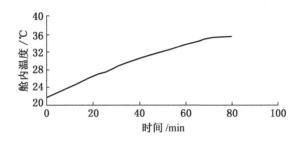

图 3 - 8　温度随时间的变化（加热炉加热过程中）

关闭加热炉后，实验室内温度变化，如图 3 - 9 所示。165 min 内，实验室内温度下降了 10.4 ℃，温度近似直线变化，温度变化率为 0.063 ℃/min。

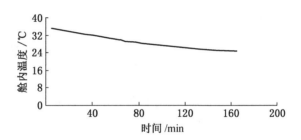

图 3 - 9　温度随时间的变化（关闭加热炉后）

（二）湿度变化

试验过程中，实验室内湿度变化，如图 3 - 10 所示。整个试验中，实验室内湿度下降 3% RH。升温过程中，实验室内湿度下降。60 min 内，湿度由 29% RH 下降为 16% RH。60 ～ 85 min 内，实验室内湿度保持在 16% RH。停止加热后，实验室内湿度升高，至试验结束时，升高至 26% RH。

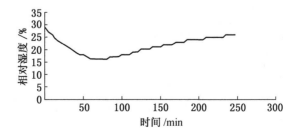

图 3 - 10　湿度随时间的变化

第三节　耗　氧　量

为确定人员不同状态下的氧气消耗量，分别在实验室内开展了 2 人 40 min、4 人 2 h、4 人 3 h、4 人 8 h 的模拟试验。

一、2 人 40 min 模拟试验

2 人 40 min 模拟试验中，试验条件为实验室内不供氧、无 CO_2 吸收装置、两名健康男性封闭在实验室内，试验人员在实验室内进行中度活动。

2 人 40 min 模拟试验实际进行 46 min，实验室内氧气浓度变化，如图 3-11 所示。试验条件下，46 min 后实验室内氧气浓度由 20.9% 下降至 20.0%，试验人均耗氧量为 0.84 L/min。

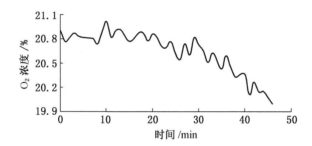

图 3-11　O_2 浓度变化曲线（2 人 40 min）

二、4 人 2 h 模拟试验

4 人 2 h 模拟试验中，实验室内开启供氧，整个过程流量控制为 1 L/min，间歇开启二氧化碳净化装置，人员在实验室内只进行轻微动作。

4 人 2 h 模拟试验实际进行 116 min，实验室内氧气浓度变化，如图 3-12 所示。试验条件下，116 min 后实验室内氧气浓度由 20.9% 下降至 19.52%（另一传感器由 20.86% 下降至 19.81%），试验人均耗氧量为 0.48 L/min。

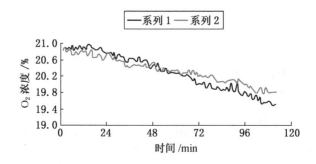

图 3-12　O_2 浓度变化曲线（4 人 2 h）

三、4人3h模拟试验

4人3h模拟试验中，实验室内开启供氧，整个过程流量控制为1.5 L/min，间歇开启二氧化碳净化装置，人员在实验室内只进行轻微动作。

4人3h模拟试验实际进行183 min，实验室内氧气浓度变化，如图3-13所示。试验条件下，116 min后实验室内氧气浓度由20.72%下降至20.21%（另一传感器由20.81%下降至20.49%），试验人均耗氧量为0.43 L/min。

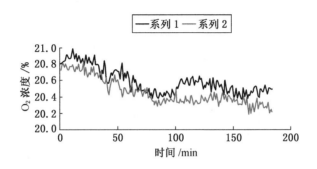

图3-13 O_2 浓度变化曲线（4人3h）

四、4人8h模拟试验

4人8h模拟试验中，实验室内开启供氧，氧气流量根据实验室内氧气浓度变化情况进行控制，持续开启二氧化碳净化装置。

4人8h模拟试验实际进行480 min，0~162 min内氧气流量为2 L/min，163~320 min内氧气流量为2.5 L/min，321~480 min内氧气流量为2 L/min，实验室内氧气浓度变化如图3-14所示。试验结束后氧气浓度由20.9%变为21%，试验过程中总供氧量为1038.5 L，试验人均耗氧量为0.54 L/min。

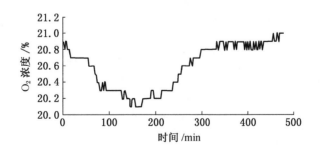

图3-14 O_2 浓度变化曲线（4人8h）

通过以上试验得出不同人数，不同时间的耗氧量，见表3-4。通过计算这4类模拟试验的耗氧量，可以看出，密闭空间内人员人均氧气消耗量为0.44 L/min。

表3-4　模拟试验得出的耗氧量

实验名称	供氧量（流量计）/（L·min⁻¹）	浓度变化/%	每人耗氧量/（L·min⁻¹）	状　态
2 人 40 min 模拟试验	0	20.9～20.0	0.82	中度活动
4 人 2 h 模拟试验	1	20.9～19.5 20.9～19.8	0.48	轻度活动
4 人 3 h 模拟试验	2（9 min） 1.5（174 min）	20.8～20.5 20.7～20.2	0.43	轻度活动
4 人 8 h 模拟试验	2（162 min） 2.5（157 min）	20.9～21	0.62（0～170 min）	轻度活动
人均耗氧量	2（162 min）	—	0.47（171～480 min）	轻度活动

第四节　二氧化碳释放量

在对人体耗氧量进行试验的同时，测试了实验室内二氧化碳浓度的变化，以确定人体二氧化碳的释放速率。

一、2 人 40 min 模拟试验

2 人 40 min 试验中，实验室内未开启二氧化碳处理装置，46 min 试验过程中，二氧化碳浓度变化情况如图 3-15 所示。

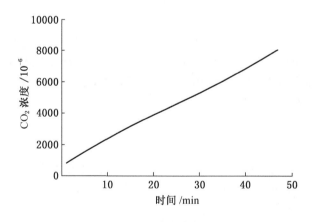

图 3-15　2 人 40 min 试验 CO_2 浓度变化

2 人在实验室内时，人员进行中度活动，实验室内 CO_2 浓度近似成直线上升，46 min 后 CO_2 浓度由 806×10^{-6} 上升至 8070×10^{-6}，人均二氧化碳释放量为 0.70 L/min。

二、4 人 2 h 模拟试验

4 人 2 h 试验中，实验室内间歇开启二氧化碳处理装置，试验过程中二氧化碳浓度变

化情况，如图 3 - 16 所示。

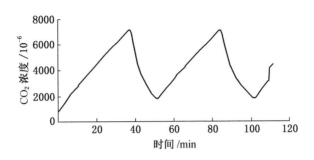

图 3 - 16 4 人 2 h 试验 CO_2 浓度变化

试验开始 36 min 后，CO_2 浓度由 835×10^{-6} 上升至 6095×10^{-6}。打开 CO_2 吸收装置，13 min 后实验室内 CO_2 浓度下降至 2033×10^{-6}。关闭吸收装置 36 min 后，实验室内 CO_2 浓度直线上升至 7122×10^{-6}。再次打开 CO_2 吸收装置，17 min 后实验室内 CO_2 浓度下降至 1944×10^{-6}，关闭吸收装置。

由计算可得，两次二氧化碳浓度上升周期中，人均二氧化碳释放量分别为 0.36 L/min 和 0.30 L/min，二氧化碳吸收装置处理二氧化碳浓度的效率分别为 375×10^{-6}/min 和 323×10^{-6}/min。

三、4 人 3 h 模拟试验

4 人 3 h 试验中，实验室内间歇开启二氧化碳处理装置，试验过程中二氧化碳浓度变化情况，如图 3 - 17 所示。

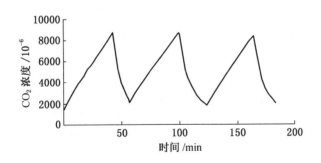

图 3 - 17 4 人 3 h 试验 CO_2 浓度变化

试验开始后 43 min，实验室内 CO_2 浓度由 1475×10^{-6} 上升至 8681×10^{-6}。开启 CO_2 去除装置，15 min 内 CO_2 浓度降至 2180×10^{-6}。以 CO_2 浓度上升降低为一个试验周期，在第二个周期内，CO_2 浓度上升至 8674×10^{-6}，用时 43 min。开启 CO_2 去除装置后，24 min 后 CO_2 浓度降至 1852×10^{-6}。在第三个周期内，CO_2 浓度上升至 8341×10^{-6}，用时 40 min。开启 CO_2 去除装置后，29 min 后 CO_2 浓度降至 2063×10^{-6}。

由计算可得，三个周期人均二氧化碳释放量分别为 0.36 L/min、0.31 L/min、0.34 L/min，二氧化碳吸收装置处理二氧化碳的效率分别为 $434 \times 10^{-6}/min$、$267 \times 10^{-6}/min$、$214 \times 10^{-6}/min$。

四、4 人 8 h 模拟试验

4 人 8 h 试验中，实验室内间歇开启二氧化碳处理装置，试验过程中二氧化碳浓度变化情况如图 3 −18 所示。

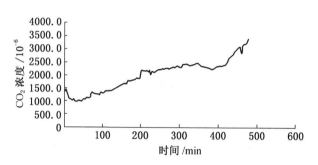

图 3 −18 4 人 8 h 试验 CO_2 浓度变化

通过 4 类试验可知，人体 CO_2 呼出量见表 3 −5。

表 3 −5 模拟试验人均 CO_2 呼出量

试验名称	CO_2 浓度上升变化$/10^{-6}$	CO_2 呼出量$/(L \cdot min^{-1})$	状 态
2 人 40 min	806 ~ 8070	0.70	中度活动
4 人 2 h	835 ~ 6095	0.36	轻度活动
	2033 ~ 7122	0.30	轻度活动
4 人 3 h	1475 ~ 8681	0.36	轻度活动
	2180 ~ 8674	0.31	轻度活动
	1852 ~ 8341	0.34	轻度活动
4 人 8 h		0.52（0 ~ 170 min）	中度活动
		0.38（171 ~ 480 min）	轻度活动
平 均		0.38	—

第五节 温度和湿度变化

一、温度

（一）2 人 40 min 模拟试验

2 人 40 min 试验中，实验室内温度变化，如图 3 −19 所示。在该试验中，实验室内无温度控制设施，无其他设备开启散热。2 人人体散热就使得实验室内温度在 46 min 内温度从 23.6 ℃上升至 26 ℃，每小时约上升 3.1 ℃，平均上升速率为 1.55 ℃/(人·h)。

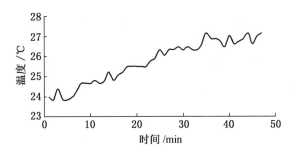

图 3 - 19　2 人 40 min 试验温度变化

（二）4 人 2 h 模拟试验

4 人 2 h 试验中，实验室内温度变化，如图 3 - 20 所示。实验室内温度每小时上升约 3.25 ℃，平均上升速率为 0.81 ℃/(人·h)。

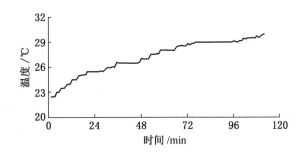

图 3 - 20　4 人 2 h 试验温度变化

（三）4 人 3 h 模拟试验

4 人 3 h 试验中，实验室内温度变化，如图 3 - 21 所示。实验室内温度每小时上升约 3.25 ℃，平均上升速率为 0.69 ℃/(人·h)。由试验数据可知，温度上升速率很快，实验室内人员感觉湿热，非常不适。

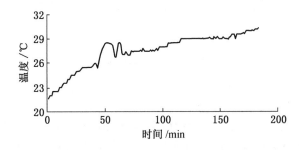

图 3 - 21　4 人 3 h 试验温度变化

（四）4人8h模拟试验

4人8h试验中，实验室内温度变化，如图3-22所示。由于人体散热及净化装置化学反应大量产热，实验室内温度始终呈上升趋势，试验进行100 min后实验室内温度从23℃上升至30℃，平均每小时上升4.2℃。试验后期由于实验室内人员疲倦，比较安静，产热较之前大大减小。另外净化装置内药剂基本反应完，与CO_2反应速率明显降低，化学反应产热较以前也有一定减少，试验后期实验室内温度上升趋势不明显，实验室内温度基本在30~32℃之间。

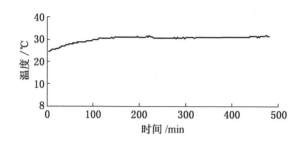

图3-22　4人8h试验温度变化

二、湿度

（一）2人40 min模拟试验

2人40 min试验中，实验室内湿度变化如图3-23所示。在该试验中，实验室内无湿度控制设施，无其他设备开启的情况下，由于2人人体散湿使得实验室内湿度在47 min内从63% RH上升到71% RH，每小时上升约10% RH。因此，实验室内要保障人的生存，应有相应的除湿装置。

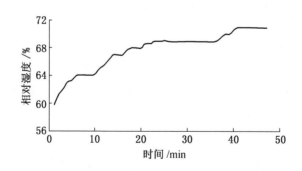

图3-23　2人40 min试验湿度变化

（二）4人2h模拟试验

4人2h试验中，实验室内湿度变化如图3-24所示。试验过程中主要湿度来源为人体散湿以及二氧化碳净化装置化学反应产生水分，2h试验后，实验室内湿度从47% RH上升到83% RH，平均每小时上升18% RH，湿度上升速率明显要比2人40 min试验快。

说明净化装置中吸收 CO_2 反应产水量较大，不容忽视。

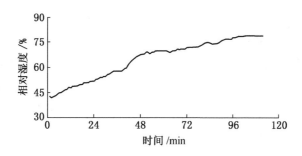

图 3 - 24　4 人 2 h 试验湿度变化

（三）4 人 3 h 模拟试验

4 人 3 h 试验中，实验室内湿度变化如图 3 - 25 所示。183 min 内实验室内的湿度由开始的 50% RH 上升至 89% RH，平均每小时上升 13% RH。

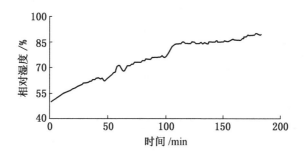

图 3 - 25　4 人 3 h 试验湿度变化

（四）4 人 8 h 模拟试验

4 人 8 h 试验中，实验室内湿度变化如图 3 - 26 所示。

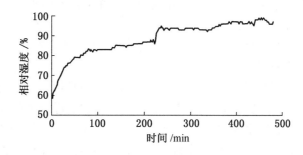

图 3 - 26　4 人 8 h 试验湿度变化

实验室内初始相对湿度为 57% RH，在 1 h 内，实验室内湿度上升为 80% RH，平均每小时上升23% RH。此时实验室内人员感觉湿热。之后，湿度上升有所减缓，舱壁上有水滴凝结，湿度最终上升至99% RH。

试验结束时舱壁上大量凝结水滴，实验室内纸质物品全部湿透。出舱后，试验人员衣物全湿透，感觉身体虚弱无力，非常疲惫。试验期间感觉身体热量无法散发，湿热难忍。

试验表明，密闭空间内湿度的控制是至关重要的，是保证实验室内人员生命安全的必要条件。除此之外，实验室内有大量电器设备、仪表等，这些设备在高湿条件下使用寿命、灵敏度均受到很大影响，甚至可能引发短路、漏电等事故危险。

三、温度和湿度变化规律

根据各模拟试验结果，可得实验室内温、湿度变化规律见表3-6。

表3-6　各模拟试验中温、湿度变化规律

试　验　名　称		平均/h	平均/(人·h^{-1})
2人40 min	温度（℃）	3.1	1.55
	湿度（% RH）	10	5
4人2 h	温度（℃）	3.25	0.8125
	湿度（% RH）	18	4.5
4人3 h	温度（℃）	2.77	0.69
	湿度（% RH）	10.3	2.58
4人8 h	前100 min	温度（℃）	4.2	1.05
	湿度（% RH）	13.8	3.45
	全过程	温度（℃）	1.125	0.28
	湿度（% RH）	5	1.25
平均	温度（℃）	2.89	0.877
	湿度（% RH）	11.42	3.36

在人员进入实验室后，实验室内温度上升比较快，基本呈直线上升，每小时上升3 ℃，实验室内人员数对实验室内温度上升速率影响并不是特别大。在湿度方面，人员进入实验室短时间内，实验室内湿度上升比较快，基本每小时上升12% RH，实验室内人员数对实验室内湿度上升速率有很大的影响，主要是由于人数多产生CO_2也较多，吸收装置吸收CO_2化学反应产水量也较多。

在4人8 h试验中，温度第一次出现平稳段。在本次试验中实验室内温度首次在30 ℃时保持了较长的稳定，之后实验室内温度虽有上升，但明显没有之前温度上升速率快。湿度方面，实验室内湿度始终呈较快速率的上升，在4人8 h试验中，湿度第一次出现平稳段出现在83% RH~85% RH段，在这个湿度情况下稳定约90 min，之后实验室内湿度又有较大幅度的上升，约10 min内上升至94% RH，之后基本稳定在95% RH~97% RH之间。

第六节　一氧化碳释放量

在进行模拟试验时，4人8h试验中测得实验室内出现有CO，为此，进行了4人10h、4人12h模拟试验，测试实验室内CO浓度变化情况，其结果如图3-27、图3-28所示。经排查认定实验室内并无其他CO释放源，为此认为人员在密闭空间内长期停留时，将产生少量的CO。

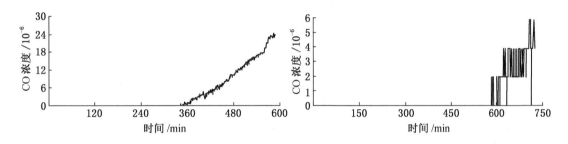

图3-27　4人10h试验CO浓度变化　　　　　图3-28　4人12h试验CO浓度变化

第七节　血压与脉搏情况

在4人3h试验和4人8h试验进行时，分别对试验人员试验前后的血压和脉搏进行了测量。4人3h试验血压脉搏的测量结果见表3-7，4人8h试验结果见表3-8，由表可知，试验人员的血压与脉搏试验前后并无明显的规律性变化。

表3-7　4人3h试验人员血压与脉搏情况

人员姓名	试　验　前			试　验　后		
	收缩压/mmHg	舒张压/mmHg	脉搏	收缩压/mmHg	舒张压/mmHg	脉搏
志愿者1	134	68	73	106	70	81
志愿者2	109	71	89	86	58	98
志愿者3	114	71	88	107	77	82
志愿者4	103	65	86	101	65	77

表3-8　4人8h试验人员血压与脉搏情况

人员姓名	试　验　前			试　验　后		
	收缩压/mmHg	舒张压/mmHg	脉搏	收缩压/mmHg	舒张压/mmHg	脉搏
志愿者1	119	66	60	106	72	72
志愿者2	115	70	62	114	68	68
志愿者3	106	66	69	121	73	81
志愿者4	111	79	83	106	82	87

第四章　井下密闭空间防护技术

第一节　避难硐室防护门研究

一、防护门抗压性能研究

避难硐室防护门的抗压性能提高可以通过进行防护门材料、防护门结构形式、门体厚度三者因素综合考虑确定防护门体的设计。

（一）材料影响分析

1. 现有防护材料分析

防护门材料的选择对于门体防护功能的实现起着至关重要的作用，现有防护材料通常分为 3 种：

1）金属材料

金属材料有 Q235 钢、45 钢、70 钢、16Mn 钢、球墨铸铁等。

2）防爆材料

防爆材料的防爆效能主要是由于其极高的表面效能迅速地吸收了大量热能，及其特殊的"蜂窝"状结构阻滞了火焰和压力的传播。阻隔防爆材料按形状分类：网状和球状。

3）复合材料

（1）陶瓷材料。陶瓷材料有氧化铝、碳化硅和碳化硼。其中氧化铝密度最高，且最便宜，碳化硼密度最小，把陶瓷与其他材料结合为一个结构整体，然后再融进金属材料，也有在金属板上嵌入陶瓷构成网状结构。陶瓷材料具有密度效应、吸能效应、磨损效应等特性。

（2）泡沫塑料。泡沫塑料是人造多孔材料，也是一种应用广泛的高分子材料。

（3）纤维复合材料。纤维复合材料是采用纤维织物或混杂纤维织物，在一定的工艺条件下与树脂基体复合而制得的具有一定防弹性能的材料。防弹纤维复合材料密度低、比强度和比模量高，断裂安全性好，可设计性强。

2. 门体防护材料确定

根据矿井环境、灾变分析、材料自身性能、成本、制造可行性等因素综合考虑选择防护门体材料。对常村煤矿进行现场监测，硐室所在位置的温度在 16 ℃，相对湿度 85% ~ 90%，粉尘浓度较高。

本次避难硐室抗压强度确定为 1 MPa，抗压强度相对较低，同时井下环境恶劣。

防爆材料主要作用是阻滞火焰和压力的传播，由于是蜂窝结构，气密性无法得到保证。

陶瓷材料承受的拉伸能力较小，在使用时需为其配备韧性背板，且造价较高。

纤维材料和泡沫材料具有良好的减振和能量吸收能力，是有效的防护材料，但是一般要求具有一定厚度。同时泡沫材料需要加装背板，并且造价偏高。井下高浓度粉尘、高湿环境会对泡沫材料性能产生影响。

综合考虑防护性能、成本、制造可行性等因素，确定采用金属材料作为门体防护材料。

选择不同种类的金属，通过比较抗拉、抗压性能以及实际制造过程的可行性、成本确定最终的材料选择。

常见金属材料 Q235 钢（低碳钢）、45 钢（中碳钢）、70 钢（高碳钢）、16Mn 钢性能分析见表 4 - 1。

表 4 - 1 常用金属材料性能分析

材 料	屈服强度 σ/MPa	弹性模量 E/GPa
Q235 钢	235	210
45 钢	355	204
70 钢	420	210
16Mn 钢	350	206

几种金属材料的抗压性能：Q235 钢 < 45 钢 ≈ 16Mn 钢 < 70 钢。

单从抗压性能考虑，70 钢的抗压性能最好，使用 70 钢可以降低门体厚度，门体的灵活性得到提高。

但是 70 钢的成形工艺比较苛刻，在成形过程中很容易发生拉伸龟裂现象，导致门体变形，达不到防护效果。

Q235 钢属于最常用金属门体材料，但是屈服强度偏小，且不耐腐蚀，井下高湿环境下十分容易发生锈蚀现象，从而防护性能降低。

45 钢与 16Mn 钢的力学性能比较接近，但是 16Mn 钢耐腐蚀性较强。

综合考虑本次避难硐室防护门体材料选用 16Mn 钢。

（二）结构理论研究

防护门体结构通常分为平板型和弧线形两种形式。防护门与正面冲击波垂直时，冲击波冲击效能达到最大，承受压力最大，对门体的损害最大。为减小冲击波冲击效能，防护门与冲击波应该成一定角度而非垂直。下面针对两种情况进行门体受力分析。

1. 平面防护门

防护门为平面结构，与冲击波方向成角 α，冲击波平均压强为 p，β 为冲击波入射角及反射角。S 为防护门面积，X 为冲击波方向反力，Y 为垂直冲击波方向反力，R 为总反力。冲击波作用情况，如图 4 - 1 所示。

则有

$$0.5pS\cos(2\beta) + 0.5pS = X \qquad (4-1)$$

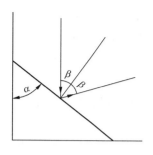

图 4-1　冲击波作用于
平面防护门

$$0.5pS\sin(2\beta) = Y \qquad (4-2)$$

即

$$0.5pS\cos2\alpha + 0.5pS = X \qquad (4-3)$$

$$0.5pS\sin2\alpha = Y \qquad (4-4)$$

冲击波为

$$R = 0.5\sqrt{2 - 2\cos2\alpha pS} \qquad (4-5)$$

当量应力为

$$D = \frac{0.5pS\sqrt{2-2\cos2\alpha}}{\dfrac{0.5S}{\sin\alpha}} = P\sin\alpha\sqrt{2-2\cos2\alpha} \qquad (4-6)$$

当 $\alpha = \pi/4$ 时，$R = 0.7pS$，$D = p$；当 $\alpha = \pi/2$ 时，$R = pS$，$D = 2p$。

比较得知，当防护门平面倾斜 45°时，对于冲击波正面冲击，冲击力减少约 30%，当量强度提高 50%。

2. 圆弧防护门

圆弧防护门计算较复杂，现仅取圆弧门计算说明。防护门与冲击波方向成角 α，冲击波平均压强为 p，β 为冲击波入射角及反射角。S 为防护门面积，X 为冲击波方向反力，Y 为垂直冲击波方向反力，R 为总反力。冲击波作用情况如图 4-2 所示。

对于冲击波正面冲击，冲击力为

$$X = \int_0^{0.5S} p(1 - \cos2\alpha)\,\mathrm{d}x = \frac{2}{3}pS \qquad (4-7)$$

$$Y = \int_0^{0.5S} p\sin2\alpha\,\mathrm{d}x = -\frac{1}{3}pS \qquad (4-8)$$

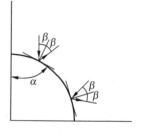

图 4-2　冲击波作用于
圆弧防护门

冲击波为

$$R = \sqrt{X^2 + Y^2} = \frac{\sqrt{5}}{3}pS \qquad (4-9)$$

当量应力为

$$D = \frac{R}{\pi S} = \frac{\sqrt{5}}{3\pi}p \qquad (4-10)$$

与平面防护门比较，对于冲击波正面冲击，冲击力减少约 25%，当量强度提高约 50%。

通过上述计算可以发现防护门的防护性能的提高可以通过两方面解决：防护门采用平面结构与正面冲击波成一定角度，或者防护门采用弧形结构。

避难硐室选址设计不仅考虑冲击波对防护门的伤害，而且考虑防止激励效应发生。避难硐室设置在巷道侧帮，与正面冲击波垂直，最大化降低冲击波对防护门的冲击压力。

由于门体采用圆弧结构需要设计专用冲压模具，成本会相应增加，因此本次防护门设计强度为 1.0 MPa。采用平板结构能够满足强度设计要求，且成本会大幅降低，防护门采用背板加筋处理。

（三）厚度影响分析

防护门的抗压性能可以通过提高防护材料厚度来提高，但防护门的自重会增加，机动性能会下降。

本次防护门尺寸考虑透光尺寸、人体进出方便程度、硐室断面尺寸等。门体确定长度为 1800 mm，宽度为 1200 mm。

1. 理论计算

$$D = \frac{P_z B}{2\sigma_D} \tag{4-11}$$

式中　　D——门厚度，m；

　　　　B——门宽度，m；

　　　　σ_D——门材料拉应力，Pa；

　　　　P_z——门及门墙上压强，Pa。

修正：$D_1 = (1.5 \sim 2.0)D$。代入数据进行计算：$D = \dfrac{P_z B}{2\sigma_D} = 4$ mm。

故，$D_1 = (1.5 \sim 2.0)$，$D = 6 \sim 8$ mm。

2. 数值分析

本次选用 ANSYS 软件作为分析防护门体厚度分析软件。

1）建模阶段

现在简化防护门体结构，仅考虑全平面情况，门体为立方体结构，采用板壳单元进行数值分析。选择 15 mm 厚度对门体防护性能进行应力分析确定，门体材料为 16Mn 钢，其弹性模量 $E = 206$ GPa，泊松比为 0.3。防护门简易模型如图 4 - 3 所示。

对防护门模型进行网格划分，门板的密封面即四周进行约束，同时对平面施加垂直载荷 1 MPa。施加约束及载荷后简易模型如图 4 - 4 所示。

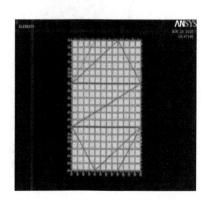

图 4 - 3　防护门简易模型　　　　图 4 - 4　施加约束及载荷后简易模型

2）后处理阶段

ANSYS 解算后，进行应力、位移云图分析，结果如图 4 - 5 所示。

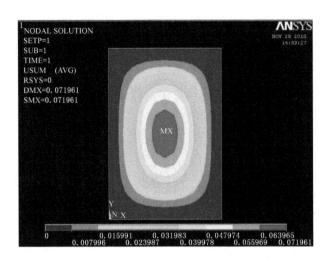

图 4-5　位移矢量云图

从图 4-5 可以明显发现防护门的中间是变形最大区域，并以门体中心为椭圆中心，成逐渐变形递减趋势，门体的密封面处变形量最小。因此考虑在位移较大处设置筋板进行加强处理。

从图 4-6 可以发现防护门旋转矢量以 Y 轴方向成镜像对称，轴两侧出现旋转矢量最大区域，说明这两侧在压力作用下处于失稳状态。因此门体尺寸尽量降低，利于稳定。

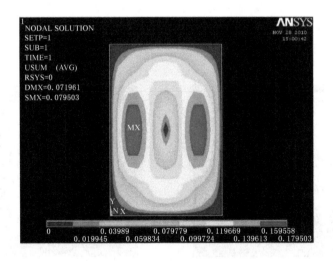

图 4-6　旋转矢量云图

由图 4-7 可知，门板局部出现凹陷，但未进入屈服阶段，未发生塑性变形，门板能够抵抗 1 MPa 冲击波载荷的作用，其强度满足要求。同时发现在密封面约束区域出现应力集中现象，因此密封结合面需要增大。

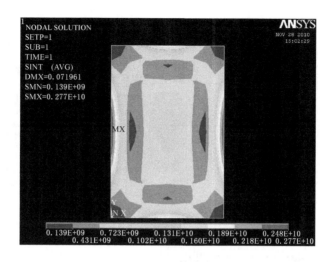

图 4-7 压力分布云图

通过理论计算和数值分析可以发现选用 16Mn 钢作为防护门材料，采用 15 mm 厚平板结构满足压力要求。

二、防护门附件设计

防护门由门框、门扇和门轴组件构成。门框组件包括门框密封面、门框密封槽和密封部件。门扇组件包括门扇密封面和锁紧机构。门轴组件实际上是一个双轴转动铰链机构。

（一）防护门锁紧机构设计

由于煤矿井下环境条件较为恶劣，如湿度达到 85% 以上、粉尘浓度较高等，为确保防护门安全可靠，应尽量不采用电动及感应电子器件，而宜采用机械式方式。基本要求是结构简单，安装方便，经济实用。

本处防护门的锁紧方式采用机械锁紧，通过设置在门板中部的齿轮传动机构牵引两套连杆机构，锁紧块采用 6 个，左右两侧各三个，连杆动作时，左侧与右侧运动方向相反，在门框上设置 6 个对应的锁紧点。人员通过转动门板上的手轮启闭防护门。在防护门外侧，人员向右转动手轮，可打开防火门，向左转动手轮，可关闭锁紧防护门。在防护门内侧，人员向左转动手轮，可打开防火门，向右转动手轮，可关闭锁紧防护门。

为开启方便，可为防护门设置一套锁紧装置，人员可以通过该套装置，快速开启或锁紧防护门。防护门设计如图 4-8 所示。

（二）防护门耐高温设计

由于门体需要能够承受瞬时高温，因此从两方面对防护门体进行处理：表面喷涂与内部充填。

1. 表面喷涂

防护门体表面涂有多层防火、防锈、防腐专用涂层，耐火涂料厚度为 1 mm。

2. 内部充填

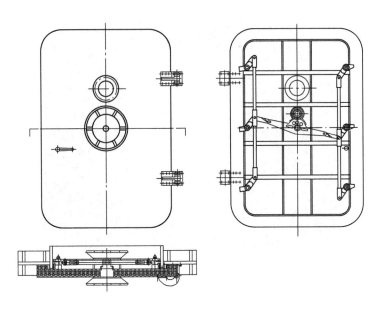

图 4-8　防护门设计图

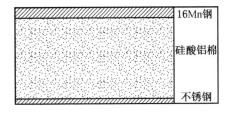

图 4-9　门体材质示意图

防护门体为双层钢结构，外部为 15 mm 16Mn 钢，内部充填厚度为 50 mm 的隔热层，完全阻断内外热桥，避免外部热量通过防护门传入避难硐室。隔热材料选用含锆型硅酸铝棉，为防止隔热材料的老化，延长隔热层的使用寿命，内部附着一层不锈钢板，不锈钢材料为 316 L，厚度为 2 mm。门体材质如图 4-9 所示。

硅酸铝棉是以高纯氧化铝、硅石粉及锆英砂合成料为原料经电炉熔融、喷吹而成的絮状纤维。硅酸铝棉特点及技术指标见表 4-2。

表 4-2　硅酸铝棉特点及技术指标

分类温度/℃	工作温度/℃	颜色	纤维直径/μm	特　　　点
1400	1350	洁白	3~5	1. 低导热率、低热容量； 2. 优良的热稳定性、化学稳定性及吸音性； 3. 无腐蚀性物质

（三）防护门密封设计

避难硐室防护门基本的性能就是密闭性，通过密闭保证隔绝有毒有害气体对避难人员的伤害。

门体密闭主要是门扇与门框间的密闭。门体和门框的密闭现在通常采用两种方式：第一种采用胶皮密封（如硅橡胶、聚酯纤维、毛毡、密封胶条、耐热橡胶等）。第二种采用胶管密封。

门体与门框的密封面宽度为 40 mm。本次门框密封面采用特制的密封胶条，防护门的变形不太严重时，对其密封性能影响不大。由于胶条的张力较大，将其固定于门框上后，可以起到限制防护门变形的作用，有利于提高密闭门的密封性能。同时利用门体锁紧机构压紧密封胶管，达到密封效果。

（四）防护门启闭设计

门体采用门轴式开启方式，向外开启。门转轴承受门扇自重引起的径向载荷和门扇传来的反向压力。径向载荷的大小与门扇的自重、门扇重心到轴心铅垂线的距离成正比，与两铰页链的中心距离成反比。门轴与门扇之间采用螺栓连接，为使门扇受冲击波正压力作用时门轴不约束门扇，将轴的螺栓孔做成椭圆形，其孔径稍大于螺栓直径。门轴及限位装置如图 4－10 所示。

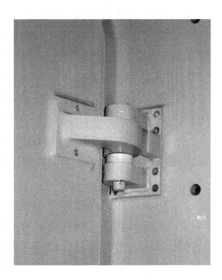

图 4－10 门轴及限位装置

由于煤矿井下环境条件较为恶劣，如湿度 85%以上、粉尘浓度较高等，因此为确保安装的密闭门的安全可靠，应尽量不采用电动及感应电子器件，而宜采用机械式传动。基本要求是结构简单，安装方便，经济实用。门通常的推动方式：气动式、直线电机式、液压推杆式等。为保证系统的可靠，决定降低门体重量和提高门体转轴灵活度，门体采用手动启闭方式，防护门整体外观如图 4－11 所示。

图 4－11 防护门整体外观图

三、防护门工业性试验

（一）水压试验测试

1. 水压试验准备工作

（1）设计专门的水压试验容器，将两个门框与试验容器进行整体焊接，保证焊接缝严密，焊缝厚度达到 4 mm 以上。

（2）将整体结构在地面上找平支好，保证水平。

（3）试验前应将压力容器内所有残留物清除干净。

（4）将压力容器人孔、安全阀座孔及其他接管孔用盲板封闭严实。在压力容器顶部留一个安装截止阀的接管以便充水加压时空气由此排出。在底部选一接管作为进水口，且应安装截止阀以便保压时防止泵渗漏引起的压降。

2. 试压过程注意事项

（1）试压上水前，详细检查法兰、压力表、放空管情况。试压过程中密切观察变形状况。

（2）试验时，压力试验人员应尽量避免站在压力容器接管出口方向。试压过程中发生异常响声、压力下降等，立即停止试验并查明原因，消除隐患后，继续试验，确保试验安全。

（3）机械设备使用过程中出现问题，及时关闭进水、进气阀门，并及时维修设备。

（4）试压时用警戒线将试压容器圈出安全范围，以防止突发事故。

（5）试压时随时注意环境温度的变化，监视压力表的读数，防止发生超压现象。

3. 试验设备

水压试验设备清单见表 4 - 3。

表4-3　水压试验设备清单

设　备	压　力　表	试　压　泵
参数	压力表等级：1.6	型号：4D - SY160/6.3
	压力表量程：0~4.0 MPa	额定排出压力：6.3 MPa
	压力表盘直径：150 mm	高压时流量：160 L/h；低压时流量：530 L/h

（二）试验过程分析

1. 试验环境

（1）试压用清洁的工业用水，环境温度为 8 ℃，介质温度为 8 ℃。

（2）试验压力为 1.6 MPa。

试验环境如图 4 - 12 所示。

2. 试验过程分析

（1）加压分阶段缓慢进行，当压力升至试验压力 50%（0.8 MPa）时保持 15 min，然后对门扇、门框的所有焊缝和密封部位进行渗漏检查，确认无渗漏后再升压。

（2）升压至试验压力的 87.5%（1.4 MPa），保持 15 min，再进行检查，确认无渗漏后再升压。

（3）当压力升至试验压力时，保持 30 min，然后将压力降至试验压力 75%（1.2 MPa），进行检查，无渗透、无异常现象为合格。

图 4 – 12　防护门工业性水压试验

（4）当出现压力不稳定时，应检查法兰密封面是否渗漏，如果密封面渗漏，看法兰螺栓是否有松动现象，如有松动可重新拧紧螺栓。再看密封面是否损坏，如损坏可卸压更换后重新打压。试验时应保证压力容器外表面干燥。

从图 4 – 13 中可以发现：

（1）在压力为 0 ~ 0.4 MPa 时，门板的变形量与压力成线性增加关系。

（2）在 0.4 ~ 0.6 MPa，变形量维持恒定，这说明此时处于压力平衡状态，此压力值也是防护门能承受的最大值。

（3）在 0.6 ~ 1.4 MPa，门板变形量处于缓慢增加。

（4）在 1.4 ~ 1.6 MPa，门板变形量出现显著增加，应该停止加压，否则会对门板产生塑性变形。

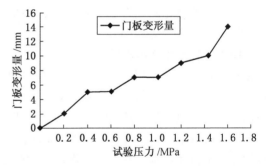

图 4 – 13　水压试验压力曲线

经过 1.6 MPa 水压试验，防护门无渗漏，无异常响声，减压后无永久性变形，门板设计满足设计要求。

第二节　避难硐室防护墙研究

根据煤矿事故统计和救援经验，在矿井发生事故第一现场因爆炸、坍塌等伤害立刻遇难的人员仅占事故总死亡人数的 15% 左右，绝大多数矿工的遇难是由于爆炸后其附近区域氧气耗尽、含有高浓度有毒有害气体、逃生路线被爆炸阻断而无法及时撤离到安全区域造成的。因此，在煤矿事故中，无法及时转移、长时间暴露于有毒有害的气体环境中导致窒息是造成人员伤亡的最直接原因。

基于以上考虑，矿井避难硐室必须是一个密闭空间，与外部有毒有害气体、高温环境隔离开，同时能够抵御爆炸冲击波的侵袭。因此避难硐室的防爆密闭墙要经过特殊的设计研究，选择合适的材料保证密闭性能和强度。

一、防护材料配比研究

(一) 防护墙材料分析

防护墙材料的选择，对防护性能影响很大。衡量材料承受动力性能好坏的主要指标是材料的柔性系数。柔性系数的大小等于在动荷载作用下结构的最大挠度和材料的屈服挠度之比。柔性系数越大，材料的柔韧性越好。

现有的防护密闭材料通常分为 4 种：脆性材料、弹性材料、松散材料及多胞材料。

1. 脆性材料

脆性材料一般是抗压性能好于抗拉性能。在防护工程中多用混凝土作为防护材料，这是基于混凝土材料的易成型、造价低、施工方便、工件抗压性能好等优点。但由于混凝土材料抗拉性能极差，因此不能用于冲击波作用下的抗拉部件。

2. 弹性材料

防护工程典型弹性材料是橡胶类及橡胶和其他材料复合类。这类材料多用作缓冲目的，其原理是通过弹性体受冲击后的大变形及载荷传递的递增性和延时性来降低冲击载荷的峰值效应。冲击动能一部分引起弹性体动能的变化，另一部分造成弹性体内能的改变，并通过内能的改变起到降低峰值冲击动能的目的。

3. 松散材料及多胞材料

防护工程的松散材料常见的有土、砂等，而多胞材料则多为人工泡沫塑料等。当其表层颗粒受到冲击波作用后产生运动，获取动量，接着对其下一层颗粒产生碰撞并传递动量。松散材料及多胞材料其骨料之间含有大量的气体等物质，在其动量传递过程中，局部破坏，造成动量损失，从而降低了冲击动能的效应。

本次避难硐室抗压性能要求为 1 MPa，因此脆性材料、弹性材料、松散材料、多胞材料均能满足抗压要求。井下环境潮湿，粉尘浓度大，需考虑满足气密性能，而松散材料无法满足气密性要求。弹性材料和多胞材料由于井下施工不便，因此与防护门整体性无法得到保证。综合考虑决定采用脆性材料作为防护材料。一般情况下，钢结构柔性系数为 30 ~ 50，钢筋混凝土结构柔性系数为 10 ~ 30。为保证防护门与防护墙整体受力，决定采用钢筋混凝土结构作为防护墙材料。

普通混凝土是一种不均质多相体，其具有大量不同的形态尺寸的孔隙。孔隙的产生主要由化学收缩、干湿变形、温度变形导致。这些孔隙多数是透气的通道，当混凝土中大量的界面裂缝、砂浆裂缝与毛细孔隙连通成网，则形成更大的透气途径。

气密性混凝土，是在拌合普通混凝土时掺入一定比例的硅灰、粉煤灰和高效减水剂而成。其作用机理是利用硅灰、粉煤灰的高化学活性，改善混凝土整体结构和界面状况。而高效减水剂有早强、高强和分散作用，从而有效地提高混凝土的密实度，达到封闭瓦斯、防水及防腐的目的。

(二) 混凝土组分分析

通过试验可以确定各种组分对混凝土气密性的影响及其用量。

1. 水泥

选用 425 号普通硅酸盐水泥。排除掺混合料的硅酸盐水泥，以防止混凝土在硬化过程中的内外分层所引起的水泥浆与集料界面裂缝数量过多以及因泌水而形成的毛细孔隙的产生。水泥用量不低于 300 kg/m³。

2. 骨料

（1）粗骨料。粗骨料最大粒径小于 25 mm，石子粒径越大混凝土的抗渗性能越差。选择多元级配的碎石，提高混凝土的密实性。含泥量不大于 1%。针、片状颗粒含量不大于 10%。

（2）细骨料。选用质地坚硬、级配良好的中砂。颗粒级配中粒径小于 0.315 mm 的颗粒所占的比重为 15% ~ 20%，细度模数在 2.6 ~ 2.9 范围内。砂的细度模数不小于 2.7 的中砂，含泥量不得大于 3%，小于 0.16 mm 的颗粒不得大于 5%，不得使用细砂。

3. 硅灰

选用硅灰的二氧化硅含量不小于 90%，烧失量不大于 5%。硅粉等量取代水泥用量一般取 5% ~ 10%。

4. 粉煤灰

选用 I 级粉煤灰。粉煤灰，其品质应符合《粉煤灰应用技术规范》或者《用于水泥和混凝土中的粉煤灰》。在气密性混凝土中，粉煤灰取代水泥的数量一般为 15% ~ 25%。

5. 减水剂

采用高效减水剂。从使用减水剂来看，掺量多少只是从它对坍落度的影响来考虑。一般减水剂掺量取 0.6% ~ 0.8% 即可。

（三）配合比设计步骤

1. 理论配合比设计研究

按普通混凝土配合比的设计方法，设计出既满足强度要求，又满足气密性混凝土基本条件的混凝土配合比，作为气密性混凝土配合比设计的原始基准配合比。

1）确定配制强度 $f_{cu,0}$

根据《普通混凝土配合比设计规程》（JGJ 55）规定，配制强度可按下式计算：

$$f_{cu,0} = f_{cu,k} + 1.645\sigma \tag{4-12}$$

式中　$f_{cu,0}$——配制强度，MPa；

　　　$f_{cu,k}$——设计强度，MPa；

　　　σ——混凝土标准差，MPa。

混凝土标准差取值见表 4-4。

表 4-4　混凝土标准差取值要求

混凝土强度等级	< C20	C20 ~ C25	> C30
σ/MPa	< 3.5	> 2.5	> 3.0

本次防护墙设计强度为 C40，因此实际设计强度要求达到 48.2 MPa。

2）确定水灰比（W/C）

根据已知的混凝土配制强度（$f_{cu,0}$）及所用水泥的实际强度（f_{ce}）或水泥强度等级，计算出所要求的水灰比值：

$$W/C = \frac{\alpha_a f_{ce}}{f_{cu,0} + \alpha_a \alpha_b f_{ce}} \qquad (4-13)$$

式中　　　W/C——水灰比；

　　　　　$f_{cu,0}$——配制强度，MPa；

　　　　　f_{ce}——水泥实际强度，MPa；

　　　　　α_a、α_b——强度系数，一般 $\alpha_a = 0.46$，$\alpha_b = 0.07$。

3）选取 1 m³ 混凝土的用水量（m_{w0}）

根据所用骨料种类、最大粒径及施工所要求的坍落度值，选取 1 m³ 混凝土的用水量。

4）计算 1 m³ 混凝土的水泥用量（m_{c0}）

根据初步确定的水灰比和选用的单位用水量，可计算出水泥用量：

$$m_{c0} = \frac{m_{w0}}{W/C} \qquad (4-14)$$

式中　W/C——水灰比；

　　　m_{c0}——1 m³ 混凝土的水泥用量，kg；

　　　m_{w0}——1 m³ 混凝土的用水量，kg。

5）选取合理的砂率值

根据混凝土拌合物的和易性，通过试验求出合理砂率。如无试验资料，可根据骨料品种、规格和水灰比选用。

6）计算粗、细骨料的用量

如果原材料情况比较稳定，所配制的混凝土拌合物的表观密度将接近一个固定值，这样可以先假设 1 m³ 混凝土拌合物的质量值（m_{cp}）。其值可取 2350 ~ 2450 kg。

$$m_{s0} + m_{g0} + m_{c0} + m_{w0} = m_{cp} \qquad (4-15)$$

$$\beta_s = \frac{m_{s0}}{m_{s0} + m_{g0}} \qquad (4-16)$$

式中　m_{s0}——粗骨料的用量，kg；

　　　m_{g0}——细骨料的用量，kg；

　　　m_{c0}——1 m³ 混凝土的水泥用量，kg；

　　　m_{w0}——1 m³ 混凝土的用水量，kg；

　　　m_{cp}——1 m³ 混凝土质量，kg；

　　　β_s——砂率值。

经过计算确定基准设计配合比：水灰比不大于 0.5，砂率应以 35% ~ 40% 为宜，水泥用量不少于 300 kg/m³，掺入 5% 硅、12% 粉煤灰（均用水泥重量百分比）以及 0.8% 减水剂。

2. 正交试验设计

采用正交设计的方法进行变更因素试验，现在考虑 4 个方面因素，分别是水灰比、砂率值、外加剂、硅灰，每个因素分为如下 3 个水平进行试验。因素水平安排见表 4 - 5，正交试验安排见表 4 - 6。

表4-5　因素水平安排表

水平	因　　　素			
	水灰比	砂率值/%	外加剂/%	粉煤灰 + 硅灰/%
1	0.4	35	0.6	12 + 3
2	0.45	38	0.8	12 + 5
3	0.5	40	1.0	12 + 7

表4-6　正交试验安排

试验编号	试　验　因　素			
	水灰比	砂率值	外加剂	粉煤灰 + 硅灰
1	1	1	1	1
2	1	2	2	2
3	1	3	3	3
4	2	1	2	3
5	2	2	3	1
6	2	3	1	2
7	3	1	3	2
8	3	2	1	3
9	3	3	2	1

二、防护材料性能测试研究

（一）抗压性能测试

根据计算配比制成不同配比的标准混凝土模块（尺寸为 150 mm 的立方体），保养 28 ~ 30 天。因为气密性试验要求 56 天测试，所以抗压试验测试在气密性试验后进行。

在实验室用加载设备分别对各模块进行加压，直至其破坏，记录最大破坏载荷。

单轴抗压强度计算公式：

$$R = \frac{P_{max}}{A} \qquad (4 - 17)$$

式中　　R——混凝土模块单轴抗压强度，MPa；

P_{max}——混凝土模块最大破坏载荷，kN；

A——混凝土模块受压面积，mm^2。

加载设备：WEP - 600 型微机控制屏显万能试验机。压力测试装置如图 4 - 14 所示。

（二）密闭性能试验

在实验室中制作试件，56 天后用混凝土气密性测试装置测出有关数据，再代入有关

图 4-14　压力测试装置

公式，计算出混凝土的透气系数，作为评估混凝土气密性的主要参数。

1. 制作试件

试件为上直径 17.5 cm、下直径 18.5 cm、高 15.0 cm 的截头圆台。在实验室用小型立式混凝土强制搅拌机将试件做好后，24 h 拆模，在保水条件下养护 27 天，然后将其移至通风的环境中干燥 28 天。

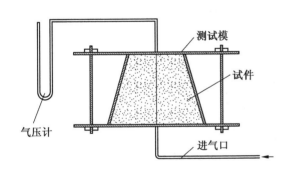

图 4-15　混凝土试件气密性测试装置

2. 测试装置

测试装置由空压机、储气罐、抗渗仪和气压计组成。气压计用带有刻度的 U 型管装入适量的水即可。空压机、储气罐和抗渗仪之间用高压风管连接，抗渗仪与气压计之间用软胶管连接。测试装置原理如图 4-15 所示。

3. 测试试件

在测试之前，先将试件表面均匀地涂抹厚度为 3 mm 的石蜡，再将测试模放到 60 ℃的水中预热 4~6 min，取出后迅速将涂满石蜡的试件放入模内，小头朝下放到混凝土抗压强度试验机的承载板上。在试件上放 1 块事先加工好的直径略小于试件的圆形承压钢板，然后压力机加压至 20 kN，关闭压力机。当压力慢慢降至 0 时，试件已经基本稳定，这时试件连同试模一起取下，刮去石蜡。

检查试件与试模之间的密封质量，方法是将试件放在测试模的底座上，用 1 根长 230 mm 并已经钻好孔的角钢横放在试模上，拧紧螺帽后，在试件与测试模之间涂一层肥皂液，然后打开气阀加压至 0.3 MPa，看是否有气泡从试件四周冒出，若有气泡冒出，则将试件从试模内取出，重新密封、检查，直至合格为止。合格后卸掉角钢，套上密封胶圈，盖好顶盖并固定好，便可开始测试其主要步骤：①打开气阀，将气压控制在 0.3 MPa，稳压 15~20 h。②连通气压计的软胶管与顶盖上的出气嘴，用秒表计时，读出气压计的初始读数 h_1，过 30 min 后读取 h_2。

4. 透气系数计算

一般认为气体在混凝土中的渗透方式为层流或紊流式，运用 Darcy 定律可通过渗气量装置进行测定，并根据简化 Darcy 公式计算透气系数 K 值。K 的计算公式为

$$K = \frac{2LP_2\gamma}{P_1^2 - P_2^2} \frac{Q}{A} \qquad (4-18)$$

式中　　K——透气系数，cm/s；

$\quad\quad P_2$——渗透压力，MPa；

$\quad\quad P_1$——大气压力，MPa；

$\quad\quad Q$——单位时间透气量，cm^3/s；

$\quad\quad A$——透气面积，cm^2；

$\quad\quad \gamma$——空气密度，1.205×10^{-6} N/cm³；

$\quad\quad L$——试件厚度，cm。

透气量计算公式为

$$Q = \frac{h_1 - h_2}{4\Delta t}\pi D^2 \qquad (4-19)$$

式中　　Q——透气量，cm^3/s；

$\quad\quad h_1$——第 1 次加压开始气压计读数，cm；

$\quad\quad h_2$——第 2 次加压开始气压计读数，cm；

$\quad\quad \Delta t$——测压时间差，s；

$\quad\quad D$——气压计管直径，cm。

（三）正交试验分析

通过正交试验，9 组模块试压结果见表 4-7。

表 4-7　正交试验测试结果

编　号	透气系数/($cm \cdot s^{-1}$)	抗压强度/MPa
1	2.03×10^{-11}	46.5
2	0.85×10^{-11}	45
3	0.67×10^{-11}	42.5
4	2.23×10^{-11}	45.7
5	0.92×10^{-11}	49.5
6	0.78×10^{-11}	44.5
7	3.75×10^{-11}	38.5
8	2.35×10^{-11}	38
9	2.05×10^{-11}	34.5

通过表 4-6 可以发现，1~6 号模块强度均满足设计要求，超过 40 MPa，其中 5 号模块强度最大。7~9 号模块强度不足 40 MPa，未达到设计要求，从正交试验表可以发现，水灰比为 0.5，说明水灰比过大，影响模块强度。同时发现水灰比大，透气性系数也会提高，这是由于孔隙率提高的缘故，因此气密性水泥需要控制水灰比。

从气密性角度分析，透气性系数小于 1×10^{-11} cm/s 满足设计要求，从表 4-7 中可以发现，2 号、3 号、5 号、6 号模块均满足气密性要求。

抗压强度越大越好，透气性系数越小越好，综合考虑选用 2 号模块的方案最好，强度 45 MPa，气密性也满足要求。

2 号模块方案：水灰比 0.4，砂率值 38%，掺入 5% 硅灰、12% 粉煤灰以及 0.8% 减水剂。

三、防护墙设计

（一）防护墙理论计算

矿井防护墙为承载冲击波强度，墙体必须嵌入周边巷道，将部分冲击波能量转移到周

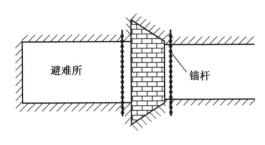

图 4-16　避难硐室防护墙设计

边巷道中。本处防护墙结构、厚度采用楔形计算法。避难硐室防护墙设计，如图 4-16 所示。

美国矿山局和美国矿山安全健康管理局联合进行的煤矿新型密闭材料的强度特性和气密性研究报告中认为，在远离爆炸源的地方（在防护墙与爆炸源之间设有阻燃堆）出现超过 0.14 MPa 的压力（爆炸产生的冲击压力）不太可能。

前面防护定位确定避难硐室设计抗压强度为 1 MPa。因为瓦斯爆炸冲击波为动压，所以设计承压门墙强度要求不小于 1.5 MPa。

防护墙材料采用 C40 混凝土，其材料强度按设计规范取用。C40 级混凝土轴心抗压强度设计值 $f_c = 19.1$ MPa，抗剪强度 f_v 取 $0.15f_c$，考虑安全系数为 0.95，取 $f_c = 18.15$ MPa，$f_v = 2.72$ MPa。为了简化计算，防护墙承压面积尺寸按 4 m × 3.5 m 考虑。则 $a = 4$ m，$b = 3.5$ m。

1. 按抗压强度计算

$$B = \frac{\sqrt{(a+b)^2 + 4Pab/f_c} - (a+b)}{4\tan\alpha} \qquad (4-20)$$

式中　B——防护墙厚度，m；

a——防护墙所在巷道净宽度，m；

b——防护墙所在巷道净高度，m；

P——防护墙上的设计压力，MPa；

f_c——混凝土抗压强度设计值，MPa；

α——楔形防护墙侧边与巷道中心线的夹角，取 20°。

则有

$$B = \frac{\sqrt{(a+b)^2 + 4Pab/f_c} - (a+b)}{4\tan\alpha} = \frac{\sqrt{8.2^2 + 4 \times 1.5 \times 13.2/18.15} - 8.2}{4\tan20°} = 0.21 \text{ m}$$

2. 抗剪强度计算

防护墙厚度抗剪强度校核公式：

$$B \geqslant \frac{Pab}{2(a+b)f_v} \qquad (4-21)$$

式中　B——防护墙厚度，m；

　　　a——防护墙所在巷道净宽度，m；

　　　b——防护墙所在巷道净高度，m；

　　　P——防护墙上的设计压力，MPa；

　　　f_v——混凝土抗剪强度设计值，MPa。

则有

$$B \geqslant \frac{Pab}{2(a+b)f_v} = \frac{1.5 \times 13.2}{2 \times 8.2 \times 2.72} = 0.21 \text{ m}$$

从安全角度出发选取大的，再考虑 1.5 倍的安全系数，墙厚 0.78 m，取整为 0.8 m。

3. 压力校核

防护墙不但承受爆炸冲击波的作用力，还受到矿山压力和自身重力。防护墙所受到的压力和邻近工作面的采动影响有关。因此需要进行压力校核。

1）防护墙抗压应力

$$P = \frac{G+F}{S} \tag{4-22}$$

式中　P——防护墙抗压应力，Pa；

　　　G——防护墙自重，N；

　　　S——防护墙底座面积，m²；

　　　F——矿山压力，N/m。

2）防护墙自重

$$G = \rho LDH \tag{4-23}$$

式中　G——防护墙自重，N；

　　　L——防护墙宽度，m；

　　　D——防护墙厚度，m；

　　　H——防护墙高度，m；

　　　ρ——防护墙密度，kg/m³。

3）矿山压力

$$F = \frac{8}{3}\rho_0 ab = \frac{8}{3}\rho_0 \frac{a^2}{f} \tag{4-24}$$

式中　F——矿山巷道压力，N/m；

　　　a——巷道宽度的一半，m；

　　　ρ_0——岩石密度，kg/m³；

　　　b——巷道岩石冒落拱高度，m；

　　　f——岩石硬度系数。

岩石的平均密度取 $\rho_0 = 2700$ kg/m³，混凝土密度 $\rho = 2450$ kg/m³，防护墙尺寸按 5 m × 4.5 m × 0.8 m 考虑。按照上面计算结果进行校核：$P = \frac{G+F}{S} = 0.15$ MPa。

墙体厚度满足要求，实际矿山压力要比计算值大许多，因此需要减少密闭墙承受的顶板重量，即顶板面积。同时增加墙体厚度为 1 m。

（二）防护墙施工工艺

防护墙位置周边必须全部掏槽，见硬质、硬帮，并用水冲洗，清除残余岩粉，使混凝土墙和岩体紧密结合，嵌入巷道周边深度不小于 1.5 m。防护墙内部配筋，间排距为 400 mm×400 mm×400 mm，防护门处加密 200 mm×200 mm×200 mm。防护门门框预留钻孔，便于钢筋穿过，保证整体抗压强度。钢筋采用 φ20 mm 螺纹钢，配筋也采用 φ20 mm 螺纹钢，钢筋搭接长度为 750 mm。防护墙配筋图如图 4 - 17 所示。

图 4 - 17　防护墙配筋图

防护墙必须一层层的浇筑，每次浇筑完都必须进行震动棒振捣，连续注混凝土时，要振捣密实，不能留有空隙和蜂窝麻面，尤其是墙体顶部，一定要密实。特别需要注意门、管道下方的混凝土振捣。捣固设备为风动振捣器，捣固厚度以 400 mm 为宜，捣固间距不大于 450 mm。每班收工前要将浇筑混凝土顶面做成不规则形状，以增加每班浇筑的混凝土接触面的强度。

门框与门框预制件采用手工焊或采用螺栓进行连接。门框预制件前期预埋到混凝土中。预制件分为对称的 4 件，每件宽度为 200 mm，高度为 1100 mm，厚度为 20 mm。防护门门框及其预制件如图 4 - 18 所示。防护门施工完成后现场如图 4 - 19 所示。

图 4 - 18　防护门门框及其预制件　　　　图 4 - 19　防护门施工完成后现场图

第三节　空气阻隔技术研究

空气阻隔系统是避难硐室不可或缺的一部分，通过设置空气幕和喷淋装置可有效阻隔硐室外部有毒有害气体随避险人员进入硐室，从而减轻空气净化系统的处理压力，保障避险人员生命安全。传统空气幕采用在风管上间隔打孔，压缩空气通过小孔向外喷射高速气流，达到阻隔与喷淋效果。但这种设计方式用于断面尺寸较大的避难硐室，一方面受喷口设计形式的影响，气幕各小股射流之间相互卷吸和干扰，易影响气流组织的稳定性，另一方面射流动量偏小，其阻隔效果易受主气流动量和人员进出的干扰。为提高空气幕的阻隔效率和稳定性，本研究从提高气幕射流动量入手，提出了两种方案：方案一为贯流风幕，该方案工作原理是由压风提供动力驱动气动马达，带动风机，产生稳定的阻隔风墙，同时压风供气能够直接排入硐室内再次使用。方案二为气刀，该方案特点是利用科恩达效应原理，从气刀缝隙吹出的高速气流薄片，能够引用 25 ~ 40 倍的环境空气，形成高强度、大气流的连续、致密气帘。

通过样机模型试验，最终确定适合避难硐室的空气幕方案及技术要点，本部分研究成果已在现场取得应用。

一、贯流风幕机阻隔技术研究

(一) 气动风幕机阻隔系统设计

避难硐室由供氧系统，有毒有害气体处理系统，温、湿度控制系统，环境监测系统，通信系统，动力供应系统，附属设备等各部分紧密结合，组成一个独立完整的复杂救援系统。

由图 4 - 20 可以看到，常见的气动系统可以概括为以下 3 部分：压缩空气的产生、压缩空气的处理及传输、压缩空气的消耗。

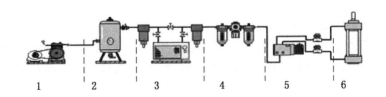

1—气源部分：压缩机；2—储存部分：储氧缸；3—净化部分：主路过滤器、干燥器、
油雾分离器；4—处理部分：过滤器、调压阀、油雾器；5—控制部分：
方向控制阀、速度调节阀；6—驱动部分：气动马达

图 4 - 20　气动系统的构成图

1. 气源部分

避难硐室采用压缩空气瓶和矿井压风管路。在发生矿难的情况下，优先利用矿井压风管路向舱内输气，在管路中断或受损时则开启压缩空气瓶。

采用压风时，矿井压风管路与舱内压缩空气管路对接，空气量较大，提供的空气量充

足，压力稳定。根据试验研究和相关技术，压风系统是以保证硐室内氧气浓度为基本原则，使空间内的氧气浓度的波动控制在 0.5% 之内，压风供氧时提供给每个人的空气量不应小于 300 L/min。因此，气动系统可以利用矿井压风作为气动系统气源。在我国，主要靠地面钻孔和井下压风向密闭避难空间提供压缩气体。

矿井压风存在的问题：①矿井压风由于线路长，供风时沿程阻力造成气压压强降低，因此压力有一定限制，一般为 0.6 MPa 左右，气源压力小。②矿井压风提供的气体含有大量水分和灰尘，易造成气动元件的损坏，所以不能直接连接在气动马达上。在进入舱后，需要进一步的净化处理，从而再次增大沿程阻力，运转效果有限。③由于输气管路在舱外，事故发生时，容易造成输气管路的损坏，因此需要用压缩空气作为备用气源。

压缩空气作为压风系统的备用气源，一般情况下，压缩空气瓶内的气体已经经过处理，可以直接连接到气动系统上，减少气体传输过程中的沿程损失。

2. 气路传输及控制

常用单向旋转回路如图 4-21 所示，气源由压缩机提供的压缩气体提供，需要由过滤器、减压阀和油雾器组成的气动三联件去油除尘。在低速旋转或希望减少负荷变动所需的旋转时，可在排气侧装入节流阀。去除节流阀，排气侧只受消音器背压的影响，则能够使旋转马达高速运转，且运转方向唯一。

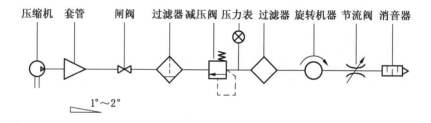

图 4-21　气动系统常用连接管路图

1) 压缩空气管路配管注意事项

(1) 主管路配管时，管路需有 1°~2° 的倾斜度，以利于管路中冷凝水的排出。

(2) 配管管路的压力不得超过使用压力的 5%，故配管时最好选用比设计值大的管路。

(3) 支线管路必须从主管路的顶端接出，以避免主管路中的冷凝水下流至工作机械中或者产生回流。

(4) 管路不能任意缩小或放大，在变径处需使用渐缩管。若没有使用渐缩管，在接头处会有扰流产生，导致压力下降，同时对管路的寿命有不利影响。

对于避难硐室而言，主要是压风及供氧两条线路。压风作为主管路，输送的气流含尘量较大，需要过滤除尘，同时要保证 1°~2° 的倾斜度。压缩气瓶作为配管管路，压力大，沿程损失也较大，因此需要尽量减少输运长度、拐角以及阀门，选用适当管径的气路管。

2) 气动管路满足条件

作为气动阻隔系统的一部分，气动管路还应满足以下条件：

(1) 使用过程中，优先压风管路系统，同时在系统低于一定气压下，如压风系统中断或供气不稳定时,自动转换为压缩空气瓶供气。

（2）能够满足气幕的自动运行,随着舱门打开自动开启,舱门关闭时则停止工作。

（3）在关键连接部位具有手动和自动两套控制开关,防止系统意外中断,且备有操作指示。

（4）尽量减少管路内阀件数量及管线,降低压降。

3）管道设计

气动阻隔系统通过管路、阀门和其他设备构成一个完整的系统,提供的气源不仅能够维持舱内气体环境,而且是动力来源。管道的设计计算和安装不当,将会影响整个系统的经济性及工作的可靠性,甚至会带来严重的破坏性事故。

（1）管道内径设计计算。管道内径可按预先选取的气体流速由下式求得。

$$d = 18.8 \left(\frac{q}{u} \right)^{\frac{1}{2}} \qquad (4-25)$$

式中　d——管道内径,mm;

　　　q——气体流量,m^3/h;

　　　u——管道内气体平均流速,m/s。

表4-8为压缩空气的平均流速取值范围。

已知气动马达的额定压力在0.6 MPa,则传输线路气压应在0.6～1.0 MPa,见表4-8,平均流速$u = 15$ m/s。管路中气体流量至少应满足喷淋要求,则气体流量$q_{min} = 500$ L/min = 30 m^3/h。代入式（4-25）,得出气动系统中,使用的管路内径最少为27 mm。

表4-8　管内平均流速推荐值

气体介质	压力范围 p/MPa	平均流速 u/($m \cdot s^{-1}$)
空气	0.3～0.6	10～20
	0.6～1.0	10～15
	1.0～2.0	8～12
	2.0～3.0	3～6

注:对于长度在1 m内的管路或管路附件,如冷却器、净化设备、压力容器等的进出口处,有安装尺寸的限制,可适当提高瞬间气体流速。

（2）管壁厚度设计计算。管壁厚度δ取决于管道内气体压力。

① 低压管道（PN≤1.6 MPa）,可采用碳钢、合金钢焊接钢管。中压管道（PN = 2.5～6.4 MPa）,可采用碳钢、合金钢无缝钢管。其壁厚可近似按薄壁圆筒公式计算:

$$\delta_{min} = \frac{npd}{2\sigma\varphi - np} + c \qquad (4-26)$$

式中　δ_{min}——管壁厚度,mm;

　　　p——管道气压,MPa;

　　　d——管道内径,mm;

　　　n——安全系数,取1.5～2.5;

　　　σ——管材的许用应力,MPa,常用管材许用应力值见表4-9;

φ——焊缝系数，无缝钢管 $\varphi = 1$，直缝焊接钢管 $\varphi = 0.8$；

c——附加壁厚，包括壁厚偏差、腐蚀裕度、加工减薄量。为简便起见，通常当 $\delta > 6$ mm 时，$c \approx 0.18$；当 $\delta \leqslant 6$ mm 时，$c = 1$ mm。

表 4-9　常用管材许用应力

钢　号	壁厚 δ/mm	不同温度下需用应力值 σ/MPa		
		$\leqslant 20$ ℃	100 ℃	150 ℃
10	≤10	113	113	109
20		133	133	131
0Cr18Ni9Ti		140	140	140
1Cr18Ni9Ti		140	140	140

注：管路输气压力在 1.5 MPa 以上时，管路材料推荐采用 20 号钢。

当管道被弯曲时，管壁应适当增加厚度，见式（4-27）：

$$\delta' = \delta + \delta \frac{d_0}{2R} \qquad (4-27)$$

式中　d_0——管道外径，mm；

　　　R——管道弯曲半径，mm。

② 高压管道（PN = 10.0 ~ 80.0 MPa）的壁厚，应查阅相关专业资料进行计算，在此不作叙述。

救生舱气路中最大气压为 12.5 MPa，为防止意外发生，由表 4-9 可查得，管路材料选用 20 号钢。

取 $n = 2$，$p = 12.5$ MPa，$d = 27$ mm。见表 4-9，20 号钢在常温下的许用应力为 133，即 $\sigma = 133$。将 $\varphi = 1$，$c = 1$ 代入式（4-26），可得 δ_{min} 为 2.8 mm，则管路厚度应取 3 mm。

综上可以得出，管路选用的管道内径不小于 27 mm，壁厚为 3 mm。

（3）管阀的设计选择。阀体、阀盖和闸板（阀瓣）是阀门主要零件之一，直接承受介质压力，所用材料必须符合"阀门的压力与温度等级"的规定。常见材料见表 4-10。

表 4-10　管阀常见材料表

材　料	公称压力 PN/MPa	适用温度/℃	适　用　介　质
灰铸铁	≤1.0	-10 ~ 200	水、蒸汽、空气、煤气及油品等介质
可锻铸铁	≤2.5	-30 ~ 300	水、蒸汽、空气及油品介质
球墨铸铁	≤4.0	-30 ~ 350	水、蒸汽、空气及油品等介质
耐酸高硅球墨铸铁	≤0.25	<120	腐蚀性介质
碳素钢	≤32.0	-30 ~ 425	水、蒸汽、空气、氢、氨、氮及石油制品等介质
铜合金	≤2.5	-40 ~ 250	水、海水、氧气、空气、油品等介质
高温铜	≤17.0	≤570	蒸汽及石油产品
低温钢	≤6.4	≥ -196	乙烯、丙烯、液态天然气、液氮等介质
不锈耐酸钢	≤6.4	≤200	硝酸、醋酸等介质

气动系统中，管路中主要含有空气、水、油品及杂质，气压在 0.3 ~ 12.5 MPa 之间。综合表 4 - 9 可以考虑，气动系统的传送及控制阀门主要选用碳素钢和球墨铸铁。

① 选择闸阀作为气动线路的主控制阀件。闸阀具有以下优点：

a) 流体阻力小；

b) 开闭所需外力较小；

c) 质的流向不受限制；

d) 开启时，密封面受工作介质的冲蚀比截止阀小；

e) 体形比较简单，铸造工艺性较好。

选用闸阀可在减小阻力的前提下，控制气路主路的开关。

闸阀主要在主线线路，口径较大处使用，而在支线线路和细管径处则选用球阀，用来切断、分配和改变介质的流动方向。

② 球阀是近年来被广泛采用的一种新型阀门，它具有以下优点：

a) 流体阻力小，其阻力系数与同长度的管段相等；

b) 结构简单、体积小、重量轻；

c) 紧密可靠，目前球阀的密封面材料广泛使用塑料、密封性好，在真空系统中也已广泛使用；

d) 操作方便，开闭迅速，从全开到全关闭只要旋转 90°，便于远距离的控制；

e) 维修方便，球阀结构简单，密封圈一般都是活动的，拆卸更换都比较方便；

f) 在全开或全闭时，球体和阀座的密封面与介质隔离，介质通过时，不会引起阀门密封面的侵蚀；

g) 适用范围广，通径从小到几毫米，大到几米，从高真空至高压力都可应用。

在管路连接时，需按球阀通道位置选用直通式、三通式和直角式。为防止气路中气压的变化对气动马达造成影响，在气动马达前需要设置节流阀（图 4 - 22）来控制流量，同时能使压缩空气在节流状态下，流速增大。

(a) 带快插接头   (b) 带螺纹接口   (c) 带螺纹气嘴

图 4 - 22 节流阀

气路管路中还需要止回阀防止气体倒流。止回阀通常依靠介质本身流动而自动开、闭阀瓣，防止介质倒流。

阀门与管路需用紧固件，如螺栓、双头螺栓和螺母进行连接，同时利用填料进行气密密封。在气动件上，也可利用快插式气动接头与气管连接。在使用前检查管路的气密性，可用肥皂水检查接头漏气部位。

　　如图 4-23 所示，线路 1 为压缩空气瓶供气，线路 2 为矿井压风供气。气体管路采用双路控制，当其中一路失效后，可启用另一路进行压力调节和控制。正常状态下，闸阀 1、球阀 1、球阀 2、管路中的减压阀、止回阀、3/2 阀和单向节流阀均保持常开状态，闸阀 2 和球阀 3 关闭。闸阀用来控制硐室内气流的输入，在系统检查时需要关闭。

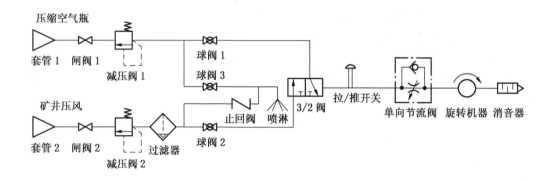

图 4-23　阻隔系统气路设计图

　　矿井压风和压缩空气瓶的供气顺序由二位三通换向阀控制。压强设为 0.6 MPa，矿井压风线路优先，当压风气压降低时，则自动转换为空气瓶供气。

　　自动转换的主要目的是充分利用有效气源，最大限度地利用气体。在矿井场合，压风自救和压风系统是一项完备的自救体系，并且在各个矿井中得到普及，是逃生人员生存的关键。然而，救生舱和硐室系统中，压风系统只是其中的一个部分，特别是面临意外时，压风有可能遭到破坏。因此在气幕喷淋系统中设置换向阀作为压风和气瓶自动切换装置。

　　通过矿井压风提供的气流进入硐室后，采用 C、A、T 三级过滤装置进行处理，确保空气质量符合人体卫生学标准要求。过滤器可对 1.0 MPa 压风进行减压、消音、过滤、油水分离处理，同时连续噪声不大于 70 dB。

　　3. 动力系统

　　1）驱动马达的选择

　　高压气源作为一种储备能量，可以带动机器旋转，将内能转换为机械能。做旋转运动的机械动力源称为马达，分启动马达、气动马达、液压马达、电动马达等。

　　启动马达是发电机或发动机上的刚开始要启动时用到的马达。液压马达的原理与气动马达有点相似，就是将液压油的压缩能转换为机械能。电动马达则是将电能转换为机械能。上述马达中，启动马达难以长时间使用而液压和电动马达虽然工作稳定、功率大，但考虑到煤矿及其他矿井需要防止火灾及爆炸事故的发生，因此都不适合在救生舱或硐室中使用。

　　气动马达是以压缩空气为工作介质，采用压缩气体的膨胀作用，把内能转换为机械能的动力装置。它的作用相当于电动机或液压马达，即输出转矩以驱动机构做旋转运动。气动马达具有可以立刻启动和停止的优点，由于其相对廉价、易维护和多功能变速及启动扭矩大等特点因此得到了广泛应用。

　　气动马达与其他马达相比，壳体轻，输送方便。又因为其工作介质是空气，不必担心引起火灾，同时气动马达过载时能自动停转，与供给压力保持平衡状态。由于气动马达具有以上诸多特点，故它可在潮湿、高温、高粉尘等恶劣的环境下工作。除被用于矿山机械中的凿岩、钻采、装载等设备中作动力外，船舶、冶金、化工、造纸等行业也广泛地采用。

　　其中，最常用的气动马达有叶片式（又称滑片式）、活塞式、薄膜式 3 种。气动马达工作原理如图 4 -24 所示。

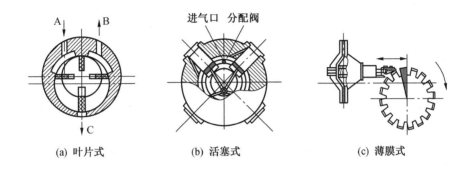

（a）叶片式　　　　　　　（b）活塞式　　　　　　　（c）薄膜式

图 4 -24　气动马达工作原理图

　　常用气动马达的特点及应用见表 4 -11。薄膜式气动马达相当于一个气缸，做往复运动，带动风扇旋转时需要通过推杆等部件，但转速低，不利于在救生舱使用。叶片式气动马达与活塞式气动马达的特点相比较而言：叶片式气动马达转速高、扭矩略小，活塞式气动马达转速略低、扭矩大，但是气动马达相对液压马达而言转速还算是高的，扭矩较小。活塞式气动马达转速低于叶片式马达，但有着极好的启动及转速控制性能，尤其适用于径向重载低速的状况。在相同功率下，叶片式气动马达比活塞式气动马达体积更小、重量更轻、价格更低。由于设计、制造简单，使其可在很多范围内应用。叶片式气动马达能在很宽的转速、扭矩范围工作，是应用最广泛的气动马达类型。

表 4 -11　常用气动马达的特点及应用

类型	转矩	速度	功率	每千瓦耗气量/ （$m^3 \cdot min^{-1}$）	特点及应用范围
叶片式	低转矩	高速	由不足 1 kW 到 13 kW	小型：1.8～2.3； 大型：1.0～1.4	制造简单、结构紧凑、低速启动转矩小，低速性能不好。适用于低或中功率的机械
活塞式	中、高 转矩	低速和 中速	由不足 1 kW 到 17 kW	小型：1.9～2.3； 大型：1.0～1.4	在低速时，有较大的功率输出和较好的转矩特性。启动准确，且启动和停止特性均较叶片式好。适用载荷较大和要求低速转矩较高的机械
薄膜式	高转矩	低速	小于 1 kW	1.2～1.4	适用于控制要求很精确、启动转矩极高和速度低的机械

救生舱中使用风扇需要高速运动，同时风扇运转的负荷小，相比于活塞式气动马达更适合应用在救生舱阻隔系统中。综合以上各因素考虑，气动阻隔风机选用叶片式气动马达作为风幕机的动力源。

在使用气动马达时还应注意以下事项：

（1）务必保持气动马达泄压孔处于开放状态。若通气孔堵塞，气动马达内部压力将上升，输出就会降低。另外，可能会造成末端外罩脱落。

（2）应使用清洁的压缩空气。若气体中含有化学品或腐蚀性气体，可能会导致马达损坏或运转不良。

（3）一旦气动马达选定，确保系统提供气压的稳定，气压可在马达工作压力的0.7～1.1 MPa范围内，保证工作稳定，防止气动马达磨损。

2）风机型号的选择

在日常生活与工业生产中，空气幕分水平和垂直两种安装型号。配用风机型号根据风扇和送风方式的不同，主要有离心式、轴流式和贯流式。各式风机工作原理如下：

（1）离心式风机的工作原理。叶轮高速旋转时产生的离心力使流体获得能量，即流体通过叶轮后，压能和动能都得到提高，从而能够被输送到高处或远处。离心式泵与风机最简单的结构如图4-25、图4-26所示。叶轮装在一个螺旋形的外壳内，当叶轮旋转时，流体轴向流入，然后转90°进入叶轮流道径向流出。叶轮连续旋转，在叶轮入口处不断形成真空，从而使流体连续不断地被泵吸入和排出。

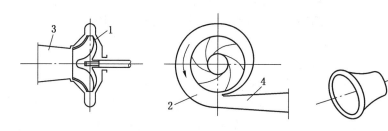

1—叶轮；2—压水室；3—吸入室；4—扩散管

图4-25　离心式风机示意图　　　　图4-26　离心式风机主要结构分解示意图

（2）轴流式风机的工作原理。旋转叶片的挤压推进力使流体获得能量，升高其压能和动能，其结构如图4-27所示。叶轮安装在圆筒形泵壳内，当叶轮旋转时，流体轴向流入，在叶片叶道内获得能量后，沿轴向流出。轴流式泵与风机适用于大流量、低压力，制冷系统中常用作循环水泵及送引风机。轴流式噪声大、风量大，故常用于大功率场合，不

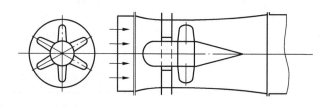

图4-27　轴流式风机示意图

适合在救生舱中使用。

（3）贯流式风机工作原理。贯流风机工作原理较为简单，即当叶轮旋转时，气流从叶轮敞开处进入叶栅，穿过叶轮内部，从另一面叶栅处排入蜗壳，形成工作气流。贯流式风机工作原理如图4-28所示。

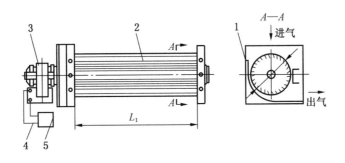

1—蜗壳组合件；2—叶轮；3—电动机；4—引出导线；5—接插件

图4-28　贯流式风机示意图

与离心式和轴心式风机相比，贯流式风机的主要特点：叶轮一般是多叶式前向叶型，但两个端面是封闭的。叶轮的宽度没有限制，当宽度加大时，流量也增加。贯流式风机不像离心式风机是在机壳侧板上开口，使气流轴向进入风机，而是将机壳部分地敞开，使气流直接径向进入风机，气流横穿叶片两次。某些贯流式风机还在叶轮内缘加设不动的导流叶片，以改善气流状态。进风口与出风口都是矩形的，易与建筑物相配合。小型的贯流式风机的使用范围正在稳步扩大，风速分配均匀。由于具有低干扰特性，因此吹出的风很集中。出风口气流沿轴向分布较均匀，特别是当风机沿轴向宽度与风机的叶轮直径之比很大时更为明显，这是其他类型风机很难达到的。

贯流风叶具有风量大、噪声低、结构紧凑的特点，使其在空调器、暖风机及冷风扇等家电产品中得到广泛应用，也成为救生舱空气幕风机的最佳选择。

（4）空气幕各类风机基本参数对比。空气幕按应用类别，在民用、商用出口风速为4~9 m/s，工业用出口风速为8~24 m/s，其使用效果受空气幕型号及其参数影响，各参数列举见表4-12、表4-13。

表4-12　空气幕各型号参数列表

型号	叶轮直径/ mm	出口气流宽度/ mm	风量/ (m³·h⁻¹)	供热量/ kW
贯流式	90	600、900、1200	350~900	2.3~12.1
	150	600、900、1200	720~2500	4.8~33.4
	200	1200	1800~5000	12.1~70.9
轴流式	250	1200、1500、1800	1000~1600	冷库用
	250	900、1200、1500、1800、2100	1500~9000	10~120.6

表4-12（续）

型号	叶轮直径/ mm	出口气流宽度/ mm	风量/ （m³·h⁻¹）	供热量/ kW
离心式	350	1800、2100、2400、2700、3000、3300、3600、3900、4200、4500	7000~21000	46.9~255.9
	450	3000、3300、3600、3900、4200、4500	17500~52000	117.2~338.0

表4-13　空气幕的电动机额定输入功率表

型　号	风机叶轮直径/ mm	风量/ （m³·h⁻¹）	出口风速/ （m·s⁻¹）	电动机额定输入功率/ kW
贯流式	90	350~900	4~9	0.09
	150	720~2500	4~11	0.26
	200	1800~5000	8~18	0.50
轴流式	250	1000~1600	6~14	0.26
离心式	250	1500~9000	8~18	2.2
	350	7000~21000		4.4
	450	17500~52000		13.2

　　从表4-12、表4-13中各数据参数可以看出，相比较轴流式与离心式风机，贯流式风机的叶轮直径小、消耗功率少，更加适合于救生舱救援条件下，出现的供电不足等极端现象。而且相对来说，贯流式风机能够提供达到阻隔效果的出口风速，扇叶的长度也能满足舱门的尺寸需要。

　　3）贯流风机性能研究

　　贯流风机，又叫横流风机，是1892年法国工程师莫尔特（Mortier）首先提出的，叶轮为多叶式、长圆筒形，具有前向多翼形叶片。贯流风机因其具有薄而细长的结构、体积小、动压较高、气流不乱、气流到达的距离较远和噪声较低的特点而被广泛地应用在空调、低压通风、车辆和家用电器上，特别是在家用分体壁挂式空调中几乎全部采用的是贯流风机。

　　传统的流体机械优化设计过程都是通过试验进行的。根据大量的试验数据进行设计并建模，要求设计人员有丰富的设计经验，设计周期长且成本昂贵。在对贯流风机的优化设计方面，研究人员主要是对风机的扇叶形状及蜗舌、蜗壳的设置进行探讨研究。现在对贯流风机的优化设计方法，更多地采用数值模拟的方法，根据设计图纸计算出内部流场，预先得出风机的各项性能指标，然后反复改变各项参数，最终得到性能较好的设计。

根据研究人员的研究结果可以得出如下结论：影响风机性能的主要参数为舌部间隙、气流进气夹角或出气夹角的大小、蜗壳与叶轮最小间隙 ε_1 和蜗舌与叶轮最小间隙 ε_2 之间夹角的大小、叶轮外径尺寸等。蜗壳和蜗舌的形状对风机性能原则上没有影响，其对性能的影响是通过改变进气角与出气角的大小而造成的。

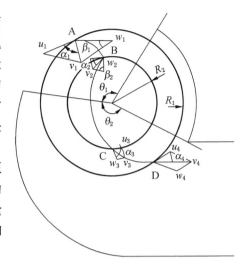

图 4 - 29　叶轮进、出口速度三角形

由于贯流风机的紊乱性，很难对风量及压力进行计算，因此一般假定叶轮叶栅中的流动为稳定流动，气体为不可压缩理想流体，叶轮具有无限多叶片。叶轮圆周分为进口、出口和封闭口 3 部分，如图 4 - 29 所示。

在一般情况下，气流的绝对速度 v_1、v_2、v_3、v_4 沿叶轮圆周分布不均匀，为简化分析，在进口和出口分别取其均值，则

$$p_e = \rho \left(v_2 u_1 \cos\alpha_2 - v_1 u_2 \cos\alpha_1 + v_4 u_3 \cos\alpha_4 - v_3 u_4 \cos\alpha_3 \right) \qquad (4-28)$$

式中　　　　　　　　　p_e——理论压力，MPa；

ρ——气流密度，kg/m^3；

v_1、v_2、v_3、v_4——叶轮 A、B、C、D 点处的绝对气流速度，m/s；

u_1、u_2、u_3、u_4——叶轮 A、B、C、D 点处气流圆周速度，m/s；

α_1、α_2、α_3、α_4——叶轮 A、B、C、D 点处气流方向与叶轮切线的夹角，(°)。

式（4 - 28）是贯流风机的基本方程，为分析其物理意义，根据速度三角形可变换成如下形式：

$$p_e = \frac{\rho(w_1^2 - w_2^2)}{2} + \frac{\rho(v_2^2 - v_1^2)}{2} + \frac{\rho(w_3^2 - w_4^2)}{2} + \frac{\rho(v_4^2 - v_3^2)}{2} \qquad (4-29)$$

式中　w_1、w_2、w_3、w_4——叶轮 A、B、C、D 点处的相对气流速度，m/s。

式（4 - 29）不包含因离心力作用而产生的静压项。因此，这种风机在叶道中主要是获得动压，适于清选或通风系统使用。

相对来说，气流在叶轮内的流动情况很复杂，气流速度场是非稳定的，在叶轮内还存在一个旋涡，中心位于涡舌附近。旋涡的存在，使叶轮输出端产生循环流，在旋涡外，叶轮内的气流流线呈圆弧形。因此，在叶轮外圆周上各点的流速是不一致的，越靠近涡心，速度愈大，越靠近涡壳，则速度愈小。在风机出风口处气流速度和压力不是均匀的，因而风机的流量系数及压力系数是平均值。旋涡的位置对横流风机的性能影响较大，旋涡中心接近叶轮内圆周且靠近蜗舌，风机性能较好。旋涡中心离涡舌较远，则循环流的区域增大，风机效率降低，流量不稳定程度增加。

贯流风机由多叶叶轮和蜗壳构成。叶轮材料一般为铝合金或工程塑料。铝合金叶轮强度高、重量轻、耐高温，能够保持长久平稳运转而不变形。塑料叶轮由模具注塑，再由超声波焊接而成，一般用于转速较低的场合，直径较大。蜗壳一般为金属薄板冲压成型，也可以塑料或铝合金铸造。改变风机工作特性的方法有以下几点：

（1）改变风机转数。当矿井风阻不变时，风机产生的风量、风压及功率分别与风机转数的一次方、二次方和三次方成正比。

（2）改变风机叶片安装角。风机叶片安装角度越大，风量、风压越高，反之越小。这种调节方法较为方便，效果也较好，被广泛应用。

（3）改变风机的叶轮数和叶片数。

（4）改变风机的前导器的叶片角度。改变前导器的叶片角度可以改变动轮入口的风流速度，从而改变风机产生的压力。

对于贯流风机，还可以改变其进风口，通常有 3 种不同曲线（直线、圆弧、折线）的处理方式。在 3 种不同曲线的基础上，通常将风机机壳设计为流线型，可有效减少气流的损失，使风机的工作效率提高。直线、圆弧和折线进风口的贯流风机简图如图 4 – 30 所示。

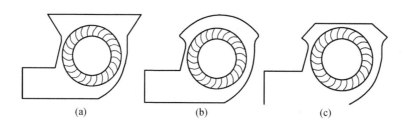

(a)　　　　　　　(b)　　　　　　　(c)

图 4 –30　直线、圆弧和折线进风口的贯流风机简图

（二）气动风扇性能研究

1. 贯流风扇的选择

使用空气幕封门，要达到理想的使用效果，需要两个要素：一是风速。当采用上送式安装风幕时，地面风速要大于 3 m/s；采用双侧吹安装时，门洞中间位置测量风速要大于 3 m/s；采用单侧吹安装时，风速在到达另一侧面时要大于 3 m/s。二是出风宽度。敞开门洞时，全程有效出风宽度大于 90%，无效出风宽度要小于 100 mm。例如门洞宽度为 2 m，空气幕可选择两台 0.9 m 长的风幕或一台 1.8 m 长的风幕，同时应能满足送风速度的要求。

贯流风扇作为风幕机产风的主要部件，其选用尺寸取决于门框的尺寸。气动风幕机安装在模拟实验救生舱中，为双层钣金结构，舱壁夹层内填充 5 cm 隔温材料，外形尺寸为 4500 mm × 1300 mm × 1800 mm，内部设两道门，分为过渡舱和生存舱。模拟舱空间总容积 8.6 m^3，其中过渡舱尺寸为 1300 mm × 836 mm × 1680 mm，容积为 1.7 m^3；生存舱尺寸为 3470 mm × 1300 mm × 1680 mm，容积为 6.9 m^3。舱内门框尺寸为 750 mm × 1580 mm。

贯流风扇尺寸构造如图 4 –31 所示。选择的气幕风扇在舱内若能达到有效阻隔效果，利用上送式气幕机，图 4 –31 中风扇长度 $a + d + f$ 在 750 mm 左右；侧送式则可利用两个气幕机达到阻隔效果，尺寸长度也可均为 750 mm。

试验选用的贯流风扇型号见表 4 –14。其中三个风扇定向轴 c 为 6 mm，叶片厚度为 1 ~ 2 mm，导向轴均为 8 mm，便于后期实验风扇的统一制作安装。

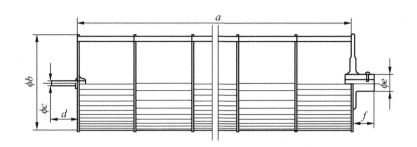

图 4 - 31　贯流风扇尺寸构造图

表 4 - 14　贯流风扇型号

型号	长度（$a+d+f$）/mm	直径 b/mm	叶片布置形式	质量/g	叶片厚度/cm	叶片倾角/(°)
1	745	107	直形	747	1.5	0
2	745	97	斜形	673	1.2	15
3	735	81	直形	494	1.0	0

叶轮的材料一般为铝合金或工程塑料。铝合金叶轮强度高、耐高温，但尺寸、长度较小，质量大，所需马达扭矩及功率大。铝合金贯流风扇如图 4 - 32 所示。

图 4 - 32　铝合金贯流风扇

试验选用的风扇材质为工程塑料，如图 4 - 33 所示。叶轮由模具注塑，分若干小段浇注而成。优点在于直径大、重量轻，尺寸较长，转速较低时能产生大风量，同时便于焊接制作。缺点在于长期运转易变形或损坏，噪声大。

救生舱所用风扇，需要尺寸及风量大，能有效阻隔舱门外进风。同时气动马达耗气量较小，扭矩小，因此选用轻便的工程塑料作为风扇材质相对合适。

图 4 - 33　试验选用贯流风扇图

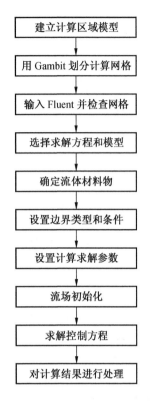

建立计算区域模型

用 Gambit 划分计算网格

输入 Fluent 并检查网格

选择求解方程和模型

确定流体材料物

设置边界类型和条件

设置计算求解参数

流场初始化

求解控制方程

对计算结果进行处理

图 4 – 34　Fluent 数值
模拟计算流程

2. 数值分析

CFD 软件模拟能够直观得出计算结果。由相关理论可知，风扇形成风流的特性主要受风扇的尺寸及叶片形状影响。就选用风扇而言，影响因素在于风扇的直径及叶片倾角，叶片宽及厚度较小，影响不大。本次试验模拟，主要研究直径及叶片倾角对风扇的成风特点影响，从而对选定贯流风扇型号提供理论依据。对风扇模型的模拟，选用 Fluent 软件对风扇的风流特性进行研究。

Fluent 数值模拟计算过程主要有以下几个步骤，如图 4 – 34 所示。

1）不同直径风扇模型模拟

（1）建立计算模型。贯流风扇的立体建模，如图 4 – 35 所示。考虑到风扇的对称性和在旋转过程中的周期性，可以对立体的风扇模型进行简化，仅考虑平面情况，减少运算难度及数据处理量。以单个截面的气流情况可以分析风扇整体运转效果。

由于叶片弯曲弧度较小，在截面条件下可近似为四边形，模型简化计算模型示意图如图 4 – 36 所示，其叶片数量为 35。

R 为风扇模型外半径，L 为扇叶宽度，D 为扇叶厚度。设定 $5R$ 半径为计算区域，可以近似认为该半径域的边界对风扇成风无明显扰动。模拟分析主要风扇的直径对风速的影响，根据选用风扇的特性，选定风扇模型参数见表 4 – 15。

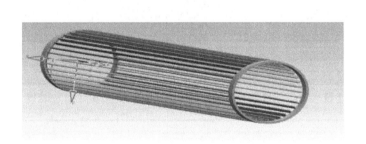

图 4 – 35　贯流风扇的立体建模图

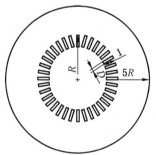

图 4 – 36　简化的计算
模型示意图

表 4 – 15　风 扇 模 型 参 数　　　　　　　　　　　mm

型号	风扇直径 $2R$	扇叶宽度 L	扇叶厚度 D
1	107	15	3
2	97	12	2.4
3	81	10	2

（2）划分计算网格。模拟过程中，网格的划分对求解质量影响很大，主要影响计算时间及计算精度。若网格过小，则计算时间过长；若网格过大，则精度过低。对于风扇模型的分析，主要研究叶轮内部及周边风流扰动情况，因此该区域网格需要细化研究。如图 4 - 37 所示，在中心区域设定一圆面，包含叶轮在内，对其进行网格细化。环形外部为四边形，网格大；圆面内部划分为三角形，网格小。

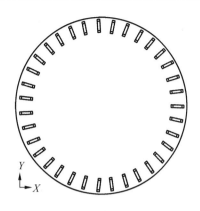

图 4 - 37　Gambit 中计算区域划分图

具体的网格划分细节及整体如图 4 - 38、图 4 - 39 所示。

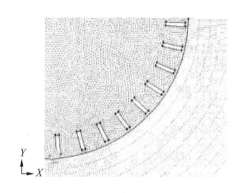

图 4 - 38　风扇模型网格划分细节图

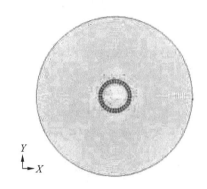

图 4 - 39　风扇模型网格划分整体图

（3）求解方程及模型条件的设定。风机是依靠输入的机械能，提高气体压力并排送气体的机械。从能量观点看，它是把机械能转变为气体能量的一种机械。按其出口压力或压缩比（气体加压后与加压前绝对压力之比）可分：通风机、鼓风机和压缩机 3 种。通风机压缩比一般小于 1. 15，由于气体流速较低，压力变化不大，一般不需要考虑气体比容的变化，即把气体作为不可压缩的流体来处理。模拟时对空气参数进行默认设置。

计算模型选择 k - epsilon，并保持所有默认设置，选用标准的 k - ε 双方程湍流模型。叶轮转动速度设定为 20 rad/s。计算区域的压强为 101325 Pa，重力沿 Y 轴负向，设定为 -9. 8 m²/s。

（4）边界条件的设定。设置静止域即环面区域。将外环计算区域设置为静止区域，充满空气，并设置动态域。在 Motion 对应的 Motion Type 下选择 Moving Reference Frame，设置内环是可动区域。Rotational Velocity 对应的 Speed 设置为 20 rad/s。在 Momentum 对应的 Wall Motion 下选择 Moving Wall，设置为运动壁面。Motion 下选择 Rotational，设置为转动。转动形式为 Relative to Adjacent Cell Zone，Speed 为 0，设置叶轮与内环区域一起以 20 rad/s 同步转动。环形面和内部的交界处为两条重合的边，设置为 Interface 边界条件，起名 interface1 和 interface2，即将内环计算模拟情况向外环传递。

（5）模拟结果。将上述设定的计算模型进行迭代求解，可以得出计算区域的速度及压强结果，3 个风扇模型的静压矢量图如图 4 – 40 至图 4 – 42 所示。

图 4 – 40 　φ107 mm 风扇模型的静压矢量图　　　　图 4 – 41 　φ97 mm 风扇模型的静压矢量图

　3 个风扇模型的速度矢量图如图 4 – 43 至图 4 – 45 所示。

 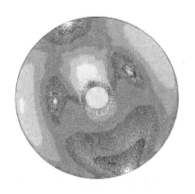

图 4 – 42 　φ81 mm 风扇模型的静压矢量图　　　　图 4 – 43 　φ107 mm 风扇模型的速度矢量图

 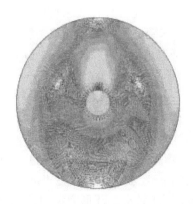

图 4 – 44 　φ97 mm 风扇模型的速度矢量图　　　　图 4 – 45 　φ81 mm 风扇模型的速度矢量图

计算区域的计算结果见表4-16。

表4-16　风扇模型区域模拟结果列表

型号	风速/(m·s⁻¹)		静压/Pa	
	最大值	最小值	最大值	最小值
1	19.37	2.4×10^{-2}	42.04	-301.81
2	20.17	1.5×10^{-2}	41.88	-324.54
3	14.63	1.0×10^{-2}	19.98	-161.95

由矢量图可以看出，风扇旋转时，区域内气流情况基本上沿竖直中心线对称，风速及静压的最值均在该条竖直线上。为了了解风扇中心区域的气流情况，取计算区域竖直中心线，得出该截面上速度及静压曲线图如下。

3个风扇模型竖直中心线的静压曲线图如图4-46至图4-48所示。

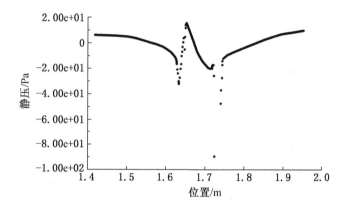

图4-46　ϕ107 mm风扇模型竖直中心线的静压曲线图

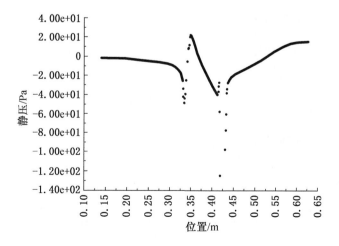

图4-47　ϕ97 mm风扇模型竖直中心线的静压曲线图

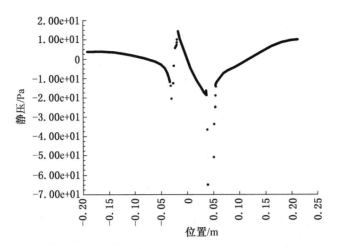

图 4-48 φ81 mm 风扇模型竖直中心线的静压曲线图

3 个风扇模型竖直中心线的速度曲线图如图 4-49 至图 4-51 所示。

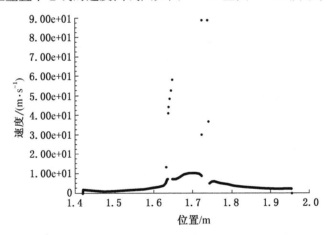

图 4-49 φ107 mm 风扇模型竖直中心线的速度曲线图

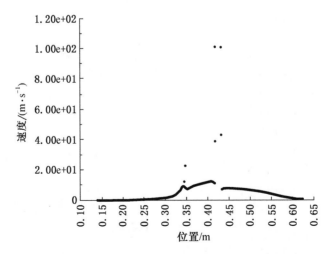

图 4-50 φ97 mm 风扇模型竖直中心线的速度曲线图

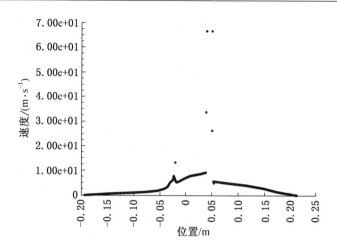

图 4-51　ϕ81 mm 风扇模型竖直中心线的速度曲线图

（6）模拟分析。由风扇模型的静压和速度矢量图可以看出，不同直径风扇风流特性基本一致，均沿中心线对称，其中 ϕ107 mm 风扇有一定倾角。通过分析可知：在重力作用下，风扇旋转时，叶轮上部形成负压，气压低于大气压，气流从上方进入风扇；叶轮下部为正压，气压高于大气压，气流从下方流出。风扇主要在上下方分别形成负压及正压区域，气流流速相对较高。气流沿竖直方向，自上而下两次经过叶片。

由风扇模型的静压和速度曲线图可以看出，竖直中心线的静压及速度曲线趋势近似，直径对风流的整体成型没有太大影响。曲线断裂点为叶片位置，叶轮内及风扇外的静压曲线连续。根据曲线位置的坐标，可以得出不同风扇上下部分，产生的静压及风速见表4-17。

表4-17　风扇模型曲线分析表

型号	风速/(m · s⁻¹)		静压/Pa	
	风扇上方	风扇下方	风扇上方	风扇下方
1	8	6	−15	−10
2	10	8	−30	−32
3	5	4	−8	−10

对比3个不同的风扇模拟结果，可以得出，在不同半径、同等转速的情况下，半径越大，产生的最大风速越大，正负压差更大。这主要是在相同转速时，半径越大，叶片转动的线速度越快，扰动的风量越大，产生较大压降。

同时，风扇叶轮变大时，叶轮产生正负压降的部位有偏移的倾向。对比模型区域结果表和曲线分析表，型号2的风扇模拟效果最佳，风流最稳定，形成的风速及压降最好，可产生最好的气流效果。

2）不同叶片倾角的模拟

当叶片倾斜时，风扇转动产生的负压会相应偏斜，从而影响风流情况，因此需要研究

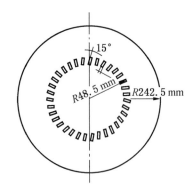

图 4 - 52　倾斜角 15°风扇
计算模型示意图

叶片倾角对风流的影响。对选用的风扇，ϕ97 mm 风扇的叶轮倾角为 15°，同时 ϕ97 mm 风扇气流效果最佳，可建立相应的倾斜角，进行模拟，对比研究。其模型简图如图 4 - 52 所示。

经过相同的网格划分及收敛计算后，得出静压及速度矢量图如图 4 - 53、图 4 - 54 所示。

模拟区域内最大风速为 15.67 m/s，最小风速为 8.29×10^{-3} m/s；最大静压为 33.37 Pa，最小静压为 -221.54 Pa。竖直中心线的静压及速度曲线图如图 4 - 55、图 4 - 56 所示。

由倾斜叶片的矢量图及曲线图分析得出，当叶片倾斜时，风扇旋转形成的最大负压及正压区域均发生了倾斜，正压区最大出风口角度向上偏移。区域内气流不再对称。相比较同直径竖直叶片的风扇，重力的作用分解，气流形成的压降及风速均降低。

图 4 - 53　ϕ97 mm 倾角 15°风扇
模型的静压矢量图

图 4 - 54　ϕ97 mm 倾角 15°风扇
模型的速度矢量图

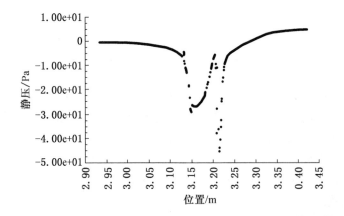

图 4 - 55　ϕ97 mm 倾角 15°风扇模型竖直中心线的静压曲线图

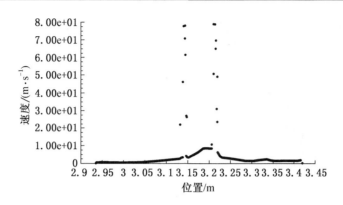

图4-56　φ97 mm 倾角15°风扇模型竖直中心线的速度曲线图

对于有一定倾角的扇叶，形成的压降减小，则减小了运转过程的阻力，适合扭矩较小及高速运转时使用。综合模拟结果看出，叶轮半径和倾角对风扇产生风流情况有很大影响，针对选用的三个风扇来说，φ107 mm 扇叶模拟出的出风效果最佳。

3. 气动风扇性能试验研究

1）风扇运转试验

（1）试验目的。测定不同功率下，不同风扇的转速情况，作为气动马达功率判断的标准。

（2）试验设备。为了研究气动马达的运转特性，需要风扇能够平稳的转动，同时又可以测定功率大小，因此需要一个稳定可测的马达输出，其马达功率及运转特性均应与实际需要的气动马达接近。国外对气动马达的研究提出，气动马达的功率特性和直流电动马达的特性类似，试验选用微型直流电动机，其型号见表4-18。

表4-18　直流电动马达型号参数

型号	额定电压/V	额定功率/W	最大转速/(r·min⁻¹)	额定扭矩/(N·m)	适用范围
ZYTD-60SRZ-7F1	12	36	3000	600	机械传动

该马达具备功率小，转速快，输出稳定的特点，其运行曲线与气动马达接近，适合作为测试用电动马达。微型直流电动机如图4-57所示。

马达连接在调控电路板上，由开关电源提供不超过12 V 的稳压直流电源。开关控制马达的正反转，电位器调节转速，即调节马达的输入功率。电路控制器件如图4-58所示。

为了测得直流电动马达的实际输入功率，还需在马达上连接电压表及电流表，在试验过程中根据电表读数，缓慢调节电位器。电压表量程为 0~15 V，精确度为 0.5 V。电流表量程为 0~5 A，精确度为 0.2 A。

图4-57　微型直流电动机

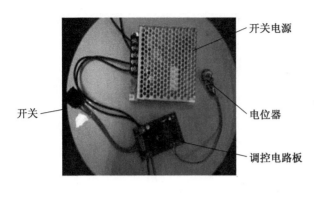

图4-58　电路控制器件

测量时在各表量程范围内，均能达到一半量程，并满足精确度要求。试验用便携式测量仪表参数：①产品名称为数字型光电转速表；②测试范围为 2.5 ~ 99999 r/min；③分辨力为 0.1 r/min (2.5 ~ 999.9 r/min),1 r/min (1000 r/min 以上)；④测量精度为 ±0.05%；⑤采样时间为 0.8 s（60 r/min 以上）；⑥有效测量距离为 50 ~ 500 mm（激光光源）；⑦外形尺寸为 150mm × 71mm × 34mm；⑧电源消耗约 35 mA。

（3）试验方法。试验主要测定贯流风扇的转速，确定不同风扇下功率与转速的关系。为了避免周围物品及地面对风扇运行效率产生影响，需要将风扇抬高，与杂物和地面保持一定距离。

（4）试验步骤。按照图 4 - 59 安装试验设备，导向轴一端由电动马达带动，另一侧安装在固定的滚轮轴承中，保持风扇距离地面 50 cm 以上。不连接电流表，打开开关，使风扇正转，利用电压表测试马达两端的电极，确定正负极。连接电流表和电压表，调节电位器，读取电流及电压读数，测试不同功率下，不同风扇的转速。试验前，被测试风扇应在额定电压、额定功率下运转 3 min。试验时，风扇由低挡向高挡连续运转，在不同功率情况下，进行测试，最后取读数的平均值。

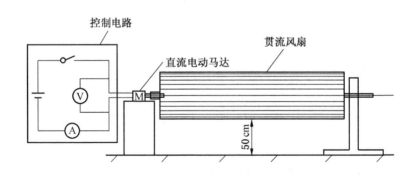

图4-59　风扇运转测试设备安装图

（5）数据分析。通过试验，得出不同功率下风扇转速情况，见表4-19。由测得的电流及电压读数，可以得出不同功率下风扇运转特性，3 种不同型号风扇运转特性如图4-60所示。对于每个风扇来说，马达的负载是一定的，因此马达带动风扇的扭矩一定。马达在工作状态下可满足：

$$P = T \times N \times 0.105 \tag{4-30}$$

式中　　P——马达输出的有效功率，W；

　　　　T——马达带动风扇的扭矩，N·m；

　　　　N——风扇的转速，r/min。

表4-19 风扇运转测试表

型号	电压/V	电流/A	转速/(r·min⁻¹)		
			最大	最小	平均
1	3.02	0.5	148.3	85.6	136.5
	6.02	1.14	307.2	187.3	292.1
	8.98	2.38	557.2	498.6	551.5
	11.80	2.55	909.4	732.6	847.2
2	3.02	0.95	201.5	31.5	193.1
	6.06	1.25	431.4	325.1	344.4
	9.04	2.26	566.4	353.9	538.6
	11.86	2.45	1003.6	810.5	907.1
3	3.04	0.55	281.6	166.2	297.7
	6.01	1.1	600.6	358.8	584
	9.03	1.75	986.5	823.6	825.2
	11.85	2.73	1193	955.3	1093

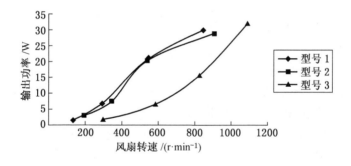

图4-60 风扇功率与转速关系图

由式（4-30）可以看出，功率与转速成正比。根据图4-61可得出3条曲线的趋势线。3个不同型号风扇功率与转速关系：型号1，$P = 0.035 \times N$；型号2，$P = 0.031 \times N$；型号3，$P = 0.022 \times N$。由此得出对应3个风扇的扭矩为0.33 N·m、0.30 N·m和0.21 N·m。

2）试验装置气密性试验

试验前，应检查气路装置的气密性，防止运行过程中系统内气体的损失，影响气动马达的稳定性。

（1）试验目的。连接气路设备，检查气路的密闭性，测定系统的泄压率。

（2）试验设备。试验用气动马达为叶片式气动马达，负荷耗气量为250 L/min，工作气压为0.6 MPa，最大功率为100 W，空载时转速为500~8000 r/min，扭矩为0.45 N·m，气管最小内径为6 mm。

系统管路利用 φ6 mm 的胶管及快速接头连接气路，减少部件连接和沿程损失，确保

图 4 - 61　试验用气动马达及气量调节阀

系统的气密性。在管路中安装压力表，测量输入气动马达气体压强。通过气量调节阀控制进入气动马达的气体流量及型号，从而改变气动马达的转速大小及方向，如图 4 - 61 所示。

试验选用空气压缩机提供气源，确保在较长时间下，气动马达的稳定运转。该空压机可提供稳定的 0 ~ 1.6 MPa 的压缩空气，满足气动马达 0.6 MPa 的额定气压的要求，通过调节空压机出气阀门大小，调节供气压力。

由于空压机排出的压缩空气含有油气，且不能用于气动功率部件的润滑，易造成堵塞损耗，因此需要利用过滤器对产生的压缩气体进行过滤处理。

（3）试验步骤。调整空压机压缩空气压强为 0.6 MPa 后，开启空压机出气阀门及各路开关，使气动马达稳定运行。2 min 后关闭气动马达及空压机出气口，则输气管路内充入 0.6 MPa 的压缩空气。稳定 10 ~ 30 min 后，在管路气压不小于 0.55 MPa 的条件下，开始用秒表计时，同时读取和记录压力表显示值。每间隔 10 min 记录 1 次，共持续 60 min。首次压力值减去末次压力值，即为泄压速率。

（4）数据分析。试验记录所得数据如图 4 - 62 所示。由记录数据可以得出，气路系统在 0.6 MPa 压力下，装置泄压速率为 0.01 MPa/h。相较于气动马达工作气压 0.6 MPa 而言，不会影响马达运行的稳定性。整个气路系统的气密性良好，能够保证正常运转。

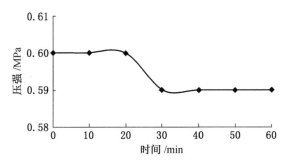

图 4 - 62　气路装置气密性试验测试图

3）气动马达运转试验

影响马达运转的 3 个参数是压力、负载、转速，如果 3 个参数中的一个改变，气动马达将自动改变它的参数而达到平衡。根据研究可知，当马达以最大功率运转时，如果扭矩减少，则转速将会上升，直到扭矩输出再次达到平衡。相反，如果马达运转时，压力下降，则转速也会随之下降直到扭矩在低转速下平衡。对于试验所用的风扇而言，气动马达负载确定，则马达受影响的参数主要是供气压力及对应的转速。

（1）试验目的。测定不同供气压力下，不同风扇的转速情况及耗气量，确定气动马达的性能。测定风扇最大风速，确定气动马达供气压力与不同风扇风速关系。

（2）试验设备。试验利用 CFJD25（A）型机械电子式风速表作为测量仪器，测试风扇风速，其设计参数：①风速测量范围为 0.3 ~ 25 m/s；②风量测量范围为 1 ~ 9999 m^3/min；③启动风速 ≤0.2 m/s；④测量精度为微速 ≤0.2 m/s、高速 ≤0.3 m/s；⑤显示方式为 4 位 LED；⑥分辨率为 0.01 m/s；⑦外形尺寸为 120 mm ×40 mm ×22 mm；⑧重量 ≤55 g。

（3）试验步骤。调整空压机压缩空气压强至额定气压后，开启空压机及各路开关，使气动马达稳定运行 2 min。调整输气管路气压，使气动马达的气压由高到低运转，压强范围为 0.3 ~ 0.65 MPa。调节风量阀的大小，在不同工作气压下，测定气动马达的耗气量。利用转速表及风速表分别测定不同工作气压条件下的转速和风扇周围的最大风速。

（4）数据分析。通过试验，气动马达测试结果见表4-20。

表4-20 气动马达测试表

工作气压/MPa	耗气量/(L·min⁻¹)	型号1		型号2		型号3	
		转速/(r·min⁻¹)	风速/(m·s⁻¹)	转速/(r·min⁻¹)	风速/(m·s⁻¹)	转速/(r·min⁻¹)	风速/(m·s⁻¹)
0.30	139	462	1.63	485	1.57	520	1.72
0.35	161	592	2.21	619	2.09	673	2.20
0.40	183	683	2.83	719	2.90	764	2.67
0.45	206	797	3.44	853	3.36	908	3.02
0.50	228	921	4.05	1064	4.10	1087	3.63
0.55	251	1045	5.40	1121	5.30	1196	4.20
0.60	273	1169	5.89	1255	5.70	1340	4.58
0.65	295	1293	6.06	1389	6.20	1484	5.18

将不同型号的转速分别代入式（4-30）中，可得不同型号风扇下马达的功率。气动马达工作气压与功率关系如图4-63所示。

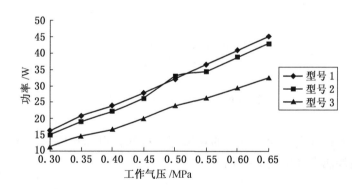

图4-63 气动马达工作气压与功率关系图

由图4-63可以看出，随着工作气压的升高，功率成正比例增长，说明风机的运转与工作气压的大小直接相关。型号1和型号2功率比较接近，而型号3由于质量小，所需的扭矩也小，在旋转过程中始终达不到气动马达的额定功率，输出功率小。因此选用尺寸较小的风扇是对能量的浪费，但其转速快，在启动扭矩较小时，容易启动。

从图4-64中可以看出，在相同转速下，尺寸较大的型号1产风量最大，其次是型号2，型号3则最差。该试验结果与模拟结果相符，即φ107 mm直型扇叶的出风效果最佳。

由于工作气压的大小直接决定风扇的转速，因此工作气压高时，型号3的小尺寸风扇转速最快，风速较大。随着气压的升高，型号1转速加快，产风效率更高，因此在相同气

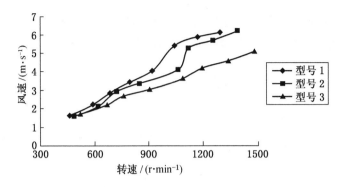

图 4 - 64　风扇转速与风速关系图

压下风速更快。而型号 2 由于相同气压下，转速比型号 1 较快，因此出风风速与型号 1 几乎相同。风扇转速与气压关系如图 4 - 65 所示。

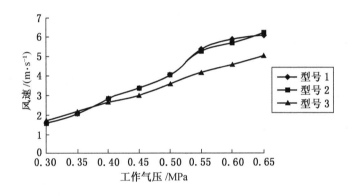

图 4 - 65　风扇转速与气压关系图

由测量所得的耗气量及计算所得的功率可以推知，以 0.6 MPa 工作气压为标准状态时，气动马达的性能参数见表 4 - 21。

表 4 - 21　气 动 马 达 性 能 参 数

气压/MPa	0.30	0.35	0.40	0.45	0.50	0.55	0.60	0.65
功率比值	38.99	50.06	57.58	67.97	81.56	89.32	100.0	110.68
耗气量比值	50.91	58.97	67.03	75.46	83.52	91.94	100.0	108.06

注：功率比值为实际功率与 0.6 MPa 工作气压下功率的比值。耗气量比值为实际耗气量与 0.6 MPa 工作压力下耗气量的比值。

由该性能表可以看出，当工作气压在 0.3 ~ 0.5 MPa 时，气动马达耗气量比值远大于功率比值，说明此时大量气体用于克服气动马达自身内能做功，输出效率较低。在 0.5 ~ 0.6 MPa 时，耗气量比值与功率比值接近，此时输出效率提高。当工作压力高于工作压力时，耗气量比值小于功率比值，说明提高气压有利于改善输出效率。但过高的气压会造成气动马达部件磨损加剧。综上可得，对于该气动马达，工作气压可选定在 0.5 ~ 0.65 MPa 范围内，其耗气量在 230 ~ 300 L/min。

（三）气动风幕机性能研究

贯流风扇在挂壁式空调器及风幕机中被广泛使用。风机产生的气流首先进入叶轮内部，再从叶轮内部流出，两次流经叶轮，流场非常复杂。根据相关研究，在贯流风机中，虽然叶轮是对称的，但转动过程中，气流却是非对称的。相关的叶轮内部流动可视化研究发现，在叶轮内部存在一个低压漩涡，作用于叶轮圆周一侧。从之前模拟看出，空气介质两次进出叶轮，使气体流动情况随转动的叶片不断改变。

1. 风机形状设计

目前空调及风幕机的风道主要包括进风口、换热器、风机叶轮、蜗壳曲线、蜗舌曲线及出风口等几个部分。其中蜗壳、蜗舌总称为风道曲线，曲线形状理论上是任意的，无限多的。到目前为止，国内外都没有贯流风机风道设计的成熟理论与方法，也没有出现过一种风道曲线的经验设计公式，这一领域基本上属于空白。常见贯流风机风道的设计形状见表 4-22。

表 4-22　贯流风机风道设计

型　号	形状示意图	特　　性
R 型	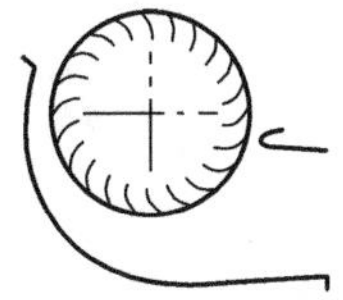	圆弧形的蜗壳，适用于需要大流量的场合。蜗舌尺寸较小时难以加工控制
RH 型	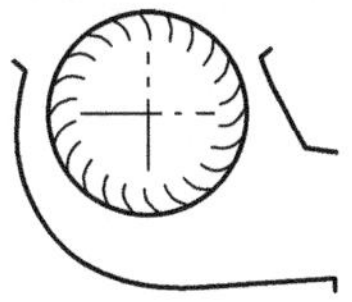	在 R 型蜗壳的基础上改变了蜗舌的形状，提供更高的压力
RL 型	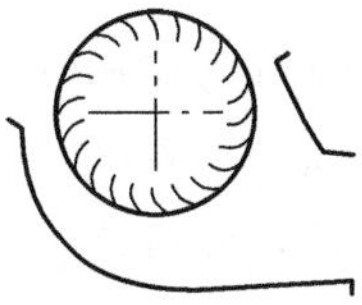	在 RH 型蜗壳的基础上降低了背板的弧面高度，加大了进风面积，均衡 R 型与 RH 型蜗壳
H 型	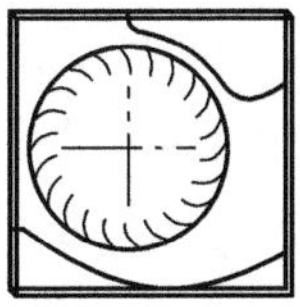	方框形的外壳，规则的外形能更好地融入使用场合中去。进风与出风接近水平，相当于轴流风机
F 型	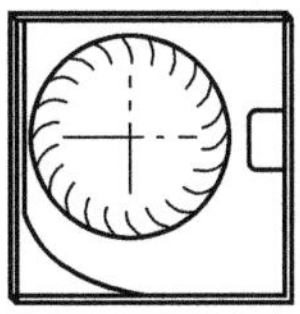	方框形蜗壳，蜗舌与背板组合成一个倒立的"F"。该设计型号加工简单，适应不同尺寸风扇，应用广

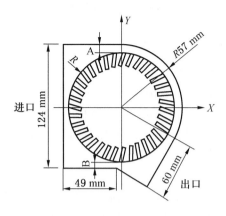

图 4 - 66 试验风机尺寸图

综合风机设计形状的优缺点，考虑到救生舱使用条件及加工难度，风机风道模型选用 RH 型，保证风量，同时结合 F 型风机的优点，将制作为方形，便于安装，减少占用空间。试验用风机设计如图 4 - 66、图 4 - 67 所示。A 表示蜗壳间隙，B 表示蜗舌间隙。

RH 型设计方式，可以保证出风口以 10° ~ 30° 向舱外喷射气流。出风口形状与蜗壳相切，减少风机内部气流损失，同时有利于引导气流输出，提供更大压力。出口尺寸根据空气幕型号参数，设计为 5 cm。风扇安装在风机中心处，可通过调节挡板及侧板位置调节蜗壳和蜗舌间隙。

图 4 - 67 试验测试气动风幕机

2. 风幕机所需风速的理论计算

空气幕通常安装在建筑物的出入口。当它稳定运行时可形成连续的平面气流。该平面气流能阻挡室内外空气的对流，从而具有隔冷、隔热、隔尘、隔烟、隔臭等多种功能。

在空调建筑物中由于室内外温差引起的烟囱效应以及室外风速引起的风压作用迫使平面气流弯曲，甚至破裂。在这种情况下，空气幕的隔断性能严重恶化。为了抵抗烟囱效应和风压的干扰，空气幕必须具有相当的出口动量。

空气幕稳定运行时的最小出口动量可用式（4 - 31）计算：

$$(\rho_0 b_0 u_0^2)_{\min} = D_{\min}[gH(\rho_c - \rho_w) + 0.5\rho_w u_w^2]H \qquad (4 - 31)$$

式中　　u_0——空气幕出口风速，m/s；

　　　　b_0——空气幕出口厚度，cm；

　　　　ρ_0——空气幕出口空气密度，kg/m³；

　　　　$D_{\min}$——保持空气幕稳定运行时的最小弯曲模量；

　　　　g——重力加速度，m/s²；

H——空气幕长度，通常指门高，m；

ρ_c——冷侧空气密度，kg/m³；

ρ_w——暖侧空气密度，kg/m³；

u_w——室外空气流速，m/s。

根据式可求得空气幕最小出口风速：

$$u_{0min} = \sqrt{\dfrac{D_{min}\left[H(\rho_C - \rho_W)g + 0.5\rho_w u_w^2\right]H}{\rho_0 b_0}} \qquad (4-32)$$

为了确保空气幕的稳定性，工程设计中引进速度系数 φ，这样即使空气流被折弯后，能够迅速地恢复隔断特性。

$$u_0 = \varphi u_{0min} \qquad (4-33)$$

式中　u_0——空气幕所需的出口风速，m/s；

φ——速度系数，取 1.3 ~ 2.0。

美国学者哈耶斯对空气幕最小弯曲模量进行系统研究，其研究结果如图 4-68 所示。

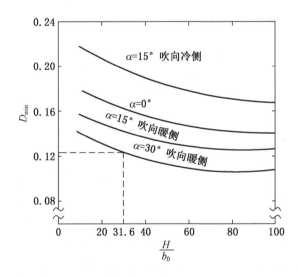

图 4-68　空气幕最小弯曲模量图

试验舱门高度为 1.58 m，舱内温度设定为 28 ℃，相对湿度 55%，舱外设计温度为 35 ℃，相对湿度 65%，室外空气平均风速 $u_w = 3$ m/s。其中空气幕出口宽度 $b_0 = 5$ cm，喷射角 $\alpha = 30°$（吹向舱外）。

由试验条件及假定的试验环境可知，空气幕的相对长度 $\dfrac{H}{b_0} = \dfrac{1.58}{0.05} = 31.6$。已知 $\alpha = 30°$，且吹向舱外。由图 4-68 可知 $D_{min} = 0.122$。根据室内外环境条件可知，$\rho_w = 1.15$ kg/m³，$\rho_0 = \rho_c = 1.17$ kg/m³。将上述已知参数代入式（4-31）可求得空气幕最小出口风速 u_{0min} 为 4.14 m/s。取 $\varphi = 1.3$，则 $u_0 = 1.3 \times 4.14 = 5.38$ m/s。

即为了保证气幕的有效阻隔效果，在不考虑其他影响因素情况下，仅靠风流风速达到阻隔效果，则出口风速需 ≥5.38 m/s。

3. 风幕机三因素正交试验

1) 三因素正交试验的方案设计

对于风幕机，影响风机产风的主要因素是叶轮式、蜗舌间隙和蜗壳间隙。因此，需要根据试验对这几个主要影响因素进行分析探讨。为探讨这 3 个因素对贯流风机的影响。将 3 个特征参数作为影响因子，每个因子取 3 个水平，按正交表进行正交试验。正交设计方案见表 4-23、表 4-24。

表 4-23　因 子 水 平

因子	蜗壳间隙 A/mm	蜗舌间隙 B/mm	叶轮型号 C
水平 1	7	10	1
水平 2	5	6	2
水平 3	3	2	3

表 4-24　试验参数正交表

实验编号	蜗壳间隙	蜗舌间隙	叶轮型号
1	7	10	1
2	7	6	2
3	7	2	3
4	5	10	2
5	5	6	3
6	5	2	1
7	3	10	3
8	3	6	1
9	3	2	2

2) 正交试验测定指标

(1) 风速测试。判断气动风幕机的性能，很大一部分取决于风机的风速，因此首先需要测定不同风机的出风情况。风速越大，风机性能越好。

如图 4-69 所示，为了防止外界干扰，贯流风扇的底部应处在试验台的平面中，距离地面高度为 50 cm 以上。除了允许在试验屏内放置风速仪外，在整个试验屏范围内及屏外和试验屏之间不应放置其他物品。在试验进行中，试验屏内应无外来气流的

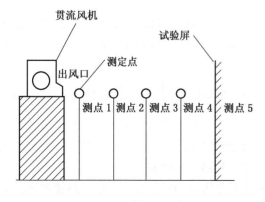

图 4-69　风幕机风速测试图

影响。

风速测定点在空气幕流场的横向坐标上，气流为水平方向。从出口至试验屏 2 m 处分五点测试，其中测点 1 为风扇出口处，测点 5 为试验屏处，每测点间隔 0.5 m。以出风口风速作为风机性能判断指标，5 个测点的风速作为检验最佳配置风流衰减的指标。

（2）静压测试。由于风机的高速旋转，会产生高速气流。流体在流动时产生平行于流体运动方向的压力，这个压力就是风机的静压。静压值越大，对外界有害气体阻隔性能越好。因此对静压的测定也是判断风机阻隔效率的重要标准。

常用风机风压测试方法如图 4-70 所示，利用两个滤网，将风道分为 A、B 两区，分别用来测定风机的静压及动压。本次试验仅测定风机的静压，需要设定一个排气孔测定。试验装置如图 4-71 所示。

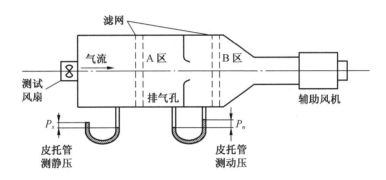

图 4-70　风幕机静压测试图

图 4-71　风幕机静压测试风道

测试用的气孔垂直于风流方向，防止空气流动对静压测量产生影响。试验时，将 U 型管压差计的一端接排气孔，另一端留空。读数时记录两端液面高度差，即可计算得出风机的静压值。

3）正交试验数据记录

试验过程中蜗壳及蜗舌结构保持不变，根据参数对风机进行调整，在 0.6 MPa 和 0.5 MPa 的供气压力下进行风速和静压测试，所得数据见表 4-25、表 4-26。

表 4 - 25　0.6 MPa 时试验结果计算表

因子	A	B	C	空列	风速 $Y_j/$	静压 Y_i/Pa
试验号	1	2	3	4	$(m \cdot s^{-1})$	
1	1	1	1	1	5.52	26
2	1	2	2	2	5.36	22
3	1	3	3	3	5.14	18
4	2	1	2	3	5.70	39
5	2	2	3	1	4.99	20
6	2	3	1	2	5.21	21
7	3	1	3	2	4.93	17
8	3	2	1	3	5.18	18
9	3	3	2	1	5.19	21

表 4 - 26　0.5 MPa 时试验结果计算表

因子	A	B	C	空列	风速 $Y_j/$	静压 Y_i/Pa
试验号	1	2	3	4	$(m \cdot s^{-1})$	
1	1	1	1	1	5.01	18
2	1	2	2	2	4.69	17
3	1	3	3	3	4.54	15
4	2	1	2	3	5.13	20
5	2	2	3	1	4.65	17
6	2	3	1	2	4.89	18
7	3	1	3	2	4.44	14
8	3	2	1	3	4.60	15
9	3	3	2	1	4.67	17

4. 风机试验模拟验证

对于试验得出的最佳设计方案进行模拟, 其中蜗壳间隙为 5 mm, 蜗舌间隙为 10 mm, 叶轮直径为 97 mm, 叶片倾角为 15°, 旋转转速为 1200 r/min。气流由进风口进入, 再由 5 cm 宽的出风口出。模拟出的矢量图如图 4 - 72、图 4 - 73 所示。

模拟结果显示, 区域内最大风速为 32.58 m/s, 最小风速为 0.014 m/s。区域内最大静压 446.2456 Pa, 最小静压为 - 585.8052 Pa。风速及静压值均比无风道时运转效果好。由图 4 - 72 可以看出, 风机内部最小风速区域主要分布在风扇进口处、风扇中心以及风扇出气口下部, 风速最大部位在出风口上方。而风道的设置对静压影响较大, 改变了风扇形成的静压效果, 使风机上部产生正压, 下方靠近出风口处形成一个负压漩涡, 如图 4 - 73 所示。

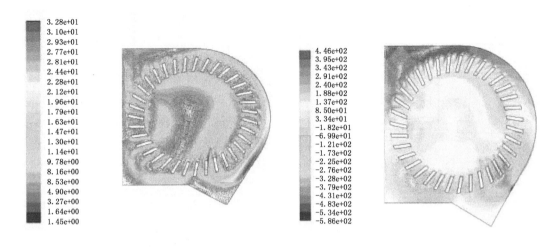

图4-72　风机模型的速度矢量图　　　　　　图4-73　风机模型的静压矢量图

对出风口处风速进行截取分析，结果如图4-74所示。由图可以看出，出风口设置在风机最大风速区域。出风口上方风速最大，沿着风口，速度逐渐下降趋近于0，上方气流斜向下送风。由于考虑到出风口吹风的角度问题，风口不能向上有大的调整空间，因此该风口设计方案是较为合理的。

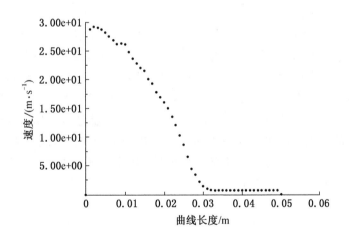

图4-74　出风口的风速曲线图

（四）气动风幕机系统阻隔性能试验研究

1. 气动风幕机安装方式确定

按空气幕安装与送风形式，可分为以下9类。

门洞较宽或物体通过的时间较长时（如通过火车），可设双向空气幕，如图4-75a、图4-75b所示。双向空气幕的两股气流相遇时，部分气流会相互抵消，因此在门洞较窄时，效果不如单向气幕好。双向空气幕适用于门洞高度大于4.5 m，宽度大于4 m的工业

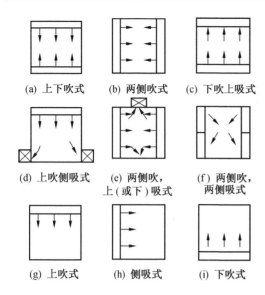

(a) 上下吹式　　(b) 两侧吹式　　(c) 下吹上吸式

(d) 上吹侧吸式　(e) 两侧吹，　　(f) 两侧吹，
　　　　　　　　　上 (或下) 吸式　　两侧吸式

(g) 上吹式　　　(h) 侧吸式　　　(i) 下吹式

图 4-75　空气幕多种送风形式图

建筑。

　　回风口，即吸风口的设置，如图 4-75c 至图 4-75f 所示，有利于较好的组织气流，可使气流到达地面或墙面时，能够定向流动。同时可以吸进有毒有害气体，对防止有毒有害气体效果较好。回风经过滤、加热等处理后，循环使用。考虑到回风装置需占用一定空间，耗费大量能量，同时需要对回风进行进一步的处理，因此不适合救生舱或硐室的使用。

　　单侧空气幕如图 4-75h 所示，适用于高度大于 4.5 m、宽度小于 4 m 的门洞或车辆通过门洞时间较短的工业厂房，工业建筑的门洞高度较高时常常采用此种形式。单侧空气幕缺点：①占用一定的建筑面积；②为了不阻挡气流，侧送式空气幕的大门严禁向内开启。

　　下送式空气幕如图 4-75i 所示，气流由下部地下风道吹出，冬季阻挡室外冷风的效果比侧送式好。由于它采用下部送风，送风射流会受到运输工具的阻挡，而且会把地面的灰尘吹起。因此下送式空气幕仅适用于运输工具通过时间短，工作场地较为清洁的车间。

　　上送式空气幕由上向下送风，是最为常见的空气幕设置形式，如图 4-75g 所示。设备占用空间小，有利于行人通行，但在选择时受大门高度及室内外温度影响。如果喷口速度太小，空气幕射流在室内外温差作用下，不再射向地面而是中途弯曲。

　　目前上送式空气幕应用广泛，并已有成套设备供应，可把贯流式风机直接装在大门上方。空气幕出口风速较低，用一层厚的且缓慢流动的气流组成气幕，只要射流出口动量相等，抵抗横向气流的能力和高速气幕是相同的。由于出口流速低，出口动压损失小，气流运动过程中卷入的周围空气少，所以上送式空气幕的运行费用较低。在关闭大门的情况下，气流形成贴壁风流，有害气体及灰尘在下方，随着气流循环被置换排出。上送式空气幕的置换通风效果如图 4-76 所示。

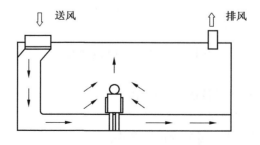

图 4-76　上送式空气幕的置换通风效果图

救生舱风幕阻隔主要是为防止有害气体进入生存舱所在区域而采用的隔离措施。综合以上分析，借鉴常用空气幕设置的优缺点，将设计的风幕机安装在救生舱舱门的上部。

2. 试验环境构建

试验设置在北京科技大学"矿山救援环境模拟舱"。试验设备和仪器包括模拟试验救生舱、气动风幕系统、实验室监测系统、净化风机、扰动风机以及二氧化碳气体供应装置。试验环境示意图，如图 4 - 77 所示。

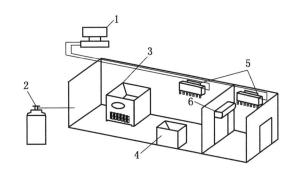

1—实验室监测系统；2—CO_2 供应装置；3—净化风机；4—扰动风机；

5—CDT 型矿用多参数测定器；6—气动风幕机

图 4 - 77　试验环境示意图

实验室监测系统主要负责对模拟舱内环境数据的采集。

模拟舱环境监控系统与模拟舱接口如图 4 - 78、图 4 - 79 所示。

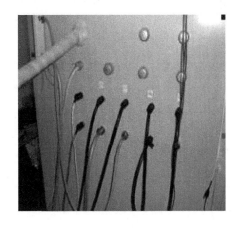

图 4 - 78　模拟舱环境监控系统　　　　　　图 4 - 79　模拟舱接口

CO_2 供应装置负责向舱内充入鉴定气体，以检测气幕的阻隔效果。本试验采用 40 L 高压钢瓶供气，配有减压阀和流量计，能够根据需要调节供气的流量。

净化风机为 30 W 的风机。在阻隔试验完成后，为了避免舱内的二氧化碳气体扩散到实验室环境，可在净化器内加入净化药剂从而净化残余二氧化碳。

扰动风机负责促进舱内气体流动。试验时向舱内充入目标气体时，气体扩散的速率较慢且分布不均匀，开动扰动风机可起到混匀舱内气体环境的作用。

CD7 型矿用多参数测定器可用于 CO_2、O_2、CO、CH_4、H_2S、温/湿度的检测和超限报警。测定器连接到监测系统上，可时刻记录舱内环境情况。试验模拟舱内监测仪表，如图 4-80 所示。

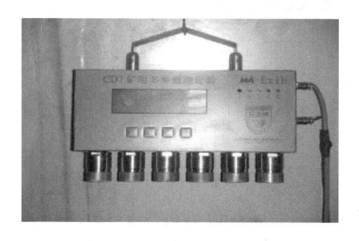

图 4-80　试验模拟舱内监测仪表

CD7 矿用多功能测定器性能参数见表 4-27。

表 4-27　CD7 矿用多功能测定器性能参数

名　　称	测量范围	分辨率	默认报警点	报警点调整范围	响应时间（T_{90}）
CO 浓度/10^{-6}	0~1000	1	24、50	0~1000	35
CO_2 浓度/%	0~5.00	0.01	0.50、1.00	0~5.00	30
CH_4 浓度/%	0~5.00	0.01	1.00、2.00	0~5.00	35
O_2 浓度/%	0~30.0	0.1	18.0、22.0	0~30.0	35
H_2S 浓度/10^{-6}	0~100	1	7、12	0~100	45
温度/℃	0~40.0	0.1	—	—	—
湿度/% RH	0~100	0.1	—	—	—

气动风幕机安装在二道门上方，气动系统均放置在过渡舱内，在过渡舱内设定为隔离净化带。风幕机由空压机提供压缩气体，保证风幕长时间稳定运转。试验过程中风幕机的安置情况如图 4-81、图 4-82 所示。

试验时，用救生舱的生存舱模拟外部大环境，一道门和二道门之间的过渡舱模拟舱内环境，在二道门上方设置风幕，对气体进行阻隔。

图 4-81 风幕机安装图　　　　　　　图 4-82 模拟舱门舱

3. 气体浓度对阻隔性能影响

根据相关研究可知，对于选定的空气幕，其阻隔性能与外界环境的浓度有关，而对不同的有害气体，阻隔效果差异不大。本次试验主要以阻隔不同浓度 CO_2 气体为例，测定空气幕的阻隔净化效率，检验空气幕的应用效果。

1）试验方法

（1）向生存舱内充 CO_2 气体，开启舱内扰动风机，促进舱内气体循环，直至 CO_2 浓度为 0.5%。

（2）不开启空气幕，打开二道门 10 min，测定生存舱及过渡舱 CO_2 浓度变化，试验过程中保持生存舱内 CO_2 浓度为 0.5%。

（3）测定后，关闭二道门，打开一道门，使过渡舱内 CO_2 完全扩散到室外大气。检查气动系统管路是否漏气，并调节气路使气动风幕运行顺畅。

（4）开启空气幕，待风幕运转稳定后，关闭一道门，打开救生舱二道门，测定风幕两侧 CO_2 浓度变化情况。

（5）8 min 后，关闭二道门，继续运转空气幕，测定过渡舱内气体浓度变化 2 min。

（6）在试验过程中，生存舱 CO_2 浓度降低时，应适当开启 CO_2 气瓶阀门，保证舱内 CO_2 浓度维持在 0.5% 左右。

（7）采取同样的步骤，分别测定 CO_2 浓度为 1.0%、1.5% 和 2% 时空气幕阻隔效果。

2）试验数据分析

本次试验着重研究不同的浓度差对风幕阻隔性能的影响。不同浓度 CO_2 气体时风幕阻隔效果如图 4-83 至图 4-86 所示。

分析试验数据可知，初期浓度差较大，风幕形成的阻隔气流在开门过程中，阻隔气流没有成型。在开门后 1 min 时间内，扩散速率降低，并在 5 min 之后与舱外的浓度值维持在一个较稳定的状态，随着开门时间的延长，有部分气体进入。8 min 后关闭舱门，风幕机继续工作，气动马达喷出的压缩空气在过渡舱内起到稀释净化的作用，使舱内 CO_2 浓

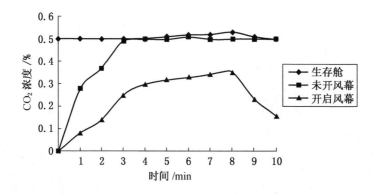

图 4 - 83　0.5% CO_2 浓度时风幕阻隔效果

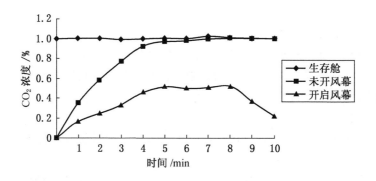

图 4 - 84　1.0% CO_2 浓度时风幕阻隔效果

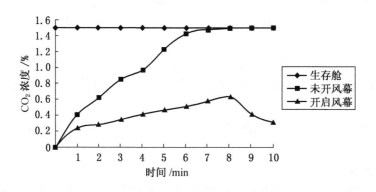

图 4 - 85　1.5% CO_2 浓度时风幕阻隔效果

度迅速降低。

通过研究气流渗透率,可以了解舱门开启时的 8 min 内,气体 CO_2 穿过风幕气流,进入舱内情况。气流渗透率见式 (4 - 34)。

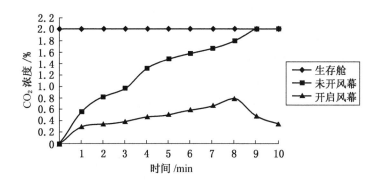

图4-86　2.0% CO_2 浓度时风幕阻隔效果

$$\varphi = \frac{c_1}{c_0} \times 100\% \qquad\qquad (4-34)$$

式中　　φ——气流渗透率；

　　　　c_1——开启风幕，过渡舱内 CO_2 浓度，%；

　　　　c_0——生存舱内 CO_2 浓度，%。

通过 φ 值的大小可判断在救生舱舱门开启时，气流的渗入状态。不同浓度 CO_2 气体的风幕渗透率的结果如图4-87所示。

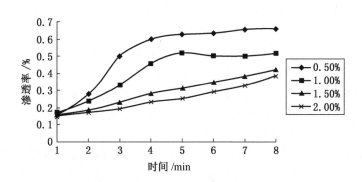

图4-87　不同浓度 CO_2 气体的风幕渗透率

由图4-87可以看出，随空气浓度升高，渗透率降低。当 CO_2 浓度为0.5%时，相对于舱外浓度，渗透率最高，达到66%，但舱内气体浓度达到稳定时间较短，外界气体不再向舱内渗入。浓度高时，渗透率低，但在开舱过程中，外部气体一直较缓慢的升高，表明在浓度差的作用下，CO_2 气体持续缓慢涌入舱内，需尽快关闭舱门，避免舱长时间敞开。

评判空气幕在不同 CO_2 浓度情况下，阻隔喷淋效果的优劣，需要研究不同时刻风幕的阻隔率。阻隔率较大时表示该情况下穿过风幕的 CO_2 较少，阻隔效果好；阻隔率较小时表示该情况下 CO_2 穿过空气幕较多，阻隔效果差。风幕阻隔率见式（4-35）。

$$\eta = \frac{c_2 - c_1}{c_2} \times 100\% \qquad\qquad (4-35)$$

式中　η——风幕阻隔率；

　　　c_1——开启风幕，过渡舱内 CO_2 浓度,% ；

　　　c_2——未开风幕，过渡舱内 CO_2 浓度。

不同浓度 CO_2 气体的风幕阻隔率的结果如图 4-88 所示。

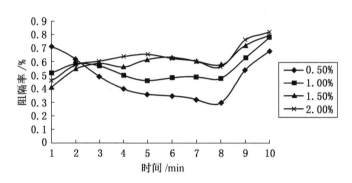

图 4-88　不同浓度 CO_2 气体的风幕阻隔率

从图 4-88 中可以看出，CO_2 浓度为 0.5% 时的阻隔效果较差，浓度越大，阻隔率越高。当外部环境 CO_2 浓度超过 1% 警戒时，8 min 的阻隔时间内，风幕的阻隔率维持在 40% ~70% 。关闭舱门后，过渡舱内的 CO_2 得到稀释，风幕的阻隔率得到提升，可达到 60% ~80% ，对有害气体的净化去除效果明显。

综合可以看出，CO_2 浓度对风幕的阻隔性能有明显的影响，CO_2 浓度低于 1.5% 时，阻隔性能较差，但阻隔效率趋势基本稳定。设计的风幕虽然不能完全隔绝外界有害气体的进入，但抑制了气体的渗入，可保证过渡舱内有害气体在警戒范围内。在逃生过程中，应避免舱门持续开启，结合气动系统的净化作用，可提升风幕的阻隔性能。

4. 舱门开启时间对阻隔净化性能影响

由上面试验看出，长时间开启舱门不利于救生舱的阻隔效果。本次试验主要控制开关舱门的时间，测定空气幕的阻隔净化效率，从而得出进入救生舱最佳时间，改善风幕的应用效果。

1）试验方法

（1）向生存舱内充 CO_2 气体，开启舱内扰动风机，促进舱内气体循环，直至浓度为 0.5% 。

（2）开启空气幕，待风幕机运转稳定后，打开救生舱二道门，测定风幕两侧 CO_2 浓度变化情况。

（3）2 min 后，关闭二道门，继续运转空气幕，测定过渡舱内气体浓度变化。

（4）2 min 后，再次开启舱门。重复上述步骤，使风幕机连续运行 24 min 。

（5）采取同样的步骤，分别测定舱门开启时间为 4 min、6 min 时空气幕阻隔，关门时间均为 2 min ，运行时间为 24 min 。

（6）试验完成后，改变 CO_2 浓度分别为 1.0% 、1.5% 和 2.0% ，重复以上步骤，分析不同操作方式的差异性。

2）试验分析

试验中，模拟避难过程中多次开关门的状态，着重研究舱门开启时间对舱内 CO_2 扩散的影响。试验所得不同浓度 CO_2 浓度变化如图 4 – 89 至图 4 – 92 所示。

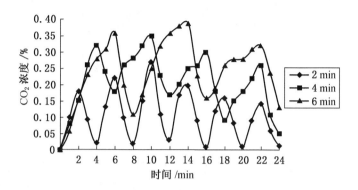

图 4 – 89　0.5% CO_2 浓度时不同开门时间风幕阻隔效果图

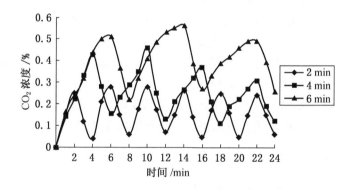

图 4 – 90　1.0% CO_2 浓度时不同开门时间风幕阻隔效果图

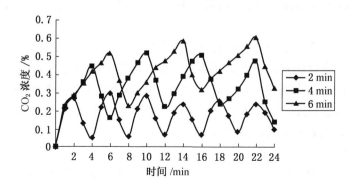

图 4 – 91　1.5% CO_2 浓度时不同开门时间风幕阻隔效果图

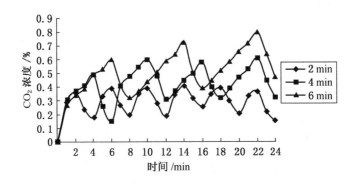

图 4 - 92　2.0% CO_2 浓度时不同开门时间风幕阻隔效果图

由不同开门时间图可以看出，在延长总开门时间的基础上，当 CO_2 浓度相同时，每次开门时间越小，渗入过渡舱 CO_2 的浓度越少，阻隔率越高。这是因为开门次数增加的前提下，由于一直保持净化状态，使进入舱内的 CO_2 得到净化稀释。同时过渡舱内正压上升，阻隔性能得到提高，CO_2 难以渗入，最终提高了阻隔率。但进入过渡舱内的 CO_2 量是在不断增加的，因此造成洗涤效果逐渐变差。

通过对比不同浓度 CO_2 的阻隔效果，随着浓度升高，每次开门时间越长，阻隔效果越差。这是因为每次进入过渡舱内的气体没有得到有效净化，再次开启反而不利于阻隔效果的提升。CO_2 浓度高时，缩短每次开门时间，阻隔性能提升更明显。在每次开门时间 2 min，洗涤净化 2 min 的情况下，风幕的阻隔效果可提升至 90% 以上。

综合以上分析可以得出，在舱门开启时间相同前提下，采取缩短每次开舱时间，延长洗涤时间，先净化后开门的措施，可以提高风幕阻隔净化效果。

二、气刀阻隔技术研究

（一）避难硐室气刀型空气幕研究特点

1. 避难硐室空气幕的设置

避难硐室具有特殊的外部工作环境和严格的硐室内部环境要求，为避免在井下避险人员进入避难硐室时带入硐室外部危险气体，对避难硐室空气阻隔技术提出了较高的要求。

不同型式的空气幕，在经济上和效果上各有优缺点，所以在选择空气幕的型式时，应首先考虑如何以最有效的方式来满足具体的要求。而决定此问题的关键在于确定空气幕所需空气量多少的问题。当外界气流条件一定时，影响空气量的参数有射程、气流喷射速度、喷口宽度和喷射角度。迄今为止，对于这些参数的计算大多采用经验值或者图表法。避难硐室空气幕的设置应满足以下要求：

1）射程要求

采用上送风方式时射程 h 是指从喷口边缘到空气幕射流中心线同地面的交点之间的距离。关于上吹式空气幕射程的计算，迄今为止，还没有明确的理论计算公式。空气幕设计模型如图 4 - 93 所示。

空气幕射流外缘的高度大于大门高度 H，即 $h>H$。此种情况下，由于空气幕射流的运动在硐室门口处造成低压区，使室内空气不断流向此硐室门口部分，并且由于射流边界层的分压力作用，使周围空气不断混入射流，以致加速了室内空气流出，因而造成从硐室门口逸出大量空气。这种型号的空气幕热损失大，并且设备庞大，同其他的型号比较很不经济实用。故除特殊地方外均不采用。

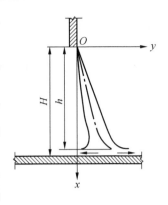

图 4 – 93　空气幕设计模型

空气幕射流外缘高度等于大门高度，即 $h=0.6\sim0.7H$。这种情况下，空气幕恰似硐室门口处的一块闸板，室外空气只能由射流外缘的边界层混入并带进室内，因此可以满足空气幕设计的要求，并且热量损失较少。

空气幕射流外缘高度小于大门高度，即 $h<H$。此种情况下，由于射流不能全部封闭硐室门口，因此其剩余空隙可排出室内空气或进入室外空气。故在具有大量余热，同时又不宜将冷空气送进室内下部或大门附近工作地区不宜冷却时，多采用此种型式。

2）与避难硐室门开启联动效果

避难硐室门口处的空气流动主要受到 3 个方面的影响：一是避难硐室外巷道内的风压；二是避难硐室内外温度差引起的热压；三是避难硐室内外气体浓度差引起的气体扩散和渗透。在避难硐室打开大门的情况下，门口处的空气流动比较复杂，且有毒有害气体的渗透非常剧烈。为了更好地发挥避难硐室的作用，避免在开门过程中影响硐室内环境，同时不影响避难人员的通行，避难硐室门口气幕应设置联动开启方式，即空气幕不需要手动开启，在打开避难硐室大门的同时空气幕开始自动运行。

3）喷射速度和角度

喷射速度与空气幕阻隔性能具有较大关系。喷射角度宜朝向热面，空气幕射流不易弯折。由于空气幕喷射角度过大，射流会随着室外气流摆动，过小又可能出现引射的现象，至今也没有具体的计算公式，因此一般建议喷射角度范围在 0°～30°。

4）气源

避难硐室空气幕与通用大门空气幕不同，其气源采用压缩空气瓶和矿井压风管路。压缩空气瓶一般空气量为 40 L，压力值为 12 MPa，对总供风量有限制。采用矿井压风管路时风量无限制，但矿井压风管路的压力值一般为 0.6 MPa，并且在井下发生灾变时矿井压风管路可能遭到破坏。

5）运行时间和阻隔效果

避难硐室体积较大，归来庄金矿设计的避难硐室容纳人数为 50～60 人。一般来讲，空气幕持续时间应能满足避难硐室最大救援人数进入硐室内，并设置 2.0 的安全系数。

本书的一个研究内容就是选择合适空气幕流场以保证舱内环境条件。

2. 气刀型与孔隙型空气幕性能原理对比

1）气刀型空气幕流场结构

气刀型空气幕通过空气流阻隔有毒气体的蔓延，属于空气射流的一种，因此具备空气射流的一些基本性质。

空气射流是指空气从各种形式的孔口或喷嘴射入空气或另一种流体的流动。为了方便叙述以下气刀型空气幕,简称气刀。气刀及其结构如图4-94所示。气刀主要利用柯恩达效应,自身喷射出高速气流,形成低压区。周围的空气受气刀表面影响,也沿着喷射气流方向运行,客观上增大了气流量。

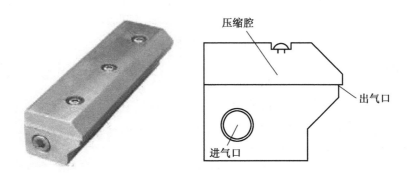

图4-94　气刀型空气幕及其结构示意图

假设气刀进气口流速为v_1,进气口截面大小为A_1,出气口速度为v_2,出气口截面大小为A_2,进气压力为P_1,出气口静压为P_2,出气口附近大气压为P_0,单位时间内进气量为V_1,单位时间内出气量为V_2,单位时间内柯恩达效应形成气流的体积为V_0,根据克拉贝龙方程及连续性方程则有式(4-36)、式(4-37)。

$$\frac{P_1}{P_2} = \frac{V_2}{V_1} = \frac{A_2 v_2}{A_1 v_1} \tag{4-36}$$

$$\frac{V_0}{V_2} = \frac{P_2}{P_0} = \frac{P_1 A_1 v_1}{P_0 A_2 v_2} \tag{4-37}$$

以气刀的侧面建立二维模型,进行数值模拟,可以得出气刀工作时其周围压力的分布变化规律。图4-95、图4-96分别为气刀在出口风速为10 m/s时,其周围动压及静压的分布云图。从图4-96可以看出,气刀在喷射出气流时,在其上表面处形成负压区,致使周围空气向负压区流动,增大了气流的输出。

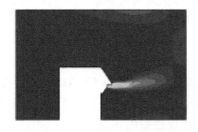

图4-95　气刀出口风速为10 m/s
动压分布云图

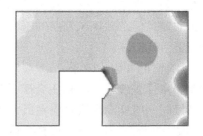

图4-96　气刀出口风速为10 m/s
静压分布云图

2)打孔型空气幕流场结构

空气射流是指空气从各种形式的孔口或喷嘴射入空气或另一种流体的流动。空气幕的空气射流流场分为两段，开始段和主体段。存在射流核心的段为开始段，射流核心消失的那个面为转挟截面，转挟截面之后的部分为主体段，如图 4-97 所示。

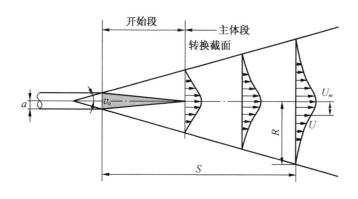

图 4-97　空气幕射流流场

空气幕射流流场一般属于紊流，空气幕在由喷口喷出后，由于射流的卷吸作用，周围空气不断地被卷吸进射流范围内，因此，射流范围不断扩大，射流流量不断增加，射流核心不断缩小。试验证明，在被射流充满的空间中，每一点的压强，仍然和没有射流时的静止空气的压强相同。射流中各点的静压强是一致的，并等于静止时的压强。根据动量方程式，单位时间内通过射流各断面的动量相等。若射流的两侧有挡板，射流还将受到附壁效应的影响。

空气自喷口喷出以后，由于射流的卷吸作用，周围空气不断地被卷进射流范围内，因此射流的流量沿射程不断增加，射流核心不断缩小，直到射流核心完全消失。射流主体段内速度变化规律可由式（4-38）表示：

$$\frac{u_m}{v_0} = \frac{1.2}{\sqrt{\frac{aS}{b_0} + 0.41}} \qquad (4-38)$$

式中　b_0——风幕机喷口宽度的一半，m；

　　　v_0——射流初始速度，m/s；

　　　u_m——该断面内轴心速度，m/s；

　　　S——射流射程，m；

　　　a——湍流系数，与出口截面上的湍流强度有关，强度越大，a 值越大，还与出口截面上速度分布均匀性有关。

由式（5-38）计算的不同射程条件下空气射流速度如图 4-98 所示。

3）对比分析

（1）气刀型空气幕要比孔隙型空气幕增加周围空气的气流量。

（2）气刀型空气幕的出风口横截面积比孔隙型空

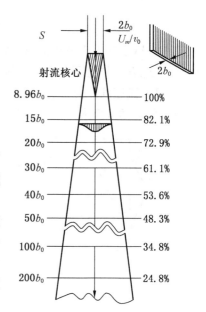

图 4-98　不同射流速度分布图

气幕大。

（3）气刀型空气幕要比孔隙型空气幕对空气质量的要求更严格。

3. 气刀型空气幕的计算方法

其计算方法很多，所要计算的主要参数就是射程、射流速度、喷射角度及喷口宽度。下面分别介绍几种计算空气幕的方法：

1）按室内外压力差影响的计算方法（C. E. 布达克夫氏方法）

C. E. 布达克夫氏方法是指门洞中的空气流动，虽然主要是由风造成的，但是风却不会直接进入房屋内部，而是在房屋附近的某范围内，造成升压区或降压区，从而使大门或洞口的空气幕轴线外突，如图 4 – 99 所示。

2）按面积计算平均速度方法

如图 4 – 100 所示，设平行于地面的坐标轴为 y，垂直于地面的坐标轴为 x，根据风速及空气幕射流速度用几何加法可求出空气幕的有关参数。

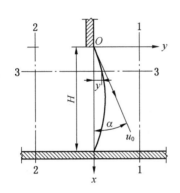

图 4 – 99　室内外压力差影响的空气幕示意图　　　图 4 – 100　按面积计算平均速度法

3）按内外混合气流的技术方法（N. A. 歇别列夫氏方法）

N. A. 歇别列夫氏方法是指假定空气幕的气流是由室外流入的气流及空气幕射流两者合成的。此方法与前面方法的不同之处在于，首先计算空气幕射流所需的空气量，从而求得空气幕射流速度。但是这种方法却没有给出空气幕射流轴心轨迹方程。

4）何嘉鹏冷库大门空气幕结构设计计算模型

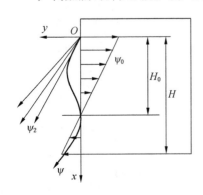

图 4 – 101　流场设计图

由于将库内外空气看作不可压缩流体，则库内进入了多少质量的热空气，就会流出多少质量的冷空气，故只要将热空气挡在室外，即可达到不让室内冷空气流出的目的，从而改善大门内外冷热空气交换的程度。如图 4 – 101 所示，H_0 是中和面的高度，何嘉鹏等人根据平面射流和流线相关理论的推导得到冷库大门空气幕结构设计计算模型。

5）图解法计算（B. B 巴图林氏图表计算方法）

B. B 巴图林氏采用综合试验的方法来决定空气幕的各种参数，并根据试验结果制成了图表。由于人为因素存在误差，并且图解法的使用范围较窄，故本书不做详细介绍。

（二）气刀型空气幕气流组织及其影响因素的试验

1. 试验环境的构建

在山东矿安模拟救援实验室构建了试验环境，用于山东黄金避难硐室空气阻隔技术的试验研究。整个试验环境构建包含模拟试验避难硐室、实验室监测系统、便携式测试仪表和试验用气刀型空气幕。

1）试验平台搭建

试验避难硐室是避难硐室大气环境模拟设备的主体结构（图4-102）。避难硐室壁夹层内填充50 mm隔温材料，外形尺寸为4500 mm（长）×1300 mm（宽）×1800mm（高），模拟避难硐室外部空间总容积8.6 m³。压缩空气作为气刀型空气幕的气源。

2）实验室监测系统

环境监测系统采用KJ70煤矿安全生产监控系统（简称KJ70系统）。

图4-102 试验模拟硐室缓冲区

KJ70系统是集国内外矿山监控技术优势并针对我国矿业现状而开发的一套软、硬件结合的全矿井安全生产综合监控系统。其具有功能齐全、软件丰富、可靠性高、操作方便、配置灵活、经济实用等特点，可全面监控矿井上下的CH_4、风速、CO、CO_2、温度、负压、水位等安全参数，可接多个安全与生产环节子系统，适用于各类大、中、小型及地方煤矿使用，是煤矿安全生产的必备，也是国家安全部门推荐的煤矿安全生产监控系统之一，如图4-103所示。在本次研究中，采用KJ70系统，对避难硐室内的温度、湿度、CO_2浓度等进行检测与记录。KJ70系统的优点、功能、主要技术参数等情况介绍如下：

（1）KJ70系统软件的主要功能。

KJ70系统软件分为单机版和网络版，用于全矿井安全生产的监测监控，组成全矿井监测信息管理中心，并可通过网络实现监测信息适时共享。该系统软件平台采用先进的组态网软件，具有人机界面友好，操作简单方便，功能强大等优点。KJ70系统控制功能强，

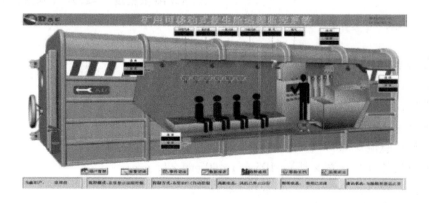

图4-103 KJ70煤矿安全生产监控系统

中心站计算机可对任一监控分站进行控制断电。

（2）KJJ17 型智能数据传输接口。

KJJ17 型智能数据传输接口是 KJ70 系统的主要配套设备之一。它以微处理机为核心，配置多个 RS232 和 RS485 接口，可与井下分站、地面主计算机、模拟盘等进行数据通信，如图 4 - 104 所示。

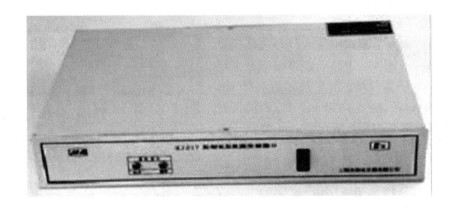

图 4 - 104　KJJ17 型智能数据传输接口

图 4 - 105　多参数测定器和风速表

3）便携式测试仪表（图 4 - 105）

（1）多参数测定器。

① 温度：0 ~ 40 ℃；

② 相对湿度：≤98% RH；

③ 大气压力：86 ~ 116 kPa；

④ 外形尺寸（长 × 宽 × 高）：315 mm × 195 mm × 73 mm。

（2）风速仪。

① 测量范围：0 ~ 30 m/s；

② 测量精度：≤3%（满量程）；

③ 反应时间：≤3 s；

④ 显示：四位数字显示；

⑤ 分辨率：0.01 m/s；

⑥ 温度：- 10 ~ + 40 ℃；

⑦ 湿度：≤85% RH；

⑧ 大气压：970 ~ 1040 hPa；

⑨ 电源：直流 5 ~ 6 V（可充电）；

⑩ 外形尺寸（长 × 宽 × 高）：105 mm × 40 mm × 15 mm；

⑪ 重量：52.1 g。

4）试验用气刀型空气幕

试验用气刀型空气幕（简称气刀）采用两根长度为 914 mm 不锈钢气刀，出气间隙为

0.05 mm，每根气幕分上下两段，中间用三通连接，采用中间进气方式，如图 4 - 106 所示。

5）试验基本方案

试验用模拟避难硐室分硐室缓冲区与硐室门外，缓冲区与硐室门外之间设置气刀型空气幕。整个研究过程分为两个阶段：实验室研究和数值模拟研究。试验研究部分在模拟避难硐室缓冲区内进行，将气幕安装在硐室门处，通过测定环境差异来反映气幕性能。数值模拟研究利用 Flunt、Oringe 软件进行理论分析。

2. 气流组织的影响因素

1）试验方法

（1）试验目的。测定不同安装方式的情况下，气刀型空气幕在避难硐室门口形成的速度场分布情况。

图 4 - 106　试验用气刀型空气幕

（2）试验原理。压缩空气经气刀型空气幕开口喷射出后，在救生舱门口形成一道风幕，用风速表测定速度分布情况，比较在相同压力和相同孔间距的情况下，不同安装方式对空气幕性能的影响。

（3）试验仪器。模拟避难硐室外部环境、气刀型空气幕（单侧、双侧）、压缩空气系统、风速表。

（4）试验方法。保证模拟避难硐室缓冲区内空气流通顺畅。将气刀并排安装到模拟硐室密闭门上侧与单侧、单侧与双侧，利用高压气管连接压力表、流量计和储气罐等气路组件，出气间隙为 0.05 mm，送风压力分别为 0.1 MPa、0.2 MPa。安装方式及测点布置如图 4 - 107 所示。

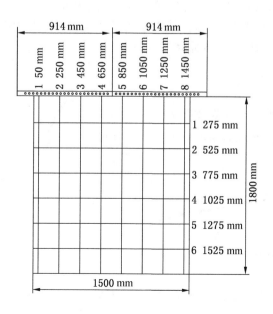

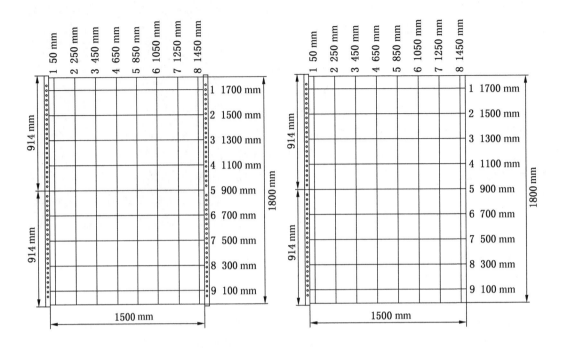

图 4-107　安装方式及测点布置

2）试验数据分析

本部分主要通过分析气刀型空气幕产生的流场的速度分布情况，从两个方面研究：一是速度的均匀性，整个避难硐室门体速度分布是否具有均匀的规律；二是速度大小，根据气刀型空气幕割断风流的理论，阻断风流越大阻隔效果越明显。

（1）单侧送风与上侧送风对比。

分别取左侧送风时（1，1）至（1，8）及上侧送风时（6，1）至（6，5）的风速数据，并利用对数模型 $y = a\ln(x) + b$，其中 a 为送风衰减率，b 为出口风速，进行曲线拟合，结果如图 4-108、图 4-109 所示。

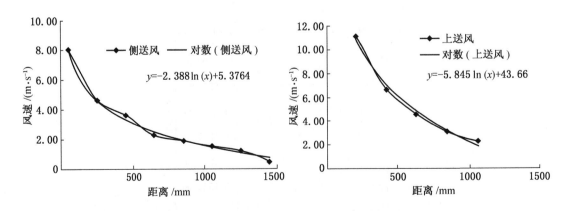

图 4-108　左侧送风垂直于气刀方向风速分布　　图 4-109　上侧送风垂直于气刀方向风速分布

从图 4 - 108、图 4 - 109 可以看出，左侧送风衰减率 $a_1 = -2.388$，上送风衰减率 $a_2 = -5.845$，$|a_2| > |a_1|$，且说明上送风时衰减较快，且左侧送风末端风速要高于上侧送风。综合考虑两种送风方式的整体风速分布及衰减规律，选取双侧送风方式更为合理。

（2）单侧送风与双侧送风对比。

现将气刀并排安装到模拟硐室密闭门一侧与两侧，利用高压气管连接压力表、流量计和储气罐等气路组件，出气间隙为 0.05 mm，送风压力分别为 0.1 MPa、0.2 MPa。

从分布与统计规律可以看出，双侧送风具有较好的覆盖率以及较均匀的风速分布。单侧送风与上侧送风在平均风速、覆盖率等方面基本一致，但是在较大的出口风速条件下，单侧送风的覆盖率要明显优于上侧送风。出口风速与压风系统的供气压力成正比，双侧送风可以在较小的供风压力下实现较好的风速覆盖，缺点是需要成倍增加购置、安装和维护成本。在压风系统供气压力可以满足的情况下，利用高风速的单侧送风亦可以实现较好的覆盖率。风速分布如图 4 - 110、图 4 - 111 所示。

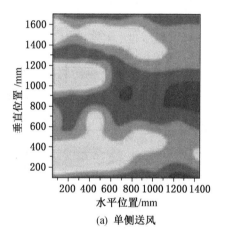
(a) 单侧送风

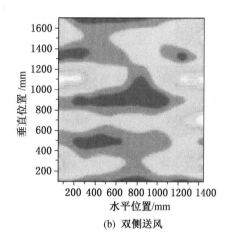
(b) 双侧送风

图 4 - 110　下单侧与双侧送风风速分布图

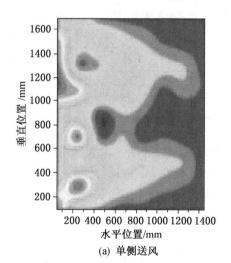
(a) 单侧送风

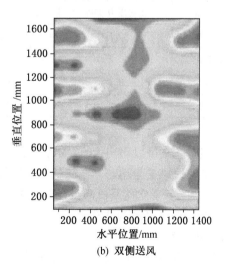
(b) 双侧送风

图 4 - 111　下单侧与双侧送风风速分布图

从图 4-110、图 4-111 可以看出，气刀风速分布呈明显的规律性。从不同压力下的单侧送风风速分布图可以看出，气刀出口风速随着送风压力的增大明显提高，但总体风速分布不均匀，有效覆盖范围较小。从不同压力下的双侧送风风速分布图可以看出，气刀出口风速整体分布相对均匀，有效覆盖范围较大。

3）气刀型空气幕送风统计规律及送风量

（1）气刀型空气幕风速统计规律。

为了比较不同送风方式的优劣，以硐室外部的巷道风速（试验测得为 3 m/s）为临界点，经 Fluent 软件处理，得到结果见表 4-28。

表 4-28　气刀型空气幕风速统计

送风方式	出口风速/(m·s⁻¹)	平均风速/(m·s⁻¹)	风速标准差/(m·s⁻¹)	有效覆盖率/%
单侧送风	5	2.41	1.36	33.6
单侧送风	10	4.86	2.70	65.7
单侧送风	15	7.31	4.04	85.0
上侧送风	5	2.43	1.32	37.4
上侧送风	10	4.88	2.68	71.6
上侧送风	15	7.32	3.93	80.2
双侧送风	5	2.77	1.07	41.7
双侧送风	10	5.56	2.14	86.9
双侧送风	15	8.81	3.35	94.9

（2）气刀型空气幕送风量。

表 4-29　气刀型空气幕送风量

送风方式	供气压力/MPa	平均风速/(m·s⁻¹)	风速标准差/(m·s⁻¹)	耗气量/(m³·h⁻¹)
单侧送风	0.1	2.64	1.71	40.8
单侧送风	0.2	4.69	3.79	60.0
双侧送风	0.1	4.76	2.79	86.0
双侧送风	0.2	7.74	3.43	104.0

由表 4-29 可以得出，0.2 MPa 下双侧送风的平均风速最大，其风速分布相对于同压力下的单侧送风更为均匀，在此状态下的耗气量 Q 为 1.73 m³/min。

（三）气刀型空气幕阻隔性能试验及数值模拟分析

1. 试验环境及试验方法

1）试验环境

试验环境为山东矿安"矿山模拟救援实验室"。在本次试验中还用到硐室内扰动风机、二氧化碳气体供应装置。试验环境情况如图 4-112 所示。

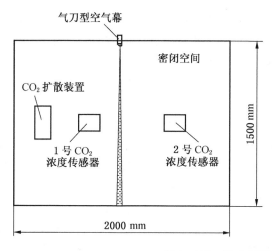

图 4-112　试验环境示意图

2）试验方法

测定气刀型空气幕对不同浓度二氧化碳的阻隔效果。主要试验步骤如下：

（1）将双侧气刀型空气幕，安装在避难硐室门口，检查空气管路是否漏气，并调节气路使气刀型空气幕运行顺畅。

（2）开启气刀型空气幕，待气刀型空气幕气流稳定后，在密闭空间内充二氧化碳气体，同时，启开动密闭空间内风机，扰动舱内气体环境，直至浓度为1%时，停止充二氧化碳，测定空气幕两侧二氧化碳浓度变化情况。

（3）若试验过程中，半密闭空间内二氧化碳浓度降低，应适当开启二氧化碳气瓶阀门，使半密闭空间二氧化碳浓度维持在1%左右。

3）静场试验

静场试验是指在试验环境设定完好后，不开启空气，其他设备仪器都运行的情况下测定的试验数据。可测定试验中各个设备是否正常，同时获得基础数据，用于与开启气刀型空气幕情况下比较，便于分析空气阻隔的效果。

静场试验开始后，开启阀门向密闭空间通二氧化碳，当浓度值为1%时，记录两侧二氧化碳浓度差，其关系曲线如图4-113所示。

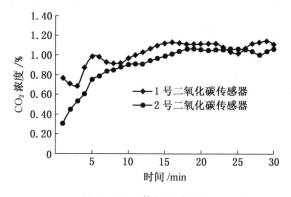

图 4-113　静场试验曲线

图4-113中曲线反映了在未设置气刀型空气幕时,半密闭空间内部二氧化碳向外扩散规律。半密闭空间内部环境中 CO_2 浓度为1%,外部气体环境中 CO_2 浓度为0.2%。在浓度梯度压力下,内部 CO_2 迅速向外部扩散,10 s 即达到了0.1%左右,其后继续上升,在2 min 后外部环境 CO_2 浓度与内部环境相近,都达到了1%左右。由此可知在无空气阻隔的情况下,舱内外的环境会趋于相同。

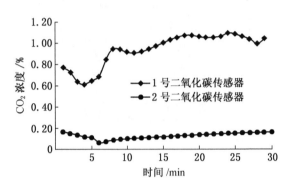

图4-114　静场对比试验曲线

静场试验结束后,开启了双侧气刀型空气幕,试验时气体浓度同样选取为1% CO_2,气源压力为0.4 MPa,其试验结果曲线如图4-114所示。

在静场对比试验中,内部环境中二氧化碳浓度设定值与静场试验相同,均为1%,唯一不同的条件是启动了空气阻隔风幕。由于空气阻隔的作用,外部气体环境中 CO_2 浓度上升较慢,在1 min 时到达0.15%左右,而在无气幕情况下,1 min 时外部 CO_2 浓度已到达0.25%左右。

气刀型空气幕的阻隔效果不仅使得外部 CO_2 浓度上升减慢,更重要的是使得内部浓度到达平衡状态时,在气刀型空气幕的两侧具有较高的浓度差。

通过 CO_2 浓度扩散散点图可知,开启气刀型空气幕阻隔有毒有害气体的扩散,效果是显著的。

2. 气刀型空气幕阻隔性能数值模拟分析

1)物理模型的建立

结合避难硐室压风系统建立物理模型,如图4-115所示,计算域为2 m×1.8 m×1.5 m 的长方体。中心部分气刀设置采用单侧送风、双侧送风两种方式,平面上设置 CO_2 源。

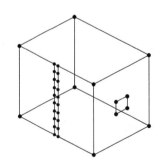
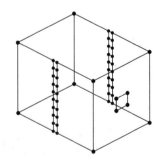

(a) 气刀型空气幕单侧送风方式物理模型　　　(b) 气刀型空气幕双侧送风方式物理模型

图4-115　物理模型

2)控制方程组

描述 CO_2 扩散过程主要有质量、动量、能量等方程,可以用微分方程组表示:

$$\frac{\partial}{\partial \tau}(\rho \phi) + \frac{\partial}{\partial x_j}(\rho u_j \phi) = \frac{\partial}{\partial x_j}\left(\Gamma \frac{\partial \phi}{x_j} + S_\phi \right) \tag{4-39}$$

式中　　τ——时间，s；

　　　　ρ——气体密度，kg/m³；

　　　　ϕ——通量；

　　　　x_j——水平方向的速度分量，m/s；

　　　　u_j——速度分量，m/s；

　　　　Γ——广义扩散系数；

　　　　S_ϕ——广义源项。

3. 计算结果

分别计算气刀出口风速为 0 m/s、5 m/s、10 m/s、15 m/s，CO_2 浓度的分布情况，查看其阻隔效果。通过对比可以看出，当气刀不开启时，CO_2 扩散至整个空间，浓度分布较为均匀。对于单侧送风，较低的出口速度虽然起到了一定的阻隔作用，但依然有小部分 CO_2 绕过空气幕，扩散至空气幕之后的空间。当单侧风速达到 15 m/s 时，有效覆盖率达到 85%，CO_2 主要集中在空气幕之前，阻隔效果明显。对于双侧送风，较低的出口风速已经起到了阻隔作用，但依然有极少量的 CO_2 绕过空气幕，扩散至空气幕之后的空间。结果表明 10 m/s 的出口风速已经将 CO_2 完全阻隔在气刀形成的空气幕之前，而继续调高风速对阻隔效果没有影响。

（四）气幕阻隔单元人均供气量的确定

1. 双气源供气方案

压风供气是利用矿井压风管道，分出接口，将压缩空气接入避难硐室内。发生事故后，首先考虑使用压风供气，矿井压风管道没有被破坏，那么救援时间将大大延长。压风供气，除了给硐室内部送入新鲜的空气外，还为气刀型空气幕提供气源。空气幕供气方式及管路连接如图 4 - 116 所示。

本书的试验研究是在山东省平邑县归来庄金矿进行。硐室选址所在的岩层上部，有溶洞的出现，因此不能直接选择地面钻孔为

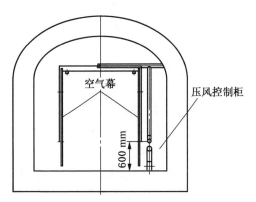

图 4 - 116　空气幕供气方式及管路连接示意图

避难硐室供气。根据实际考察，该矿使用 0.6 MPa 的压风通风。基于气刀特性及井下实际条件，提出双气源送风方案并假设永久避难硐室为 60 人的无钻孔避难硐室。双气源送风分别是压风供气和空气瓶供气，双气源供气系统图，如图 4 - 117 所示。

正常情况下，气刀使用压风系统作为气源，双气源切换装置可以设定其气源切换的阈值。阈值的设定取决于气刀正常工作所需要的气压，可以设定切换阈值为 0.2 MPa。当压风系统的工作压力低于 0.2 MPa 时，双气源切换装置即可切换到高压空气瓶供气，确保气刀的正常工作。气幕联动装置与防爆密闭门的开启与关闭形成联动机制。

2. 气幕阻隔单元总供气量

考虑气幕阻隔单元主要考虑气刀型空气幕的耗气量，即气刀型空气幕需要压缩空气瓶

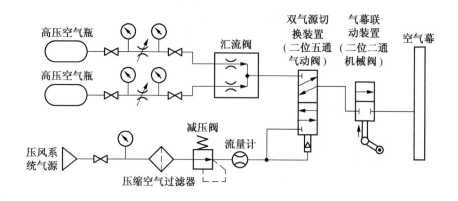

图 4-117　双气源供气系统图

的个数。

　　气体的储存方法有 3 种，主要有常温高压气态储存、低温超临界液态储存和低温亚临界储存。超临界、亚临界储存系统复杂，危险系数相当高，要有很好的解热措施。相对于其他储存方式的常温高压气态储存系统，其优点是技术成熟、操作方便、易控制流量、不产生二次污染等，缺点是随着耗气量的增加，空气瓶会占据避难硐室空间。

　　选用 12.5 MPa、40 L 的空气瓶作为气源，每个人在进入避难硐室需要花费 0.25 min，因此，总时间 t 为 15 min，总耗气量 Q_k 见式（4-40）。

$$Q_k = t \cdot Q \tag{4-40}$$

式中　　Q——流量，L；

　　　　t——时间，min；

　　　　Q_k——总耗气量，L。

　　经计算，流量 Q 为 1.73 m^3/min，得到总耗气量 Q_k 为 25950 L。为保证气刀送风系统的正常工作，空气瓶的供气压力不得低于气刀正常工作压力 0.2 MPa。假设硐室外压力为一个大气压，根据国家有关紧急避险系统的相关规定，硐室内部应比硐室外部高出 100 Pa，故硐室内压力 P 为 101425 Pa，空气瓶初始气压 P_1 为 12.5 MPa，空气瓶最终气压 P_2 为 0.2 MPa，空气瓶体积 V 为 40 L。结合理想气体状态方程，单个空气瓶可以用于空气幕的空气量 Q_j 见式（4-41）。

$$Q_j = \frac{P_1}{P}V - \frac{P_2}{P}V = 4850.8 \text{ L} \tag{4-41}$$

第五章 井下密闭空间氧气供给

第一节 井下密闭空间供氧方式

氧气是一种无色、无臭、无味、无毒和无害的气体，相对空气密度为 1.105，化学性质较为活泼，易使其他物质氧化，并能助燃产生二氧化碳或一氧化碳。

氧气是人类赖以生存的必需物质，《煤矿安全规程》中规定："在采掘工作面的进风流中，按体积计算，氧气不得低于 20%。"密闭空间的氧气供给要考虑到两个浓度点，一是氧气浓度太低会造成窒息，二是超过常量的氧气可能会引起燃烧或其他化学反应的加速或提高（这一点通常会被忽略）。缺氧和富氧对人体的影响见表 5-1。

表 5-1 缺氧和富氧对人体的影响

氧气浓度/%	征 兆	氧气浓度/%	征 兆
>23.5	富氧，有爆炸危险	10~12	呼吸急促，判断力丧失，嘴唇发紫
20.9	氧气浓度正常	8~10	智力丧失，昏厥，无意识，脸色苍白，嘴唇发紫，恶心呕吐
19.50	氧气最小允许浓度	6~8	8 min 可导致 100% 致命，6 min 可导致 50% 致命，4~5 min 经治疗可痊愈
15~19	降低工作效率，并可导致头部、肺部和循环系统问题	4~6	40 s 内抽搐，呼吸停止，死亡

注：以上数据可能会因个体的健康状态和体质有所不同。

人耗氧多少随劳动强度及体质强弱而异，劳动强度越大，需氧量越多。劳动强度可用呼吸熵表示，即单位时间内，机体（即人体）所耗去的氧气与所产生的二氧化碳的体积比：

$$呼吸熵 = \frac{所产生的 CO_2 体积}{所消耗 O_2 体积} \tag{5-1}$$

劳动强度大时，人体内所消耗的氧气几乎全部变成二氧化碳呼出，所以呼吸熵变大，近似等于 1。一般人的呼吸熵在 0.8~1.0 之间，不同的劳动强度具有不同的氧气消耗和二氧化碳呼出，见表 5-2。

密闭空间内氧气的供给与氧气水平的维持对避险人员的生命安全起着至关重要的作用。在避险设施内，通常采用三级供氧，包括压风供氧、压缩氧供氧和化学氧供氧，其中压风供氧根据氧气来源不同，又可分为矿井压风供氧和地面钻孔压风供氧。避险设施三级供氧方式如图 5-1 所示。

表 5 - 2　　正常状态下的呼吸代谢量　　　　　　　　　　m³/h

操作程度	氧气消耗量	二氧化碳呼出量
静止时	0.0146	0.013
极轻动作	0.0244	0.022
轻动作	0.0329	0.030
中等动作	0.0512	0.046
大动作	0.0818	0.074

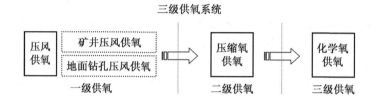

图 5 - 1　避险设施三级供氧方式

压风供氧是指通过地面钻孔或矿井压风管路向避险设施内部输送新鲜空气，从而实现氧气供给及有毒有害气体的置换处理。压缩氧供氧是指在避险设施内部配备足量的压缩氧气瓶（通常为 40 L/15 MPa 医用压缩氧气瓶），在压风供氧失效时，开启氧气瓶释放氧气供氧。化学氧供氧是指利用超（过）氧化物、氯酸盐分、过碳酸钠等活性化学物质与水、二氧化碳或受热分解反应释放氧气。

在建设避险设施时，可根据井下实际情况、避险设施服务的区域，选择合理的供氧组合方式。一般应采用不少于两种的供氧方式，以提高避险设施内部供氧系统的可靠性，有条件时宜采用 3 种供氧方式共同组合以保证密闭空间氧气供给功能的可靠性。

第二节　压　风　供　氧

一、压风供氧原理

压风供氧是指通过地面钻孔或矿井压风管路向避险设施内部输送新鲜空气，实现氧气供给及有毒有害气体的置换处理。

压风供氧主要包括风源和避险设施内部的供气管路，其中风源主要分为矿井压风管路和地面钻孔压风管路，供气管路主要分为避险设施内部的压风管道和回风管道。避险设施压风供氧管路如图 5 - 2 所示。当压风供氧风源为地面钻孔时，其供氧原理如图 5 - 3 所示。

避险设施的供风管路上设有压风控制装置。通过压风控制装置调节避险设施内供风管路的出气压力，同时对压风中含有的油、水等杂质进行分离，如图 5 - 4 所示。通常压风供氧进气压力为 0.3 ~ 0.7 MPa，经过压风控制装置减压后出风压力一般为 0.1 ~ 0.3 MPa。紧急情况下，人员进入避险设施内避难时，开启压风供氧管路，新鲜空气通过供气管路引

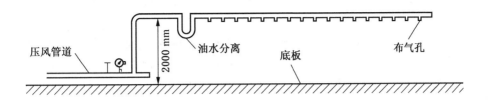

图 5 - 2 避险设施压风供氧管路

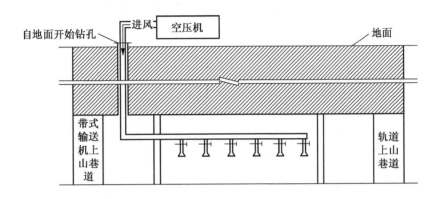

图 5 - 3 地面钻孔压风供氧原理

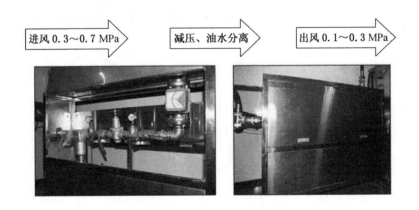

图 5 - 4 避险设施压风控制装置

入避难硐室，满足避难硐室内部人员生存的需要，在压力场作用下，污浊空气通过回风管道排至避难硐室外。

二、供风量

压风供氧作为避难硐室重要的供氧方式之一，人均供风量决定了密闭空间环境参数的平衡和人体的舒适度。在确定压风供氧的供风量时，一方面要考虑密闭空间内人员的氧气消耗，另一方面要考虑供风量对密闭空间内二氧化碳浓度、温度、湿度的影响。

（一）供风量影响因素

试验研究发现，环境温度和湿度的增高对人体的影响比 O_2 浓度减少和 CO_2 浓度增高的影响发生得早。但是，人体缺氧和二氧化碳浓度过高所引起的不利影响却比温度高、湿度大造成的影响大得多。因此，避难硐室供风量确定的主要依据是保证 CO_2、O_2 浓度在合理的范围内。

避险设施内的人员在避险过程中主要处于休息状态，因此呼吸熵的平均值是 0.8。人均耗氧量 0.5 L/min 则产生 0.4 L/min 的 CO_2。为保证避险人员的生存需要，避难硐室 O_2 浓度控制在 18% 以上。O_2 浓度达到极限 18% 所用时间见式（5 – 2）。

$$\Delta t = \frac{V_0 (C_{0(O_2)} - C_{1(O_2)})}{V_{O_2}} \qquad (5-2)$$

式中　　Δt——极限时间，min；

　　　　V_0——密闭空间体积，L；

　　　　V_{O_2}——耗氧速率，L/min；

　　　　$C_{0(O_2)}$——密闭空间 O_2 原始浓度，%；

　　　　$C_{1(O_2)}$——密闭空间 O_2 极限浓度，%。

CO_2 的时间加权阈限值是 0.5%，当它浓度达到 1% 时，人们将会出现呼吸急促和头疼症状；当它浓度达到 3% 时，此时呼吸速率将达到正常时的 2 倍；当它浓度达到 5% 时，人们将出现呼吸困难和中毒的状况；当它浓度达到 10% 时，人们将失去知觉。人长时间暴露于高浓度 CO_2 中，可能导致病理生理的变化。在 CO_2 浓度 0.5% ~ 0.8% 中长期暴露，未发现明显的变化。因此将避难硐室 CO_2 浓度控制为 0.5%。则 CO_2 浓度达到极限 0.5% 所用时间见式（5 – 3）。

$$\Delta t = \frac{V_0 (C_{0(CO_2)} - C_{1(CO_2)})}{V_{CO_2}} \qquad (5-3)$$

式中　　Δt——极限时间，min；

　　　　V_0——密闭空间体积，L；

　　　　V_{CO_2}——CO_2 生成速率，L/min；

　　　　$C_{0(CO_2)}$——密闭空间 CO_2 原始浓度，%；

　　　　$C_{1(CO_2)}$——密闭空间 CO_2 极限浓度，%。

通过式（5 – 2）、式（5 – 3）计算可得，O_2 浓度达到极限 18% 所用时间为 210 min；CO_2 浓度达到极限 0.5% 所用时间为 28 min，由此可知影响避险设施压风供氧供风量的是 CO_2 生成速率，而非耗氧速率。

（二）供风量相关规定

《矿井压风自救装置技术条件》中规定：" 每个压风自救装置在 0.3 MPa 压力时，排气量应在 100 ~ 150 L/min 范围内。"《防治煤与瓦斯突出细则》中规定：" 突出矿井应在井下设避难所或压风自救系统，避难所内必须设有供给空气的设施，每人供风量不得少于 0.3 m^3/min（300 L/min）。"

人体不同劳动强度下的需氧量见表 5 – 3。避难硐室内避难人员主要处于休息和轻劳动状态，因此根据劳动强度选择供气量为 20 L/min。

表5-3　人体需氧量与劳动强度关系　　　　　　　　L/min

劳动强度	呼吸空气量	氧气消耗量
休息	6~15	0.2~0.4
轻劳动	20~25	0.6~1.0
中度劳动	30~40	1.2~2.6
重劳动	40~60	1.8~2.4
极重劳动	40~80	2.5~3.1

（三）供风量理论计算

分别从密闭空间 CO_2 平衡、O_2 平衡、有毒有害气体稀释、通风换气降温 4 个方面进行理论计算确定人均供风量。

1. CO_2 平衡

以避险密闭空间为分析对象，进行 CO_2 平衡的分析，建立方程见式（5-4）。

$$c_1 dQ + v_{CO_2} dt = \frac{c_1 dQ + c_0 V + v_{CO_2} dt}{V + dQ + v_{CO_2} dt - \dfrac{v_{CO_2} dt}{k}} dQ \qquad (5-4)$$

式中　　c_1——进气 CO_2 浓度,%；

$\quad\quad t$——单位时间，min；

$\quad\quad c_0$——避难硐室 CO_2 控制浓度,%；

$\quad\quad Q$——避难硐室压风进、排气量，L/min；

$\quad\quad v_{CO_2}$——避难硐室 CO_2 产生速率，L/min。

$\quad\quad V$——避难硐室空间体积，L；

$\quad\quad k$——呼吸熵。

对上述公式简化求解，可得供风量计算公式：

$$Q = \int \frac{v_{CO_2}}{c_0 - c_1} dt \qquad (5-5)$$

2. O_2 平衡

以避险密闭空间为分析对象，采用控制体积法进行 O_2 平衡的分析，建立方程见式（5-6）。

$$c_1 dQ = c_2 dQ + v_{O_2} dt \qquad (5-6)$$

式中　　c_1——进气氧气浓度,%；

$\quad\quad dt$——单位时间，min；

$\quad\quad c_2$——排气氧气浓度,%；

$\quad\quad Q$——避难硐室压风进、排气量，L/min；

$\quad\quad v_{O_2}$——耗氧量，L/min。

3. 有毒有害气体稀释

避险密闭空间通风换气的目的是将有害气体稀释至允许浓度，需 20 min 之内将 CO 浓度由 400×10^{-6} 降至 24×10^{-6}。建立方程见式（5-7）。

$$Vdq = qdQ \tag{5-7}$$

式中　　V——避难硐室空间体积，L；

　　　　q——有害气体浓度，%；

　　　　Q——避难硐室供风量，%。

4. 通风换气降温

由于人员生理代谢，避难硐室中温、湿度会逐渐上升，高温、高湿环境不但会给人带来不适感，甚至危及人员生命安全，因此需要进行避难硐室温、湿度控制。可以采用向密闭空间通风的方式达到降低温、湿度的目的。本处采用空调工程显热公式进行通风量计算，见式（5-8）。

$$Q = \frac{K_s}{C_\rho \rho (T_1 - T_2)} \tag{5-8}$$

式中　　K_s——散热量，kJ/h；

　　　　C_ρ——空气比热容，kJ/（kg·K）；

　　　　ρ——空气比重，kg/m³；

　　　　Q——供风量，m³/h；

　　　　T_1——压风温度，℃；

　　　　T_2——避难硐室控制温度，℃。

从 CO_2 平衡、O_2 平衡、有毒有害气体稀释、通风换气降温 4 个方面计算避险设施内的人均供风量，其结果见表 5-4。

表5-4　不同计算方法人均供气量　　　　　　　　　　　　　　L/min

计 算 方 法	人均供气量	计 算 方 法	人均供气量
CO_2 平衡法	106	O_2 平衡法	20
有毒有害气体稀释法	90	通风换气降温法	288

CO_2 平衡法和有毒有害气体稀释法计算结果较为接近。O_2 平衡法计算值较小，这说明供风速率不决定于耗氧率。通风换气降温法获得人均供气量较大。

综合以上理论计算结合相关规范，确定避难人员的最低人均供风量为 100 L/min，考虑避难硐室内容纳的人数、管路漏风以及一定的富余量确定硐室避难空间总供风量。

$$Q_{总} = K_1 K_2 R Q \tag{5-9}$$

式中　　$Q_{总}$——避难硐室总供风量，L/min；

　　　　K_1——压风管路漏风系数；

　　　　K_2——避难硐室人员不均衡系数；

　　　　R——避难所内部人数，个；

　　　　Q——人均供风量，L/min。

（四）供风量试验

2012 年在中煤大屯孔庄煤矿 16 采区永久避难硐室进行的 100 人 48 h 载人试验中，为合理确定供风量，在压风供氧阶段对最小供风量进行了试验测试和验证。

最小供风量的试验在 100 人 48 h 试验的第三个阶段进行——压风供氧试验阶段。压风供氧试验时间为 16 h，从 2 月 17 日 18：00 开始至 2 月 18 日 10：00 结束，其中最小供风量试验时间为 18:00~23:30, 共计 330 min, 分为 4 个部分: ①0~60 min, 供风量为 600 m³/h; ②60~150 min, 供风量为 200 m³/h; ③150~240 min, 供风量为 300 m³/h; ④240~330 min, 供风量为 250 m³/h。

本次试验中, 避难硐室内部共布置 6 个测点, 如图 5-5 所示。初始状态环境参数如下: CO_2 浓度 1.0%、O_2 浓度 21.23%、温度 28.6 ℃、相对湿度 82.9%。

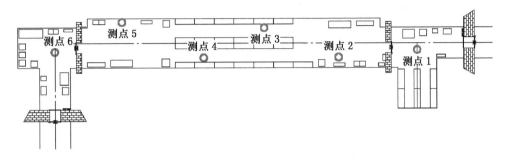

图 5-5　试验测点分布

试验过程中氧气浓度变化如图 5-6 所示。在第一试验阶段, 由于初始 O_2 浓度低, 因此打开压风后 O_2 浓度迅速上升, 然后趋于平缓, O_2 浓度基本维持在 21.6%~21.9%。第二阶段的 90 min 内, O_2 浓度从 21.8% 下降到 21.5%, 呈现明显的下降趋势。第三阶段, O_2 浓度从 21.5% 上升至 21.68%。第四阶段, O_2 浓度稳定在 21.6% 左右。

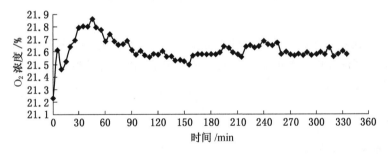

图 5-6　最小供风量试验 O_2 浓度变化

试验过程中二氧化碳浓度变化如图 5-7 所示。打开压风后, CO_2 浓度迅速下降, 在第二阶段有缓慢上升的趋势, 而在第三阶段有缓慢下降的趋势, 第四阶段趋于平缓。

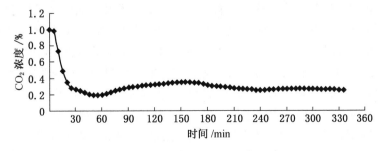

图 5-7　最小供风量试验 CO_2 浓度变化

试验过程中温、湿度变化分别如图 5－8、图 5－9 所示。

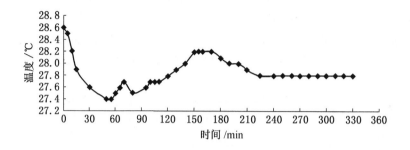

图 5－8　最小供风量试验温度变化

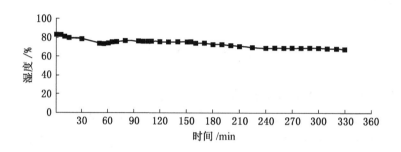

图 5－9　最小供风量试验湿度变化

综上所述，在避险人员中等活动的情况下，100 人永久避难硐室所需的最小供风量为 250 m^3/h。结合理论计算并考虑安全系数以及人员活动情况，100 人永久避难硐室压风供风量宜不小于 600 m^3/h。

三、压风管路

（一）风管的断面与选材

1. 风管断面形状

通常用于井下通风的有圆形及矩形截面风管。由于矩形风管四角存在局部涡流，在同样风量下，矩形风管的压力损失要比圆形风管大，因此在一般情况下都采用圆形风管，只是有时为了配合施工才采用矩形风管。另外，有关资料表明：

（1）圆形风管在管道压力损失、能耗、漏风量等技术性方面要明显优于矩形风管。

（2）在矩形风管长宽比较小时，替代的圆形风管占用空间相比矩形风管差距不大。对于矩形长宽比较大时，圆形风管的占用空间会明显大于矩形风管，这时可采用几根圆形风管进行代替，但替代圆形风管的根数不能超过 3 根，否则会增加风管的耗材量。

（3）圆形风管系统初始投资与矩形风管系统相差不大，但由于圆形风管系统后期使用费用较低，在整个寿命周期中圆形风管的总费用要低于矩形风管。

（4）圆形风管的技术性能、初投资、寿命周期费用都优于矩形风管。

从性能和经济方面综合考虑，避险设施供风管路应选择承压能力好、更容易安装以及在通风管运行方面更有优势的圆形风管。

2. 风管的材质

用作通风管道的材料主要分为金属薄板和非金属材料，下面对这两类管材分别进行说明和对比。

1）金属薄板

金属薄板是制作风管及部件的主要材料。通常用的有普通薄钢板、镀锌钢板、不锈钢板、铝板和塑料复合钢板。它们的优点是易于加工制作、安装方便、能承受较高温度。

（1）普通薄钢板：具有良好的加工性能和结构强度，其表面易生锈，需刷油漆进行防腐。

（2）镀锌钢板：由普通钢镀锌而成，由于表面镀锌，可起到防锈作用，常用于潮湿环境中。

（3）铝及铝合金板：加工性能好、耐腐蚀，摩擦时不易产生火花，常用于通风工程的防爆系统。

（4）不锈钢板：具有耐锈耐酸能力，常用于化工环境中需耐腐蚀的通风系统。

（5）塑料复合钢板：在普通薄钢板表面喷上一层 $0.2 \sim 0.4$ mm 厚的塑料层，常用于防尘要求较高的通风系统和 $-10 \sim 70$ ℃ 环境中。

2）非金属材料

（1）硬聚氯乙烯塑料板：它适用于有酸性腐蚀作用的通风系统，具有表面光滑、制作方便等优点，但不耐高温、不耐寒，只适用于 $0 \sim 60$ ℃ 的空气环境，在太阳辐射作用下，易脆裂。

（2）玻璃钢：它是以中碱玻璃纤维作为增强材料，用十余种无机材料科学地配成黏结剂作为基体，通过一定的成型工艺制作而成，具有质轻、高强、不燃、耐腐蚀、耐高温、抗冷融等特性。

3. 管壁的厚度

管道的最小壁厚可由周向应力公式确定：

$$\sigma = \frac{PD}{2t'} \tag{5-10}$$

式中　　t'——壁厚，m；

　　　　D——管径，m；

　　　　P——管道压力，Pa；

　　　　σ——管道最大拉伸强度，Pa。

取压力为一个标准大气压，则 $P = 101$ kPa，管道取其最大拉伸强度 40 MPa 来计算最小壁厚。为了安全且便于制造和选择现有的型号，取管道壁厚 3 mm。

（二）管路阀门的配备与回风

为了保证管道在发生爆炸垮塌时不会发生变形，管道尽可能沿巷道底板柔性铺设，比如充填细沙的沟面上。压风管道只在地面和避难所内安装阀门，中间任何部位不得安装阀门。管路敷设要求牢固平直，接头严密不漏风。避难硐室内设置总阀门，便于维护和压风的分配。

1. 管路阀门

在压风控制柜中采用了蝶阀以控制进入避难硐室的空气流量，在回风管道的出风口处采用止回阀以防止外界气体进入避难硐室内，并在出风口处使用手动密闭阀，从而配合止回阀起到密闭回风口的作用。

1）止回阀

根据管道的形状而选取圆形止回阀，其主要利用管道的内外压差掀起止回阀挡板，当挡板内外压差小于它的设定压差或者管道外部压力大于内部压力时，它将呈关闭状态，从而阻止管道内外气流流通。根据出风管末端的管径选择内径为 300 mm 的止回阀，材料为 301 不锈钢，钢材厚度为 2 mm，其密度为 7850 kg/m³。止回阀挡板倾斜角与内外压差关系见表 5 – 5。

表 5 – 5　止回阀挡板倾斜角与内外压差关系

竖直夹角/(°)	30	45	60
内外压差/Pa	79	112	136

根据避难硐室内外保持的压差以及管道阻力的关系，止回阀的倾斜角选择45°。

2）防爆超压排气活门

在一道墙处，为实现回风和超压排气，安装超压排气活门。出口压力可以进行调节，更有利于调节硐室内外压差值。

3）手动密闭阀

在开启压风供氧系统之前要开启手动密闭阀，通过它来彻底密封或者开启回风管路。在避难硐室内的压风供氧系统失效时，则关闭手动密闭阀，从而彻底阻止外界气体进入避难硐室内。

图 5 – 10 是超压排气阀与手动密闭阀的实物图。除此以外，在压风供氧系统的压风控制柜中，选择球阀控制压风控制柜中的进风开关及流量调节，通过减压阀对压风进行减压，之后通至布气管路中从而对避难硐室供风。

(a) 超压排气阀　　　　　　　　　　(b) 手动密闭阀

图 5 – 10　手动密闭阀实物图

2. 回风

为了保证压风供氧时，硐室内部的空气能够尽快循环置换，在避难硐室两端各设置一个回风管路,通过增加回风方向和回风表面积,从而带走硐室内污浊空气、降低温度和湿度。回风系统布置图如图5-11所示。

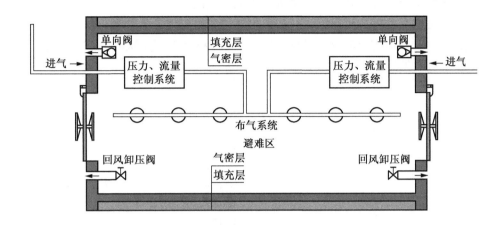

图5-11 回风系统布置图

(三) 压风管路布置数值模拟

为实现避难空间内的均匀送风,对两种压风管道方案(图5-12、图5-13)的供风情况进行了数值模拟研究。

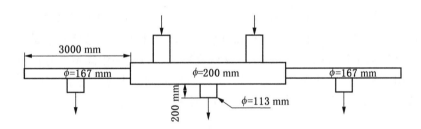

图5-12 压风管路方案一进出风位置局部放大图

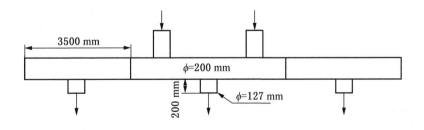

图5-13 压风管路方案二进出风位置局部放大图

方案一中压风供氧管路高2.7 m,中间管径为200 mm,中间设置一个布气孔。在该管道两侧分别连接管径为167 mm的管道,每段管道中部均设一个布气孔,每侧4个,每根连接布气孔的支管长200 mm,直径约113 mm。此外,每段管道设置一个固定卡箍,通过支吊架的方式固定在避难硐室顶部中间。

　　方案二中除干管管径全为 200 mm，支管管径变为 127 mm，每根干管长度变为 3.5 m，除布气孔减少到 7 个之外，其他管路参数与方案一相同。

　　方案一和方案二两种压风管路进行送风供氧过程中环境参数的变化情况采用 Fluent 软件进行模拟。两种方案的数值模拟过程分别迭代到 345 次和 389 次时完成计算，其历史残差曲线如图 5 - 14 所示。

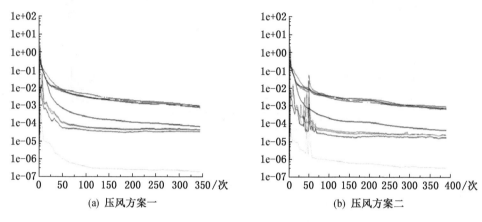

(a) 压风方案一　　　　　　　　　　(b) 压风方案二

图 5 - 14　压风方案一和方案二历史残差曲线图

1. 氧气分布

　　分析人体坐姿高度约 1.3 m 处和人体站姿高度约 1.8 m 处两种方案的氧气浓度云图，同时通过两平面长度方向中轴线和硐室高度方向中轴线上的氧气浓度散点数值总结规律。

　　如图 5 - 15 至图 5 - 21 所示，在 1.3 m 的高度上，方案一中硐室中心位置的氧气浓度在 20.7% ~ 20.9% 之间，两侧浓度在 20.9% ~ 21% 之间；方案二中硐室中心位置的氧气浓度在 19.1% ~ 20.1% 之间，两侧浓度在 20.1% ~ 20.6% 之间。

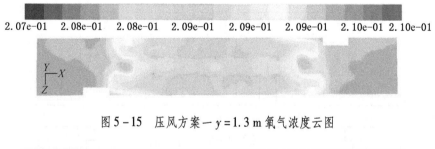

图 5 - 15　压风方案一 $y = 1.3$ m 氧气浓度云图

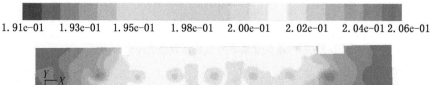

图 5 - 16　压风方案二 $y = 1.3$ m 氧气浓度云图

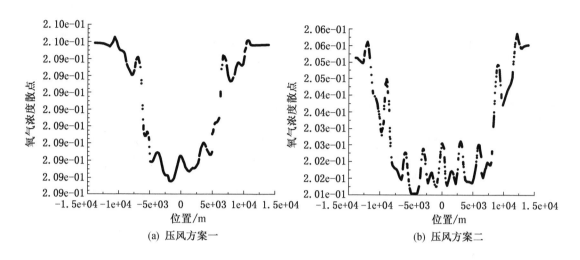

(a) 压风方案一　　　　　　　　　(b) 压风方案二

图 5-17　压风方案一及方案二 $y=1.3$ m 氧气浓度散点

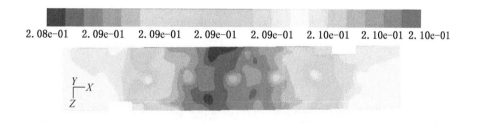

图 5-18　压风方案一 $y=1.8$ m 氧气浓度云图

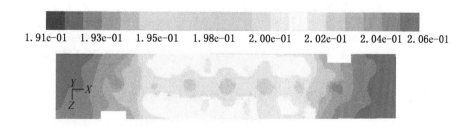

图 5-19　压风方案二 $y=1.8$ m 氧气浓度云图

在 1.8 m 的高度上，方案一中硐室中心位置的氧气浓度在 20.8% ～20.9% 之间，两侧浓度在 20.9% ～21% 之间；方案二中硐室中心位置的氧气浓度在 19.1% ～20.2% 之间，两侧浓度在 20.2% ～20.6% 之间。通过以上数据可以看出，硐室两侧的氧气浓度高于中心位置，且 1.8 m 处的氧气浓度略高于 1.3 m 处的氧气浓度。

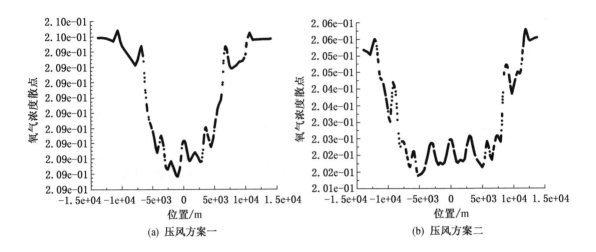

(a) 压风方案一　　　　　　　　　　　(b) 压风方案二

图 5-20　压风方案一及方案二 y = 1.8 m 氧气浓度散点图

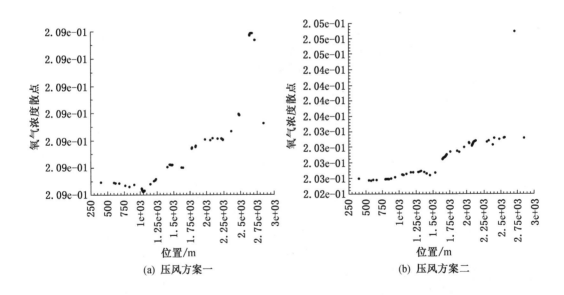

(a) 压风方案一　　　　　　　　　　　(b) 压风方案二

图 5-21　压风方案一及方案二中垂线上氧气浓度散点图

在高度方向中垂线上，方案一的氧气浓度在 20.9% ~21% 之间，方案二的氧气浓度在 20.2% ~20.5% 之间，可知氧气浓度都随高度的增加而增加。由于方案一中两平面处的氧气浓度明显高于方案二，且所有点处的氧气浓度符合规定要求，因此使用方案一的压风管路更优。

2. 二氧化碳分布

分析人体坐姿高度约 1.3 m 处方案一的二氧化碳浓度云图，同时通过该平面长度方向中轴线和硐室高度方向中轴线上的二氧化碳浓度散点数值总结规律。

如图 5 - 22、图 5 - 23 所示，在 1.3 m 处的高度上，方案一中硐室中心位置的二氧化碳浓度在 0.209% ~ 0.336% 之间，两侧浓度在 0.336% ~ 0.421% 之间，可以看出硐室两侧的二氧化碳浓度高于中心位置。在高度方向中垂线上，方案一的二氧化碳浓度在 0.3% ~ 0.52% 之间，可知二氧化碳浓度随高度的增加而增加，人体集中部位的二氧化碳浓度较低，且所有点处的二氧化碳浓度均符合规定要求。

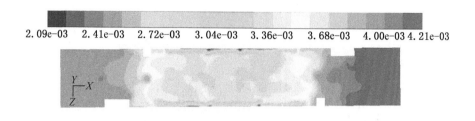

图 5 - 22   压风方案一 $y = 1.3$ m 二氧化碳云图

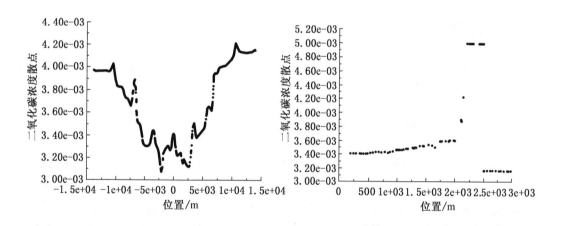

图 5 - 23   压风方案一 $y = 1.3$ m 和中垂线上二氧化碳浓度散点图

3. 温度分布

分析人体坐姿高度约 1.3 m 处方案一的温度云图，同时通过该平面长度方向中轴线和硐室高度方向中轴线上的温度散点数值总结规律。

如图 5 - 24、图 5 - 25 所示，在 1.3 m 的高度上，方案一中硐室中心位置温度在 26 ~ 29 ℃之间，两侧温度在 23 ~ 26 ℃之间，可以看出硐室中心位置的温度高于硐室两侧。在高度方向中垂线上，方案一的温度在 20 ~ 28 ℃之间，可知温度随高度的增加而降低。虽然人体集中部位的温度相对更高，但所有点处的温度均符合规定要求。

4. 湿度分布

分析人体坐姿高度约 1.3 m 处方案一的相对湿度云图，同时通过该平面长度方向中轴线和硐室高度方向中轴线上的相对湿度散点数值总结规律。

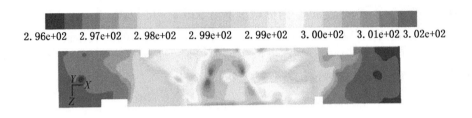

图 5 - 24 压风方案一 y = 1.3 m 温度云图

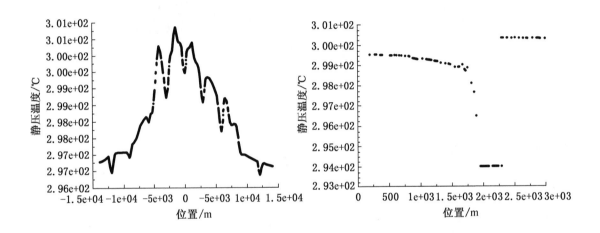

图 5 - 25 压风方案一 y = 1.3 m 和中垂线上温度散点图

如图 5 - 26、图 5 - 27 所示，在 1.3 m 处的高度上，方案一中硐室中心位置相对湿度在 50.4% ~ 64.6% 之间，两侧相对湿度在 64.6% ~ 78.9% 之间，可以看出硐室两侧的相对湿度高于中心位置。在高度方向中垂线上，方案一的相对湿度在 50% ~ 65% 之间，可知相对湿度随高度的增加而降低。虽然硐室底部的相对湿度相对更高，但所有点处的相对湿度均符合规定要求。

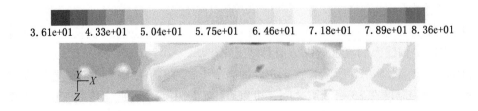

图 5 - 26 压风方案一 y = 1.3 m 相对湿度云图

综上所示，压风方案一中氧气、二氧化碳及温、湿度的模拟结果均符合氧气浓度在 18.5% ~ 23% 之间，二氧化碳浓度小于 1% ，温度不超过 35 ℃ 及相对湿度不超过 85% 的

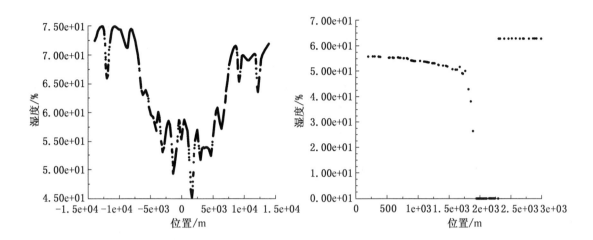

图 5 - 27　压风方案一 $y = 1.3$ m 和中垂线相对湿度散点图

要求，因此，压风方案一为压风供氧方式的最优方案。

在对该方案的模拟过程中，压风布气孔为 9 个时的送风供氧效果明显好于 7 个布气孔的布置方法，并且模拟结果的主要扰动源是压风管路的供风量、管路布气方式、布气孔分布数量、管径尺寸、管路长度以及其他设备的风机扰动因素。

第三节　压缩氧供氧

在矿难发生后，当压风管道被破坏不能使用时，由于压缩氧气钢瓶供氧系统不仅要能够独立提供 100 人 24 h 所需的氧气，而且要能保证避险空间内氧气浓度为 18.5% ~ 23% 之间，因此选择常见的 15 MPa、40 L 医用高压气瓶作为氧源。

压缩氧供氧主要包括氧气瓶组、氧气汇流排组、氧气控制柜 3 个部分。将氧气瓶组利用氧气汇流排组分组相连，由汇流排组接入氧气控制柜。氧气控制柜控制所有氧气汇流架的氧气总量、风压，并根据硐室内的实际避险人员数目对氧气流量进行调节。氧气控制柜出口输氧管路与生氧净化器相连。压缩氧供氧原理示意图如图 5 - 28 所示。

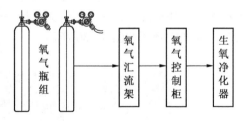

图 5 - 28　压缩氧供氧原理示意图

（1）氧气瓶用量。氧气瓶的贮氧量决定于其体积和压力，对于 15 MPa 的氧气瓶，根据实际经验，其贮存的氧气体积见式（5 - 11）。

$$V_{O_2} = V_{体积} \times 125 \qquad (5 - 11)$$

式中　$V_{体积}$——氧气瓶体积，L；

　　　　V_{O_2}——实际使用的氧气体积，L。

故每个氧气瓶的供氧量 V_{O_2} 为 5000 L。

选用 40 L, 15 MPa 的氧气瓶, 每瓶贮存的氧气为 5000 L 左右, 根据规定, 需要配置满足 100 人 24 h 生存需要的物资, 并有 1.2 倍的富余系数, 则实际所需配置氧气瓶数目为 18 瓶, 见式 (5-12)。同时, 氧气瓶作为危险源之一必须进行妥善放置。氧气瓶组放置在缓冲区设计的小壁龛内, 统一进行安全管理以及维护。

$$W = V_1 \times t \times N \times \lambda / V_{O_2} \qquad (5-12)$$

式中　　W——所需氧气瓶数 (40 L, 15 MPa), 瓶;

　　　　V_1——硐室内的 O_2 供应量, 0.5 L/(min·人);

　　　　t——时间, 取 24 h = 1440 min, min;

　　　　V_{O_2}——实际使用的氧气体积, L;

　　　　λ——富余系数, 取 1.2。

计算得出 $W \approx 18$ 瓶。

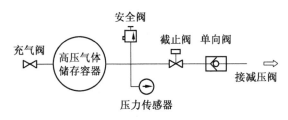

图 5-29　高压气体储存组件流程图

（2）氧气汇流架。为确保使用安全, 每个氧气瓶在接入汇流架之前, 均配置减压阀, 将从氧气瓶中出来的氧气压力控制在 0.6 ~ 0.8 MPa。一组汇流架接入 9 瓶氧气瓶, 分两排放置, 每一个氧气瓶都利用不锈钢链条固定在凹槽内, 前排的 3 个气瓶凹槽可拆卸。氧气瓶组放置在氧气汇流架上, 利用高压金属软管进入汇流架集气管内, 每个汇流架利用高压金属软管与氧气控制柜对应接口相连, 方便氧气控制柜对氧气量进行控制与调节。氧气汇流架与氧气控制柜之间利用管径为 16 mm 的金属套管连接, 套管中间连接管为高压金属软管, 管径为 8 mm, 最高可承受 20 MPa 压力。高压气体储存组件流程如图 5-29 所示。

每一个氧气瓶自带有减压阀, 通过高压软管接入氧气汇流架上的对应接口。在氧气汇流架上, 还配有多个截止阀。通过截止阀, 可实现对汇流架上不同接口、不同位置的气密性检查, 方便检漏。每一个汇流架设计一个总的截止阀, 方便对该组氧气瓶组进行控制。氧气汇流架实物图如图 5-30 所示。

图 5-30　氧气汇流架实物图

（3）氧气控制柜。氧气控制柜作为氧气汇流架、生氧净化器两部分的过渡设备，承担着调节氧气压力，并根据硐室内避险人员数量的不同对氧气流量进行合理调节的作用。不同人数下氧气流量控制见表5-6。

表5-6　不同人数下氧气流量

人数/人	流量/$(m^3 \cdot h^{-1})$	人数/人	流量/$(m^3 \cdot h^{-1})$
0~10	0.3	30~40	1.2
10~20	0.6	40~50	1.5
20~30	0.9		

注：表中所示流量压力为 0.1~0.3 MPa。

如图5-31所示，氧气控制柜左侧共设置8个氧气进口，每个进气口与一个氧气汇流架相连，为方便控制，进气口与氧气汇流架进行对应编号。氧气控制柜右侧设有减压阀，将氧气汇流架汇集来的氧气压力由 0.6~0.8 MPa 调节至适于避险人员呼吸的 0.1~0.2 MPa。在氧气控制柜出口处设有流量计，方便避险人员量化并根据硐室内实际避险人员人数调节释放到应急区的氧气量，节省氧源。

图5-31　氧气控制柜

第四节　化学氧供氧

避险设施的供氧系统是实现其价值的关键，常规的供氧方式有地面钻孔供氧、压风供氧。这些供氧方式经济方便，但为了预防常规供氧方式失效或发生意外不能使用的情况，还必须寻找一种可靠的备用氧源。

化学制氧剂在航空和军事潜艇中应用广泛，但在井下避难硐室中的应用还不是很广泛。适用于化学制氧剂的富氧化物种类繁多。化学制氧剂虽然有着自身特有的优点，但是化学氧放氧过程中会产生一系列的副作用，如有毒有害气体的排放，对热环境的影响。本节将深入研究不同种类的化学氧产品（主要是氯酸盐氧烛和超氧化物产氧剂）在救生舱密闭空间中的供氧过程，对此过程的气体环境、热环境各类参数进行检测，并建立合理的数学模型，归纳总结得出规律。通过对试验的分析，确定超氧化钾在密闭空间内供氧是否可行。

一、化学制氧法的基本理论

化学氧供氧是指可在设定条件下放出氧气的含氧化合物的供氧方式。化学氧（或称化学制氧法）是经由化学反应，使富氧化物分解供人们应用的一种氧气来源。该产氧方法简单，使用方便，对于在高空、水下、地下工程，有害气体污染的场所，边远山区机械维修，病危人员急救等是一种简单有效的用氧方法。

化学制氧方法很多，主要包括氯酸盐产氧剂、过碳酸钠制氧、超氧化物制氧和液态双氧水制氧等。

（一）氯酸盐产氧剂

氯酸盐产氧剂是以氯酸盐（如氯酸钠）为主体，以金属粉末作为燃料，添加少量的催化剂和除氯剂，经机械混合，加压成型，制成混合药柱，在特制的产氧器中，用电或明火引燃后，便能沿柱体轴向等面积地逐层燃烧，此种燃烧现象，与蜡烛燃烧很相似，故名为氧烛。不同氯酸盐的物理性质见表5-7。

表5-7　不同氯酸盐的物理性质

化学名称	分子式	分子量	有效氧/%	熔点/℃	分解温度/℃	吸湿性
氯酸锂	$LiClO_3$	90.4	53.0	129	270	极吸湿
氯酸钠	$NaClO_3$	106.5	45.1	261	478	极吸湿
高氯酸锂	$LiClO_4$	106.4	60.1	247	410	——
高氯酸钠	$NaClO_4$	122.5	52.0	471	482	——

1. 氧烛的工作原理

氧烛的工作原理是在有催化剂存在的条件下，氯酸盐热分解放出氧气。氯酸盐分解所需热量由金属（Fe、Al、Mn 和 Mg 等）粉末燃烧提供。其反应方程式如下（M 表示碱金属）：

$$4MClO_3 \longrightarrow 3MClO_4 + MCl \qquad (5-13)$$

$$MClO_4 \longrightarrow MCl + 2O_2 \qquad (5-14)$$

$$2MClO_3 \longrightarrow 2MCl + 3O_2 \qquad (5-15)$$

氯酸盐热分解反应在适当的温度下按式（5-13）和式（5-14）进行，在高温时按式（5-15）进行。在氯酸盐热分解反应中若有水存在，会产生氯气，化学反应式如下：

$$4MClO_3 \longrightarrow 2M_2O + 5O_2 + 2Cl_2 \qquad (5-16)$$

当反应温度远远超过其分解温度，也会生成氯的氧化物 ClO_2。

2. 氧烛的燃料

为了维持氧烛的燃烧，需要加入一定量的燃料。常用的燃料为金属、非金属单质粉末，如铁粉、镁粉、铝粉、钴粉、钛粉、硼粉等。它们在高温下与生成的氧气反应，生成相应的氧化物，同时放出大量的热量，从而使氯酸钠的分解反应能持续进行。选用燃料主要考虑其燃烧热的大小和燃料的成本、稳定性等问题。

从表5-8的数据可以看出，热值最高的是硼，最低的是铁。热值高的在配方中加入量相应少些，热值低的加入量多些。燃料的用量少，意味着富氧化物的相对量增大，氧烛的有效氧也就增高。选取的燃料除考虑热值的大小外，还要考虑燃料的稳定性及氯气的析出问题。

表5-8　各种燃料的热值

名称	密度/(g·cm^{-3})	产物	热值/(kJ·g^{-1})
Al	2.70	Al_2O_3	30.98
B	2.45	B_2O_3	59.08
Fe	7.86	FeO	4.73
Mg	1.74	MgO	24.74
Mn	7.20	MnO_2	9.46
Si	2.40	SiO_2	31.2
Ti	4.50	TiO_2	19.72

3. 抑氯剂

氧烛的主要成分是氯酸盐。它的纯度一般可达99.90%以上，但还含有少量杂质。这些杂质主要是氯化物，它因水解作用生成氯化氢，而氯化氢在氧烛燃烧时会生成氯气、氯氧化物及次氯酸等。其化学反应式如下：

$$MCl + H_2O \xrightarrow{水解} HCl + MOH \tag{5-17}$$

$$NaClO_3 + 6HCl \xrightarrow{\triangle} NaCl + 3H_2O + 3Cl_2 \uparrow \tag{5-18}$$

$$5NaClO_3 + 6HCl \xrightarrow{\triangle} 5NaCl + 3H_2O + 6ClO_2 \tag{5-19}$$

$$NaClO_3 + 3HCl \xrightarrow{\triangle} NaCl + 3HOCl \tag{5-20}$$

此外，有些氧烛配方中的黏结剂，如钢丝绒、玻璃纤维等也能促使氯酸盐分解产生氯气。氯气是有毒的，空气中氯气的最高允许值为0.001 mg/L。为抑制氯气的析出，通常是在氧烛配方中加入3%~5%的碱性化合物进行吸收。常用的化合物包括：BaO_2、MgO、Li_2O、Li_2O_2、LiOH、CaO、CaO_2、Na_2O_2和KO_2等。用碱性乙醇胺溶液或硫代硫酸钠溶液也可以消除氯气。有些抑氯剂不但能抑制氯气的逸出，还能降低分解温度，使氧烛平稳均匀地燃烧。一般在氧烛的配方中加入过氧化钡，其化学反应式如下：

$$BaO_2 + Cl_2 \longrightarrow BaCl_2 + O_2 \tag{5-21}$$

另外，Schillaci研究了一种用于氧烛上的除氯材料，是将MnO_2和CuO以3:2混合与NaOH一起装入一个多孔的容器内。这种滤材不但能够去除氧气中的游离氯，而且能将氧气中的CO转变成CO_2。在此之前，也有报道将NaOH浸涂在活性炭或粒状沸石上作为氯气的吸附剂。这些除氯剂的研究和利用大大提高了氧气的纯度，增加了其使用的安全性。

4. 催化剂

少量催化剂的存在能大大降低氯酸盐、过氯酸盐的分解温度。氯酸盐、过氯酸盐分解温度的降低，使得氧烛配方中燃料的用量可以相应地减少。氧烛的燃烧温度比较低后烟雾和氯气产生的可能性减少，使得有效氧的含量相应提高。催化剂的作用机理，可能是接收来自氯酸钠分子的一个或多个氧原子，形成NaClO或$NaClO_2$中间体，从而降低其分解温度。

常用的催化剂有Mn、Cu、Ni、Fe的氧化物或相应的盐类。有利于产生氧气的催化剂是过渡金属氧化物。另外，某些碱金属过氧化物同样对氯酸盐的分解具有催化作用，如过氧化锂、过氧化钠等。但这些物质具有较强的吸湿性，给氧烛的加工、装配、贮存带来很大的不便。也有人在配方中加入钴的氧化物，如 CoO、Co_2O_3、Co_3O_4 及 Co_2O_3 与 MnO_2 的混合物等，不仅起到降低温度的效果，而且使燃烧充分。但有些催化剂（如氯化物）在氯酸盐的热分解反应中会促使形成氯气、氯氧化物等。因此，在使用氯化物时要考虑因催化剂本身高温分解氯、造成氧气中氯气含量增高等问题。

5. 黏结剂

无论干（湿）压或浇铸成型的氧烛，其配方中通常都要加入一定量的黏结剂，以提高氧烛的强度，避免运输或燃烧过程中断裂。常用的黏结剂包括：玻璃纤维、石棉纤维、硅藻土、铁屑、铁丝等。

氧烛配方很多，早期比较有代表性的如过氯酸盐氧烛：$LiClO_4$ 84.82、Mn 10.94、Li_2O 4.20；氯酸盐氧烛：$NaClO_3$ 74、Fe 粉 10、BaO_2 4、玻璃纤维 12。

（二）过碳酸钠产氧剂

过碳酸钠是由 Na_2CO_3 和 H_2O_2 通过氢键结合生成的化学复合物，其分子式为 $2Na_2CO_3 \cdot 3H_2O_2$。1969 年，日本首先研制成功并投入工业化生产。其相对分子质量为 314.07，理论活性氧值为 15.28%。热分析结果表明，由醇析、结晶、干燥制备的过碳酸钠在空气中于 120 ℃分解成碳酸钠和过氧化氢。分解产物过氧化氢在 156 ℃进一步放热分解为水和氧。

过碳酸钠产氧技术是 20 世纪 80 年代开始研究的一种新的产氧方法，具有装置简单、操作方便、体积小、便于携带、安全可靠等优点，刚一出现就受到人们的青睐。只要调节好固体催化剂在水中的溶解速度，就可以保证过碳酸钠均匀、持续地放出氧气，满足急救等情况的需要。该方法供氧简便安全，价格便宜，特别适用于前线及边远地区不具备使用氧气瓶的环境下使用。过碳酸钠的活性氧含量随其贮存时间的延长而逐渐降低，但 3 年之内，贮存时间对产氧反应影响很小。

与其他化学产氧剂相比，它具有活性氧含量较高，性能稳定，化学反应相对平稳，贮存使用安全等特点。目前市场上的不少医疗保健用氧的固体氧源都采用过碳酸钠，比如现在市场上非常畅销的氧立得等品牌的化学产氧器就是以此作为原料。但是其产氧速率较慢，而且耗水量很大，加水量为过碳酸钠的 2~3 倍，难以应付紧急情况下大量的供氧。

（三）超氧化物产氧剂

1. 超氧化钾的产氧原理

超氧化物在水蒸气存在的条件下与 CO_2 反应生成 O_2，故常作为空气再生的方法。目前常用的碱金属超氧化物主要是超氧化钠（NaO_2）和超氧化钾（KO_2）。

在常温（20~50 ℃）条件下，超氧化钾和水、CO_2 的主要反应式如下：

$$2KO_2 + H_2O \longrightarrow 2KOH + \frac{3}{2}O_2 + Q \tag{5-22}$$

$$2KOH + CO_2 \longrightarrow K_2CO_3 + H_2O + Q \tag{5-23}$$

$$KOH + CO_2 \longrightarrow KHCO_3 + Q \tag{5-24}$$

式中　Q——放热反应。

还有一些水合反应与上述反应相竞争：

$$KOH + mH_2O \longrightarrow KOH \cdot mH_2O + Q \qquad (5-25)$$
$$K_2CO_3 + nH_2O \longrightarrow K_2CO_3 \cdot nH_2O + Q \qquad (5-26)$$

式中　m——3/4、1、2；

　　　n——1/2、3/2。

2. 环境对超氧化钾的影响

在不同的 CO_2 浓度、湿度和温度条件下，超氧化物所进行的反应就会不同。这里以超氧化钾为例来进行说明。

1）CO_2 浓度的影响

由反应式（5-22）和式（5-23）可知，常温下 KO_2 和 CO_2 反应生成 K_2CO_3。白色 K_2CO_3 覆盖层包围在未起反应的黄色的 KO_2 外，高浓度 CO_2 虽可以穿越 K_2CO_3 覆盖层与 KO_2 发生反应，而低浓度 CO_2 则难以扩散至 KO_2 内层，将降低制氧量。

2）湿度的影响

KO_2 与水反应将放出 O_2 并形成 KOH，见反应式（5-22）。反应过程中形成的 KOH 进而吸收 CO_2，有可能发生式（5-23）或式（5-24）两种反应。由反应式（5-23）和式（5-24）可以看出，参加反应的水和 CO_2 的摩尔数之比为 1:1；进行式（5-25）和式（5-26）反应时，水和 CO_2 的摩尔数之比为 1:2。也就是说，在水和 CO_2 的比例较高的情况下，反应主要形成 K_2CO_3；而水和 CO_2 的比例较低时生成 $KHCO_3$。因此，增加空气的湿度或向超氧化钾药剂上喷洒适量的水，可阻止化学反应向生成 $KHCO_3$ 方向进行，提高产氧量，但同时也减少了对 CO_2 的吸收，故宜在 CO_2 浓度较低时进行。在湿度增大的情况下，反应式（5-25）和式（5-26）这些水合反应也将不同程度地出现，生成较多的氢氧化物和碳酸盐的化合物。由于以上化合物含有一定的结晶水，将提高反应物的比容积，增加了影响反应过程的扩散阻力，从而降低了对 CO_2 的吸收效率。

3）温度的影响

在常温下反应式（5-27）进行很快，温度越高，放氧的速度也越快。因此，在高温、高湿条件下，欲降低氧气的浓度，需采取降温、除湿措施。然而，在低温（-10~10℃）条件下，超氧化钾 KO_2 与水、CO_2 的反应放出的 O_2 量将大大减少，并生成过氧化钾 K_2O_2。K_2O_2 继续强烈地吸收水蒸气，形成结晶水合物及其溶液，即：

$$2KO_2 + xH_2O \longrightarrow K_2O_2 \cdot nH_2O + (x-n)H_2O \qquad (5-27)$$

因此，超氧化钾与水的低温反应生成了过氧化钾水合物，使得有 1/3 的氧不能释放出来。结晶水合物又可与 CO_2 反应，形成过氧碳酸钾。

$$K_2O_2 \cdot nH_2O + 2CO_2 \longrightarrow K_2C_2O_6 + nH_2O \qquad (5-28)$$

超氧化物的低温反应与高温反应不同，它因扩散阻力的增大和区域过热造成不完全反应。其最终产物是多种成分：过氧碳酸盐、过氧化物结晶水合物、碳酸盐、碳酸氢盐、氢氧化物和超氧化物。不管是氢氧化物的水合物还是过氧化物的水合物，其结晶水量增高都会提高反应物的比容积，增大了决定整个反应过程速率的扩散阻力，导致超氧化物吸收含水蒸气的 CO_2 后发生膨胀与糊状现象，致使 CO_2 的吸收率降低、产氧量减少。

超氧化物的优点是既提供了氧气又净化了二氧化碳，装置的结构相对比较简单可靠。其主要缺点是在反应过程中受气流的温度和湿度影响比较大，在湿度偏低时，不易进行反应，湿度过高时，会产生碱金属的水化物。它是一种糨糊状物质，很容易堵塞气流通道，这种水化物遇到较高温度的气流会板结，使水蒸气和二氧化碳难于达到未反应的超氧化物层进行继续反应。因此，它对大气的温度和湿度控制要求较高。

为了改善超氧化钾的反应性能和提高药盘的机械强度，可加入6%的石棉粉和1%的氢氧化铜及氯化铜 $[3Cu(OH)_2CuCl_2]$。这种混合物在6 MPa压力下制成板块，烘干后破碎成 $4\sim10$ mm 直径的颗粒，也可加工成蜂窝状药盘，组装在筒体中。使用超氧化钾不仅能净化空气中的 CO_2、产生氧气，还能消除空气中的吲哚、粪臭素、硫化氢、对甲苯酚和甲醇等有害气体。此外，由于有活性氧的作用，还能杀死空气中的带菌群落。

3. 超氧化钾的应用

一般常用的空气再生药剂是超氧化钠和超氧化钾。超氧化物产氧目前国内外采用最多的是超氧化钾。其产氧装置主要用于矿井事故中急救、登山吸氧、潜艇及飞机供氧，同时可用作 CO_2 吸收剂。二次世界大战期间就已用于军事目的，做成隔绝式防毒面具，用于核武器和化学药剂的个人防护。产氧剂除含有富氧化物外也含有少量的黏结剂和催化剂。与氧烛不同的是它不必加入燃料和抑氯剂。

产氧剂和氧烛相应的富氧化物的有效氧相差不大，如 NaO_2 的有效氧为43.0%，$NaClO_3$ 的有效氧为45.1%，在良好配方中，它们的加入量均能达到90%。除 CaO_2 外，其他能实际应用于产氧剂的过氧化物、超氧化物都比相应的氯酸盐、过氯酸盐贵十几倍。因此，过氧化物产氧剂比氧烛成本高。在实际应用方面，产氧剂使用方法简单，可作个人佩戴，而氧烛作为个人佩戴时，涉及一个结构比较复杂的装置。产氧剂适用于病危人员急救、登山旅游人员吸氧和有害气体污染场所的救护使用等。而氧烛适用于用氧量比较大、维持时间要求比较长的开放空间等。

（四）化学制氧剂供氧的优缺点

1. 化学制氧的优势

1）有效氧含量较高

大部分可作为化学氧的化合物有效氧含量都比较高，相当部分体积氧含量接近于液态氧的含量。可见化学氧的含氧量很高，有利于在密闭空间内减少药剂体积而得到更多的氧气量。

2）生氧速率平稳

从相关研究中的结论看，氯酸盐氧烛从点火到供氧结束其氧气的放出速率一直处于平稳的状态，没有出现较大的起伏波动。

3）具有去除 CO_2 的功效

超氧化物在遇水产氧时除了生成氧气外，还会生成碱。这些碱可以吸收空气中的二氧化碳，这对于救生舱来说是十分理想的用途。

二氧化碳是救生实验室内的首要污染物。二氧化碳对人的呼吸有刺激作用。当肺泡中的二氧化碳增多时，会刺激人的呼吸神经中枢，引起呼吸频繁，呼吸量增加。当浓度过高时就会相对减少氧的浓度，引起人的中毒或窒息。超氧化物是一种高氧化合物，它可以同二氧化碳反应，放出氧气，是一种良好的二氧化碳吸收剂。

2. 化学制氧剂使用时存在的问题

（1）化学制氧剂的产氧过程都是放热反应，而且有些放热量很大，例如氯酸钠氧烛启动后的温度高达250 ℃，如果用在救生实验室内会对实验室内热环境带来影响。而超氧化物面临同样的问题。

（2）由于氯酸盐反应的特点及工艺技术要求，现有氧烛存在 3 个问题：

①大型氧烛的产氧过程难以控制，造成浪费严重；②燃料燃烧消耗部分制取的氧气，降低了产氧量；③制氧过程中产生大量烟雾和多种有害气体，导致过滤器材结构复杂、消耗大；④氧烛是不可控的，一旦点燃，直至燃尽。

（3）超氧化物产氧剂的主要问题是在反应过程中受气流的温度和湿度影响比较大，在湿度偏低时，不易启动进行反应，湿度过高时，会产生碱金属的水化物。

（4）对于救生舱，温度和湿度的控制是一个比较困难的问题，此反应放出大量的热量和水，不利于救生实验室内温、湿度的控制。而且，利用过氧化氢作为储氧和供氧物质的最大问题是它具有爆炸的危险性，用在环境复杂的矿井下会比较危险。

二、化学氧氧烛主体配方

氧烛是以氯酸盐（如氯酸钠）为主体，以金属粉末作为燃料，添加少量的催化剂和除氯剂，经机械混合，加压成型，制成混合药柱。氧烛药块配方中的催化剂与金属燃料对氧烛的热分解性能有较大的影响。

氧烛药块在一定温度下发生分解反应，此温度往往较高，为维持反应进行，保证氧烛药块的持续燃烧，需要在氧烛配方中添加金属燃料。燃料的添加量会影响氧烛的性能，添加太少则氧烛不能持续燃烧；太多则会使氧烛燃烧速度过快，生成有害气体。催化剂的使用可以降低氧烛的分解温度、放氧速度，进而减少配方中燃料的比例，提高有效氧含量。

（一）催化剂对 $NaClO_3$ 分解热性质的影响

催化剂的存在能降低 $NaClO_3$ 的分解温度，减少氧烛配方中燃料的用量，使氧烛反应平稳，烟雾和氯气的产生减少，有效氧的含量提高。催化剂的作用机理可能是因为接收来自氯酸钠分子的一个或多个氧原子，形成 $NaClO$ 或 $NaClO_2$ 中间体，从而降低其分解温度。

Co_2O_3、Co_3O_4、CuO、Fe_2O_3 和 MnO_2 五种催化剂在不同用量时，$NaClO_3$ 发生分解反应的热重曲线如图 5 – 32 所示。不同催化剂作用下的 $NaClO_3$ 起始反应温度如图 5 – 33 所示。催化剂添加量占样品总质量的比分别为 2%、2.5%、3%、3.5%、4%、5% 和 6%。

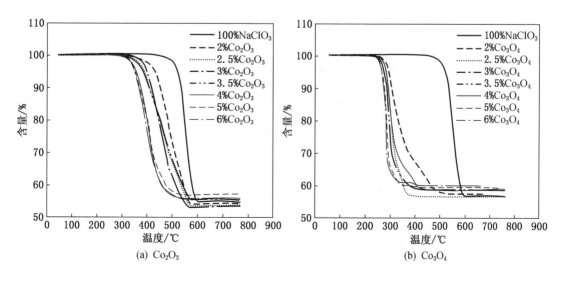

(a) Co_2O_3　　　　　　　　　　　　(b) Co_3O_4

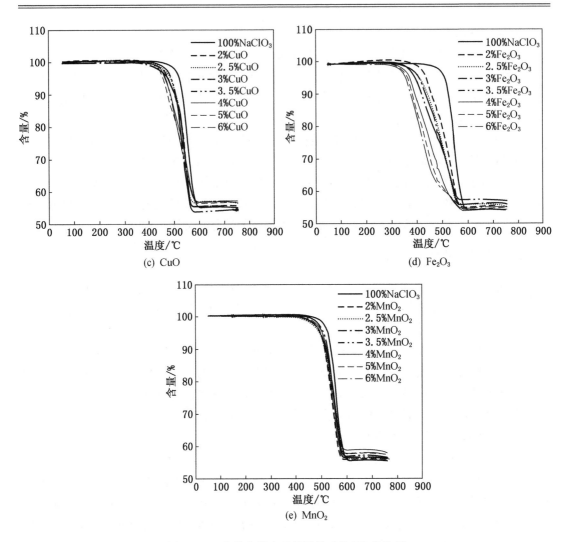

图 5-32　各催化剂在不同用量时的 TG 曲线图

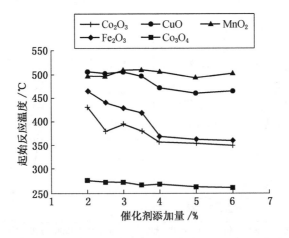

图 5-33　不同催化剂作用下的 NaClO₃ 起始反应温度

对于同一种催化剂，催化剂用量越多，催化效果越好。达到某一用量后，催化效果达到极限，起始反应温度不再降低，再增加催化剂的使用量反而会降低氧烛的有效产氧量。

在同一添加量条件下，5 种催化剂的催化效果排序为 $Co_3O_4 > Co_2O_3 > Fe_2O_3 > CuO > MnO_2$。其中 Co_3O_4 催化效果最为显著，添加量为氧烛配方总质量的 2%，可使样品的起始反应温度降至 277 ℃；当添加量为 6% 时，起始反应温度为 261.5 ℃（100% $NaClO_3$ 在 522 ℃ 左右发生热分解反应）。CuO 与 MnO_2 的催化作用不明显，当添加量为 6% 时，起始反应温度仍分别为 463.89 ℃ 与 502.19 ℃。

Co_3O_4、Co_2O_3、Fe_2O_3 的添加量占样品总质量的 3%~5% 时，氧烛的起始反应温度变化明显。

（二）金属燃料对 $NaClO_3$ 分解热性质的影响

金属燃料的添加既为氯酸钠的热分解反应提供热量，又具有一定的催化作用。不同金属燃料的燃烧热值见表 5-9。

表 5-9　Fe、Mg、Mn 金属氧化物的标准摩尔生成焓和标准质量生成焓表

金属	金属氧化物	$-\Delta H_f/(kJ \cdot mol^{-1})$	$-\Delta H_f/(kJ \cdot g^{-1})$
Fe	Fe_2O_3	822	7.34
Mg	MgO	598	24.92
Mn	MnO_2	520	9.45

Fe、Mg、Mn 三种金属燃料在质量分数为 2%、4%、6%、8% 的情况下对 $NaClO_3$ 热分解性能进行试验，催化剂选用 5% 质量分数的 Co_2O_3、Co_3O_4 和 Fe_2O_3，其结果如图 5-34~图 5-36 所示。

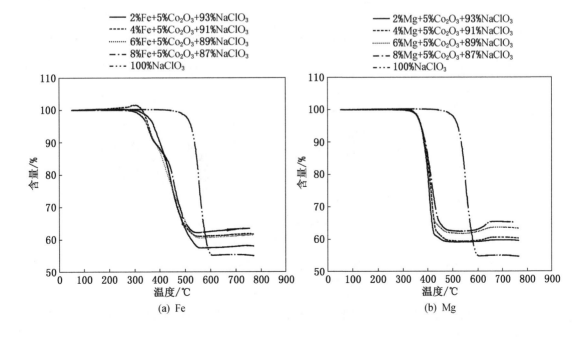

(a) Fe　　　　　(b) Mg

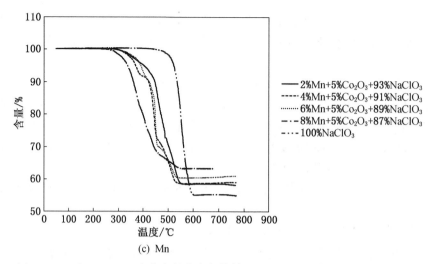

(c) Mn

图 5-34　以 5% Co₂O₃ 为催化剂的各氧烛样品添加不同金属燃料时的热重曲线

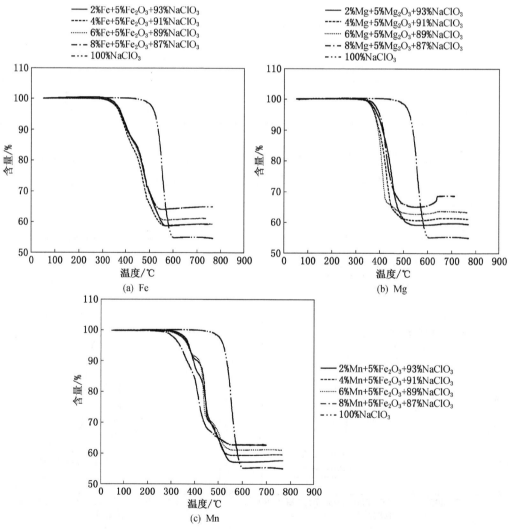

图 5-35　以 5% Fe₂O₃ 为催化剂的各氧烛样品添加不同金属燃料时的热重曲线

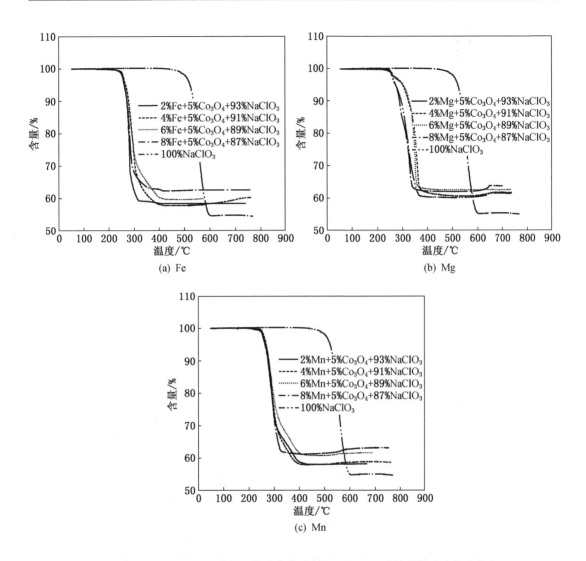

图 5-36　以 5% Co_3O_4 为催化剂的各氧烛样品添加不同金属燃料时的热重曲线

对于金属燃料 Fe，在相同催化剂下，添加有不同质量分数 Fe 的各氧烛样品的热重曲线相接近，说明它们的反应起始温度相近，即金属 Fe 的添加量对氧烛药块的反应起始温度，热分解特性影响不大。

对于金属 Mg，在 5% Co_2O_3 的催化作用下，添加有不同质量分数 Mg 的各氧烛样品的热重曲线相接近，说明它们的反应起始温度相近。在 5% Fe_2O_3、5% Co_3O_4 的催化作用下，添加有不同质量分数 Mg 的各氧烛样品的热重曲线不相同，其中氧烛样品含 5% Fe_2O_3、6% Mg 时，反应起始温度最低为 376.3 ℃。

对于金属 Mn，各催化剂作用下，添加有不同质量分数 Mn 的各氧烛样品的热重曲线呈现较大区别，这可能是由于 Mn 在高温下氧化为 MnO_2，对 $NaClO_3$ 有一定的催化作用，可以降低反应的起始温度。其中氧烛样品含 5% Co_2O_3、8% Mn 时，反应起始温度最低为 327.3 ℃。

不同金属燃料，不同催化剂条件下的各样品的反应起始温度和产氧密度如图 5 - 37 至图 5 - 39 所示。

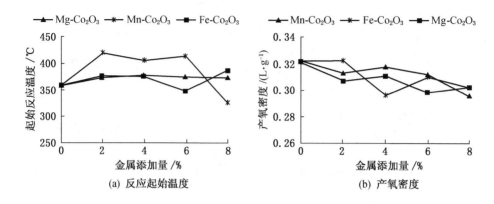

图 5 - 37　以 5% Co_2O_3 为催化剂的各氧烛样品添加不同金属燃料时的反应特性图

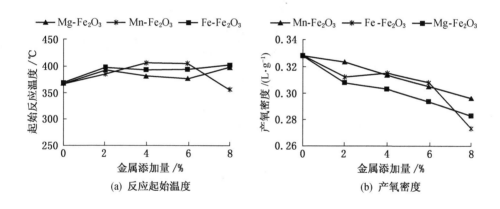

图 5 - 38　以 5% Fe_2O_3 为催化剂的各氧烛样品添加不同金属燃料时的反应特性图

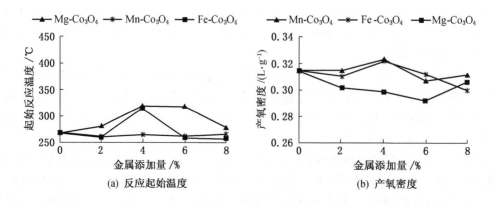

图 5 - 39　以 5% Co_3O_4 为催化剂的各氧烛样品添加不同金属燃料时的反应特性图

对试验结果进行分析可得:

(1) 金属燃料的加入使氧烛的起始反应温度上升,这是由于加入金属后,氯酸钠分解生成的部分氧气与金属燃料发生氧化反应,使氧烛药剂整体的减重进程推迟。

(2) 金属对氯酸钠的催化活性低于金属氧化物。

(3) 不同含量的 Fe、Mg、Mn 在不同催化剂存在的条件下表现出不同的催化活性,由试验可得三种金属催化活性:Mn > Mg > Fe。Mn 的含量在 8% 时对氯酸钠的热分解表现出最优的催化活性,在 5% Co_3O_4 条件下,起始反应温度最低为 262 ℃。

(4) 对于产氧密度,在有金属燃料加入时的产氧密度总体上小于没有金属燃料加入的情况,这是由于金属与氧气结合所造成的产氧密度降低。相对于其他金属,含有金属 Mn 的氧烛样品产氧密度较高。

(5) 金属燃料添加范围为样品总质量的 4% ～ 8% 时,氯酸钠反应温度较低,产氧密度较高。

(三) 氧烛配方的正交实验

1. 正交试验设计

根据催化剂、金属燃料对 $NaClO_3$ 热分解特性的影响,选用四因素三水平的 $L_9(3^4)$ 正交表进行试验设计,表 5-10 为试验因素水平表,表 5-11 为正交试验表。试验以氧烛药块的产氧密度,产生气体中氧气含量、产氧量、产氧速率、氧烛药块表面最高温度及反应容器表面最高温度为考核指标。

表5-10　试验因素水平表

因　素	水　平		
	1	2	3
A 燃料种类	Fe	Mn	Mg
B 燃料用量/%	4	6	8
C 催化剂种类	Fe_2O_3	Co_2O_3	Co_3O_4
D 催化剂用量/%	3	4	5

表5-11　正交试验表

因素名称	燃料种类	燃料用量/%	催化剂种类	催化剂用量/%
序号	A	B	C	D
1	1(Fe)	1(4%)	1(Co_3O_4)	1(3%)
2	1	2(6%)	2(Fe_2O_3)	2(4%)
3	1	3(8%)	3(Co_2O_3)	3(5%)
4	2(Mn)	1	2	3
5	2	2	3	1
6	2	3	1	2
7	3(Mg)	1	3	2
8	3	2	1	3
9	3	3	2	1

2. 产氧密度

氧烛的产氧密度由氧烛药块反应前后的质量差及各配方的理论产氧量求得，催化剂、金属燃料对氧烛产氧密度的影响见表 5 – 12。各影响因素对氧烛产氧密度的影响顺序：燃料种类 > 催化剂用量 > 催化剂种类 > 燃料用量。从 9 组试验结果直接得出的最优配方为 90% $NaClO_3$、4% Mn、5% Co_2O_3、1% 高岭土，产氧密度为 0.3150 L/g；通过极差分析法分析得出的最佳水平为 $A_2B_3C_3D_3$，配方为 86% $NaClO_3$、8% Mn、5% Co_3O_4。

表 5 – 12　催化剂、金属燃料对氧烛产氧密度的影响

因素名称	燃料种类	燃料用量/%	催化剂种类	催化剂用量/%	产氧密度/
序号	A	B	C	D	$(L \cdot g^{-1})$
1	1(Fe)	1(4%)	1(Fe_2O_3)	1(3%)	0.0563
2	1	2(6%)	2(Co_2O_3)	2(4%)	0.0796
3	1	3(8%)	3(Co_3O_4)	3(5%)	0.2948
4	2(Mn)	1	2	3	0.3150
5	2	2	3	1	0.3144
6	2	3	1	2	0.3001
7	3(Mg)	1	3	2	0.3080
8	3	2	1	3	0.3142
9	3	3	2	1	0.3055
K_1	0.4307	0.6793	0.6706	0.6763	—
K_2	0.9296	0.7082	0.7001	0.6876	—
K_3	0.9277	0.9005	0.9172	0.9241	—
k_1	0.1436	0.2264	0.2235	0.2254	—
k_2	0.3099	0.2361	0.2334	0.2292	—
k_3	0.3092	0.3002	0.3057	0.3080	—
极差 R	0.1663	0.0641	0.0822	0.0826	—
主次顺序	A > D > C > B 燃料种类 > 催化剂用量 > 催化剂种类 > 燃料用量				—
优水平	A_2 Mn	B_3 8%	C_3 Co_3O_4	D_3 5%	—
优组合	$A_2B_3C_3D_3$				—

3. 氧烛药块产生气体中的氧气含量

将收集到的气体用气相色谱仪进行检测，可得到氧烛药块所生成的主要气体含量，包括氧气、一氧化碳、二氧化碳及氮气。图 5 – 40 为 1 号样品（93% $NaClO_3$、4% Fe、3% Fe_2O_3）产生的气体的色谱图。该气体各组分的含量分析见表 5 – 13。

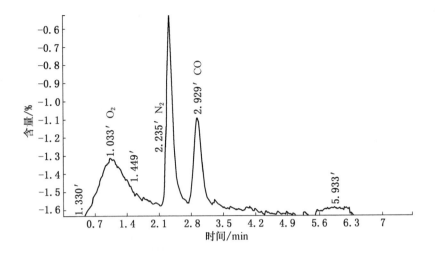

图 5 - 40　1 号样品产生气体的色谱图

表 5 - 13　1 号样品气体组分含量

序号	名称	含量/%	峰面积/mm²
1	O₂	60.79	22598
2	N₂	37.46	14592
3	CO	0.73	19588
总　计		98.98	56778

不同试验的产氧含量结果见表 5 - 14。各影响因素对氧烛所产生的气体中的氧气含量的影响顺序：燃料种类＞燃料用量＞催化剂用量＞催化剂种类。从 9 组试验结果直接得出的最优配方为 91% $NaClO_3$、4% Mg、4% Co_3O_4、1% 高岭土，产氧含量为 85.8 L/min。通过极差分析法分析得出的最佳水平为 $A_3B_2C_2D_2$，配方为 89% $NaClO_3$、6% Mg、4% Co_2O_3。

表 5 - 14　催化剂及金属对氧烛药块产生气体中氧气含量的影响

因素名称	燃料种类	燃料用量/%	催化剂种类	催化剂用量/%	产氧含量/
序号	A	B	C	D	$(L \cdot min^{-1})$
1	1(Fe)	1(4%)	1(Fe_2O_3)	1(3%)	60.79
2	1	2(6%)	2(Co_2O_3)	2(4%)	65.38
3	1	3(8%)	3(Co_3O_4)	3(5%)	80.3
4	2(Mn)	1	2	3	79.2
5	2	2	3	1	84.8
6	2	3	1	2	82.7
7	3(Mg)	1	3	2	85.8

表5-14（续）

因素名称	燃料种类	燃料用量/%	催化剂种类	催化剂用量/%	产氧含量/
序号	A	B	C	D	(L · min^{-1})
8	3	2	1	3	85.3
9	3	3	2	1	81
K_1	80.3000	165.0000	168.0000	165.8000	—
K_2	246.7000	170.1000	170.1000	168.5000	—
K_3	252.1000	244.0000	250.9000	244.8000	—
k_1	80.3000	82.5000	84.0000	82.9000	—
k_2	82.2333	85.0500	85.0500	84.2500	—
k_3	84.0333	81.3333	83.6333	81.6000	—
极差 R	3.7333	3.7167	1.4167	2.6500	—
主次顺序	A > B > D > C 燃料种类 > 燃料用量 > 催化剂用量 > 催化剂种类				—
优水平	A_3 Mg	B_2 6%	C_2 Co_2O_3	D_2 4%	—
优组合	$A_3B_2C_2D_2$				—

4. 实际产氧量

利用排水法测量产气量，综合已得到的各气体的组分，可计算出各试验组氧烛药块的实际产氧量，进而可分析催化剂及金属对氧烛产氧量的影响，见表5-15。

表5-15 催化剂、金属燃料对氧烛实际产氧量的影响

因素名称	燃料种类	燃料用量/%	催化剂种类	催化剂用量/%	产氧量/mL
序号	A	B	C	D	
1	1(Fe)	1(4%)	1(Fe_2O_3)	1(3%)	3422
2	1	2(6%)	2(Co_2O_3)	2(4%)	3719
3	1	3(8%)	3(Co_3O_4)	3(5%)	3977
4	2(Mn)	1	2	3	3735
5	2	2	3	1	2997
6	2	3	1	2	2879
7	3(Mg)	1	3	2	2881
8	3	2	1	3	3000
9	3	3	2	1	3060
K_1	3706	3346	3100	3160	—
K_2	3204	3239	3505	3160	—
K_3	2980	3305	3285	3571	

表 5 – 15（续）

因素名称	燃料种类	燃料用量/%	催化剂种类	催化剂用量/%	产氧量/mL
序号	A	B	C	D	
k_1	1235.33	1115.33	1033.33	1053.33	—
k_2	1068.00	1079.67	1168.33	1053.33	—
k_3	993.33	1101.67	1095.00	1190.33	—
极差 R	726	107	404	411	—
主次顺序	A > D > C > B 燃料种类 > 催化剂用量 > 催化剂种类 > 燃料用量				—
优水平	A_1 Fe	B_1 4%	C_2 Co_2O_3	D_3 5%	—
优组合	$A_1B_1C_2D_3$				—

各影响因素对氧烛实际产氧量的影响顺序：燃料种类 > 催化剂用量 > 催化剂种类 > 燃料用量。从 9 组试验结果直接得出的最优配方为 87% $NaClO_3$、8% Fe、5% Co_3O_4，产氧量为 3977 mL。通过极差分析法分析得出的最佳水平为 $A_1B_1C_2D_3$。可见在使用 Fe 与 Co_3O_4 作为氧烛的主要配方时，相对于其他配方可以获得较多氧气。

5. 产氧速率

已知氧烛的反应时间和产氧量，可通过求得氧烛的产氧速率。由相关试验可知，催化剂、金属燃料对氧烛燃烧时产氧速率的影响见表 5 – 16。

表 5 – 16　催化剂、金属燃料对氧烛燃烧时产氧速率的影响

因素名称	燃料种类	燃料用量/%	催化剂种类	催化剂用量/%	产氧速率/ （L · min^{-1}）
序号	A	B	C	D	
1	1(Fe)	1(4%)	1(Fe_2O_3)	1(3%)	5.298
2	1	2(6%)	2(Co_2O_3)	2(4%)	4.978
3	1	3(8%)	3(Co_3O_4)	3(5%)	4.937
4	2(Mn)	1	2	3	4.786
5	2	2	3	1	4.769
6	2	3	1	2	5.260
7	3(Mg)	1	3	2	5.169
8	3	2	1	3	4.994
9	3	3	2	1	5.070
K_1	5.071	5.084	5.184	5.045	—
K_2	4.938	4.914	4.945	5.136	—
K_3	5.078	5.089	4.958	4.905	—
k_1	1.690	1.695	1.728	1.682	—
k_2	1.646	1.638	1.648	1.712	—

表 5 - 16（续）

因素名称	燃料种类	燃料用量/%	催化剂种类	催化剂用量/%	产氧速率/ （L·min⁻¹）
序号	A	B	C	D	
k_3	1.693	1.696	1.653	1.635	—
极差 R	0.139	0.175	0.239	0.230	—
主次顺序					—
优水平	A_2	B_2	C_2	D_3	
	Mn	6%	Co_3O_4	5%	
优组合	$A_2B_2C_2D_3$				—

由表 5 - 16 可知，各因素对氧烛产氧速率的影响顺序：催化剂种类 > 催化剂用量 > 燃料用量 > 燃料种类。催化剂种类和用量是影响产氧速率的主要因素。

对比 9 组试验结果，第 5 组试验氧烛配方 91% $NaClO_3$、6% Mn、3% Co_3O_4 的产氧速率最慢，为 4.769 L/min，该氧烛更适合在救生舱等小型密闭空间内使用。通过对正交试验表进行极差分析，最佳水平为 $A_2B_2C_2D_3$，配方为 89% $NaClO_3$、6% Mn、5% Co_3O_4。

6. 氧烛表面最高温度

各试验组氧烛表面最高温度见表 5 - 17。各影响因素对氧烛燃烧时表面最高温度的影响顺序：催化剂种类 > 催化剂用量 > 燃料种类 > 燃料用量。

表 5 - 17　催化剂、金属燃料对氧烛燃烧时表面最高温度的影响

因素名称	燃料种类	燃料用量/%	催化剂种类	催化剂用量/%	表面最高温度/℃
序号	A	B	C	D	
1	1（Fe）	1（4%）	1（Fe_2O_3）	1（3%）	507.3
2	1	2（6%）	2（Co_2O_3）	2（4%）	457.2
3	1	3（8%）	3（Co_3O_4）	3（5%）	581.9
4	2（Mn）	1	2	3	451.1
5	2	2	3	1	552.2
6	2	3	1	2	459.9
7	3（Mg）	1	3	2	530.2
8	3	2	1	3	582.4
9	3	3	2	1	509.1
K_1	515.5	496.2	516.5	522.9	—
K_2	487.7	530.6	472.5	482.4	—
K_3	540.6	517	554.8	538.5	—
k_1	171.833	165.400	172.167	174.300	—
k_2	162.567	176.867	157.500	160.800	—
k_3	180.200	172.333	184.933	179.500	—

表5-17（续）

因素名称	燃料种类	燃料用量/%	催化剂种类	催化剂用量/%	表面最高温度/℃
序号	A	B	C	D	
极差 R	52.8	34.4	82.3	56	—
主次顺序	C > D > A > B 催化剂种类 > 催化用量 > 燃料种类 > 燃料用量				—
优水平	A_2 Mn	B_1 4%	C_2 Co_2O_3	D_2 5%	—
优组合	$A_2B_1C_2D_2$				—

从9组试验结果直接得出的最优配方为91% $NaClO_3$、4% Mn、5% Co_2O_3，最高温度为451.1℃。通过极差分析法分析得出的最佳水平为 $A_2B_1C_2D_2$，配方为91% $NaClO_3$、4% Mn、5% Co_2O_3。

7. 氧烛反应容器表面最高温度

催化剂、金属燃料对氧烛燃烧时反应容器表面最高温度的影响见表5-18。各因素对氧烛反应容器表面最高温度的影响顺序：催化剂用量 > 燃料种类 > 燃料用量 > 催化剂种类。

表5-18　催化剂、金属燃料对氧烛反应容器表面最高温度的影响

因素名称	燃料种类	燃料用量/%	催化剂种类	催化剂用量/%	反应容器 表面最高温度/℃
序号	A	B	C	D	
1	1(Fe)	1(4%)	1(Fe_2O_3)	1(3%)	31.2
2	1	2(6%)	2(Co_2O_3)	2(4%)	37.9
3	1	3(8%)	3(Co_3O_4)	3(5%)	67.1
4	2(Mn)	1	2	3	60.8
5	2	2	3	1	59.5
6	2	3	1	2	58.4
7	3(Mg)	1	3	2	46.3
8	3	2	1	3	58.7
9	3	3	2	1	52.8
K_1	136.2	138.3	148.3	143.5	—
K_2	178.7	156.1	151.5	142.6	—
K_3	157.8	178.3	172.9	186.6	—
k_1	45.4	46.1	49.4	47.8	—
k_2	59.6	52.0	50.5	47.5	—
k_3	52.6	59.4	57.6	62.2	—
极差 R	14.2	13.3	8.2	14.7	—

表 5-18（续）

因素名称	燃料种类	燃料用量/%	催化剂种类	催化剂用量/%	反应容器表面最高温度/℃
序号	A	B	C	D	
主次顺序	\multicolumn{4}{c}{D>A>B>C 催化剂用量>燃料种类>燃料用量>催化剂种类}	—
优水平	A_2 Mn	B_3 8%	C_3 Co_3O_4	D_3 5%	—
优组合	\multicolumn{4}{c}{$A_2B_3C_3D_3$}	—

从 9 组试验结果直接得出的最优配方为（不考虑 1、2 配方未反应完全时，温度不高的条件）91% $NaClO_3$、4% Mg、4% Co_3O_4、1% 高岭土，反应容器表面最高温度为 46.3 ℃。通过极差分析法分析得出的最佳水平为 $A_2B_3C_3D_3$，配方为 86% $NaClO_3$、8% Mn、5% Co_3O_4。

8. 综合分析

根据正交试验结果分析表可得，各指标下的因素主次顺序及最佳水平见表 5-19。由于各指标单独分析出的结果不同，因此需要进行综合分析。表 5-20 为正交试验综合分析表，表中所示为各个影响因素所处的影响顺序位次的个数，表中的重要度是影响因素所在的顺序位次的重要系数与其在该位次的出现个数的乘积之和。

表 5-19 各指标下的因素主次顺序及最佳水平汇总表

考察项目	影响因素的主次顺序	最优水平
产氧密度	A>D>C>B	$A_2B_3C_3D_3$
产生气体中氧气含量	A>B>D>C	$A_3B_2C_2D_2$
产氧量	A>D>C>B	$A_1B_1C_2D_3$
产氧速率	C>D>B>A	$A_2B_2C_2D_3$
药块表面最高温度	C>D>A>B	$A_2B_1C_2D_2$
反应容器表面最高温度	D>A>B>C	$A_2B_3C_3D_3$

表 5-20 正交试验综合分析表

影响因素	顺序位次（重要系数）				重要度
	1(0.4)	2(0.3)	3(0.2)	4(0.1)	
A	3	1	1	1	1.8
B	0	1	2	3	1
C	2	0	2	2	1.4
D	1	4	1	0	1.8

由表 5-19、表 5-20 可知，影响因素 A、D 对氧烛特性的影响重要度最高，但 A 在

影响顺序位次 1 的数目大于 D，故各影响因素对氧烛特性的影响顺序为 A＞D＞C＞B，即燃料种类＞催化剂用量＞催化剂种类＞燃料用量。

通过分析各因素的最优水平得出，氧烛配方的最优水平为 $A_2B_2C_2D_3$，即 88% NaClO$_3$、6% Mn、5% Co$_2$O$_3$、1% 高岭土。

三、氧烛成型技术

氧烛的成型是通过外力将氧烛粉末制作成具有一定尺寸、形状、强度和硬度的块状制品。氧烛的结构、强度、孔隙率、黏结剂的种类含量等对氧烛粉末间的相互关系和结构有影响，而氧烛粉末间的相互关系和结构影响氧烛反应过程中燃烧波的稳定传播，又由于氧烛的反应是靠燃烧波的传递进行的，因此氧烛的成型工艺会影响氧烛的反应情况。

（一）氧烛的成型方式

相关研究表明，氧烛的主要成型方式：

（1）干压成型法。将原料混合好后装入模具，加压使之成型，脱模后即可得到氧烛。

（2）浇铸成型法。将原料混合均匀，加热使之熔化，然后注入模具中冷却成型，即可得到氧烛。

（3）热压成型法。将原料混合均匀，加热到一定温度（不熔化），然后装入模具加压成型，脱模后即可得到氧烛。

（4）湿压成型法。在混合好的原料中注入一定量的水搅拌均匀，然后装入模具，在常温下加压成型，脱模后的药块置于烘箱，脱水至恒重后即可得到氧烛。

由于氧烛配方中存在易燃物质，采用浇铸成型和热压成型工艺相对复杂且存在风险，为此通常采用干压和湿压两种成型方法。

为研究干压、湿压成型方法的优缺点，在相同条件下对加水量为 0 mL、5 mL、10 mL 的氧烛进行试验，研究其成型效果、成型率、抗弯折强度、硬度、抗压强度、烘干后的表面形态特征、生产效率等参数。

试验研究表明，加入 0 mL、5 mL、10 mL 水的氧烛配方均可成型，压制成型的氧烛如图 5–41 所示。压制过程中加入 10 mL 水的氧烛配方的模具下有水渗出，如图 5–42 所示。加入水后的氧烛在压制时稳定性好、脱模容易，说明水在压制过程中起到黏结剂和润滑剂的作用。采用湿压成型法压制氧烛 100% 成型无破裂，说明湿压成型法的成型效果较干压成型法好，成品率高。

　　(a) 0 mL　　　　　　(b) 5 mL　　　　　　(c) 10 mL

图 5–41　压制成型的氧烛　　　　　　图 5–42　模具有水渗出

示意图

　　加入 0 mL、5 mL、10 mL 水的氧烛，均可掰断，如图 5 – 43 所示。其中加入 0 mL 水的氧烛最不易掰断，加入 10 mL 水的氧烛呈泥状感，最易掰断。因此各氧烛掰断的难易程度即氧烛的抗弯折的强度、硬度由高到低排序为 0 mL＜5 mL＜10 mL，即干压成型法压制的氧烛药块的抗弯折的强度、硬度较湿压成型法高。

 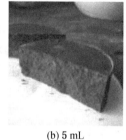 

(a) 0 mL　　　　　　　　　(b) 5 mL　　　　　　　　　(c) 10 mL

图 5 – 43　弯瓣后的氧烛

　　使用压力机对氧烛加压，得到氧烛的最大抗压强度，同时通过测量氧烛的高度及质量计算出氧烛的密度，试验结果如图 5 – 44 所示，结果见表 5 – 21。分析可得，在相同的压制压力及压制速度下，利用湿压成型法压制的氧烛的密度及最大抗压强度较干压成型法大，且与加入的水的含量成正比。

(a) 0 mL　　　　　　　　　(b) 5 mL　　　　　　　　　(c) 10 mL

图 5 – 44　加压后的氧烛

表 5 – 21　干压湿压法比较数据表

压制方法	压制压力与速度	质量/g	高度/mm	密度/（×10^{-3}g·mm^{-3}）	最大抗压强度/kN
干压（0 mL 水）	35 kN 快压	144.06	28	1.821	2.87
湿压（5 mL 水）	35 kN 快压	145.04	22	2.333	24.81
湿压（10 mL 水）	35 kN 快压	139.34	21	2.348	32.46

　　烘干后的氧烛如图 5 – 45 所示。湿压成型法压制的氧烛表面鼓起，且出现裂纹，同时氧烛的颜色较干压成型法深。

　　　　(a) 湿压　　　　　　　　　　　　(b) 干压

图 5 - 45　烘干后的氧烛

　　通过分析可知，湿压成型法有以下优点：
　　（1）在氧烛压制过程中加入的水可起到黏结剂和润滑剂的作用，使氧烛的压制过程更稳定，成品率高，脱模更容易，速度更快。
　　（2）氧烛的密度及最大抗压强度更大。
　　同时，湿压成型法存在以下问题：
　　（1）抗弯折的强度、硬度均没有干压成型法压制的药块高。
　　（2）干燥所需的时间长，影响生产效率。
　　（3）干燥后氧烛有小幅度变形。
　　（4）由于水与粉状药剂不易搅拌均匀，导致烘干后药块内的孔隙分布不匀，进而影响反应效果。
　　（5）氧烛加水混合过程中有少量氯气的味道。使用检测管进行检测，检测管颜色改变，说明氧烛加水后经搅拌会有少量氯气生成，而氯气为有毒有害气体，若在氧烛的大量生产过程中使用此种方法可能会产生危险。
　　为此，在氧烛压制成型时，宜采用干压成型法。
　　（二）压制方式对氧烛的影响
　　氧烛压制方式包括加压次数、加压速度及目标压力大小、是否保压等参数。
　　1. 加压次数对氧烛成型的影响
　　按照相关的文献理论，多次加压可使氧烛内的压力不至于积蓄过大，便于多次释放出来，从而不容易产生层裂，但这样压制时间过长，会降低生产效率。
　　考虑到两次加压所需的压制时间较长，设计两次加压方法中第一次加压较第二次加压快，具体操作方法如下：

（1）两次加压（快速＋慢速）。先快速（大于 0.1 kN/s 且小于 1 kN/s）加压到目标压力，减压至较低值后再慢速（小于 0.1 kN/s）加压至目标压力。

（2）两次加压（慢速＋慢速）。先慢速（小于 0.1 kN/s）加压到目标压力，减压至较低值后再慢速（小于 0.1 kN/s）加压至目标压力。

（3）一次加压（快速）。一次快速（大于 0.1 kN/s 且小于 1 kN/s）加压至目标压力。

（4）一次加压（慢速）。一次慢速（小于 0.1 kN/s）加压至目标压力。

结果表明，使用两次加压（快速＋慢速）所压制的氧烛脱模后均碎裂，如图 5 - 46 所示。其他方式压制的氧烛均可成型。这可能是由于两次加压（快速＋慢速）过程中，第一次加压的速度较大，且达到目标压力后直接减压，减压后，氧烛内部粉末间的排斥力使氧烛断裂，而第二次再加压，断裂处和整体的结构不同，不易再压制成型。若在第一次快速压制后进行保压再减压，则和一次快速加压的方式基本相同，但时间增长。

图 5 - 46　两次加压后的氧烛

根据表 5 - 22 所示的加压时间的记录可以看出，两次加压所需的时间明显大于一次加压，为提高生成效率及成型率，选择一次加压法压制氧烛。

表 5 - 22　加 压 时 间 记 录 表

压　制　方　式	加压时间/min	压　制　方　式	加压时间/min
两次加压（快速＋慢速）	46	一次加压（快速）	7
两次加压（慢速＋慢速）	70	一次加压（慢速）	29

2. 加压速度及目标压力大小对氧烛成型的影响

通常而言，相同情况下，加压时间速度越慢，氧烛的成型效果越好，成型率越高，但过慢的加压速度会降低氧烛的生产效率。且现有研究表明，加压速度和目标压力大小在药块的成型效果上相互影响，如压制的药块在压力不大但作用时间长的情况下加压，比大压力快速加压产生的塑性变形大，变形慢，可缓冲各种应力，使应力得以释放，减少层裂现象。

为此，通过不同加压速度以及目标压力压制氧烛，从而比较压制成型氧烛的成型效果、抗弯折强度、硬度、抗压强度、氧烛强度、生产效率等参数，进而分析加压速度，得到压力大小对氧烛成型效果的影响。

以 5 kN、15 kN、35 kN 为目标压力，分别采用快压（大于 0.1 kN/s 且小于 1 kN/s 的加压速度）、慢压（小于 0.1 kN/s 的加压速度）两种加压速度压制氧烛，保压 5 min 后脱模，观察氧烛的成型情况。

结果表明：

（1）除 5 kN 快压的氧烛未能脱模成型，其余方式压制的氧烛均可成型。

（2）用手掰弯成型的氧烛，均可掰碎。图 5 - 47 所示为慢压成型的三块氧烛掰碎后的效果图。各药块掰碎的难易程度即药块的抗弯折的强度、硬度，由高至低排序为 35 kN 慢压 > 35 kN 快压 > 15 kN 慢压 > 15 kN 快压 > 5 kN 慢压。

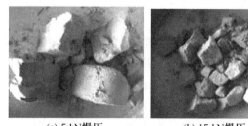

（a）5 kN慢压　　　　　　　（b）15 kN慢压　　　　　　　（c）35 kN慢压

图 5 - 47　不同压力压制的氧烛弯掰后状态图

由此可得，在相同质量、黏结剂的情况下，目标压力越大，压得的氧烛越难掰碎，其抗弯折强度及硬度越大；而在相同质量、黏结剂、目标压力的情况下，慢压成型的氧烛强度及硬度更大，药粉间积聚的更紧密。

（3）使用压力机对氧烛加压，试验结果如图 5 - 48 所示。通过试验可得到氧烛的最大抗压强度。同时已知氧烛直径 60 mm，通过测量氧烛的高度及质量可计算得到氧烛的密度，结果见表 5 - 23。分析可得以下结论：相同压制方法及压制压力下，快压成型的氧烛的密度及最大抗压强度均小于慢压成型的氧烛；相同压制方法及压制速度下，压制压力大的氧烛的密度及最大抗压强度大。

（a）35 kN快压　　　　　　　　　　　（b）35 kN慢压

图 5 - 48　不同压制速度压制的氧烛加压后状态图

表 5 – 23　压制压力与速度数据比较表

压制压力与速度	质量/g	高度/mm	密度/(×10⁻³g · mm⁻³)	最大抗压强度/kN
15 kN 快压	159. 21	32	1. 761	1. 44
15 kN 慢压	140. 89	28	1. 781	1. 69
35 kN 快压	144. 06	28	1. 821	2. 87
35 kN 慢压	141. 3	27	1. 852	3. 18

　　综合分析：快压、慢压均可使氧烛成型。在相同质量、黏结剂、目标压力下，快压成型的氧烛的强度、硬度、密度及最大抗压强度均小于慢压成型的氧烛，但可满足正常使用需求。快压成型的氧烛有较好的松散度，更有利于氧烛的反应。在相同质量、黏结剂下，压力越大，氧烛的成型效果越好，抗弯折强度、硬度、密度及最大抗压强度越大。

　　3. 保压对氧烛成型的影响

　　氧烛在压制过程中，内部会因发生弹性变形而积蓄能量。当外力取消时，氧烛内部的弹性能被释放出来，若部分弹性能的释放滞后于压力下降的过程，则会引起不均匀的滞后膨胀，造成药块破裂。因此保压过程可以有效防止此种情况的发生。

　　以相同的加压速度、目标压力压制氧烛，一块保压 5 min 后脱模，一块不保压直接脱模。保压后氧烛脱模后成型较好，而未经保压的氧烛发生破裂，如图 5 – 49 所示。

　　　　　(a) 保压　　　　　　　　　　(b) 未保压

图 5 – 49　保压对氧烛成型效果的影响示意图

　　（三）黏结剂及压制压力对氧烛的影响

　　黏结剂和压力的不同会影响氧烛的成型效果以及药块强度和药块的反应燃烧特性。黏结剂加入可以增加粉状氧烛药剂间的黏结作用，提高氧烛的成型性能，而其作用效果又和压制药块的目标压力相互影响。因此本部分将研究并确定救生舱用氧烛的最优黏结剂及压制压力。

　　1. 各黏结剂压制压力

　　根据现有研究结果，选取高岭土、硅藻土、玻璃纤维为备选黏结剂，如图 5 – 50 所示。1%、3%、5% 为备选黏结剂含量，25 kN、35 kN、45 kN、55 kN 为备选目标压力。通过燃烧试验，确定氧烛的最优黏结剂及压制压力。

　　在相同黏结剂含量 3% 的条件下，对含有不同黏结剂（高岭土、硅藻土、玻璃纤维）的氧烛药剂，分别以 25 kN、35 kN、45 kN、55 kN 为目标压力压制成型。对成型的氧烛进

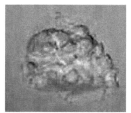

(a) 高岭上 　　　　　(b) 硅藻上 　　　　　(c) 玻璃纤维

图 5-50 备选黏结剂

行燃烧试验，考察各药块的产氧密度、产氧量、药块表面最高温度、环境温度单位时间变化量等参数，确定各黏结剂所对应的最优压力。

1）产氧密度

氧烛的产氧密度由氧烛反应前后的质量差及各配方的理论产氧量求得，其数值越大，说明单位质量该氧烛的产氧量越高，即越好，见表 5-24。由此可以得到对于产氧密度这一指标，各个黏结剂不同压力的优劣次序，其结果如下。

（1）高岭土：25 kN＞55 kN＞35 kN＞45 kN。

（2）玻璃纤维：55 kN＞35 kN＞25 kN＞45 kN。

（3）硅藻土：45 kN＞55 kN＞35 kN＞25 kN。

表 5-24 氧烛理论产氧密度统计表

黏 结 剂	黏结剂含量/%	压力/kN	药块自重（烘干后）/g	反应前质量/g	反应后质量/g	减重/g	理论产氧量/L	产氧密度/(L·g⁻¹)
高岭土1号	3	45	46.264	65.006	45.613	19.393	13.575	0.2934
高岭土2号	3	55	44.819	62.603	43.763	18.840	13.188	0.2943
高岭土3号	3	35	48.335	66.346	46.038	20.308	14.216	0.2941
高岭土4号	3	25	47.374	70.225	49.740	20.485	14.339	0.3027
玻璃纤维1号	3	25	49.338	72.000	51.037	20.964	14.675	0.2974
玻璃纤维2号	3	35	49.144	70.910	49.831	21.079	14.755	0.3002
玻璃纤维3号	3	45	49.017	72.044	51.258	20.785	14.550	0.2968
玻璃纤维4号	3	55	49.339	71.178	49.913	21.265	14.886	0.3017
硅藻土1号	3	55	48.945	71.340	50.195	21.146	14.802	0.3024
硅藻土2号	3	45	48.507	71.825	50.655	21.169	14.819	0.3055
硅藻土3号	3	25	48.123	71.339	50.712	20.627	14.439	0.3000
硅藻土4号	3	35	47.740	70.231	49.717	20.514	14.360	0.3008

2）实际产氧密度

氧烛的实际产氧密度，是通过计算测量反应容器内氧气含量的变化量计算求得的，其数值越大，说明单位质量该氧烛的产氧量越高，即越好，见表5-25。由此可以得到对于实际产氧密度这一指标，各个黏结剂不同压力的优劣次序，其结果如下。

（1）高岭土：35 kN > 45 kN > 55 kN > 25 kN。

（2）玻璃纤维：55 kN > 35 kN > 45 kN > 25 kN。

（3）硅藻土：55 kN > 45 kN = 25 kN > 35 kN。

表5-25　氧烛实际产氧密度统计表

| 黏结剂 | 黏结剂含量/% | 压力/kN | 空间氧气含量/% | | | 实际产氧量/L | 药块自重（烘干后）/g | 实际产氧密度/(L·g⁻¹) |
			初始值	稳定值	变化量			
高岭土1号	3	45	21.30	26.90	5.60	12.10	46.26	0.261
高岭土2号	3	55	21.60	27.10	5.50	11.88	44.82	0.265
高岭土3号	3	35	21.60	27.50	5.90	12.74	48.34	0.264
高岭土4号	3	25	21.57	26.89	5.32	11.49	47.37	0.243
玻璃纤维1号	3	25	21.70	27.20	5.50	11.88	49.34	0.241
玻璃纤维2号	3	35	21.70	27.30	5.60	12.10	49.14	0.246
玻璃纤维3号	3	45	21.65	27.20	5.55	11.99	49.02	0.245
玻璃纤维4号	3	55	21.70	27.33	5.63	12.16	49.34	0.246
硅藻土1号	3	55	21.70	27.25	5.55	11.99	48.94	0.245
硅藻土2号	3	45	21.70	27.10	5.40	11.66	48.51	0.240
硅藻土3号	3	25	21.60	27.00	5.40	11.66	48.12	0.242
硅藻土4号	3	35	21.48	26.80	5.32	11.49	47.74	0.241

3）氧烛表面最高温度

氧烛表面最高温度，是指氧烛在反应过程中，其表面可测得的最高温度，其数值越小，说明反应温度越低，反应速率越低越平稳，对周围环境可能产生的影响越小，即越好，见表5-26。由此可以得到对于氧烛表面最高温度这一指标，各个黏结剂不同压力的优劣次序，其结果如下。

（1）高岭土：25 kN > 45 kN > 35 kN > 55 kN。

（2）玻璃纤维：45 kN > 25 kN > 35 kN > 55 kN。

（3）硅藻土：55 kN > 35 kN > 25 kN > 45 kN。

表5-26　氧烛表面最高温度统计表

黏结剂	黏结剂含量/%	压力/kN	药块表面最高温度/℃
高岭土1号	3	45	665.8
高岭土2号	3	55	471.1
高岭土3号	3	35	571.4
高岭土4号	3	25	682.9
玻璃纤维1号	3	25	545.4

表 5 - 26（续）

黏 结 剂	黏结剂含量/%	压力/kN	药块表面最高温度/℃
玻璃纤维 2 号	3	35	462.4
玻璃纤维 3 号	3	45	599.5
玻璃纤维 4 号	3	55	436.0
硅藻土 1 号	3	55	538.6
硅藻土 2 号	3	45	494.5
硅藻土 3 号	3	25	513.2
硅藻土 4 号	3	35	530.0

4）环境温度

以环境温度单位时间变化量表示环境温度的变化情况,可以反映出氧烛对周围环境温度的影响,其数值越小,说明周围环境受氧烛反应的影响越小,即越好,见表 5 - 27。由此可以得到对于环境温度这一指标,各个黏结剂不同压力的优劣次序,其结果如下。

（1）高岭土：25 kN > 35 kN > 45 kN > 55 kN。

（2）玻璃纤维：25 kN >> 35 kN > 55 kN > 45 kN。

（3）硅藻土：35 kN > 25 kN > 55 kN > 45 kN。

表 5 - 27　氧烛对空间环境温度影响情况统计表

黏 结 剂	黏结剂含量/%	压力/kN	氯酸钠含量/%	反应容器关闭时间/min	空间环境温度		
					初始值/℃	最大值/℃	单位时间变化量/（℃·min^{-1}）
高岭土 1 号	3	45	86.22	39	17.40	19.00	0.041
高岭土 2 号	3	55	86.22	25	18.80	19.80	0.040
高岭土 3 号	3	35	86.22	24	19.65	20.70	0.044
高岭土 4 号	3	25	86.22	24	19.77	21.20	0.060
玻璃纤维 1 号	3	25	86.22	25	20.40	21.60	0.048
玻璃纤维 2 号	3	35	86.22	25	20.30	21.40	0.044
玻璃纤维 3 号	3	45	86.22	25	20.90	21.80	0.036
玻璃纤维 4 号	3	55	86.22	25	20.84	21.80	0.038
硅藻土 1 号	3	55	86.22	26	19.30	20.70	0.054
硅藻土 2 号	3	45	86.22	26	20.00	21.30	0.050
硅藻土 3 号	3	25	86.22	25	19.60	21.00	0.056
硅藻土 4 号	3	35	86.22	30	18.00	20.00	0.067

2. 黏结剂添加比例

黏结剂在氧烛配方中的含量比例会影响氧烛的成型效果以及药块强度和药块的反应燃烧特性。

分别制作含有不同比例（1%、3%、5%）、黏结剂（高岭土、玻璃纤维、硅藻土）的氧烛，测定其产氧密度、产氧量、药块表面最高温度、环境温度单位时间变化量等指标，同时对单位质量药剂所产生的一氧化碳、二氧化碳含量进行分析。

氧烛的产氧密度由氧烛反应前后的质量差及各配方的理论产氧量求得，其数值越大，说明单位质量该氧烛的产氧量越高，即越好，见表5-28。由此可以得到对于产氧密度这一指标，各个黏结剂不同比例含量的优劣次序，其结果如下。

（1）高岭土：1%>5%>3%。

（2）玻璃纤维：1%>3%>5%。

（3）硅藻土：1%>3%>5%。

表5-28　氧烛理论产氧密度统计表

黏结剂	黏结剂含量/%	压力/kN	药块自重（烘干后）/g	反应前质量/g	反应后质量/g	减重/g	理论产氧量/L	产氧密度/(L·g⁻¹)
高岭土1号	1	55	46.410	70.140	49.812	20.328	14.230	0.307
高岭土2号	3	55	44.819	62.603	43.763	18.840	13.188	0.294
高岭土3号	5	55	46.341	70.783	50.994	19.789	13.853	0.299
硅藻土1号	1	45	49.330	73.483	50.572	22.911	16.038	0.325
硅藻土2号	3	45	48.507	71.825	50.655	21.169	14.819	0.305
硅藻土3号	5	45	47.700	70.276	50.215	20.062	14.043	0.294
玻璃纤维1号	1	55	50.195	75.043	53.163	21.879	15.316	0.305
玻璃纤维2号	3	55	49.339	71.178	49.913	21.265	14.886	0.302
玻璃纤维3号	5	55	48.251	71.929	51.397	20.532	14.372	0.298

氧烛的实际产氧密度，是通过计算测量反应容器内氧气含量的变化量计算求得的，其数值越大，说明单位质量该氧烛的产氧量越高，即越好，见表5-29。由此可以得到对于实际产氧密度这一指标，各个黏结剂不同比例含量的优劣次序，其结果如下。

（1）高岭土：3%>1%>5%。

（2）玻璃纤维：1%>5%>3%。

（3）硅藻土：1%>5%>3%。

表5-29　氧烛实际产氧密度统计表

黏结剂	黏结剂含量/%	压力/kN	空间氧气含量/%				产氧量/L	药块自重（烘干后）/g	实际产氧密度/(L·g⁻¹)
			初始值	稳定值	变化量	最大值			
高岭土1号	1	55	21.94	27.39	5.46	32.92	11.78	46.41	0.254
高岭土2号	3	55	21.60	27.10	5.50	32.10	11.88	44.82	0.265
高岭土3号	5	55	21.90	27.10	5.20	32.85	11.23	46.34	0.242
硅藻土1号	1	45	21.90	27.70	5.80	32.70	12.53	50.20	0.250
硅藻土2号	3	45	21.70	27.10	5.40	32.55	11.66	49.34	0.236

表 5-29（续）

黏结剂	黏结剂含量/%	压力/kN	空间氧气含量/%				产氧量/L	药块自重（烘干后）/g	实际产氧密度/(L·g⁻¹)
			初始值	稳定值	变化量	最大值			
硅藻土 3 号	5	45	21.70	27.10	5.40	30.30	11.66	47.52	0.245
玻璃纤维 1 号	1	55	21.90	27.89	5.99	32.78	12.94	48.25	0.268
玻璃纤维 2 号	3	55	21.70	26.90	5.20	32.78	11.23	48.51	0.232
玻璃纤维 3 号	5	55	21.60	27.10	5.50	32.78	11.88	47.70	0.249

实际生成一氧化碳密度，是指每单位质量的药剂在反应过程中产生的一氧化碳的含量，其数值越小，说明该氧烛反应过程中产生的一氧化碳量越少，对周围环境产生的影响越小，见表 5-30。由此可以得到对于每单位质量的药剂在反应过程中产生的一氧化碳的含量这一指标，各个黏结剂不同比例含量的优劣次序，其结果如下。

（1）高岭土：1% < 3% < 5%。

（2）玻璃纤维：3% < 1% < 5%。

（3）硅藻土：1% < 3% < 5%。

表 5-30　氧烛实际产生一氧化碳密度统计表

黏结剂	黏结剂含量/%	压力/kN	空间一氧化碳含量/%			产一氧化碳量/mL	药块自重（烘干后）/g	实际产一氧化碳密度/(mL·g⁻¹)
			初始值	稳定值	变化量			
高岭土 1 号	1	55	18.79	47.87	29.08	6.28	46.41	0.135
高岭土 2 号	3	55	19.79	58.66	38.87	8.40	47.41	0.177
高岭土 3 号	5	55	20.79	87.69	66.90	14.45	48.41	0.298
硅藻土 1 号	1	45	21.79	45.70	23.91	5.16	49.41	0.105
硅藻土 2 号	3	45	22.79	54.26	31.47	6.80	50.41	0.135
硅藻土 3 号	5	45	23.79	67.28	43.49	9.39	51.41	0.183
玻璃纤维 1 号	1	55	24.79	69.48	44.69	9.65	52.41	0.184
玻璃纤维 2 号	3	55	25.79	55.14	29.35	6.34	53.41	0.119
玻璃纤维 3 号	5	55	26.79	75.40	48.61	10.50	54.41	0.193

实际生成二氧化碳密度，是指每单位质量的药剂在反应过程中产生的二氧化碳的含量，其数值越小，说明该氧烛反应过程中产生的二氧化碳量越少，对周围环境产生的影响越小，见表 5-31。由此可以得到对于每单位质量的药剂在反应过程中产生的二氧化碳的含量这一指标，各个黏结剂不同比例含量的优劣次序，其结果如下。

（1）高岭土：3% < 5% < 1%。

（2）玻璃纤维：1% < 5% < 3%。

（3）硅藻土：5% < 3% < 1%。

表5-31　氧烛实际产生二氧化碳密度统计表

| 黏结剂 | 黏结剂含量/% | 压力/kN | 空间二氧化碳含量/% | | | 产二氧化碳量/mL | 药块自重（烘干后）/g | 实际产二氧化碳密度/（mL·g⁻¹） |
			初始值	稳定值	变化量			
高岭土1号	1	55	0.05	0.11	0.06	135.00	46.41	2.909
高岭土2号	3	55	0.05	0.05	0.00	2.70	47.41	0.057
高岭土3号	5	55	0.04	0.10	0.06	126.90	48.41	2.621
硅藻土1号	1	45	0.05	0.12	0.07	149.85	49.41	3.033
硅藻土2号	3	45	0.05	0.11	0.06	137.70	50.41	2.732
硅藻土3号	5	45	0.09	0.10	0.01	18.90	51.41	0.368
玻璃纤维1号	1	55	0.04	0.11	0.07	148.50	52.41	2.833
玻璃纤维2号	3	55	0.05	0.13	0.08	170.64	53.41	3.195
玻璃纤维3号	5	55	0.05	0.12	0.07	156.60	54.41	2.878

氧烛表面最高温度，是指氧烛在反应过程中，其表面可测得的最高温度，其数值越小，说明反应温度越低，反应速率越低越平稳，对周围环境可能产生的影响越小，见表5-32。由此可以得到对于氧烛表面最高温度这一指标，各个黏结剂不同比例含量的优劣次序，其结果如下。

（1）高岭土：3%<5%<1%。

（2）玻璃纤维：3%<1%<5%。

（3）硅藻土：3%<5%<1%。

表5-32　氧烛表面最高温度统计表

黏结剂	黏结剂含量/%	压力/kN	药块表面最高温度/℃
高岭土1号	1	55	584.9
高岭土2号	3	55	471.1
高岭土3号	5	55	573.5
硅藻土1号	1	45	732.6
硅藻土2号	3	45	494.5
硅藻土3号	5	45	616.2
玻璃纤维1号	1	55	542.7
玻璃纤维2号	3	55	436.0
玻璃纤维3号	5	55	692.2

单位质量氧烛在单位时间内产生的温度变化，是指在氧烛反应过程中测得的反应空间的温度变化情况和氧烛质量及关闭舱门时间的比值，可以反映出单位质量的氧烛对周围环境温度的影响，其数值越小，说明周围环境受氧烛反应的影响越小，见表5-33。由此可以得到对于单位质量药剂产生的环境温度变化量这一指标，各个黏结剂不同比例含量的优劣次序，其结果如下：

（1）高岭土：5%＜1%＜3%。
（2）玻璃纤维：1%＜3%＜5%。
（3）硅藻土：1%＜3%＜5%。

表5-33　单位质量氧烛在单位时间内对环境温度影响情况统计表

黏　结　剂	黏结剂含量/%	压力/kN	反应容器关闭时间/min	空间环境温度/℃			药块自重（烘干后）/g	单位质量药剂单位时间产生的温度变化/（℃·g⁻¹·min⁻¹）
				初始值/℃	最大值/℃	单位时间变化量/（℃·min⁻¹）		
高岭土1号	1	55	20	25.15	25.80	0.0325	46.41	0.0007
高岭土2号	3	55	25	18.80	19.80	0.0400	44.82	0.0009
高岭土3号	5	55	24	24.60	25.30	0.0292	46.34	0.0006
硅藻土1号	1	45	20	24.58	25.50	0.0460	50.20	0.0009
硅藻土2号	3	45	26	20.00	21.30	0.0500	49.34	0.0010
硅藻土3号	5	45	22	23.49	24.60	0.0505	47.52	0.0011
玻璃纤维1号	1	55	20	25.00	25.70	0.0350	48.25	0.0007
玻璃纤维2号	3	55	33	20.60	22.10	0.0455	48.51	0.0009
玻璃纤维3号	5	55	22	23.90	25.00	0.0500	47.70	0.0010

（四）氧烛直径大小对氧烛反应速度的影响研究

氧烛的反应是一层一层进行的。反应时，其每一层的药剂质量越大，每层参与反应的药剂量就越大。同时，由于同一时间参与反应的药剂量大，则单位时间的反应放热量大。因此，相同质量下，直径越大的氧烛的反应速度越快，反应温度越高。

对同质量，直径为30 mm、60 mm的氧烛进行燃烧试验，反应容器内氧气浓度变化如图5-51所示。相同质量下，ϕ60 mm的氧烛反应后的氧气浓度更高，即其反应更完全；ϕ60 mm比ϕ30 mm的氧烛的氧气浓度变化曲线的上升斜率更陡，氧气浓度的最大值及稳定值都出现的早，即ϕ60 mm比ϕ30 mm的氧烛的反应放氧速率快，见表5-34。由此可

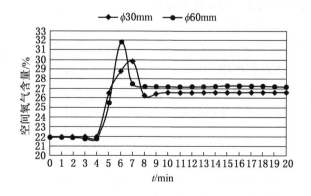

图5-51　反应容器内的氧气浓度变化曲线

表 5-34 各氧烛放氧速度统计表

氧烛	反应时间/min	空间氧气含量/%			产氧量/L	放氧速率/($L \cdot min^{-1}$)
		初始值	稳定值	变化量		
$\phi30\ mm$	2	21.92	26.58	4.66	10.06	5.028
$\phi60\ mm$	2	21.82	27.28	5.46	11.80	5.896

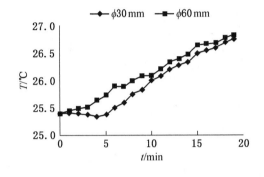

图 5-52 反应容器内的环境温度变化曲线

知,相同质量、配方的氧烛,直径大的比直径小的反应放氧速率更快,反应更完全,放氧量更大。两种直径的药块反应过程中,反应容器内的环境温度随时间变化如图 5-52 所示。$\phi60\ mm$ 比 $\phi30\ mm$ 的氧烛的环境温度曲线上升得快,说明 $\phi60\ mm$ 比 $\phi30\ mm$ 的氧烛的反应速度快,放热快。

（五）氧烛整体结构

氧烛整体外形为圆柱形,上方设有一柱形出气孔,孔内设有金属针和铝箔纸,氧烛外壳如图 5-53 所示,具体结构及内部设计如图 5-54 所示。当产生氧气时,内部压强增大使铝箔纸向上膨胀,通过金属针破坏铝箔纸使氧气放出。

图 5-53 氧烛外形图

氧烛中间放置圆柱形氧烛,为防止其反应后体积膨胀开裂,在其上部设有一球形凹槽。下部设有一弧形凹槽,内部压有一层引火药。引火药和铜导线上的点火药相连接。

外壳底部设有接线柱,由铜导线与氧烛内部的点火头相连接。接线柱可与压电陶瓷点火器相连,点火时按下压电陶瓷启动开关即可启动氧烛。

氧烛的四周及底部设有隔热材料,厚度为 10 mm,以减轻氧烛对周围环境温度的影响。隔热材料和氧烛之间留有间隙,以使氧烛燃烧

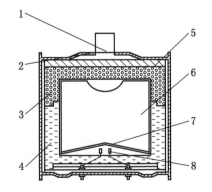

1—金属针;2—铝箔纸;3—化学滤烟层;4—隔热材料;
5—物理滤烟层;6—氧烛药柱;7—引火药;8—点火药
图 5-54 现有氧烛结构示意图

产生的气体通过。

氧烛上方设有滤烟材料，以过滤其产生的气体中的烟尘。使用氧烛时，按下压电陶瓷点火器的启动开关，利用压电效应使铜导线产生的瞬时高压点燃点火药，点火药燃烧引燃引火药，燃烧的引火药进一步引燃氧烛的主体药块，产生以氧气为主的气体。生成的气体经滤烟材料过滤后从出气口排出，供人使用。

第六章　井下密闭空间空气净化

第一节　空气污染物种类及其来源

　　井下密闭空间空气污染属于室内空气污染。室内空气污染可以定义为由于室内引入能释放有害物质的污染源或室内环境通风不佳而导致室内空气中有害物质无论是从数量上还是种类上有所增加，并引起内部人员一系列不适症状，称为室内空气受到污染。

　　室内空气污染物按其性质分为 3 类：化学污染物、生物污染物、物理性污染物。化学污染物包括挥发性有机化合物和无机化合物。生物污染物由生活垃圾、空调、地毯等产生，包括细菌、病菌、尘螨等。物理性污染物指室外地基、建筑材料产生的放射性氡、室外的噪声、室内家电设备的磁辐射等。

　　在众多室内的污染物中，CO_2、CO、甲醛、NH_3、SO_2、NO_2、吸入尘、生物性污染物等 8 项的适用性已得到公认，普遍认为能够反映室内空气品质的状况。

一、CO_2

　　CO_2 是密闭空间里最常见的污染物。CO_2 的含量如果不能得到有效控制，就会产生一系列的问题。CO_2 对人的呼吸有刺激作用。当肺泡中的 CO_2 增多时，会刺激人的呼吸神经中枢，引起呼吸频繁，呼吸量增加。当浓度过高时就会相对减少氧的浓度，引起人员中毒或窒息。CO_2 浓度对人体的影响见表 6-1。

表 6-1　CO_2 浓度对人体的影响

CO_2 体积浓度/%	对人体的影响
1~2	持续作用会破坏人体电解质平衡
2	作用数小时后，人体感到轻度头痛和呼吸困难
3	头剧痛、出汗、呼吸困难
5	精神沮丧
6	视力下降，动作颤抖
10	昏迷，失去知觉

　　人体的 CO_2 排出量与人的活动状态有关，相关数据见表 6-2。

表 6-2　成人在不同状态下的 CO_2 排出量

状　态	静　止　时	轻　劳　动	体　力　劳　动
CO_2 排出量/（$L \cdot h^{-1} \cdot 人^{-1}$）	23	23	45

美国 NASA – STD – 3000 规定，空间站正常运行时，乘务舱内 CO_2 分压不允许超过 0.4 kPa。GB 9663—1996 规定：公共场合的 CO_2 浓度极限值最大为 0.15%。因此对于一些特殊场合，在非常困难情况下可以适当放宽标准。有关标准中的 CO_2 允许浓度见表 6 – 3。

表 6 – 3　有关标准中的 CO_2 允许浓度

标准名称	GB/T 12817—1991《铁道客车通用技术条件》	GB 9673—1996《公共交通工具卫生标准》
CO_2 允许浓度/%	≤0.15	≤0.20
应用场所	铁道车辆	交通工具

由标准可知，舱内 CO_2 分压不允许超过 1.0 kPa，即 CO_2 浓度不允许超过 1%。

二、CO

CO 是一种无色、无味、无臭的气体，微溶于水，但易溶于氨水，与酸、碱不起反应，只能被活性炭少量吸附。

矿内爆破作业、煤炭自燃及发生火灾或煤尘、瓦斯爆炸时都能产生 CO。通常火灾和瓦斯爆炸事故中 50% 的受害者死于 CO 中毒。CO 暴露症状见表 6 – 4。

表 6 – 4　CO 暴露症状统计表

暴露浓度/10^{-6}%	暴露时间/min	症　状
50	360 ~ 480	不会出现副作用的临界值
200	120 ~ 180	可能出现轻微头痛
400	60 ~ 120	头痛、恶心
800	45	头痛、头晕、恶心
	120	瘫痪或可能失去知觉
1000	60	失去知觉
1600	20	头痛、头晕、恶心
3200	5 ~ 10	头痛、头晕
	30	失去知觉
6400	1 ~ 2	头痛、头晕
	10 ~ 15	失去知觉，有死亡危险
12800	1 ~ 3	即可出现生理反应，失去知觉，有死亡危险

CO 是一种对血液、神经有害的毒物。CO 随空气吸入体内后，通过肺泡进入血液，并与血液中的血红蛋白结合。CO 与血红蛋白的结合力比氧与血红蛋白的结合力大 200 ~ 300 倍。CO 与血红蛋白结合成碳氧血红蛋白，不仅减少了血球携氧能力，而且抑制、减

缓氧和血红蛋白的解析。

三、甲醛

甲醛是一种挥发性有机化合物，无色、具有强烈的刺激性气味。室内甲醛主要来自装修材料及家具、吸烟、燃料和烹饪。它的释放速率除与家用物品所含的甲醛有关外，还与气温、湿度、风速有关。气温越高，甲醛释放越快；反之亦然。如果室内湿度小，则容易向室外排入。其对室内暴露者的健康影响主要是嗅到异味，刺激眼和呼吸道黏膜，产生变态反应等，如引起眼红、眼痒、流泪、咽喉干燥和发痒等症状。

四、NH_3

大气的 NH_3 主要来源于自然界或人为的分解过程，也是化学工业的主要原料，不仅应用于化肥、炼焦、料、制药等行业中，还广泛应用于合成尿素、合成纤维等。室内空气中的 NH_3 主要来源于 3 方面，一是在建筑施工中为了加快混凝土的凝固速度和冬季施工防冻，在混凝土中加入了氨水和混凝土防冻剂等外加剂。这类含有大量氨类物质的外加剂在墙体中随着温度、湿度等环境因素的变化而还原成氨气从墙体中缓慢释放出来，特别是在夏季气温较高，释放速度较快。二是来自板材。板材在加压过程中使用了由甲醛和尿素加工而成的黏合剂，它们在室温下释放出气态的甲醛和 NH_3。三是来自室内装饰材料。NH_3 对口、鼻黏膜及上呼吸道有很强的刺激作用，轻度中毒表现为鼻炎、咽炎、气管炎、支气管炎。

五、SO_2

SO_2 主要来源于硫化石的燃烧、火力发电、石油炼制、硫酸生产等，属于大气污染物。室内空气的 SO_2 主要是由新风引入。它为强烈辛辣刺激气味的无色气体，对结膜和上呼吸道黏膜具有强烈刺激性。人体吸入后主要对呼吸器官有损伤，可致支气管炎、肺炎，严重者可致肺水肿和呼吸麻痹。有研究证明，在 SO_2 和苯并芘的联合作用下，动物肺癌的发病率提高。

六、NO_2

大气中的 NO_2 主要来自车辆、火力发电厂排放的废气和燃料燃烧所释放的气体。而室内的 NO_2 除从室外引入外，室内吸烟及厨房用火炉和气炉燃烧也是其产生的来源。NO_2 主要是对呼吸器官有刺激作用，对肺的损害比较明显。

七、吸入尘

颗粒物是空气污染物中固相的代表物，以其多形、多孔和具有吸附性而成为多种物质的载体。其中粒径较小的可吸入颗粒物，会随着人的呼吸进入呼吸系统中并留在呼吸道中，故其对人体健康产生较大的危害，如 PM2.5 污染程度越高，儿童感冒、咳嗽和支气管炎患病率越高，对身体危害越严重。公共场所及居室内的固体颗粒除由室外进入外，主要是由人们在室内活动而产生。

八、生物性污染物

生物性污染物是室内三大类污染物之一。随着建筑物密封性的增强，出现了很多与室内生物污染相关的病，常见的有军团菌与军团菌病、真菌与变应性病、尘螨与变应性等。空气微生物大多附着于固体或液体的颗粒物上并悬浮于空气中，其中以咳嗽产生的飞沫等液体颗粒挟带的微生物最多。由于颗粒小、质量轻，在空气中滞留时间较长，故其对健康的影响最大。

第二节　二氧化碳净化技术

一、CO_2 净化技术国外研究现状

CO_2 净化技术主要借鉴于载人航天与水下潜艇领域技术，其中美国采用氢氧化锂吸收 CO_2；俄罗斯采用超氧化钾和氢氧化锂系统补给 O_2 和去除 CO_2。对于乘员多、周期长的任务，由于补给量大，其关于 CO_2 的净化主要包括 CO_2 净化、浓缩。关于 CO_2 收集、浓缩方面，美国、俄罗斯的研究侧重在分子筛与固态胺上，而德国与日本侧重在固态胺上。目前国际空间站上也是装备分子筛 CO_2 控制系统，而固态胺 CO_2 控制技术在俄罗斯和平号空间站试验性地应用过。国外对于分子筛技术研究较多，其中以 4 床分子筛的研究最为成熟。固态胺消除 CO_2 的原理与乙醇胺基本相同，将溶液吸收剂改为固态吸收剂，特别适用于清除潜艇中的 CO_2。

除了载人航天器以及潜艇，在煤矿应急救援领域中，可移动式救生舱和避难硐室这些应急救援密闭空间内也设有 CO_2 净化设备和 CO 去除设备。

（一）碱石灰吸附技术

国外救生舱和避难硐室中的空气净化技术研究较为成熟，其中较为先进的一个是北美 RANA – Medical 公司生产的 Refuge One 空气净化器，另一个是美国 Strata 公司研制的气动 CO_2 净化器，再一个是澳大利亚 MineARC 系统公司研制的非电力驱动 CO_2 滤清器。北美 RANA – Medical 公司生产的 Refuge One 空气净化器（图 6 – 1）是目前国际上较先进的空

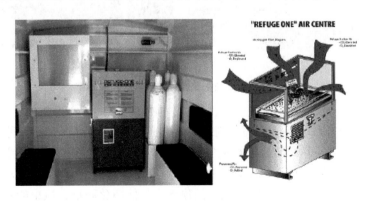

图 6 – 1　Refuge One 空气净化器及其运行原理

气处理装置。其按照使用的吸附 CO_2 剂的药板数量分为单床和双床两种。

CO_2 为酸性气体，能够与多种碱性物质反应，因此，选择空气净化器中的 CO_2 吸附剂时，应综合考虑避难硐室的空间大小、反应效率、药剂储存时间等各方面因素。目前，国外避难硐室中一般选用碱石灰作为 CO_2 的吸附剂，主要是因其具有价格低廉、性能可靠、保质期长等特点。图 6 - 2 为 Draeger 公司的备用碱石灰药剂盒在避难硐室中的布置。美国 Strata 公司研制的气动 CO_2 净化器是利用高压气瓶释放空气时产生的气动力驱动风扇转动，促使舱内空气流动，最终达到净化舱内空气的目的（图 6 - 3）。风扇转动的速率可以通过调节气瓶上的阀门来控制。净化器顶部放置的是药剂盒，药剂盒内部装有碱石灰，通过碱石灰药剂颜色的变化情况判定药剂是否失效，以便更换新鲜药剂。

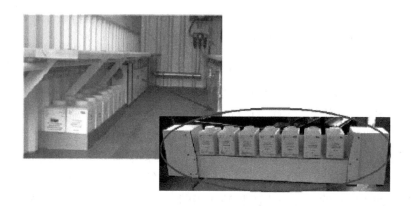

图 6 - 2　Draeger 避难室中碱石灰放置

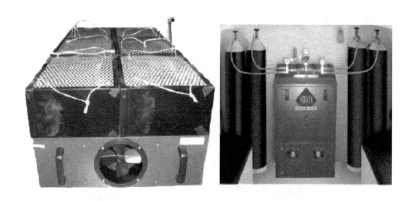

图 6 - 3　美国 Strata 公司的气动 CO_2 净化器

澳大利亚 MineARC System 公司研制的非电力驱动 CO_2 滤清器，是一种能够快速清除密闭空间内空气中的有害、有毒气体的净化装置，如图 6 - 4 所示。该装置以液态 CO_2 为能量源，通过控制开关，调节 CO_2 释放速率，使流动的 CO_2 气体吹动气动马达，气动马达再带动风扇转动，从而产生气流。风扇的顶部为气体净化药剂，风扇的底部为热交换盘管。

（二）LiOH 吸附技术

2003 年，美国进行了用巴特勒幕帘（图 6－5）和反应塑料幕帘作为颗粒状 LiOH 外包的试验。试验结果表明：在 CO_2 浓度为 3% 的环境中，使用此两种材料进行静态悬挂吸附时，其 24 h 静态吸附率分别能达到 75.6% 和 80.8%，要优于传统的海军潜艇用 LiOH 装填罐，且试样周围空气中的 LiOH 粉尘量小于 17 $\mu g/m^3$。

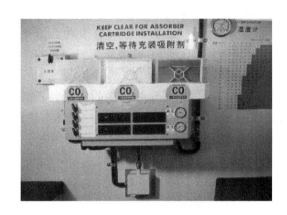

图 6－4　MineARC System 公司非电力驱动滤清器 CO_2

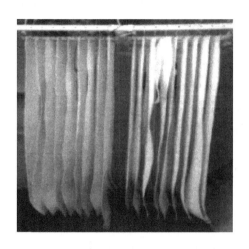

图 6－5　巴特勒幕帘

吸附帘的布置方式是影响吸附效果的一个直接因素。通过参考国外相关文献发现，LiOH 和水反应的过程中，会产生一个热量峰值，以促进后续反应的进行，因此不应该在避难空间一次性挂置多个吸附帘。同时，各个吸附帘之间的相对间距的确定也很重要，应该在保证药剂与空气充分接触的基础上，节省空间，减小能源消耗。最理想的状态即是在不依靠动力的情况下，通过吸附药剂和待吸附气体发生的化学反应，形成一种"对流效应"，这种对流效应可以使小空间范围的空气产生流动，从而促进反应的进一步进行，达到自然吸附的效果。

德国的常规动力潜艇上使用 LiOH 吸附装置和 LiOH 罐来净化舱室空气中的 CO_2 气体。吸附装置设计为多层 LiOH 罐并联的结构，这样可以降低床层阻力。使用时，将 LiOH 装填罐装入吸附装置内，通过风机驱动舱室空气从 LiOH 罐中经过，使空气中的 CO_2 被吸附掉。

（三）其他吸附技术

国外对 CO_2 气体净化技术的研究，近几年以来取得了许多新的成就，比较有代表性的就是膜技术的应用和乙醇胺吸附技术的研究。1999 年，美国海军海洋系统司令部，使用选择性膜技术，对去除封闭舱内的 CO_2 进行了可行性试验。其试验原理是利用潜艇封闭舱内部加压系统，对舱内空气加压至与舱外水压平衡，然后通过中空纤维膜或 CO_2 渗透膜，使海水以给定速度冲刷膜表面，吸附溶解渗透的 CO_2，最后再由海水将 CO_2 带到空间外部进行排放。试验中的中空纤维膜采用的材料为微孔聚丙烯和加涂层（不加涂层）聚砜树脂。气压时，用于去除 CO_2 的海水需求量可减少 90%。试验表明：试验气体 CO_2

浓度 4%，温度 21 ℃，试验风速 10 L/min，海水温度 21 ℃，使用微孔聚丙烯渗透膜，空气中的 CO_2 浓度能控制在 5000×10^{-6} 以下。当气压由 1 标准大气压变为 10 标准大气压时，用于去除 CO_2 的海水需求量可减少 90%。乙醇胺是一种有机化合物，在室温下乙醇胺水溶液经过吸附塔将潜艇舱室内空气中的 CO_2 吸附，再经过加热脱吸塔将浓缩的 CO_2 提取出来，最后由压缩机排出舱外。经过脱吸的乙醇胺溶液冷却之后可循环使用，故此装置是再生式的。日本常规潜艇"涡潮号"装备的乙醇胺吸附装置，其 CO_2 清除量为 1.8 m^3/h。

美国是最早开展清除舰艇舱室 CO_2 研究的国家之一。从第二次世界大战后开始，经过不断改进，最后确定使用乙醇胺（MEA）作吸附剂，并于 1975 年研制成功，后来定型为 MARK – ⅢCO_2 吸附装置，成为美国海军舰艇舱室 CO_2 的主要清除装置。目前美国又在研制采用变压吸附法清除 CO_2 的装置。日本用于常规潜艇 CO_2 的去除系统主要有两种：一种是再生式 MEA – CO_2 吸附装置，另一种是用 LiOH 作吸附剂的清除装置。英国开始采用的是美国式 MEA 装置清除 CO_2，后来使用了自己研究和改进的 MEA 装置。法国海军 CO_2 的清除方法有两种：一种是核潜艇采用分子筛，另一种是常规潜艇采用碱石灰。

二、CO_2 净化技术国内研究现状

在对密闭空间内 CO_2 净化清除方面，我国潜艇一种是采用超氧化物（超氧化钾或超氧化钠）清除舱室内的 CO_2 并提供 O_2，另一种是采用 MEA 再生装置。我国自开始载人航天技术研究以来，一般采用 LiOH 去除的方法，先后用于个人防护装备、生物搭载卫星空间飞行试验和载人飞船中的 CO_2 去除。2005 年，解放军理工大学研制出"LiOH – 活性炭纤维"，该材料适用于地下工程 CO_2 去除。

国内对避难空间的研究最近几年进步较快，其中技术较为成熟的是由北京科技大学和山西潞安矿业集团共同研制的国内首个功能齐全的矿井避难硐室和移动式救生舱。随后天津向日葵集团公司、无锡永神利安全设备厂、无锡信诺视听设备有限公司、天津鸿绪工贸有限公司等多家单位自发进行了移动救生舱的相关研究。在 CO_2 净化技术方面，国内主流的研究方向有两方面，一是以碱石灰为主要吸附材料，依靠风机带动空气循环，迫使 CO_2 气体与吸附药剂接触，达到吸附目的；二是以超氧化物为主要吸附材料，利用其既产氧又释放 CO_2 的特性，实现空间内供氧净化过程。北京科技大学研制的空气净化装置如图 6 – 6 所示。无锡信诺制造的吸附药板放置示意图如图 6 – 7 所示。

图 6 – 6　北京科技大学研制的
空气净化装置

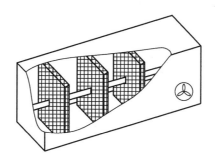

图 6-7　无锡信诺制造的吸附药板放置示意图

第三节　一氧化碳净化技术

一、CO 中毒症状

CO 对人体的危害性极大。由于 CO 本身无色无味，人体在中毒时自身还是一无所知，直到昏迷前才会有所发觉，但这时已经为时已晚。CO 中毒症状表现在以下几个方面。

（一）轻度中毒

患者可出现头痛、头晕、失眠、视物模糊、耳鸣、恶心、呕吐、全身乏力、心动过速、短暂昏厥。血中碳氧血红蛋白含量达 10% ~ 20% 。

（二）中度中毒

除上述症状加重外，口唇、指甲、皮肤黏膜出现樱桃红色，多汗，血压先升高后降低，心率加速，心律失常，烦躁。症状继续加重，可出现嗜睡、昏迷。血中碳氧血红蛋白约在 30% ~ 40% 。若及时抢救，可较快清醒，一般无并发症和后遗症。

（三）重度中毒

患者迅速进入昏迷状态。初期四肢肌张力增加，或有阵发性强直性痉挛；晚期肌张力显著降低，患者面色苍白或青紫，血压下降，瞳孔散大，最后因呼吸麻痹而死亡。CO 浓度对人体的影响见表 6-5。

表 6-5　CO 浓度对人体的影响

CO 浓度/%	暴露时间/h	生理影响
30×10^{-6}	8	最高允许值
200×10^{-6}	3	轻微头疼，不舒服
400×10^{-6}	2	头疼，不适
600×10^{-6}	1	头疼，不适
$(1000 \sim 2000) \times 10^{-6}$	2	头疼，呕吐

表 6-5（续）

CO 浓度/%	暴露时间/h	生 理 影 响
$(1000 \sim 2000) \times 10^{-6}$	1.5	行动困难
$(1000 \sim 2000) \times 10^{-6}$	0.5	轻微心悸
$(2000 \sim 2500) \times 10^{-6}$	0.5	昏迷
4000×10^{-6}	≤1	致死

二、CO 净化去除技术

针对 CO 净化去除技术较多，如使用物理吸收吸附、化学吸收吸附、膜吸收法、空气分离法等方法。这些技术在不同的场合与条件下，都可以有效地去除一氧化碳。

目前使用比较广泛的技术是通过金属催化剂来去除一氧化碳。由于一氧化碳是一种中性气体，在正常条件下基本不与酸和碱发生反应，所以想在正常大气压和温、湿度的条件下去除一氧化碳，现阶段可以使用的药剂比较少。常用的方法主要是铜氨溶液吸收法、液氮洗涤法和一氧化碳变化催化剂法。

（一）铜氨溶液吸收法

在较高压力和低温下用铜盐的铵溶液吸收 CO，并生成新的络合物，这些络合物在减压、加热的条件下，分解得以再生。通常把铜氨溶液吸收 CO 的操作称为"铜洗"，铜盐的氨溶液俗称为"铜氨液"或者"铜液"，经过吸收 CO 后的气体称为"铜洗气"或者"精练气"。

（二）液氮洗涤法

液氮洗涤法是指在空气液化分离技术的基础上，用液氮把少量 CO 以及残余的 CH_4 脱除。通常把用液氮洗涤 CO 的操作称为"氮洗"。现在，该法主要用于焦炉气分离以及重油部分氧化的制氨流程中。

（三）一氧化碳变化催化剂法

利用各种催化剂可以使救生舱内部空气中的 CO 和 H_2 氧化成 CO_2 和 H_2O，再用 CO_2 净化装置和除湿剂来去除产生的 CO_2 和 H_2O。此外，还可以通过调节催化反应床的温度和选择最佳的催化剂来控制其他污染物。比较理想的情况是在较低的温度下进行催化氧化反应，并且使催化剂的氧化效率最高。另外，还应当使它的能力扩大到范围更大的烃类，而且这种催化剂应具有很强的抗毒性。

常用的催化剂是霍加拉特催化剂，它是氧化锰和氧化铜的共沉淀混合物。这种催化剂的正常寿命是 1000 h。虽然霍加拉特催化剂对 CO 和 H_2 的氧化是合适的，但对他们的作用存在很多局限性。研究表明，当反应的温度低于 121.1 ℃和有水蒸气存在时，该催化剂是无效的。另外，催化氧化器可能使相对无害的气体转化成有毒的产物。

第四节　空气净化装置

一、空气净化装置原理

目前国内应用于井下密闭空间的主流空气净化装置工作原理，如图6-8所示。该装置主要是利用风机使密闭空间内部空气流过药剂层，再通过化学或物理吸附将空气中的污染成分吸收，以达到空气净化的目的。

根据上述空气净化装置工作原理，空气净化装置主要由两大部分组成：①空气净化装置机体；②空气净化装置药剂盒。因此，一件空气净化装置效率的高低，既取决于空气净化装置机体的设计，也取决于空气净化装置药剂盒的设计。

二、影响空气净化效率的因素

（一）不同吸收药剂的影响

以 CO_2 净化为例，CO_2 属于酸性气体，能够与多种碱性物质反应，因此，在选择空气净化器中的 CO_2 吸收剂时，应综合考虑避难空间大小、吸收药剂反应速率、药剂保质期等各方面因素。

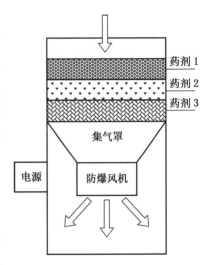

图6-8　空气净化装置原理示意图

1. 金属氧化物

早在20世纪中期就已经做过金属氧化物用作对 CO_2 的吸收物质研究。20世纪40年代，美国将氧化银作为主材料吸收 CO_2，但是由于其效率太低，后期未被使用。20世纪70年代，金属氧化物作为 CO_2 的吸收研究已经开始受到重视。碱金属、碱土金属的氧化物吸收 CO_2 能力比较见表6-6。

表6-6　碱金属、碱土金属的氧化物吸收 CO_2 能力比较

化 合 物	分 子 式	吸收 CO_2 能力/($g \cdot 100\ g^{-1}$)
氧化锂	Li_2O	147.7
氧化钠	Na_2O	71.0
氧化钾	K_2O	46.7
氧化银	Ag_2O	19.0
氧化镁	MgO	109.2
氧化钙	CaO	78.4
氧化锶	SrO	42.5
氧化钡	BaO	28.7
氧化锌	ZnO	54.1

由表 6 - 6 可以看出，Li_2O 和 MgO 的吸收效率非常高，但是 Li_2O 在市场供应上有较大问题，同时 Li_2O 和 MgO 的成型工艺不完善，因此至今没有广泛用于舱室中的空气净化。CaO 已经用于碱石灰中，其他几种氧化物的实际吸收能力与理论相差很多，而且吸收速率随着时间的延长而逐渐降低。因此金属氧化物不作为本书研究的主要对象。

2. 碱金属氢氧化物

碱金属、碱土金属的氢氧化物常用于密闭空间的 CO_2 净化，这种氢氧化物与 CO_2 的反应均为放热反应，吸收能力对比见表 6 - 7。

表 6 - 7　碱金属、碱土金属的氢氧化物吸收 CO_2 能力比较

化　合　物	分　子　式	吸收 CO_2 能力/$(g \cdot 100 \, g^{-1})$
氢氧化钾	KOH	39.2
氢氧化钠	NaOH	55.0
氢氧化锂	LiOH	91.9
氢氧化钡	$Ba(OH)_2$	25.7
氢氧化钙	$Ga(OH)_2$	59.4
氢氧化镁	$Mg(OH)_2$	75.5

由表 6 - 7 可以看出，KOH、NaOH 苛性太强，不适合用于密闭空间气体净化。$Ba(OH)_2$、$Ga(OH)_2$、$Mg(OH)_2$ 的吸收效率比 LiOH 的吸收效率明显偏低。综合考虑，由于 LiOH 苛性适中，吸收效率较高，适用于在避难空间中作为 CO_2 净化药剂。

3. LiOH 与 JS - 1 剂优缺点比较

吸收剂的基本性能指标主要包括以下 8 方面：①理论吸收能力；②水分含量；③散装密度；④通气阻力；⑤粉尘率；⑥CO_2 含量；⑦溶液的 PH 值；⑧颜色、气味与粒度。在不同的使用环境中，考虑的指标侧重点会有所不同。救生舱属于密闭空间，在使用过程中能源储备有限，而且吸收药剂与人员处于同一狭小空间，因此，理论吸收能力、散装密度、通气阻力、粉尘率、气味等因素是重点考虑的指标。

1）JS - 1 剂

JS - 1 剂因其价格低廉、使用方便而被广泛用于 CO_2 吸收。JS - 1 剂对 CO_2 吸收效率约 19%，堆积密度约 0.5 g/mL，因此要完成额定吸收任务，所需药剂总量和药剂所占空间都较大。同时，其静态吸收效率很低，只能依靠动力达到吸收目的。

2）LiOH

LiOH 吸收剂是目前国际上吸收能力最强的 CO_2 吸收剂之一。1 kg LiOH 理论上吸收 0.92 kg CO_2。ϕ4 mm 的圆柱形药片堆积密度为 0.6 g/mL。LiOH 吸收剂属于非再生型吸收剂，吸收能力强，受环境温湿度影响小。尤其是在与外界环境隔绝的密闭空间中，其自然吸收和低能耗吸收的能力都高于其他吸收药剂，因此在避难空间中的应用前景十分广泛。但是 LiOH 也有一些缺点，如原料成本高、粉尘率高、不易成型等。这些缺点都限制了其使用的普遍性。因此，若采用 LiOH 作为新一代 CO_2 净化装置的主要吸收药剂，同时将原有净化装置的风道改良，从吸收药剂和净化装置两方面共同作用，可达到节能、高效的吸

收目标。

（二）净化药剂负载的影响

目前国内外常用的负载材料有活性炭颗粒、活性炭纤维布和粗滤纤维等，如图6-9至图6-11所示。其中活性炭颗粒具有发达的孔隙结构、良好的吸附性能、造价低等特点，因此考虑可将其作为负载材料。

图6-9　活性炭颗粒　　　　　图6-10　活性炭纤维布　　　　　图6-11　粗滤纤维

活性炭纤维布是活性炭纤维系列新成员，其主要是采用天然纤维布或人造纤维布经高温炭化、活化而成。它具有孔隙发达、吸附能力强、脱附速度快等特点。活性炭纤维布通常用于空气净化、水处理、除味、除臭、催化载体等。

粗滤纤维除了具有跟上述两种材料相同的特点外，其孔隙更大，也常用于空气净化和水处理过程中的载体。

研究表明，以上述3种材料为负载的LiOH胶体对CO_2的吸附率可分别达到84.6%、83.58%、81.72%，其中活性炭颗粒对胶体的负载量最大，并且活性炭和粗滤纤维内部孔隙率比较大。

（三）风机功率对净化效率的影响

净化装置在不同的功率下吸收效果和能量消耗不同，在选择风机功率时应充分考虑不同风机功率对药剂净化效果的影响。

以CO_2吸收效果为例（其他净化药剂可做同类分析），向模拟舱内充入CO_2气体，使浓度达到0.8%左右，当浓度稳定后，放入吸收药剂180 g，并将风机调制合适挡位，分别为10 W、20 W、30 W，得出在不同能耗下药剂的吸收效果，最终获得低能耗、高效率的最佳组合。每组试验的参数记录见表6-8。

表6-8　不同功率吸收对比试验数据记录

组　别	电流/A	电压/V	功率/W	CO_2 初始浓度/%	LiOH 质量/g	药剂层厚度/cm
1	0.83	12	9.96	0.81	181	2
2	1.68	12	20.16	0.81	180	2
3	2.46	12	29.52	0.81	181	2

不同功率的浓度变化情况如图6-12至图6-15所示。

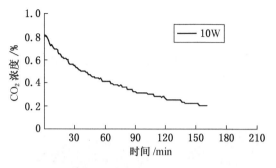

图 6 - 12　风机 10 W 时 CO₂ 浓度变化

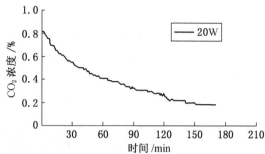

图 6 - 13　风机 20 W 时 CO₂ 浓度变化

由图 6 - 12 可知，当净化装置功率为 10 W 时，试验空间内 CO_2 浓度从 0.8% 降到 0.3% 共需 102 min；浓度从 0.8% 降到 0.5% 的平均吸收速率为 0.58 L/min，浓度从 0.5% 降到 0.3% 的平均吸收速率为 0.21 L/min，总平均吸收速率为 0.34 L/min。

由图 6 - 13 可知，当净化装置功率为 20 W 时，试验空间内 CO_2 浓度从 0.8% 降到 0.3% 共需 104 min；浓度从 0.8% 降到 0.5% 的平均吸收速率为 0.58 L/min，浓度从 0.5% 降到 0.3% 的平均吸收速率为 0.20 L/min，总平均吸收速率为 0.33 L/min。

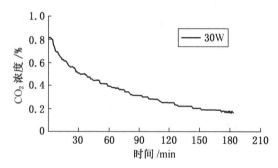

图 6 - 14　风机 30 W 时 CO₂ 浓度变化

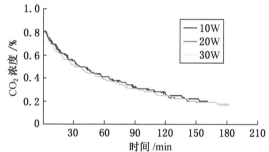

图 6 - 15　不同功率浓度变化对比

由图 6 - 14 可知，当净化装置功率为 30 W 时，试验空间内 CO_2 浓度从 0.8% 降到 0.3% 共需 95 min；浓度从 0.8% 降到 0.5% 的平均吸收速率为 0.63 L/min，浓度从 0.5% 降到 0.3% 的平均吸收速率为 0.22 L/min，总平均吸收速率为 0.36 L/min。

由图 6 - 15 可知，当功率分别为 10 W、20 W、30 W 时，试验空间内 CO_2 浓度下降速度差别不明显，但功率为 30 W 时浓度下降速度比 10 W 和 20 W 时略快。

由图 6 - 16 可知，将不同功率下净化装置对 CO_2 的吸收时间对比，发现自然吸收时，CO_2 浓度从 0.8% 下降到 0.3% 需要 244 min；净化装置功率为 10 W 时，CO_2 浓度从 0.8% 下降到 0.3% 需要 102 min；净化装置功率为 20 W 时，CO_2 浓度从 0.8% 下降到 0.3% 需要 104 min；净化装置功率为 30 W 时，CO_2 浓度从 0.8% 下降到 0.3% 需要 95 min。从吸收效率和能量节约的角度综合考虑，10 W 为净化装置最佳吸收功率。

（四）药剂层厚度对净化效率的影响

不同的药剂层厚度，会造成不同的通风阻力，直接影响污染空气与药剂接触的时间与总面积。因此，在设计净化药剂盒时，还应根据不同净化药剂的特点，充分考虑不同药剂

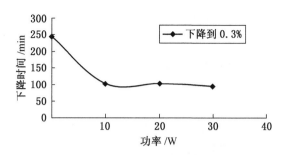

图 6 – 16 不同功率下 CO_2 下降时间

层厚度对净化效果的影响。

以 LiOH 药剂吸收 CO_2 为例，试验用吸收床直径为 16 cm，面积为 0.08 m^2，试验用 LiOH 药剂直径为 4 mm、高 4 mm 的圆柱形药片。本试验目的是验证不同床层厚度对吸收效果的影响。因此，分别设置药剂床层厚度为 2 cm、3 cm、5 cm，LiOH 质量分别为 189 g、277 g、454 g。模拟舱内 CO_2 初始浓度为 0.8%，其他环境参数相同。试验曲线如图 6 – 17 所示。

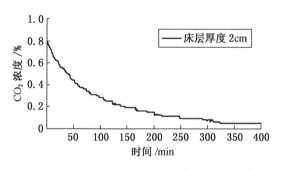

图 6 – 17 床层厚度 2 cm 时 CO_2 浓度变化曲线

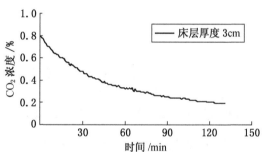

图 6 – 18 床层厚度 3 cm 时 CO_2 浓度变化曲线

由图 6 – 17 可知，当床层药剂厚度为 2 cm 时，吸收药剂可在 100 min 内将模拟舱中浓度从 0.8% 降低至 0.3%。

由图 6 – 18 可知，当床层药剂厚度为 3 cm 时，吸收药剂可在 60 min 内将模拟舱中浓度从 0.8% 降低至 0.3%。

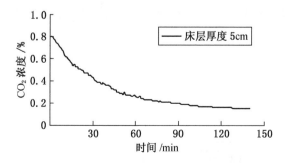

图 6 – 19 床层厚度 5 cm 时 CO_2 浓度变化曲线

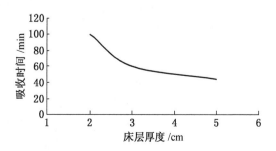

图 6 – 20 床层厚度与吸收时间关系曲线

由图 6 - 19 可知，当床层药剂厚度为 5 cm 时，吸收药剂可在 42 min 内将模拟舱中浓度从 0.8% 降低至 0.3%。

由图 6 - 20 可知，在相同风速下，LiOH 吸收 CO_2 的速率随着药剂量的增加而增大，但不是线性关系，曲线的斜率逐渐变小。

（五）温度对净化效率的影响

在空气净化过程中，环境温度的变化通过影响分子的运动、药剂的活性从而影响吸收效果。因此在设计药剂盒时应充分考虑反应温度的影响。

以 LiOH 药剂 CO_2 吸收为例，环境温度可能对药剂的活性和反应过程有影响，因此本试验目的是考察不同的初始温度对吸收效率的影响规律。首先保证每组试验之前空间内环境湿度均为 80%，设置不同温度梯度，分别测试不同温度对吸收效果的影响，并总结出获得最高吸收效率的最佳温度值。

1. 第一组试验

试验条件：环境温度为 23.7 ℃，相对湿度为 81%，CO_2 初始浓度为 0.81%，LiOH 质量为 192.3 g，无任何扰动。

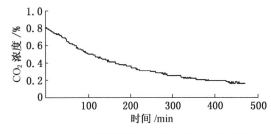

图 6 - 21　初始温度为 24 ℃ 时 CO_2 浓度变化　　　图 6 - 22　初始温度为 24 ℃ 时湿度变化

由图 6 - 21 可知，在无任何扰动情况下，当试验空间温度为 24 ℃ 时，CO_2 浓度下降速度较慢，从 0.8% 下降至 0.3% 需要 240 min，吸收速率为 0.14 L/min，且随着时间的延长，吸收速率越来越慢。

由图 6 - 22 可知，反应过程中湿度一直处于缓慢下降的过程，尤其是反映初期，湿度下降较快，环境初始湿度为 81%，10 min 后湿度降至 80%，30 min 后湿度降至 79%，60 min 后湿度降至 78%，110 min 后湿度降至 77%，165 min 后湿度降至 76%，215 min 后湿度降至 75%，此时药剂基本失效，停止试验。

2. 第二组试验

试验条件：环境温度为 26.8 ℃，相对湿度为 80%，CO_2 初始浓度为 0.8%，LiOH 质量为 200 g，无任何扰动。

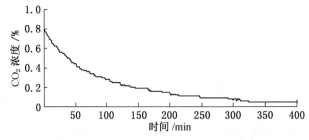

图 6 - 23　初始温度为 27 ℃ 时 CO_2 浓度变化

由图 6 - 23 可知，在无任何扰动情况下，当试验空间温度为 27 ℃时，CO_2 浓度下降速度比 24 ℃时明显变快，从 0.8% 下降至 0.3% 需要 93 min，吸收速率为 0.37 L/min，速度相比 24 ℃的情况，提高了 2 倍。

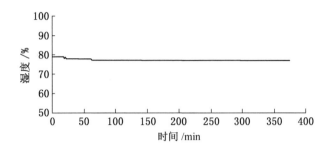

图 6 - 24　初始温度为 27 ℃时湿度变化

由图 6 - 24 可知，反应过程中湿度一直处于缓慢下降的过程，尤其是反映初期，湿度下降较快，环境初始湿度为 79%，18 min 后湿度下降至 78%，63 min 后湿度降至 77%，此后一直保持该值不变，直到试验结束。不同温度情况下浓度下降速度对比如图 6 - 25 所示。

由上述试验可知，随着温度的升高，LiOH 分子的活性增加，CO_2 分子的传质速度加快，反应速度提高，反应量增加。因此，适当的提高反应温度有助于提高吸收效率。同时，空间内湿度随着时间缓慢降低，这表明 LiOH 反应吸收了空气中的水分，而且反应生成的水随着反应热量而蒸发。

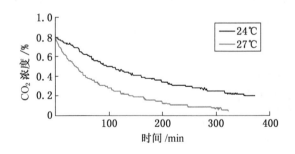

图 6 - 25　不同温度情况下浓度下降速度对比

（六）湿度对净化效率的影响

相对湿度是指一定温度及一定空间的水蒸气量和饱和水蒸气量之比。国家标准规定用 % 表示，但人们习惯上常表示为 % RH，例如 30% RH。人最适宜的相对湿度为 45% ~ 65% RH。救生舱参数指标中规定，舱内相对湿度范围为 30% ~ 80%。以往试验发现，由于人体代谢散湿、舱内化学药剂反应散湿及饮水食物散湿等原因，导致舱内湿度上升。所以研究湿度变化对药剂吸收效率的影响十分必要。

以 LiOH 药剂吸收 CO_2 为例，在温度和 CO_2 初始浓度不变，试验空间内湿度分别为 70%、80%、90% 的条件下，比较 LiOH 对 CO_2 吸收效率的变化如图 6 - 26 至图 6 - 33

所示。

1. 第一组试验

试验条件：环境温度为24.9 ℃，相对湿度为70%，CO_2初始浓度为1.0%，LiOH质量为30.5 g，无任何扰动。

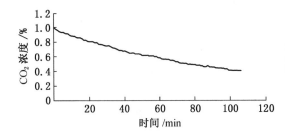

图6-26　湿度70%时CO_2浓度变化

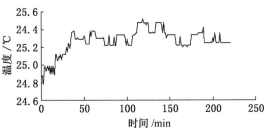

图6-27　湿度70%反应过程中温度变化

由于试验过程中无任何扰动，浓度下降曲线整体比较光滑，CO_2浓度从1%下降至0.8%需要23 min；从0.8%下降至0.41%大约需要76 min；之后10 min内浓度没有变化，停止试验。

试验过程中，初始温度为24.9 ℃，38 min时温度上升至25.38 ℃；之后70 min内温度基本保持不变；108 min时空间温度再次上升1 ℃；150 min之后，温度有小幅下降；直到试验结束，空间内温度都在25.3 ℃波动。

2. 第二组试验

试验条件：环境温度为24.8 ℃，相对湿度为80%，CO_2初始浓度为1.0%，LiOH质量为30.9 g，无任何扰动。

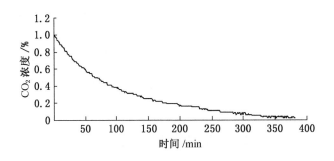

图6-28　湿度80%时CO_2浓度变化

由于试验过程中无任何扰动，浓度下降曲线整体比较光滑，CO_2浓度从1%下降至0.8%需要21 min；从0.8%下降至0.3%大约需要106 min。此后，由于空间浓度较低，浓度下降速度明显减小，从0.3%下降至0.03%需要221 min。

试验过程中，初始温度为24.73 ℃，10～57 min内温度开始快速上升，58～153 min内温度保持在25.06～25.12 ℃之间。此后，温度开始缓慢下降，243 min后，温度趋于平稳，在24.86 ℃波动。

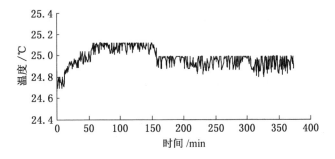

图 6 - 29　湿度 80% 反应过程中温度变化

3. 第三组试验

试验条件：环境温度为 24.8 ℃，相对湿度为 90%，CO_2 初始浓度为 1.0%，LiOH 质量为 30.2 g，无任何扰动。

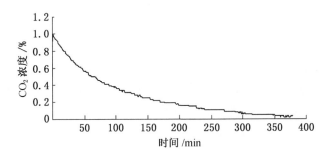

图 6 - 30　湿度 90% 时 CO_2 浓度变化

CO_2 浓度从 1% 下降至 0.8%，需要 18 min；从 0.8% 下降至 0.3% 需要 98 min；从 0.3% 下降至 0.03% 需要 201 min，从 0.03% 下降至 0.01%，需要 70 min。吸收速率随着环境中浓度的降低而减小。

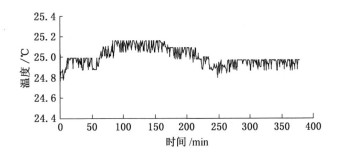

图 6 - 31　湿度 90% 反应过程中温度变化

试验过程中，初始温度为 24.84 ℃，10 min 左右温度上升为 24.99 ℃；之后 53 min 内，温度保持在 24.88 ~ 24.99 ℃ 之间；64 ~ 167 min 内，温度保持在 25.07 ~ 25.16 ℃ 之

间。此后,温度缓慢下降,244 min 后,温度基本稳定在与初始环境温度接近的 24.97 ℃。

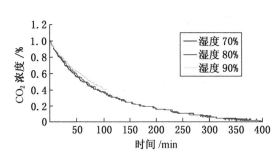

图 6 - 32 不同湿度下 CO_2 浓度随时间变化

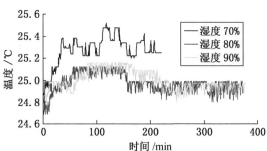

图 6 - 33 不同湿度下温度随时间变化

由图 6 - 32 可知,在 CO_2 初始浓度和环境初始温度相同的情况下,吸收效率随着初始环境湿度的增加而增加。湿度为 90% 时的吸收效率略高于湿度为 80% 时,又明显高于湿度为 70% 的吸收效率。这说明环境中湿度越大,参与反应的水分越多,因此吸收效率随着湿度的增加而提高。但是总体来说,湿度对吸收效果的影响不大。

由图 6 - 33 可知,在不同起始湿度下进行试验,总体上来说,反应过程中温度在短时间内快速升高,当到达一定值后保持稳定。其中起始湿度为 70% 时,反应过程中温度最高上升了 0.64 ℃;起始湿度为 80% 时,反应过程中温度最高上升了 0.38 ℃;起始湿度为 90% 时,反应过程中温度最高上升了 0.35 ℃。

第七章　井下密闭空间温湿度控制

第一节　井下密闭空间温度控制

避难硐室中人与设备在避险和运行期间会释放湿和热，对于密闭的硐室，长时间大量湿和热的积累会导致硐室内的温度和湿度的上升，从而引起避险人员胸闷、中暑、缺水等不适，严重危及避险人员的生命安全。

一、常用制冷方式

目前避难硐室常用的温度调节制冷的主要方法有 3 类：一是 CO_2 相变制冷；二是空调蓄冰制冷；三是利用已接入矿井压风管路内的高压空气制冷。

（一） CO_2 相变制冷

CO_2 相变制冷的方法是利用超临界压力下的液态 CO_2 沸腾吸热制冷。在条件相同的情况下， CO_2 沸腾换热系数比其他常用的制冷剂换热系数要高一倍甚至更多。但这种制冷方式存在几点不足，如处理不当或没有考虑适用环境，可能会带来较严重的后果：

（1）由于 CO_2 有较低的临界温度（31.1 ℃），当硐室环境温度高于此温度时，其制冷能力会损失甚至消失。而我国煤矿大多是处于地面 500 m 以下的深井，很多矿井井下温度高于 30 ℃，钢瓶内的液态 CO_2 在井下长期存储过程中很可能会因吸热发生相变，等到事故发生时，早已失去相变制冷功能。另外，井下瓦斯爆炸事故发生时，环境温度较高，在此环境中 CO_2 钢瓶需要制冷降温保护，如没有及时进行冷却保护， CO_2 钢瓶数量再多其制冷时间也很有限。

（2） CO_2 制冷系统用于避难硐室中会增加煤矿井下的危险性。制冷系统中钢瓶内 CO_2 的压力应大于 7.372 MPa，其压力是常用 $CHCLF_2$ 类制冷剂的 3~5 倍，故其制冷环节中的各个部件必须针对高压特别设计，同时必须安装安全装置如安全阀来保障超压安全。而 CO_2 三相点压力介于大气压力和系统工作压力之间，流体在通过安全阀排放的过程中可能会形成固体 CO_2，即干冰，这会导致 CO_2 安全阀和下游管路的冻结和堵塞，影响安全阀的正常运行。

（3）由于制冷系统中 CO_2 多为气液两相共存系统，发生意外导致部件和管道破坏时可能引起所谓沸腾液体蒸汽爆炸，从而给避难硐室带来危害。

由以上分析可知， CO_2 相变制冷用于煤矿井下避难硐室，有优越性的同时也存在一定风险，需要严格规范，尤其是其管路的密封性能和爆破强度。

（二）空调蓄冰制冷

空调蓄冰制冷是指用空调压缩机将硐室内蓄冰柜的水冷却制冰，并使冰尽可能保持在低温状态，在事故发生时，启动用于驱动空气循环和热交换的风机，柜内的冰逐渐融化吸收热量，从而达到降温目的。该方法基本上是利用已有的成熟技术，将其应用于煤矿井下，其基本思路和出发点是力求制冷系统能够安全、稳定、万无一失。其优势在于以下几点。

（1）思路简单清晰，可以对避难硐室建立较清晰的换热平衡方程。

（2）设备简单且维修及操作方便。

（3）安全可靠。制冷设备中的压缩机、风机及其电控装置均安装在硐室缓冲区，只有冷却管路通过开关阀门进入生存区内，如事故发生时，关闭硐室内二道墙和阀门，靠生存区内的蓄冰柜吸热制冷。

该方案不足之处是需要长期消耗电能，需在蓄冰柜的保温功能上不断完善和改进，把平时的消耗降至最低。

（三）压风制冷

压风制冷是指利用已接入避难硐室的压风管路内的流动空气，在进入硐室前用压力空气泵进行二次加压，当高压空气流体进入硐室内的换热器，在换热器内高压空气流体降压，吸收热量，从而对硐室产生制冷效果。

该种制冷方法，利用了井下已有的设备条件，相对于前面两种，从安全性和使用成本上分析，有很大优势。但为保证其有效性必须有两个前提：一是事故发生时，电力不能中断；二是事故发生时，井下风管不能有故障，风路畅通。该方式还需要较长的探索和研制过程。

根据以上分析和对比可知，CO_2 相变制冷存在一定的风险和危险性，应将其用于深度较浅的低温井；空调蓄冰制冷方法对于高温深井较有优势，故采用空调蓄冰制冷作为避难硐室的制冷方式之一，但其长期的能耗不理想；压风制冷因其具有耗能低、价格低的特点，可作为井下避难硐室的备用制冷方式。

二、蓄冰制冷

蓄冰制冷系统主要由三部分组成：电流转换装置（综保）、温度控制箱、蓄冰空调。制冷除湿系统组成装置如图 7 - 1 所示。

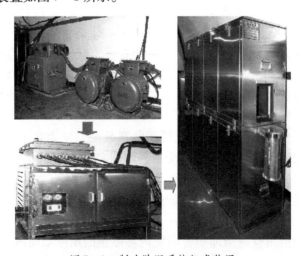

图 7 - 1　制冷除湿系统组成装置

蓄冰空调系统有 4 个基本的工作模式,即制冰蓄冷、制冷管供冷、蓄冰柜供冷、制冷管与蓄冰柜同时供冷。对该系统的控制策略以制冷管供冷为优先,指在既可以由制冷管直接供冷,又可以在蓄冰柜供冷的情况下,尽量利用制冷管作满负荷运行供冷。只有当冷负荷超过其供冷能力时,才启用蓄冰柜,令其承担不足部分的负荷。该控制策略实施简便,运行可靠,更易于人员操作。

(一) 蓄冰制冷技术参数

1. 蓄冰量

设定空调制取冰块的最低温度为 −20 ℃,硐室内部的舒适温度为 28 ℃,则冰块从 −20 ℃升温至 28 ℃,其吸收的热量 W 计算式为

$$W = m_{ice}(C_{p1}T_1 + r + C_{p2}T_2) \qquad (7-1)$$

式中　m_{ice}——蓄冰量,kg;

　　　C_{p1}——水的比热容,取 4.165 kJ/(kg·℃);

　　　C_{p2}——冰的比热容,取 2.1 kJ/(kg·℃);

　　　T_1——水的温度变化值,取 28 ℃;

　　　T_2——冰的温度变化值,取 20 ℃;

　　　r——溶解热,取 335 kJ/(kg·℃)

假设避难硐室的压风系统在事故中损坏且不能使用,避难硐室产生的所有热量均由蓄冰制冷系统去除,其内部冰的冷量全部用来中和硐室内部产生的热量,则所需冰量 m_{ice} 为 7338.96 kg。所需冰块的体积为 8.15 m^3。

避难硐室内共设置两套蓄冰制冷系统,每套蓄冰制冷系统的蓄冰量不应低于 4.08 m^3。因为蓄冰箱内部还安装有约占其总体积 15% 的风道和 10% 的空调盘管,所以蓄冰制冷系统蓄冰箱的设计体积不能低于 5.33 m^3。由于蓄冰箱放置在避难硐室中,受条件限制,蓄冰箱进入避难硐室防水门及密闭门时,其宽和高不得高于 1.5 m,且放置于避难硐室中的高度不得高于 2.3 m,否则会碰到位于冰箱顶部的布气管道;长不得长过 3 m,否则将使硐室地面空间过小;宽不得宽过 1.5 m,过宽可能会挡住密闭门的门口,阻碍进出。所以冰箱设计成上下分体式,每个箱体的净蓄冰尺寸为 2.4 m × 1.3 m × 0.9 m,每个箱体的体积为 2.8 m^3,总体积为 5.6 m^3。

2. 最小风速

供风风速是蓄冰制冷系统的一个重要指标,它决定着系统的作用范围和系统的制冷效率等空调重要参数。蓄冰制冷系统相对于整个避难硐室而言,空调所占的体积很小,空调的出风口相对于避难硐室而言也很小,所以可以把空调的出风口看作为空间内单侧喷口送风方式。避难硐室内设计放置两个空调,分别位于硐室的左右两侧呈斜对角方位,这样可以实现避难硐室内部的空气循环,如图 7 − 2 所示。

蓄冰制冷系统送出的冷风应能吹拂至避难硐室的另一侧,即冷空气从出风口吹出后到达硐室另一侧时的风速应≥0。空调送出的冷风的射流轴心轨迹可按下式计算:

$$\frac{y}{d_s} = \frac{x}{d_s}\tan\beta + P_r\left(\frac{x}{d_s\cos\beta}\right)^2\left(0.51\frac{\alpha x}{d_s\cos\beta} + 0.35\right) \qquad (7-2)$$

射流轴心速度衰减可按下式计算:

$$\frac{V_x}{V_s} = \frac{0.48}{\frac{\alpha x}{d_s} + 0.145} \qquad (7-3)$$

式中　　y——射流轨迹中心距风口中心的垂直落差，m；

　　　　x——射流的射程，m；

　　　　d_s——喷口直径，m；

　　　　β——喷口倾角，℃；

　　　　α——喷口紊流系数，对于收敛口的圆喷口 $\alpha = 0.07$，而对于圆柱形喷口 $\alpha = 0.08$；

　　　　V_x——射流在射程 x 处的风速，m/s；

　　　　V_s——喷口射流风速，m/s。

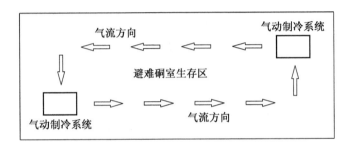

图 7-2　避难硐室内部气流循环

　　在避难硐室中，射流轨迹中心距风口中心的垂直落差为 2.2 m，调送出的冷风射流的射程应大于 13 m；喷口紊流系数取值为 0.08，喷口倾角为 0，射流在射程 13 m 处的风速设定为 0，则可计算出空调出风口射流风速为 8.0 m/s。空调出风口射流轨迹如图 7-3 所示。

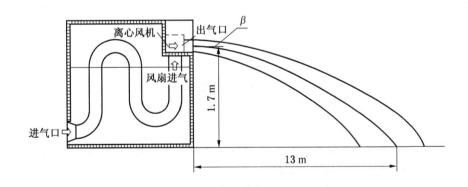

图 7-3　空调出风口射流轨迹

（二）蓄冰箱内部结构

1. 蓄冰箱风道

风道是蓄冰制冷系统中最重要的部分。风道的大小和形式直接决定着系统的供风量、风机的供风压力、空调冷热空气的换热效果和空调的制冷功率等。避难硐室蓄冰制冷系统蓄冰箱的体积为 5.6 m³，其内部风道所占体积约为其内部总体积的 15%，所以风道所占的体积约为 0.84 m³。

假定蓄冰箱的风道截面积为 0.2 m×0.25 m，风道长度设定为 10 m，取空气密度 $\rho = 1.165$ kg/m³；热容 $C = 1.004$ kJ/(kg·K)；空气导热系数 $\lambda = 2.67 \times 10^{-2}$ W/(m·K)；运动黏度 $\nu = 16 \times 10^{-6}$ m²/s；普朗特数 $Pr = 0.701$。

则风道截面的当量直径：

$$d_e = \frac{4A_D}{P} = \frac{4 \times 0.2 \times 0.25}{(0.2 + 0.25) \times 2} = 0.22 \text{ m} \tag{7-4}$$

式中　A_D——风道的流动截面积，m²；

　　　P——润湿周长，即风道与流体接触面的长度，m。

所以风道的当量直径 d_e 为 0.22 m，风道内部换热面积为 9 m²，总体积为 0.5 m³。

雷诺数：

$$Re = \frac{vd_e}{\nu} = 111111 \tag{7-5}$$

式中　v——特征速度，取值参照 GB 3102.1。

根据迪图斯－贝尔特（Dittus - Boe Lter）公式，努赛尔数：

$$Nu_f = 0.023\,Re^{0.8}Pr^{0.3} = 225 \tag{7-6}$$

平均表面换热系数：

$$h = \frac{\lambda}{d_e}Nu_f = 27.02 \text{ W/(m}^2 \cdot \text{℃)} \tag{7-7}$$

避难硐室设置两套蓄冰制冷系统。系统的总制冷功率设计值应大于等于避难硐室的最大产热功率。每套系统的制冷功率应大于硐室总产热量的一半，即 $Q = 12$ kW。系统的出风口风速不得小于空调出风口风速的最小值 8 m/s。避难硐室内部环境舒适温度为 28 ℃。蓄冰制冷系统制冷时进入风道的空气温度 T_w 为 35 ℃。系统可以制取温度为 −20 ℃ 或者更低的冰，但是由于风道附近的冰最先融化成水，使系统风道的周围为冰水环境而不是冰，所以系统风道壁的温度 T_{in} 为 0 ℃。为使避难硐室环境处于热平衡状态，系统风道内空气通过空调风道后的风温 T_{out} 为 11.5 ℃，则风道内所需的换热面积 A_1 为 17.5 m²。

表7-1　风道尺寸与其对应的各项参数

编号	风道形状	尺　寸	换热面积/m²	体积/m³	所需换热面积/m²	需增加换热面积/m²	出风温度/℃
1	方形	0.2 m×0.25 m×17 m	15.3	0.85	17.5	2.2	11.5
2	方形	0.15 m×0.2 m×28 m	19.6	0.84	25	5.4	−4.1
3	方形	0.25 m×0.3 m×11 m	12.1	0.83	13.2	1.1	19.3
4	方形	0.3 m×0.35 m×8 m	10.4	0.84	14.9	4.5	23.8
5	方形	0.2 m×0.4 m×11 m	13.2	0.85	15.2	2	20.3
6	圆形	半径0.1 m；长26 m	16.3	0.82	21.3	4.9	−2.4
7	圆形	半径0.15 m；长12 m	11.3	0.85	14.1	2.8	18.4
8	圆形	半径0.2 m；长0.82 m	8.2	0.82	13.1	4.9	25.7

由此可知，想要得到足够的换热面积需要在风道内部加装总换热面积为 8.5 m² 的导热版。但是在 0.2 m×0.25 m×10 m 的风道内加装如此大面积的导热板是不切实际的，因此需对风道的尺寸进行改进。

由表 7-1 可知，除编号为 1、3、5 和 7 的风道需要增加较小换热面积外，其他几种形式的风道需要加装的风道换热面积基本相同，均需要较大的换热板面积，所以这里只考虑编号为 1、3、5 和 7 的风道。

风道 3 增加的换热面积最小，仅需增加 1.1 m² 的换热面积；风道 1、5 和 7 增加的风道换热面积均在 2.2 m² 以上，是风道 3 增加换热面积的两倍以上；风道 1 的出风口温度为 11.5 ℃，而温度较低，会对处于空调附近的人员产生不适的感觉；风道 1、3 和 5 为方形风道，对比圆形风道而言，方形风道便于安装换热板，加工方便。综合各形式风道的优缺点，最终选择编号为 3 的方形风道作为系统蓄冰箱的风道，其尺寸为 0.25 m×0.3 m×11 m，与之对应的出口风温为 19.3 ℃。选择编号为 3 的方形风道需要增加 1.1 m² 的换热面积，供风量为 2160 m³/h。

系统蓄冰箱采用上下分体式，每个箱体的内部尺寸为 2.4 m×1.3 m×0.9 m，而所需的蓄冰箱风道长度为 11 m。通过研究最终确定风道形式为上箱体环形风道，如图 7-4 所示。

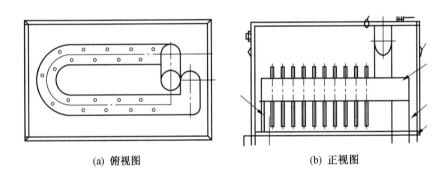

(a) 俯视图　　　　　　　　　(b) 正视图

图 7-4　蓄冰箱上箱体风道

由图 7-4 可知，风道采用 U 型风道，风道一端与驱动风机相连，另一端与上箱体风道相接，从而形成一个整体。风道位于箱体的中心高度，U 型风道间的间距为 0.8 m。蓄冰箱风道实物图如图 7-5 所示。

图 7-5　蓄冰箱风道实物图

蓄冰箱下箱体采用单风道形式，箱体右侧为风道的开始端，热空气从此端进入风道。上箱体风道的竖直部分采用圆形风道，这样的设计有利于上下箱体的连接以及连接处的密封工作。

上下箱体风道的布置形式是不同的，上箱体布置两条风道，而下箱体布置一条风道。这样设计的原因是为了提高空调的制冷效率，以使空气能够有充足的时间与空调风道换热。

从提高系统的制冷效率方面考虑，安装插管比直接安装换热板方式更能够提高冰箱的使用效率，所以本书最终选择尺寸为 $0.25\ m \times 0.3\ m \times 11\ m$ 且内置插管形式的风道。为增加 $2\ m^2$ 的换热面积需要直径为 $8\ cm$，高度为 $0.25\ m$ 的圆柱形插管 40 个。风道内风速为 $8\ m/s$，风道出风口的温度为 $19.3\ ℃$，风量为 $2160\ m^3/h$，风道总换热面积为 $13.6\ m^2$。

2. 制冷盘管

蓄冰制冷系统中除了风道还需要提供冷量的制冷盘管，盘管一般的材质为铜，并具有很好的热力学性能以及柔韧性。冰箱盘管设计的原则就是为使系统在尽量短的时间内利用尽量少的电能使冰箱内部的水全部冻成冰。在进行盘管布置方式设计时需要了解盘管的基本参数。盘管的最主要参数为盘管的制冷半径。制冷半径为盘管所能冻结的最大冰柱的直径，其与盘管的直径，盘管内制冷剂的压力、制冷剂类型等因素有关。根据工程经验，在盘管设计时应保证盘管的制冷半径需大于盘管间距的 2/3，以保系统蓄冰箱内所有的水都能冻结成冰。

盘管的制冷半径需要通过试验测得。试验前需在电源处加装一台三项电功率表，已测量压缩机的实时功率。选用的电功率表量程应为 $4\ kW$ 左右。试验时需要考虑到制冷压缩机的功率、工作压力、盘管直径、冻结时间等因素。试验中把压缩机与盘管相连，盘管置于蓄冰箱之中，蓄冰箱内装满水。试验采用的压缩机为 1.5P 谷轮半封压缩机机组，可以对制冷压力进行调节，条件范围为 $0.6 \sim 2.5\ MPa$，适合试验中使用。调节空调压缩机的工作压力分别为 $1.5\ MPa$、$2.0\ MPa$ 和 $2.5\ MPa$。

通过试验可以看到，在铜质盘管的周围结成了一个形状规则的圆柱形冰柱，此冰柱在不同压缩机工作压力下所达到的直径是不同的，还与盘管的直径有关（图 7-6）。由于现场条件的限制，此处选用的铜管为直径为 $10\ mm$ 的铜管。试验时盘管的间距设定为 $20\ cm$。不同工作压力下盘管的制冷半径如图 7-7 所示。

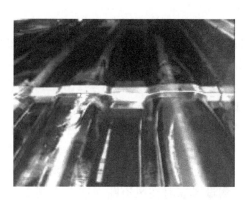
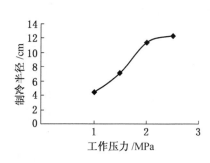

图 7-6　压缩机压力为 $0.1\ MPa$ 时盘管制冰效果　　图 7-7　不同工作压力下盘管的制冷半径

由图 7-7 可知，从整体趋势上看，随着制冷压缩机的工作功率的增加，盘管的制冷半径也不断增大。在工作压力较低时（1.0 MPa 和 1.5 MPa）盘管的制冷半径较小，只有 7 cm，而在工作压力为 1.5 MPa 时，其制冷半径为 11.4 cm，与 2.5 MPa 时的 12.3 cm 相比只小了 0.9 cm，相差不大。

试验还得到了压缩机在不同工作压力下的功率以及盘管达到最大制冷半径时所需的时间等数据。不同压缩机压力下盘管的制冷半径，如图 7-8 所示。

图 7-8 中黑色柱表示压缩机的功率，工作压力在 1.5 MPa 时，压缩机的功率比工作压力为 1.0 MPa 时增加了 0.3 kW；工作压力在 2.0 MPa 时，压缩机的功率比工作压力为 1.5 MPa 时增加了 0.6 kW；工作压力在 2.5 MPa 时，压缩机的功率比工作压力为 2.0 MPa 时增加了 1.3 kW。由此可见，压缩机的功率随着功率压力的增加而增大，且增长的趋势不断变大。

图 7-8 中灰色柱表示压缩机在不同工作压力下所需要的电能。从图 7-8 中可知，当压缩机的工作压力为 1.0 MPa、1.5 MPa 和 2.0 MPa 时，所需要的电能分别为 40 kJ、40.5 kJ 和 41 kJ，相差不大。由分析可知，应把压缩机的工作压力设定为 2.0 MPa，此时盘管的制冷半径为 11.4 cm，所以盘管的布置间距不能大于 17.1 cm，最终选取间距为 16 cm，如图 7-9 所示。蓄冰箱内共设置竖直方向 8 排、水平方向 10 层制冷盘管，盘管的直径均为 10 cm，其密度远远超过设计值。

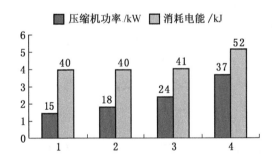

图 7-8　不同压缩机压力下盘管的制冷半径　　　图 7-9　蓄冰制冷系统蓄冰箱盘管布置方式

3. 风机

蓄冰制冷系统的风机为系统提供动力，可以把热空气导入空调风道中，经过冷却换热的空气变成冷空气被吹出风道，实现系统的制冷作用。蓄冰制冷系统的风机应能够克服空调风道等的通风阻力并为其提供流量不小于 2160 m³/h（最小风量为空调最小风速与空调风道截面积的乘积）的风量。

设计风机首先要测得空调风道的阻力。风道的阻力由 U 型压力计测得。本次试验选用的风机为轴流风机，其可提供的风量范围为 400～3000 m³/h。风机提供的风量可由风机风速与风道截面积乘积求得。测量风速时在风道断面取 5 个测点求其平均值（图 7-10）。

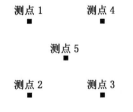

图 7-10　风速测点布置图

试验时，把 U 型压力计按图 7 - 11 连接好，并调节风机调速器。

在空调进风口测试其风速，当风速为 2 m/s、4 m/s、6 m/s、8 m/s 和 10 m/s 时记录 U 型压力计的示数。通过试验获取以下数据。

由曲线可知，风道风阻与风道内风量的平方呈正比关系，其计算式为

$$P = 5.0 \times 10^{-5}Q^2 \qquad (7-8)$$

式中　P——风道的阻力，Pa；

　　　Q——为风道的风量，m^3/h。

所以当风道风速为 8 m/s 时，风道的阻力为 136.2 Pa，蓄冰空调的风机应能够克服

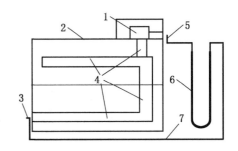

1—轴流风机；2—蓄冰箱；3—风道进风口处橡胶管布置方式；4—蓄冰箱风道；5—风道出风口处橡胶管布置方式；6—U 型压力计；7—橡胶管

图 7 - 11　系统蓄冰箱风道压力损失测试图

136.2 Pa 的阻力，并为其提供不小于 216 m^3/h 的风量。空调风道风阻曲线如图 7 - 12 所示。

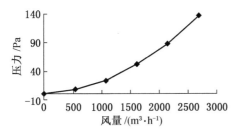

图 7 - 12　空调风道风阻曲线

4. 保温材料

避难硐室蓄冰制冷系统设定的制冰温度为 - 20 ℃，而系统的压缩机为 1.5P3750W。系统所处的环境温度最高为 35 ℃，蓄冰空调尺寸为 2.4 m×1.3 m×0.9 m，上下两箱体和在一起的总表面积为 20 m^2。由计算可知，要想到达 - 20 ℃ 的制冰温度，蓄冰空调外壳的传热系数不能大于 3.5 W/(m^2·℃)。蓄冰箱壳采用厚度为 4 mm 的 304 不锈钢，其传热性

能非常好，不锈钢的导热系数为 16 W/(m^2·℃)，所以此情况下不锈钢外壳的传热系数为 4 kW/(m^2·℃)，大于设计要求值 1000 多倍，为了节省电能和实现冰冻，需要对系统进行保温处理。

三、压风制冷

压风制冷主要是利用压缩空气经过涡旋管高速运动而形成冷热两股空气，通过冷风实现制冷。

（一）涡流管特性

1. 技术原理

涡流管又称兰克 - 赫尔青（Ranque - Hi Lsch）管，气体在涡流管内的基本流动过程和涡流管装置的结构布置如图 7 - 13 所示。根据冷端出口与热端出口的位置布置关系可以把涡流管分为逆流式和顺流式两种。涡流管由喷嘴、涡流室、冷孔板、冷热两端管和控制阀（热阀）组成。

当高压气流经过喷嘴沿切线方向进入涡流室时，在经过涡流变换后分成冷热两部。中心部位气流温度较低，从冷端流出，形成冷气流，用于制冷。外层部位气流温度较高，从热端流出，形成热气流，用于制热。控制阀开启度的大小可以控制热端管子中气体的压

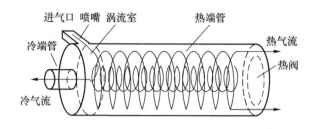

图 7 – 13　涡流管结构与内部流动示意图

力，从而控制冷、热两股气流的流量和温度。只有阀在部分开启时，才会出现冷、热气流的分流现象。实践证明，当高压气体为常温时，冷气流的温度可以达到 – 50 ～ – 10 ℃，热端温度可以达到 100 ~ 130 ℃。如果系统中增加一个回热器，使进入喷嘴前的气体的温度进一步降低，则冷气流的温度有望进一步降低。

2. 性能参数

对表征涡流管性能的参数见式（7 – 9）至式（7 – 13）。

涡流管制冷温度效应计算式为

$$\Delta T_c = T_0 - T_c \tag{7 – 9}$$

涡流管制热温度效应计算式为

$$\Delta T_h = T_h - T_0 \tag{7 – 10}$$

涡流管冷流率计算式为

$$\mu = \frac{m_c}{m_0} \tag{7 – 11}$$

涡流管单位制冷量计算式为

$$q = \mu \cdot C_p \cdot \Delta T_c \tag{7 – 12}$$

涡流管制冷效率计算式为

$$COP = \frac{q}{RT_0 \ln\left(\dfrac{P_0}{P_c}\right)} \tag{7 – 13}$$

式中　　T_0——涡流管入口温度，K；

T_c——涡流管冷端出口温度，K；

T_h——涡流管热端出口温度，K；

P_0——涡流管入口压力 Pa；

P_c——涡流管冷端出口压力，Pa；

C_p——涡流管热端出口压力，Pa；

m_0——涡流管入口质量流率，kg/s；

m_c——涡流管冷端出口质量流率，kg/s；

R——涡流管热端出口质量流率，kg/s。

其中操作参数影响涡流管性能分析如下：

（1）入口压力 P_0。入口压力是影响涡流管性能的重要参数。大部分文献都用膨胀比

ε 代替入口压力。膨胀比 ε 定义为入口压力 p_0 与冷端出口压力 P_c 之比（绝对压力）：

$$\varepsilon = \frac{P_0}{P_c} \tag{7-14}$$

在多数试验研究中，冷端出口压力均使用大气压力且恒定不变，这种情况下膨胀比的变化也就是入口压力的变化。也有少数文献研究了冷端出口压力可变时，膨胀比及入口压力对涡流管性能的影响。总结上述文献，结论可概括为膨胀比较小时，入口压力变化对涡流管性能影响较小；膨胀比较大时，同一膨胀比下，入口压力增大，涡流管制冷、制热性能均提高，但趋势减缓。从节省能源的角度考虑，入口压力存在某一最优值。

（2）入口温度 T_0。由于调节和保持入口温度比较复杂，因而研究入口温度的文献比较少。综合研究结论可以得出，入口温度对涡流管性能影响很小；随着入口温度增加，涡流管制冷、制热效应均略有增加。

（3）冷流率 μ。冷流率 μ 既是表征涡流管冷流流量的性能参数，也是影响涡流管性能的操作参数。大量的文献指出，冷流率取用范围为 0.2～0.8。冷流率小于 0.2 时，会发生冷端制热，热端制冷现象；冷流率大于 0.8 时，若热端管过长会发生滞止现象；冷流率对涡流管性能影响很大，冷流率在 0.2～0.3 之间能获得最佳制冷效应；在 0.6～0.7 之间能获得最大单位制冷量和最大制冷效率。

（二）涡流管性能

涡流管性能是指涡流管在不同进气压力、不同进气温度以及不同热阀开度等条件下的制冷制热能力。为研究涡流管在不同情况下的制冷制热性能，搭建了涡流管性能试验平台，如图 7-14 所示。

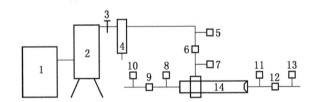

1—螺杆压缩机；2—储气罐；3—阀门；4—空气过滤器；5、10、11—压力表；
6、9、12—流量计；7、8、13—温度传感器；14—涡流管
图 7-14　涡流管性能试验平台

从空压机中产生的压缩空气经过储气罐和过滤器进入涡流管，然后高压气体再经过涡流管的能量分离作用，变成冷热两部分气体，并分别从涡流管的冷端和热端流出。在涡流管的入口端、冷端和热端都连接有流量计、温度传感器和压力，以测量涡流管的各端的流量、温度和压力，进而表征涡流管的性能。

试验中采用螺杆空压机为柯普达 LG-2.4/8A 型螺杆空压机。该机器能够在 0.8 MPa 下提供连续 2.4 m³/h 的压缩空气，可以满足涡流管的工作需求。螺杆空压机对比活塞式空压机具有供风量大、压力高和自动化程度高等优点。螺杆空压机的各项工作参数，包括供气压力、供气流量和供气温度等。涡流管性能试验用空气压缩机如图 7-15 所示。

热端调节阀的开度（简称开度），定义为在进口压力为 0.4 MPa 时，逆时针旋转热端

图 7 - 15　涡流管性能试验用空气压缩机

调节阀，在热端调节阀完全闭合时，进入涡流管的流体完全从其冷端出口流出，此时涡流管热端调节阀开度为 0。顺时针旋转涡流管热端调节阀，使得从涡流管热端调节阀流出流体的流量（进口流体的流量与冷端流体流量的差）与涡流管进口流体流量的比值依次为 0.2、0.4、0.6、0.8。

流量计选用玻璃转子流量计，这种流量计的测量值不是实际流量值，而是在一定压力下的流量值，分析时应该换算成标准状态下的流量值，其换算式为

$$Q_S = Q_N \sqrt{\frac{P_N P_N T_S Z_S}{P_S P_{SN} T_N Z_{SN}}} \qquad (7 - 15)$$

式中　P_N、T_N、P_N——标定介质（即空气）在标准状态下的绝对压力，绝对温度和密度；

$\quad\quad P_S$、T_S、P_{SN}——被测气体在测量时的绝对压力，绝对温度和密度；

$\quad\quad Z_{SN}$——被测气体在标定状态下的压缩系数；

$\quad\quad Z_S$——被测气体在 P_S、T_S 时的压缩系数。

1. 进气压力对涡流管性能的影响

进气压力是影响涡流管性能的一个重要因素。通过调节空气压缩机的出气量，研究了不同进气压力对涡流管制冷和制热效应的影响。图 7 - 16 为不同进气压力涡流

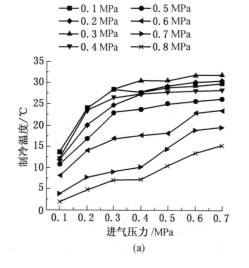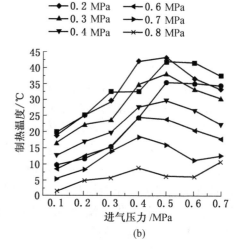

(a) (b)

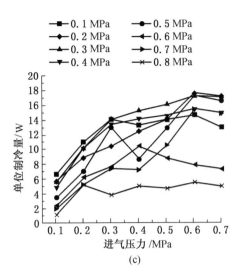

图 7-16　进气压力影响

管的制冷制热能力。当进气压力相同时，涡流管的制热效应与制冷效应随热阀开度的增加而提高；当热阀开度不变、进气压力增大时，涡流管的制热效应与制冷效应随之提高；当压力升高至 0.5 MPa 时，涡流管的制热效应和制冷效应的提高趋势逐渐变缓。

2. 进气温度对涡流管性能的影响

在试验过程中，室内自然空气经过空气压缩机压缩后，空气压力变大的同时其温度将随空压机的运行而不断升高。为了稳定和调节入口进气温度，在空压机后安装了冷凝器，通过冷凝器来调节压缩空气温度，使其温度在试验过程中保持稳定。

随着入口温度的升高，涡流管的制冷效应逐渐升高，但同时涡流管的制热效应逐渐变差。单位制冷量随温度增加呈现先增大后减小趋势（图 7-17）。

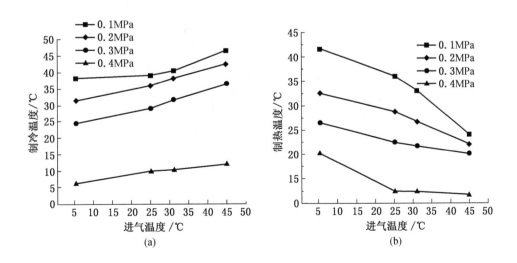

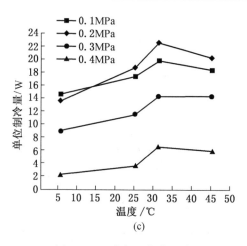

(c)

图 7 - 17　进气温度的影响

3. 热阀开度对涡流管性能的影响

图 7 - 18 所示曲线可看出，在同一进气压力下，涡流管的制冷性能随热阀开度的增加

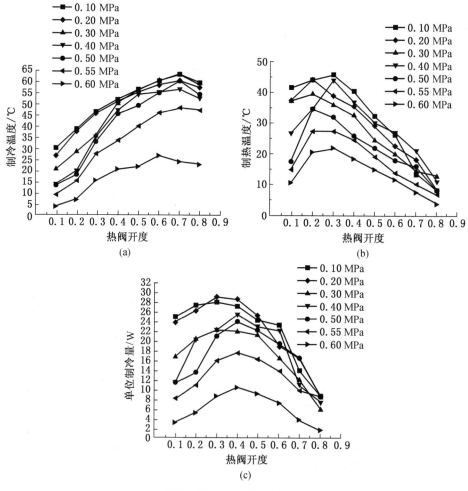

图 7 - 18　热阀开度的影响

在总体上呈先上升后下降趋势。当热阀开度在 0.7 左右时，制冷效应下降趋势明显变快。进气压力相同时，涡流管的制热效应随热阀开度的增加而增加。热阀开度在达到 0.3 时后，制热效应开始下降；开度相同时，涡流管的制热效应随进气压力的增大而增加。在接近极值时，制热效应的变化趋势更快。单位制冷量随开度增加先增大后减小。热阀开度在 0.3 ~ 0.4 时，单位制冷量最大。

（三）涡流管应用方式

1. 连接方式

涡流管在实际应用过程中连接方式多样，如图 7 - 19 所示。

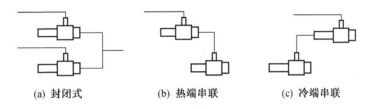

(a) 封闭式　　　　(b) 热端串联　　　　(c) 冷端串联

图 7 - 19　涡流管连接组合图

2. 噪声变化规律

首先，涡流管工作时需要高压气体进入其入口端，所以涡流管的噪声存在气动噪声。其次，涡流管是一个没有运动部件的设备，涡流管本身不具有振动噪声，但是把涡流管作为设备中一个单元的时候就会存在振动噪声。

在涡流管的工作压力较高时，涡流管的噪声非常大，会对人体健康直接造成危害。不同开度、不同风压条件下，涡流管的噪声变化曲线如图 7 - 20 所示。

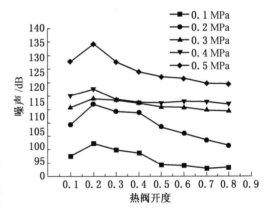

图 7 - 20　噪声变化曲线

涡流管噪声随热阀开度的增大而增大。当开度在 0.2 左右时，涡流管噪声达到最大值，约为 117 dB。当进气口压力不变，涡流管开度在 0.2 时，涡流管冷热分离最明显，随后分离效应趋于平缓与前面涡流管的制冷效应与制热效应等基本性能相吻合。

3. 涡流管消音器处理

消音器按方式不同可以分为主动式、被动式和半主动式。主动式消音器含有一个能够识别声波信号并能产生一个与之相反的声波信号，来消除原噪声声波。半主动式消音器能够根据气流流动的状态变化控制气流来降噪。被动式消音器只是通过对噪声声波进行吸收或者反射来降低噪声。被动式消音器是常用的消音器类型，它的成本相对较低，效益较好。被动式消音器又可以分为抗性、阻性和阻抗性。

1）消音器的类型

消音器分为抗性消音器、阻性消音器和阻抗复合式消音器 3 类，见表 7 - 2。

表7-2　消音器特点及其适用范围

消音器类型	特　　　点	适　用　范　围
阻性消音器	结构简单、成本低传递损失比较大	主要用来消除中低频的噪声
抗性消音器	结构简单，不耐高温、不抗潮湿，容易堵塞等	范围广，对低频噪声吸声效果更好
阻抗复合式消音器	具有阻性消音器的消声效果又具有抗性消音器的消声效果	低、中、高各频率的噪声处理

2）消音器选型标准

消音器选型标准包括消音器声学评价指标、空气动力性能评价指标和消音器的机械性能评价指标。

涡流管工作时，冷端的流量要远远大于热端的流量，而且由于冷端的气流温度较低，空气潮湿，甚至会凝结出水滴或冰。涡流管冷端消音器如图7-21所示。根据消音器选型标准、各类型消音器的特点及应用范围，涡流管消音器宜选用阻抗复合式消音器。涡流管热端由于流量较小可以不用单独设计消音器而是采用通用型铜质消音器，如图7-22所示。

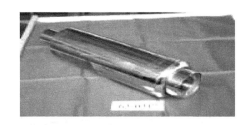

图7-21　涡流管冷端消音器

图7-22　通用型铜质消音器

3）消音器消音效果

当热端消音器、冷端消音器和冷热两端同时加消音器时，对涡流管的噪声值进行测试，其结果如图7-23所示。测试时涡流管的工作压力分别为0.1 MPa、0.2 MPa、0.3 MPa和0.4 MPa。涡流管的热阀开度分别取14%、28%、42%、56%、70%、84%和100%。

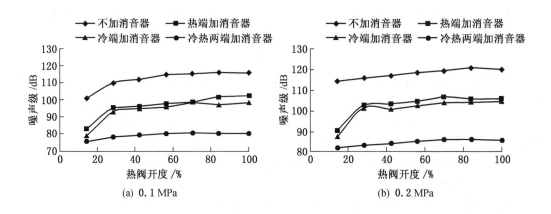

(a) 0.1 MPa　　　　　　　　　　(b) 0.2 MPa

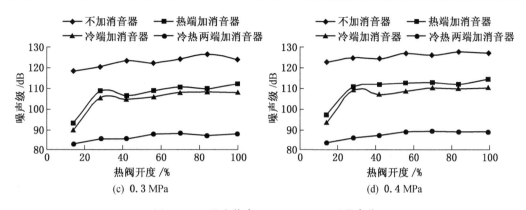

图 7 - 23　涡流管在 0.1 ~ 0.4 MPa 下噪声值

从图可以看出消音器的消声作用非常明显。涡流管两端加消音器之后，最大噪声仅为88.6 dB，比涡流管不加消音器时的最小噪声还小 13 dB。只有热端加消音器时，涡流管在工作压力为 0.1 MPa、0.2 MPa、0.3 MPa 和 0.4 MPa 下的噪声值比不加消音器的噪声值分别平均减少了 15.8 dB、15.5 dB、15.7 dB 和 15.5 dB；只有冷端加消音器时，涡流管在工作压力为 0.1 MPa、0.2 MPa、0.3 MPa 和 0.4 MPa 下的噪声值比不加消音器的噪声值分别平均减少了 18.2 dB、17.5 dB、18.6 dB 和 18.8 dB；涡流管两端加消音器时，涡流管在工作压力为 0.1 MPa、0.2 MPa、0.3 MPa 和 0.4 MPa 下的噪声值比不加消音器的噪声值分别平均减少了 32.6 dB、33.8 dB、36.6 dB 和 38.3 dB。

根据以上数据还可知，涡流管消音器的降噪效果在压力变化的情况下变化不明显，所以涡流管消音器的降噪效果与涡流管的工作压力没有关系。涡流管在热端加消音器、冷端加消音器和两端加消音器时的平均降噪值分别为 15.6 dB、18.3 dB 和 35.3 dB。可见只在冷端加消音器和两端都加消音器时的平均降噪值的和为 33.9 dB，与涡流管在两端都加消音器的情况下降噪效果相差不大，因此，涡流管两端都加消音器的效果与涡流管冷热两端各加消音器的叠加效果相当。

4）涡流管隔声和吸声设计

虽然消音器对涡流管的噪声有很大的消减作用，但是单独使用消音器无法把涡流管在正常工作状态下的噪声控制在允许范围内，所以需要对涡流管制冷系统进行吸声和隔声处理。

隔声是利用隔声材料把声音阻隔的方法。所有物体都具有隔声的性能，物体的面密度越大，隔声效果越好。单侧无限大薄板的隔声量 TL(dB) 的理论计算公式为

$$TL = 20\log(fm) - 43 \qquad (7-16)$$

式中　TL——单层隔声量，dB；

　　　　f——入射声波的频率，Hz；

　　　　m——薄板的面密度，kg/m^2。

通过上式可知，单侧无限大薄板的隔声量取决于薄板的面密度以及发声体的噪声频率，面密度提高一倍，隔声量将会增大 6 dB，即常说的质量定律。实际工程中薄板不可能无限大，声波也是无规律入射的，其频率也不单一。有限大薄板不同频率的隔声量可由经验公式计算：

$$\overline{TL} = 16\log m + 8 \qquad (m \geqslant 200 \text{ kg/m}^2) \qquad (7-17)$$

$$\overline{TL} = 13.5 \log m + 14 \quad (m < 200 \text{ kg/m}^2) \tag{7-18}$$

由式（7-17）、式（7-18）可知，物体隔声性能只与物体的面密度有关系，密度越大物体的隔声效果越好。

涡流管加消音器后的最大噪声值为 88.6 dB，所以要想使涡流管的噪声符合规范的要求，涡流管外部隔声材料的隔声效果必须大于 18.6 dB。把这个数值代入上式反算可知涡流管的隔声材料的面密度必须大于 2.19 kg/m²。

为了同时满足美观和噪声防护的需要，隔声材料选用 304 不锈钢板，所选用的不锈钢板的厚度应符合以下公式要求：

$$\delta = \frac{2.19}{7930} = 0.27 \text{ mm} \tag{7-19}$$

计算结果表示只需要较薄的钢板便可实现隔绝噪声的要求，但为了便于加工和保险起见，涡流管的隔声材料选用 2 mm 厚的 304 不锈钢板。将不锈钢板做成箱子把涡流管放在箱子里，此时的不锈钢箱体的隔声量为 30 dB，既可以实现隔声作用，又可以把涡流管固定起来。隔声箱尺寸为 800 cm × 300 cm × 300 cm。

吸声系数为吸收声能与入射声能之比，用符号 α 表示。吸声系数 α 的大小变化可在 0 ~ 1 之间，0 表示无吸收，1 表示完全吸收，通常 $\alpha > 0.2$ 的材料才称为吸声材料。

吸声性能同声波入射角度及频率有关，在驻波管中测得的为正入射吸声系数，而在混响室内测得的称为无规则入射吸声系数。一般应测量从 125 ~ 4000 Hz 频率范围的不同吸声系数值。平均吸声系数即为各不同频率吸声系数的平均值，而降噪系数 NRC 值仅为 250 Hz、500 Hz、1000 Hz 和 2000 Hz 4 个频率吸声系数的平均值，即

$$NRC = \frac{\alpha_{250} + \alpha_{500} + \alpha_{1000} + \alpha_{2000}}{4} \tag{7-20}$$

吸声材料的降噪作用既同吸声系数大小有关，又同吸声材料的使用面积有关。吸声量 $A(\text{m}^2)$ 即为吸声材料面积和吸声系数的乘积，其理论计算公式为

$$A = S \cdot \alpha \tag{7-21}$$

式中　　A——吸声量，m^2；

　　　　S——吸声材料的面积，m^2；

　　　　α——吸声材料的吸声系数。

从公式不难看出，同一种材料的吸声系数是不变的，因此通过增加吸声材料的面积可以增加材料的吸声量。

常用的吸声材料有很多，下面列举了一些具有应用价值的吸声材料及其性能，见表 7-3。

表7-3　常用吸声材料性能表

序号	材料名称	厚度/cm	密度/(kg·m⁻³)	频率/Hz					
				125	250	500	1000	2000	4000
1	超细玻璃棉	5	20	0.15	0.35	0.85	0.85	0.86	0.86
2	离心玻璃棉板	5	32	0.24	0.63	0.99	0.97	0.98	0.99
3	防水超细棉毡	10	20	0.25	0.94	0.93	0.90	0.96	—
4	离心玻璃板	5	32	0.49	1.13	1.28	1.07	1.12	1.14

表 7-3（续）

序号	材料名称	厚度/cm	密度/(kg·m⁻³)	频率/Hz					
				125	250	500	1000	2000	4000
5	腈纶棉	5	20	0.14	0.37	0.68	0.75	0.78	0.82
6	木条装饰帕特吸声板	10	320	0.95	0.97	0.92	1.03	0.9	0.92
7	穿孔金属板	1	10	0.31	0.37	1.0	1.0	1.0	1.0
8	木丝板	5	470	0.2	0.2	0.5	0.45	0.55	0.65
9	毛毛虫矿棉板	1.2	10	0.54	0.51	0.38	0.41	0.51	0.6
10	聚氨酯泡沫塑料	4	40	0.1	0.18	0.36	0.7	0.75	0.8

由表 7-3 可知，离心玻璃棉板、木条缝装饰帕特吸声板和穿孔金属板的吸声性能较好。其中，木条缝装饰帕特吸声板是木质的，而穿孔金属板内需要填充棉，因此均不能达到防火的要求。综合考虑，离心玻璃棉板更适宜作为涡流管的吸声材料。涡流管箱体内的吸声材料和隔热材料如图 7-24 所示。

图 7-24　涡流管箱体内的吸声材料和隔热材料

安装吸声板时将其黏在涡流管隔声板内侧四周，并与隔声板间保有 1 cm 的空气层，这样设计会使降噪效果更好。在吸声板内侧再加一层保温材料可以增加吸声效果还可实现保温作用，阻止箱体外部热量与涡流管换热。

第二节　井下密闭空间湿度控制

一、湿度来源分析

避难硐室内湿度受避难人员、设备、围岩、通风等因素的影响。

（一）人员散湿量

人体散湿与性别、年龄、衣着、劳动强度及周围环境条件（温、湿度）等多种因素有关。为了实际计算方便，可以以成年男子为基础，乘以各类人员组成比例的系数，即群集系数。通过群集系数返算避难硐室内的成年男子的人数，从而计算人体散湿量。人体散湿量计算式为

$$W_1 = 0.278 n \beta g \times 10^{-6} \tag{7-22}$$

式中　W_1——人员散湿量，kg/s；

　　　n——室内全部人数，个；

　　　β——群集系数，避难硐室内按 0.9 计算；

　　　g——成年男子每小时散湿量，g/h。

以避难人数为 100 人的永久避难硐室为例，则人体散湿量计算如下：

$$W_1 = 0.278 \times 100 \times 0.9 \times 152 \times 10^{-6} = 3.8 \times 10^{-3} \ \text{kg/s} \tag{7-23}$$

不同状态下成年男子散湿量见表 7-4。

（二）设备散湿量

由于避难硐室中设置有蓄冰空调、生氧净化器等散湿设备，并存在水池、卫生设备存水以及地面水洼等自由液面，这些因素会不断地向空气中散湿，也是避难硐室内湿度来源的重要组成部分。

设备散湿量计算式为

$$W_2 = A_W(\alpha_W + 0.00363\nu)(p_{WV} - p_{aV})\frac{B_0}{B} \times 10^{-2} \tag{7-24}$$

式中　W_2——设备散湿量，kg/s；

　　　A_W——水分蒸发的总表面积，m^2；

　　　α_W——不同水温下的蒸发系数，见表 7-5；

　　　ν——蒸发表面的空气流动速度，取 0.3 m/s；

　　　p_{WV}——相应于水表面温度的饱和水蒸气分压力，kPa；

　　　p_{aV}——空气中的水蒸气分压力，kPa；

　　　B_0——标准大气压，kPa；

　　　B——当地实际大气压，kPa。

表 7-4　不同状态下成年男子散湿量

室内温度/℃	静止/(g·h⁻¹)	轻度劳动/(g·h⁻¹)	中度劳动/(g·h⁻¹)	繁重劳动/(g·h⁻¹)	室内温度/℃	静止/(g·h⁻¹)	轻度劳动/(g·h⁻¹)	中度劳动/(g·h⁻¹)	繁重劳动/(g·h⁻¹)
15	40	55	110	190	26	56	122	199	311
16	40	60	117	201	27	61	129	207	322
17	40	64	124	212	28	65	136	216	333
18	40	68	131	223	29	71	144	224	345
19	40	74	138	234	30	77	152	233	357
20	40	80	145	245	31	85	162	242	368
21	42	86	154	256	32	93	172	251	379
22	44	92	163	267	33	101	183	260	390
23	46	98	172	278	34	109	194	270	401
24	48	106	181	289	35	117	205	280	412
25	50	115	190	300	—	—	—	—	—

表7-5　不同水温下的蒸发系数

水温/℃	<30	40	50	60	70	80	90	100
α_W	0.022	0.028	0.033	0.037	0.041	0.046	0.050	0.060

对湿地面来说，可近似认为地面上有一层水，它与室内空气之间的热湿交换是在绝热的条件下进行的，即水蒸发时所需的全部热量都由空气供给。因此水层的温度基本上等于空气的湿球温度。地面散湿量计算式为

$$W_3 = \frac{k_W A_W (t_n - t_{ns})}{r} \tag{7-25}$$

式中　W_3——地面散湿量，kg/s；

　　　A_W——湿地面表面积，m^2；

　　　k_W——水面与空气间的换热系数，可取 4.1 W/($m^2 \cdot ℃$)；

　　　t_n——室内空气干球温度，℃；

　　　t_{ns}——室内空气湿球温度，℃；

　　　r——水的气化潜热，kJ/kg。

（三）外部空气带入水分

避难硐室内空气的更新、氧气的供应以及温度的保持主要由压风系统控制。通过压风管道压入避难硐室的新风在控制室内空气品质的同时，也带入了一部分水分。另外，避难硐室防爆门的开闭过程中也会由于外部空气的进入而带入少量水分。这种情况所带入的水分可归纳为由新风带入的水分，可按式（7-26）计算：

$$W_4 = V_f \rho (d_W - d_n) \tag{7-26}$$

式中　W_4——新风带入的湿量，g/h；

　　　V_f——进入避难硐室的新风量，m^3/h；

　　　ρ——空气密度，kg/m^3；

　　　d_W——室外空气湿度，g/kg；

　　　d_n——室内空气湿度，g/kg。

压风系统的通风量可由需要满足的温度范围确定，按式（7-27）计算：

$$V_s = \frac{Q_S}{c_{ps}(t_n - t_s)} \tag{7-27}$$

式中　V_s——硐室送风量，m^3；

　　　Q_S——避难硐室显热负荷，kW；

　　　c_{ps}——空气比热容，kJ/(kg·K)；

　　　t_n——送风温度，℃；

　　　t_s——硐室内温度，℃。

（四）围岩渗入水分

避难硐室的围护结构是围岩或煤岩，水分能够在其中吸附、扩散，并在墙内壁与避难硐室内空气之间发生传递过程。由于围岩结构域空气的水蒸气交换比较复杂，在大多数情况下，从围岩结构进入室内的水分可以忽略不计。但在避难硐室中，由于硐室的壁面与岩

石或煤层连接，周围的岩石或煤层中的地下水会通过硐室墙壁的多孔结构渗入硐室内部，造成避难硐室内部空气湿度增大，所以应该对这部分散湿量予以考虑。由于影响壁面散湿的因素非常复杂，目前还没有成熟的壁面散湿量计算公式，在没有实测数据的情况下，可按硐室壁面散湿量来计算，其计算式为

$$W_5 = A_b \cdot g_b \qquad\qquad (7-28)$$

式中　W_5——壁面散湿量，g/h；

　　　　A_b——衬砌内表面积，m^2；

　　　　g_b——单位内表面积散湿量，$g/(m^2 \cdot h)$。

二、除湿药剂吸湿效果对比试验

（一）试验环境的建立及静场试验

本试验所使用的恒温恒湿室位于大屯煤电公司检测中心，如图7-25所示。该恒温恒

湿室内部长、宽、高分别为8100 mm、3700 mm、3500 mm，采用直接蒸发式独立的恒温恒湿空调系统，能够满足室内恒温恒湿精度的要求，温度调节范围为18～35 ℃，湿度调节范围为40% RH～70% RH。

该恒温恒湿室采用上部全孔板均匀送风，下部回风口回风的气流组织形式，从而建立一个稳定均匀的温湿度场，以保证在气流到达工作区时，其平均温度或湿度与工作区的温度或湿度的差值

图7-25　大屯煤电公司恒温恒湿室外观

不超过允许的波动值。

为测量试验静态特性，对传感器做静态标定，确定传感器准确度、重复性、漂移，并作为其他试验的基础，以用作试验结果的对比。首先，在该实验室进行静场试验，开启空调对室内进行加温加湿，使室内温度达到30 ℃，湿度到达90% RH，以模拟避难硐室的温湿度水平。然后，关闭空调，记录恒温恒湿室内的温湿度变化情况。试验过程中，恒温恒湿室内环境参数变化情况如图7-26至图7-28所示。

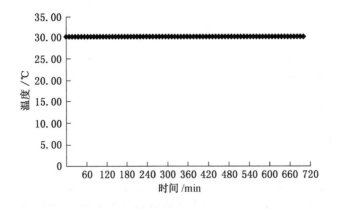

图7-26　静场试验温度变化曲线

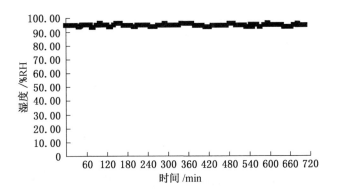

图 7 - 27　静场试验湿度度变化曲线

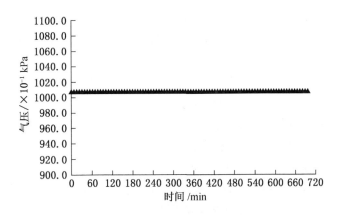

图 7 - 28　静场试验气压变化曲线

由图可知,静场试验 12 h 期间,恒温恒湿室内温度几乎没有变化,始终保持在 30.27 ℃ 左右；湿度几乎没有变化,始终为 95% RH；气压几乎没有变化,始终保持在 1008.0 ~ 1009.0 × 10^{-1} kPa 之间。整个静场试验中,恒温恒湿室内各参数基本稳定不变,不会对试验结果有所影响。

（二）避难硐室除湿方式的确定及除湿药剂的选择

干燥剂除湿技术的关键问题之一是选用吸湿性能优良的干燥剂。在避难硐室内部条件下,除湿剂有较高的吸水量,并且要有较快的除湿速率,能在一定时间内保证湿度的稳定。

避难硐室具有空间大、无外界动力支持、气密性能和隔热性能良好等特点,在选择避难硐室内空气除湿技术和除湿药剂时要对这些特点加以考虑。常用的除湿技术包括热泵除湿技术、制冷式除湿技术、固体式除湿技术、液体式除湿技术以及膜法除湿技术等。空气除湿方法的性能比较见表 7 - 6。

由于避难硐室内环境中的水蒸气主要来自人的呼吸和体表排湿、有毒有害气体处理过程中产生的水,所以采用固体吸附式除湿技术,并主要利用除湿药剂完成。常用的除湿药剂包括活性炭干燥剂、硅胶、矿物干燥剂、活性氧化铝等。

表 7 - 6　空气除湿方法的性能比较

操 作 方 法	冷却法除湿	液体吸收法除湿	固体吸附法除湿	转轮法除湿	膜 法 除 湿
分离原理	冷凝	吸收	吸附	吸附	渗透
除湿后空气露点/℃	0 ~ -20	0 ~ -30	-30 ~ -50	-30 ~ -50	-20 ~ -40
设备占地面积	中	大	大	小	小
操作维修	中	难	中	难	中
处理空气量/(m³·min⁻¹)	0 ~ 30	100 ~ 2000	0 ~ 2000	0 ~ 200	0 ~ 100
生产规模	小~大型	大型	中~大型	小~大型	小~大型
主要设备	冷冻机表冷器	吸收塔换热器泵	吸附塔换热器切换阀等	转轮除湿器换热器	膜分离器换热器
耗能	大	大	大	大	小

在选择除湿剂时应主要考虑以下一些因素：

（1）在正常大气压、自然环境温度范围（10 ~ 40 ℃）、相对湿度为 30% ~ 95% 的应用条件下，除湿剂的物理、化学性质稳定。

（2）在上述应用条件下，除湿剂的吸水量要大。高吸水量可以减少除湿剂用量，从而减小设备、装置尺寸，并减少占用存放面积。

（3）满足《煤矿井下紧急避险系统建设管理暂行规定》中对避难硐室内湿度的要求。

（4）吸湿过程中不产生额外的热量或污染物质。

（5）价格低、经济成本少、来源广泛。

综合上述几点因素，初步选定活性炭干燥剂、硅胶干燥剂、矿物干燥剂以及大屯实业公司存放的 NCZ - 1 干燥剂作为除湿试验的药剂。

（三）除湿性能对比试验

1. 除湿药剂常温常湿条件下损失程度试验

由于条件限制，除湿药剂的存放不可避免会受到环境中水分的影响，导致其在进行应用试验之前就吸收了空气中的部分水蒸气，使试验结果产生偏差，所以对各除湿药剂进行放置影响试验，以考察除湿药剂在正常存放时受到的空气中水分的影响。除湿药剂放置的环境的状态为温度 26.25 ℃，湿度 60% RH，气压 100.7 kPa，风速 0 m/s，试验结果如图 7 - 29 至图 7 - 32 所示。

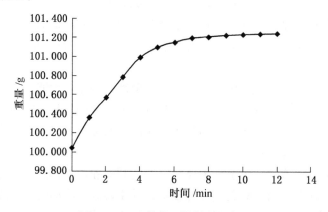

图 7 - 29　活性炭干燥剂重量变化

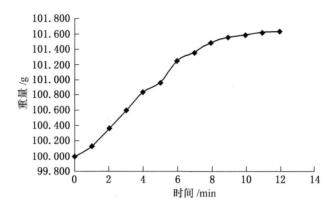

图 7 - 30　硅胶干燥剂重量变化

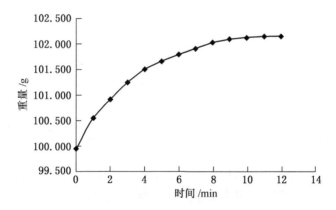

图 7 - 31　矿物干燥剂重量变化

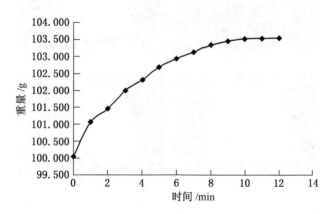

图 7 - 32　NCZ - 1 干燥剂重量变化

由图 7-29 至图 7-32 可知，四种药剂至于空气环境中，基本在 12 h 时吸附空气中的水蒸气达到饱和状态。由表 7-7 可知，四种药剂存放过程中都会受到空气水分的影响，并且由于各药剂吸湿性能差异，导致吸附水量不同。在接下来进行不同除湿药剂的除湿效果对比试验时，需对除湿药剂预先进行烘干处理，以尽可能减小环境中的水分对药剂性能的影响。

表 7-7　不同除湿药剂 12 h 绝对增重量与相对增重量

药 剂 种 类	活性炭干燥剂	硅胶干燥剂	矿物干燥剂	NCZ-1 干燥剂
绝对增重量/g	1.1955	1.6428	2.194	3.4829
相对增重量/%	1.19	1.64	2.19	3.48

2. 除湿药剂性能对比试验

称取经过烘干处理的除湿药剂，每种取堆积体积 2000 cm³，称量其重量，记录见表 7-8。

表 7-8　2000 cm³ 除湿药剂试验前重量

药 剂 种 类	活性炭干燥剂	硅胶干燥剂	矿物干燥剂	NCZ-1 干燥剂
方盘重量/kg	1.095	1.110	1.155	1.155
总重量/kg	3.210	2.095	3.445	2.885
净重量/kg	2.115	0.985	2.290	1.730
堆积密度/(g·cm⁻³)	1.0578	0.493	1.145	0.865

将 4 种干燥剂分别平铺于 450 mm×350 mm 的陶瓷方盘中，并使其布置均匀，将方盘按一定间距均匀放置于恒温恒湿室的试验台上，保证其试验环境的一致（图 7-33）。

活性炭干燥剂　　　　　　　　　硅胶干燥剂

NCZ-1干燥剂　　　　　　　　　矿物干燥剂

图 7-33　4 种除湿药剂放置于方盘中的试验初始形态示意图

为模拟避难者在避难硐室内等待救援时的极致环境状态，保持恒温恒湿室内环境温度为 30 ℃，湿度为 95% RH，以检测在此种环境状态下 4 种药剂的除湿效果。试验持续 4 h，每 10 min 记录各种除湿药剂的重量变化状况、表面温度变化状况以及除湿过程中的状态变化。试验初始时实验台状态如图 7 – 34 所示。

图 7 – 34　试验初始时实验台状态

通过记录 4 种除湿药剂的重量随时间的变化，即可知除湿药剂所吸附的水量，做出不同药剂除湿过程中的重量 – 时间图，以便进行进一步的分析。4 种除湿药剂的重量随时间的变化如图 7 – 35 至图 7 – 38 所示。

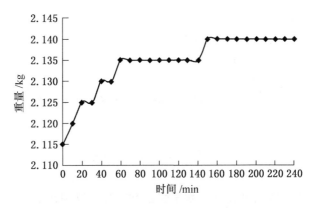

图 7 – 35　活性炭干燥剂重量变化

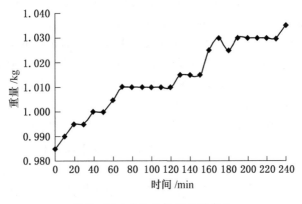

图 7 – 36　硅胶干燥剂重量变化

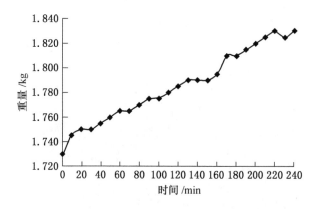

图 7 - 37　NCZ - 1 干燥剂重量变化

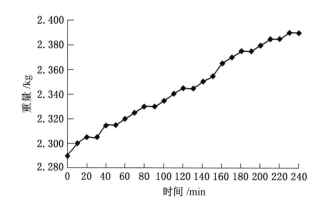

图 7 - 38　矿物干燥剂重量变化

由图 7 - 35、图 7 - 36 可知，活性炭干燥剂和硅胶干燥剂在试验开始后 60 min 左右达到第一次吸湿平衡点，在 150 min 左右达到第二次吸湿平衡点，并且从曲线的走势可以看出，吸湿速率不稳定，在平铺的状态下不能达到稳定除湿的效果。到达试验截止时，药剂已经几乎达到吸湿饱和点，吸湿曲线基本没有变化。

由图 7 - 37、图 7 - 38 可知，NCZ - 1 干燥剂和矿物干燥剂的重量随时间而不断增加，重量随时间变化的曲线基本成正走势上升，且矿物干燥剂的曲线上升趋势更为平缓稳定。但由于试验时间关系，在 240 min 时并未能测得 NCZ - 1 干燥剂和矿物干燥剂的除湿饱和点，需要通过进一步的试验来验证。

4 种除湿药剂的温度随时间的变化如图 7 - 39 至图 7 - 42 所示。

由图 7 - 39 至图 7 - 42 可知，活性炭干燥剂、硅胶干燥剂和矿物干燥剂在试验过程中的温度基本上能够保持平稳变化，而 NCZ - 1 干燥剂在吸湿过程中有明显的温度上升趋势，存在一定的热载荷。此外，活性炭干燥剂、硅胶干燥剂的表面温度在试验过程中表现较低，分别处于 31 ~ 33 ℃ 和 34 ~ 37 ℃ 之间；而矿物干燥剂的表面温度表现较高，并且跨

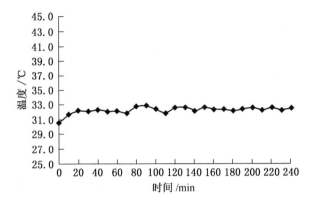

图 7-39　活性炭干燥剂表面温度变化

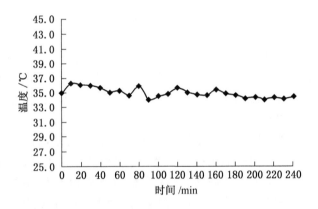

图 7-40　硅胶干燥剂表面温度变化

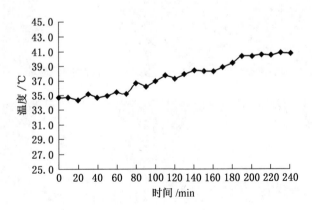

图 7-41　NCZ-1 干燥剂表面温度变化

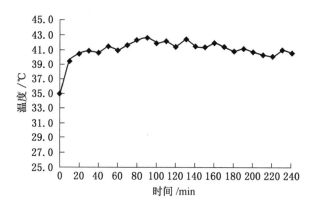

图 7 - 42　矿物干燥剂表面温度变化

度较大,处于 39 ~ 43 ℃之间。由于 NCZ - 1 干燥剂的表面温度 - 时间曲线一直处于上升
趋势,因此尚不能断定其温度上限。

　　在试验过程当中,活性炭干燥剂、硅胶干燥剂和矿物干燥剂的外形状态没有明显变
化,试验截止时与试验初始状态基本保持一致。而当试验进行到 60 min 时,活性炭干燥
剂有轻微变潮现象,并且开始黏附于方盘壁,之后一直到试验结束,活性炭干燥剂的状态
基本不变。与此同时,60 min 时,NCZ - 1 干燥剂开始有明显的熔化现象;当试验进行到
180 min 时,NCZ - 1 干燥剂绝大部分变为熔化状态,并且形成部分板结体状态。矿物干燥
剂整体外观状态保持不变,但药剂颗粒由于吸收水分而变软,当受外力碾压时,形成泥灰
状物质。到试验结束时,活性炭干燥剂、硅胶干燥剂和矿物干燥剂的外形状态变化不大,
而 NCZ - 1 干燥剂熔化程度较为严重。试验结束时 4 种除湿药剂的状态如图 7 - 43 所示。

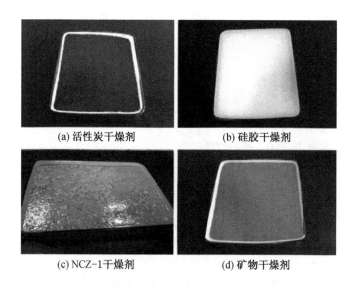

(a) 活性炭干燥剂　　　　　　　　　　(b) 硅胶干燥剂

(c) NCZ-1干燥剂　　　　　　　　　　(d) 矿物干燥剂

图 7 - 43　4 种除湿药剂放置于方盘中的试验结束时的形态示意图

通过试验可知 NCZ－1 干燥剂和矿物干燥剂的重量随时间变化的曲线基本成正走势上升，而活性炭干燥剂和硅胶干燥剂的重量随时间变化的曲线表现平缓。4 种除湿药剂的绝对吸湿量与相对吸湿量见表 7－9。

表 7－9　2000 cm^3 除湿药剂的绝对吸湿量与相对吸湿量

药剂种类	活性炭干燥剂	硅胶干燥剂	NCZ－1 干燥剂	矿物干燥剂
净重量/kg	2.115	0.985	1.730	2.290
绝对吸水量/kg	0.025	0.050	0.100	0.100
相对吸水量/%	1.182	5.076	5.780	4.367

从吸湿能力上看，活性炭干燥剂效率最低，因此予以排除。硅胶干燥剂虽然相对吸水量较高，但是由于硅胶干燥剂本身的堆积密度很低，大概为 NCZ－1 干燥剂或矿物干燥剂的二分之一，在发挥同等吸湿总量时所需要的药剂总量要比 NCZ－1 干燥剂或矿物干燥剂多一倍以上，所以硅胶干燥剂作为除湿药剂在避难硐室内保存的话将占用极大的存储面积，会对避难硐室的设备、装置的安放，避险人员的活动等造成不便，因此予以排除。NCZ－1 干燥剂的吸湿效率相对最高，但综合考虑 NCZ－1 干燥剂在吸湿过程中放热并且逐步熔化的特性，不符合避难硐室内除湿药剂的选用条件，也予以排除。矿物干燥剂在吸湿性能对比试验中表现较好，吸湿效果明显，且在吸湿过程中性质稳定，满足避难硐室选用除湿药剂的各项要求。

三、避难硐室除湿剂应用计算

根据前文对矿物干燥剂在恒温恒湿室内除湿效果的研究，现针对大屯煤电公司孔庄煤矿 I6 采区永久避难硐室正常运行状况下的产湿量及相应的所需除湿药剂的用量进行计算分析。

（一）人体散湿量计算

孔庄煤矿 I6 采区永久避难硐室容纳人数为 100 人，经过计算得出 100 人散湿总量为

$$W_1 = 0.278n\beta g \times 10^{-6} = 0.278 \times 100 \times 0.9 \times 152 \times 10^{-6} = 13.68 \text{ kg/h} \quad (7-29)$$

（二）设备散湿量计算

避难硐室中会产生水分蒸发的设备主要有压风供给系统、制冰空调系统以及排水系统，其中压风制冷系统本身并不散湿，而是其所压入的外部空气会带入水分，因此可将压风制冷系统的散湿量归为外部空气带入的水分。

制冷蓄冰空调系统的散湿量可由式（7－30）计算。其中水分蒸发的总表面积 A_w 约为 0.04 m^2，同时在 30 ℃ 条件下水分的蒸发系数 α_w 为 0.022，蒸发表面的空气流动速度 v 取 0.3 m/s，水表面温度的饱和水蒸气压力 p_{wV} 为 4245.20 × 10^{-1} kPa，空气中水蒸气分压力 p_{aV} 为 3820.68 × 10^{-1} kPa，当地实际大气压 B 约为 1007.0 × 10^{-1} kPa，则避难硐室内设置两台蓄冰空调的散湿量为 2.84 kg/h。式（7－30）为一台蓄冰空调的散湿量。

$$W_2 = A_W(\alpha_W + 0.00363\nu)(p_{WV} - p_{\alpha V})\frac{B_0}{B} \times 10^{-2}$$

$$= 0.04 \times [0.022 + (0.00363 \times 0.3)][(4245.2 - 3820.68) \times 10^{-1}]\frac{1013.25 \times 10^{-1}}{1007.0 \times 10^{-1}} \times 10^{-2}$$

$$= 0.039 \times 10^{-2} \text{ kg/s}$$

$$= 1.42 \text{ kg/h} \tag{7-30}$$

（三）外部空气带入的水分量计算

避难硐室是一个密闭的空间，只有当开启压风系统时才会有外部空气的进入。因此外部空气带入的水分量主要指压风系统带入的水分量。但外部空气的湿度一般小于避难硐室内积存的湿度，由相关计算公式可知，当开启压风系统时不但不会增加湿度，反而会将避难硐室内部的湿空气排出，使湿度得到降低。因此暂不考虑本部分的散湿量。

（四）围岩渗入的水分量计算

避难硐室的围护结构是围岩或煤岩，水分能够在其中吸附、扩散，并在墙内壁与避难硐室内空气之间发生传递过程。

根据所知避难硐室的尺寸参数，可以计算得出该避难硐室的壁面面积为

$$S = 27.8 \times (1.6 \times 2 + 3.14 \times 2.2) = 281.0 \text{ m}^2 \tag{7-31}$$

避难硐室墙壁设置了隔爆层，属离壁衬砌，取单位表面积散湿量为 $0.5 \text{ g/(m}^2 \cdot \text{h)}$，代入式（7-32）可得围岩渗入的水分量为

$$W_5 = A_b g_b = 281.0 \times 0.5 = 0.14 \text{ kg/h} \tag{7-32}$$

综上计算，避难硐室内的散湿总量为

$$W = W_1 + 2W_2 + W_5 = 16.66 \text{ kg/h} \tag{7-33}$$

若按能保证 96 h 的应急救援时间标准，则理论散湿总量为

$$W_{总} = 96 \times W = 1600 \text{ kg} \tag{7-34}$$

因此将空气湿度由 90% 降至 70% 的理论除湿量为

$$W_除 = (90\% - 70\%)W_{总} = 320 \text{ kg} \tag{7-35}$$

（五）矿物干燥剂所需总量

孔庄煤矿 I6 采区永久避难硐室内布置 4 台空气净化器装置。根据前文的试验结果，选定将矿物干燥剂按上下两层的方式布置于空气净化器中进行除湿，其平均除湿效果能达到自身重量的 15%，因此需要矿物干燥剂总量为

$$M = \frac{W_除}{15\%} = 2133.3 \text{ kg} \tag{7-36}$$

以上是最低效果时所需药量。根据矿物干燥剂生产厂家所给的吸湿系数为 30%，则只需要 1066.7 kg 的矿物干燥剂。

（六）矿物干燥剂更换周期

控制矿物干燥剂在空气净化器装置中的用量为床层厚度 2.5 cm/层（上下两层方式布置），此时选取 15% 作为吸湿系数，可求得每小时需更换次数为

$$k = \frac{(90\% - 70\%) \times 1000W}{15\% M_药 \times 4} = \frac{(90\% - 70\%) \times 1000 \times 16.66}{15\% \times 1.145 \times 5 \times 73.5 \times 34 \times 4} = 0.39 \tag{7-37}$$

即每隔 2.5 h 更换一次药剂即可满足避难硐室内部除湿要求。

第八章　应急救援逃生钻孔

逃生钻孔是实现灾变情况下提升救援的关键设施，是遇险人员提升的通道。本章在对钻孔孔径及孔位等参数的确定方法及其影响因素、钻孔孔壁稳定性、钻孔套管强度等问题进行分析研究的基础上，对逃生钻孔结构稳定性进行了数值模拟研究，提出了王家岭煤矿逃生钻孔实施方案，为钻孔的工程实践提供指导。

第一节　钻孔参数及其影响因素

逃生钻孔参数主要包括孔径、孔位及孔深。其中孔径受提升容器尺寸、地质条件、施工成本等因素的影响，孔位受井下避难硐室选址及其对应的地表地形、施工时孔斜及孔偏移控制效果等因素的影响，孔深受矿井钻孔逃生救援系统所服务的矿井开采水平深度的影响。

一、孔径的影响因素

（一）提升容器尺寸对孔径的影响

逃生钻孔内提升的容器为用于搭载遇险人员的救援提升舱。根据中国成年人人体尺寸标准，我国 18~60 岁男性公民第 99 百分位最大肩宽值为 486 mm，考虑一定空间富裕系数，则救援提升舱舱内空间应不小于 530 mm，见表 8-1。而救援提升舱在钻孔内提升时，为保证提升的顺利进行，在舱体外部安装有导向轮等装置，基于此考虑，为满足提升容器的顺利通过，钻孔成孔孔径应不低于 650 mm。

表 8-1　中国成年人立姿最大肩宽

百　分　位		1	5	10	50	90	95	99
男性立姿最大肩宽/mm	18~60 岁	383	398	405	431	460	469	486
	18~25 岁	380	395	403	427	454	463	482
女性立姿最大肩宽/mm	18~55 岁	347	363	371	397	428	438	458
	18~25 岁	342	359	367	391	415	424	439

（二）阻塞比对孔径的影响

逃生钻孔既是作为遇险人员从井下提升至地面救援的通道，也是避难硐室内通风系统调节的重要设施。一方面现有矿井通风系统采用负压通风，井下通风压力小于地面大气压力，在逃生钻孔及避难硐室内回风口打开时，逃生钻孔可作为小型进风井，为避难硐室乃至采区内提供新鲜的空气,有利于避难硐室内遇险人员的生存及灾后采区内有毒有害气体环境的恢复。另一方面,当灾变情况下矿井内压力因火灾、瓦斯突出、爆炸等事故影响导致井下气压激增、避难硐室无法向外排气时,逃生钻孔可作为回风井,保障避难硐室的通风换气,为硐室内遇险人员新鲜空气的供给提供保障。

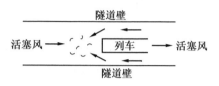

图 8-1　活塞风成因

现有研究表明,矿车、地铁、火车等车辆在巷道或隧道内运行过程中,由于壁面所构成的空间限制,在运动物体前端和尾端一定区域内将发生气压改变,形成活塞风,同时在孔壁与运行物体的间隙,风速将急剧增加。活塞风成因如图 8-1 所示。

本书所研究的钻孔提升,尽管救援提升舱运行速度较小,但由于阻塞比较大,存在产生活塞风的可能,在提升舱与钻孔孔壁的间隙中风速将大幅度增大。过大的活塞风将对钻孔逃生救援系统的通风、救援提升舱内人员的安全性产生影响,为此在确定钻孔孔径时,应当考虑提升过程中的阻塞比,按式 (8-1) 计算钻孔孔径的最小孔径,式中 K 为阻塞比,D 为钻孔成孔内径,d 为救援提升舱外径。由式 (8-1) 可知,考虑将阻塞比控制在 0.75 以下,救援提升舱外径不小于 530 mm 时,钻孔孔径应不小于 610 mm。

$$D > \sqrt{Kd^2} \tag{8-1}$$

（三）地质条件对孔径的影响

钻孔的开挖是对现有地层应力平衡的破坏与重建,钻孔孔径越大其应力破坏及应力平衡重新构建影响范围越大,对钻孔结构稳定性影响亦越大。而钻孔所穿地层的地质条件对其稳定性的影响尤为重要,对所穿岩层硬度较高、水文地质条件较好的地层,逃生钻孔孔径可适当增大,以保证更好的使用,对岩层条件较差、水文地质条件复杂、钻孔稳定性影响因素较多的地层,应尽量控制逃生钻孔孔径,以提高其施工及日常维护过程中的结构稳定性。

（四）施工成本对孔径的影响

对于同一地质条件、施工工艺的地面钻孔,钻孔孔径越大,施工工程量越大,其施工成本越高。因此,为降低施工成本,应在满足使用需求的前提下,尽可能地降低钻孔孔径。

基于此,综合考虑提升容器、阻塞比、地质条件、施工成本等各方面因素,逃生钻孔孔径宜控制在 650~850 mm 之间,在满足使用需求的同时兼顾钻孔钻进、固孔、日常维护的成本。

二、孔位的影响因素

（一）地表地形、地层地质条件及避难硐室选址对孔位的影响

钻孔由地表开挖终孔于避难硐室生存区内,其孔位的选择受地表地形、钻孔钻进揭露的地层地质条件以及避难硐室选址等因素的影响。由于逃生钻孔的地面需要建立钻孔救援提升操作平台,为提升救援车、移动供给站、应急救援指挥部等装备、人员提供开展救援作业所需的空间,为此要求钻孔地表一定范围内地面平整,不宜选在边坡、不稳定山体等附近,此外要避开住房、道路等公共设施。

逃生钻孔孔位确定过程中，应当考虑钻孔钻进所揭露地层的地质条件，尽量避开不稳定地层、松软岩层、水文地质条件复杂的区域。

逃生钻孔孔位的确定及避难硐室的选址是两个相互影响的因素，避难硐室的选址直接限定了钻孔孔位的可选择区域，而逃生钻孔的孔位又影响避难硐室的选址。在对避难硐室进行选址时，应在考虑采区采掘接续、人员分布、主要灾害影响范围、避灾路线、井下巷道围岩地质条件等因素的影响下确定，此外应考虑逃生钻孔地面及所穿地层的情况，综合确定钻孔孔位及避难硐室选址。

（二）孔斜及孔偏移控制效果对孔位的影响

钻孔能否按照设计的孔位要求达到预定深度，就需要在预定范围内，将钻进工作造成的误差、井下测量工作造成的误差、井上测量工作造成的误差等影响考虑到。式（8-2）中，M_K 为钻孔孔位误差，M_S 为井上测量工作造成的误差，M_X 为井下测量工作造成的误差，M_Z 为钻进工作造成的误差。

$$M_K^2 = M_S^2 + M_X^2 + M_Z^2 \tag{8-2}$$

在由地面向井下某指定地点钻进过程中，钻孔的孔斜率和孔偏移是影响钻孔精度的最大因素，且随着孔深的加大，地质条件将变得更为复杂，钻孔将发生偏斜，钻机的钻进轨迹控制难度增大。施工过程中，应每钻进一定距离进行孔斜及孔偏移的测定，根据测量结果及时调整孔位误差。井上、井下测量过程中应当严格按照相应的规定执行，在井下钻孔初始位置标定时采用闭合导线法测定。

第二节　钻孔孔壁稳定性力学分析

钻孔的开挖破坏了土体的相对平衡和稳定状态，这种变化反作用于钻孔孔壁，对钻孔孔壁的稳定和变形产生影响。本节以钻孔围岩微元应力平衡方程及莫尔-库仑极限平衡方程为基础对钻孔开挖过程中弹塑性阶段的应力、应变的计算方法进行推导，并利用所得结果分析钻孔孔壁稳定性及其影响因素，为逃生钻孔的钻进提供理论指导。

一、开挖过程孔壁弹塑性状态

为能够进行理论推导和得到稳定性的解析，先对钻孔开挖过程中的土体性质进行基本假设：

一是假设土体是匀质的，各向同性的理想弹塑性材料，初始地应力场是各向同性的，最大主应力和最小主应力相等。

二是地应力随钻孔纵深的变化同地应力本身相比较小，可忽略不计，将钻孔孔壁的弹塑性变化视为平面应变问题。

三是将问题简化为轴对称问题。

基于以上假设，钻孔可视为无限土体内的理想圆柱形孔，具有初始半径 $r = a_0$，承受均匀分布的孔压力 p，钻孔开挖瞬间土体处于弹性状态。当孔壁压力逐渐减小时，围绕着孔壁的区域将首先产生弹性变形。当压力减小到一定程度时，孔壁周边区域进入塑性状态，随着压力的进一步减小，塑性区域不断扩大，直至内压力减为 0 甚至孔壁坍塌，此时钻孔半径为 a。设弹、塑性交界处的半径为 R，在 R 以内为塑性区，R 以外的土体仍为弹性状态，以钻孔空心为中心建立坐标，将钻孔周边岩体划分微元，如图 8-2 所示。

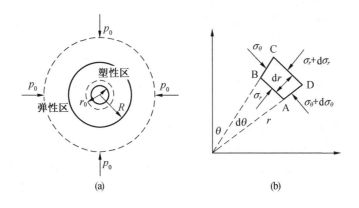

图 8-2　钻孔孔壁应力状态

二、钻孔孔壁应力应变计算方法

在孔壁周边岩体的同心圆中，因轴对称各点都具有相同应力状态，即任意一点的径向应力为主应力 σ_r，切向应力为主应力 σ_θ，其平衡微分方程为

$$\frac{\mathrm{d}\sigma_r}{\mathrm{d}r} + \frac{\sigma_r - \sigma_\theta}{r} = 0 \tag{8-3}$$

其边界条件为

$$\begin{cases} \sigma_r(a) = p \\ \sigma_r(\infty) = p_0 \end{cases} \tag{8-4}$$

式中　p——孔壁压力，以压应力为正，Pa；

p_0——初始应力，Pa。

几何方程为

$$\begin{cases} \varepsilon_r = -\dfrac{\mathrm{d}u}{\mathrm{d}r} \\[2mm] \varepsilon_\theta = \dfrac{u}{r} \\[2mm] \sigma_r(\infty) = -\dfrac{u}{r} \end{cases} \tag{8-5}$$

其中，u 为岩土位移。

对于钻孔孔壁，孔壁位移满足条件为

$$u(a) = a - a_0 \tag{8-6}$$

式中　a_0, a——孔壁的初始和当前半径，mm；

$u(a)$——孔壁边缘位移，mm。

当钻孔开挖过程中，孔壁周边的径向应力释放，从初始应力 p_0 逐渐减小。孔壁周边土体的变形主要为弹性变形，当压力减小到一定程度之后才发生塑性变形。

在弹性变形阶段，由胡克定律可得其应力场为

$$
\begin{cases}
\sigma_r = p_0 + (p - p_0)\left(\dfrac{a}{r}\right)^2 \\[2mm]
\sigma_\theta = p_0 - (p - p_0)\left(\dfrac{a}{r}\right)^2
\end{cases}
\tag{8-7}
$$

弹性区岩土位移计算式为

$$
u = \frac{p - p_0}{2G}\frac{a^2}{r}
\tag{8-8}
$$

式中　G——土体的剪切模量，GPa。

其中，$G = \dfrac{E}{2\,(1+\nu)}$（$\nu$ 为泊松比，E 为土体的弹性模量）。

根据摩尔库伦屈服条件：

$$
\sigma_\theta = \sigma_r \frac{1 + \sin\varphi}{1 - \sin\varphi} + \frac{2c \cdot \cos\varphi}{1 - \sin\varphi}
\tag{8-9}
$$

为方便计算，令

$$
\begin{cases}
M = \dfrac{1 + \sin\varphi}{1 - \sin\varphi} \\[2mm]
N = \dfrac{2c \cdot \cos\varphi}{1 - \sin\varphi}
\end{cases}
\tag{8-10}
$$

则由式（8-7）、式（8-9）可知，当孔壁（$r=a$）处压力 p 逐渐减小，发生塑性变形，见式（8-11）：

$$
p = \frac{2p_0 - N}{M + 1}
\tag{8-11}
$$

（一）弹塑性区应力分析

当钻孔孔壁周边发生塑性变形后，随着压力的进一步减小，形成的塑性区范围将进一步扩大。假定塑性区域范围为 $a \leqslant r \leqslant R$，其中 R 为弹塑性交界处的半径。

当 $r \geqslant R$ 时为弹性区，根据前文所述，塑性区应力可表示：

$$
\begin{cases}
\sigma_r = p_0 + Br^{-2} \\[2mm]
\sigma_\theta = p_0 - Br^{-2}
\end{cases}
\tag{8-12}
$$

当 $a \leqslant r \leqslant R$ 时为塑性区，根据平衡方程和屈服条件，塑性区应力可表示：

$$
\begin{cases}
\sigma_r = -\dfrac{N}{M-1} - Ar^{M-1} \\[2mm]
\sigma_\theta = -\dfrac{N}{M-1} - AMr^{M-1}
\end{cases}
\tag{8-13}
$$

其中，A，B 均为常数。

根据弹塑性交界处应力连续，由式（8-12）、式（8-13）可解得：

$$
\begin{cases}
A = -\dfrac{2\left[p_0(M-1) + M\right]}{(M+1)(M-1)}R^{1-M} \\[2mm]
B = -\dfrac{(M-1)p_0 + N}{M+1}R^2
\end{cases}
\tag{8-14}
$$

由在孔壁（$r=a$）处压力为 p，可计算得：

$$\frac{R}{a} = \left\{ \frac{2\left[(M-1)p_0 + M\right]}{(M-1)\left[(M+1)p + N\right]} \right\}^{\frac{1}{M-1}} \tag{8-15}$$

（二）弹塑性区位移分析

在弹性区域，由式（8-8）、式（8-11）可得岩土位移为

$$u = \frac{(1-M)p_0 - N}{2G(M+1)} \frac{R^2}{r} \tag{8-16}$$

则在弹塑性交界处土体的位移为

$$u(R) = \frac{(1-M)p_0 - N}{2G(M+1)} R \tag{8-17}$$

则在塑性区域，考虑土体剪胀性的不相适应流动法则为

$$\frac{\varepsilon_r^p}{\varepsilon_\theta^p} = -2\beta \tag{8-18}$$

其中，$\beta = \sigma \dfrac{1 - \sin\varphi}{1 + \sin\varphi}$。$\varphi$ 为岩土材料的剪胀角，受土体密度和应力水平等因素的影响，在计算时通常为固定的数值。当 $\beta = M$ 时，不相适应流动法则变成相适应流动法则：

$$\varepsilon_r + 2\beta\varepsilon_\theta = 0 \tag{8-19}$$

即

$$\frac{\mathrm{d}u}{\mathrm{d}r} + 2\beta \frac{u}{r} = 0 \tag{8-20}$$

考虑在弹塑性交界处位移，将式（8-17）代入微分方程解得：

$$u = \frac{(1-M)p_0 - N}{2G(M+1)} \left(\frac{R}{r}\right)^{1+2\beta} r \tag{8-21}$$

由式（8-21）可计算孔壁收缩后，孔壁边缘位移：

$$u(a) = \frac{(1-M)p_0 - N}{2G(M+1)} \left\{ \frac{2\left[(M-1)p_0 + M\right]}{(M-1)\left[(M+1)p + N\right]} \right\}^{\frac{1+2\beta}{M-1}} a \tag{8-22}$$

由式（8-6）和式（8-22）可计算孔壁收缩后的钻孔半径 a，同时可解得钻孔的孔壁变形量。

三、应力应变计算结果分析与讨论

由式（8-11）可知，当钻孔孔壁压力减少至 $p = \dfrac{2p_0 - N}{M+1}$ 时，方会发生塑性变形，孔壁才有失稳坍塌的可能，即仅当初始地应力 $p_0 > \dfrac{N}{2}$ 时，才可能发生塑性变形，其中 N 取决于岩土的黏聚力和内摩擦角，而初始水平地应力 p_0 受岩土的加权容重 γ、钻孔深度 H、静止土压系数 k_0 的影响。由此可知，在岩体力学特性一定的情况下，当钻孔深度较浅时，钻孔孔壁主要为弹性变形，而当深度超过一定范围时，会发生塑性变形，在开挖较浅钻孔时，可不考虑支护。钻孔开挖过程中，岩土发生塑性变形的条件：

$$H \geqslant \frac{N}{2k_0\gamma} \tag{8-23}$$

由式（8-15）可知，钻孔开挖形成的塑性区范围与地应力的释放程度有关。随着孔壁应力的释放，压力 p 减小，在钻孔孔壁周边产生的塑性变形范围越大，孔壁的位移也越大，当应变超过一定范围时应采用护孔措施。

为分析钻孔开挖过程中，钻孔孔壁周边的应力应变分布情况，现假定在岩土中有一深 100 m、直径 0.7 m 的钻孔，初始水平地应力为 1.5 MPa。岩土参数设定见表 8-2。

表 8-2 岩土参数设定

孔深/m	容重/(kN·m⁻³)	泊松比	弹性模量/GPa	内聚力/kPa	内摩擦角/(°)
100	23	0.35	1	20	30

（一）钻孔孔壁周边区域应力和位移分布

在不考虑护孔措施时，钻孔附近岩体应力分布情况如图 8-3 所示。此时塑性区半径为 2.3 m，在塑性区内 σ_r，σ_θ 随着距离孔壁的距离增大而增大，σ_r 增大速率高于 σ_θ，σ_r 在靠近弹性区域与塑性区域交界的界面处大于岩土的初始平衡应力。

岩土的位移变化情况如图 8-4 所示。岩土的位移随着距离孔壁距离的增大而逐渐减少，最大位移位于孔壁附近，u 为 8.4 mm，且岩土的位移主要发生在塑性区。

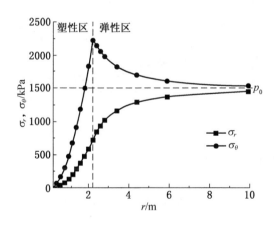

图 8-3 钻孔周边岩体应力分布　　　　图 8-4 钻孔周边岩体位移分布

（二）钻孔孔径对周边岩土应力和位移的影响

分别计算钻孔半径为 0.3 m、0.35 m、0.4 m 3 种孔径下岩土的应变、位移。孔壁周边岩土应力分布情况如图 8-5、图 8-6 所示。由图可知，在同等条件下，钻孔孔径越小，塑性区半径越小，则 σ_r，σ_θ 的变化速率越大，但在弹塑性区域交界处 σ_θ 的峰值受钻孔孔径的影响较小。

不同孔径的钻孔围岩的位移情况如图 8-7 所示。由图 8-7 可知，钻孔孔径越小，则围岩的位移越小，相对变形率（位移与钻孔半径之比）也较小，但位移的变化趋势与孔径大小并无太大关系。

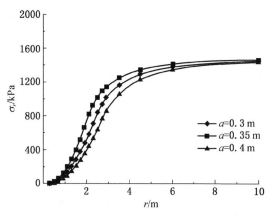

图 8-5　钻孔孔径对岩体 σ_θ 的影响

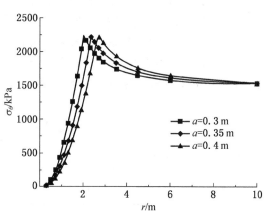

图 8-6　钻孔孔径对岩体 σ_r 的影响

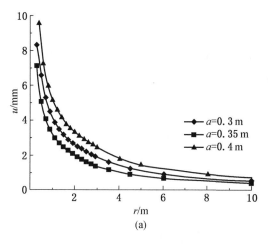

(a)

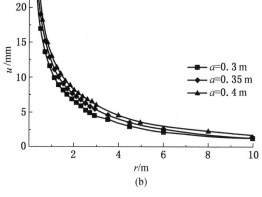

(b)

图 8-7　钻孔孔径对围岩位移的影响

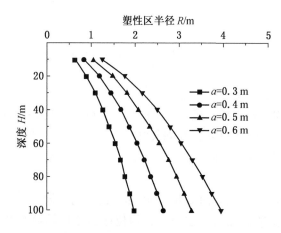

图 8-8　孔径及孔深对塑性区半径的影响

（三）钻孔深度、孔径对塑性区半径的影响

分别对半径为 0.3 m、0.4 m、0.5 m、0.6 m 4 种孔径的钻孔在 10～100 m 每间隔 10 m 的塑性区半径进行计算，结果如图 8-8 所示。由图可知，在同一孔深下，钻孔孔径越小，其塑性区范围也越小，钻孔周边岩土形成的圆拱效应增强，从而提高了钻孔的稳定性。

（四）岩体剪胀角对围岩位移的影响

分别对剪胀角为 5°、10°、20°、30° 4 种情况下围岩的位移变化进行计算，结果如图 8 - 9 所示。由图可知，岩体的剪胀角越小，则在同等条件下，其位移越大，但剪胀角仅对塑性区域岩体的位移产生影响，弹性区内的岩体发生的位移仅为弹性变形，与剪胀角的大小并无关系。

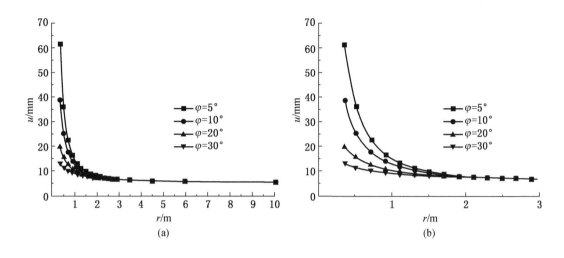

图 8 - 9　剪胀角对围岩位移的影响

第三节　钻孔套管强度的确定方法

垂直钻孔套管在应用过程中，一方面，受地压等外压力的作用使其产生结构变形或失稳；另一方面，当套管长度较大时，存在因套管自重过大引起管壁的破坏。套管在外压力的作用下的破坏分为非弹性失稳破坏和弹性失稳破坏。非弹性失稳破坏是指套管管壁强度不够，发生屈服破坏。弹性破坏是指套管所受应力小于套管管壁的屈服强度。因此在外力作用下，套管稳定性不足，钻孔套管抗外挤强度又分为屈服挤毁强度和弹性失稳挤毁强度两种。

一、套管屈服挤毁强度

套管在内外压力作用下，逃生钻孔套管可看成厚壁圆筒，产生轴向、环向、径向 3 个方向的主应力，如图 8 - 10 所示。

根据平衡条件，轴向应力可按式（8 - 24）计算：

$$\sigma_z = \frac{F}{A} \qquad (8-24)$$

式中　F——套管所受外力在垂直方向的总和，N；

　　　A——套管横截面积，m^2。

逃生钻孔套管长度尺寸远远大于套管界面尺寸，因此可将逃生钻孔套管近似为无限长套管，在应力分析时忽略套管端面约束影响，故可将套管环向应力和径向应力的求解转换为平面问题，取套管横截面进行分析。

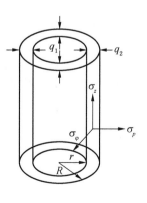

图 8 - 10　内压压力作用
下套管应力分布

套管外径为 R；内径为 r；内压力为 q_1；外压力为 q_2；A，B，C 为不定常数，则套管管壁的各方向应力分布应是轴对称的，可用轴对称应力一般性解答式求解：

$$\begin{cases} \sigma_\rho = \dfrac{A}{\rho^2} + B(1 + 2\ln\rho) + 2C \\[2mm] \sigma_\varphi = -\dfrac{A}{\rho^2} + B(1 + 2\ln\rho) + 2C \\[2mm] \tau_{\rho\varphi} = \tau_{\varphi\rho} = 0 \end{cases} \tag{8-25}$$

式中　ρ——半径，mm。

应力边界条件分为内壁和外壁，分别见式（8-26）、式（8-27）：

$$\begin{cases} \rho = r \\ \sigma_\rho = -q_1 \\ \tau_{\rho\varphi} = 0 \end{cases} \tag{8-26}$$

$$\begin{cases} \rho = R \\ \sigma_\varphi = -q_2 \\ \tau_{\rho\varphi} = 0 \end{cases} \tag{8-27}$$

将式（8-26）代入式（8-25）可得：

$$\begin{cases} -q_1 = \dfrac{A}{r^2} + B(1 + 2\ln r) + 2C \\[2mm] -q_2 = \dfrac{A}{R^2} + B(1 + 2\ln R) + 2C \end{cases} \tag{8-28}$$

应力作用下各向位移分量见式（8-29）：

$$\begin{cases} \mu_\rho = \dfrac{1}{E}\Big[-(1+\nu)\dfrac{A}{\rho} + 2(1-\nu)B\rho(\ln\rho - 1) + (1-3\nu)B\rho + \\[2mm] \qquad 2(1-\nu)\rho \Big] + I\cos\varphi + K\sin\varphi \\[2mm] \mu_\varphi = \dfrac{4B\rho_\varphi}{E} + H\rho - I\sin\varphi + K\cos\varphi \end{cases} \tag{8-29}$$

其中，ρ，φ 为应力所在位置的坐标；ν 为泊松比；H，I，K 为不定常数。

当 $B = 0$ 时，则由式（8-28）可求得：

$$\begin{cases} A = \dfrac{R^2 r^2 (q_2 - q_1)}{R^2 - r^2} \\[2mm] C = \dfrac{q_1 r^2 - q_2 R^2}{2(R^2 - r^2)} \end{cases} \tag{8-30}$$

将式（8-30）中 A，C 值代入式（8-25）可求得：

$$\begin{cases} \sigma_\rho = -\dfrac{1 - \dfrac{R^2}{\rho^2}}{1 - \dfrac{R^2}{r^2}}q_1 - \dfrac{1 - \dfrac{r^2}{\rho^2}}{1 - \dfrac{r^2}{R^2}}q_2 \\[6mm] \sigma_\varphi = -\dfrac{1 + \dfrac{R^2}{\rho^2}}{1 - \dfrac{R^2}{r^2}}q_1 - \dfrac{1 + \dfrac{r^2}{\rho^2}}{1 - \dfrac{r^2}{R^2}}q_2 \end{cases} \tag{8-31}$$

逃生钻孔施工完成之后，圆筒壁只受外压力 q_2 作用，即内压力 $q_1=0$，则式（8-31）可简化为

$$\begin{cases} \sigma_\rho = -\dfrac{1-\dfrac{r^2}{\rho^2}}{1-\dfrac{r^2}{R^2}}q_2 \\[4mm] \sigma_\varphi = -\dfrac{1+\dfrac{r^2}{\rho^2}}{1-\dfrac{r^2}{R^2}}q_2 \end{cases} \tag{8-32}$$

由于逃生钻孔套管壁厚相对套管直径小得多，钻孔套管可按薄壁圆管处理，其径向力很小，可忽略不计，环向力沿壁厚均匀分布，则有

$$\begin{cases} \sigma_\rho = 0 \\ \sigma_\varphi = -\dfrac{q_2 D}{2\delta} \end{cases} \tag{8-33}$$

式中　D——管壁直径，mm；
　　　δ——管壁厚度，mm。

二、套管弹性失稳挤毁强度

套管弹性失稳挤毁破坏形式如图 8-11 所示。假设弹性失稳变形初期，钻孔位移和变形微小，按照圆柱壳处理，根据 Donnell 稳定方程，其失稳平衡微分方程为

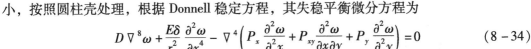

(a) 挤毁的开始　　(b) 后期压曲特性

1—套管初始截面；2—交替平衡位置；
3—继续变形后前期屈曲特性；4—继续
变形；5—较弱一侧压凹；6—弹性
失稳截面的最后形状

图 8-11　套管弹性失稳破坏形式

$$D\nabla^8\omega + \frac{E\delta}{r^2}\frac{\partial^2\omega}{\partial x^4} - \nabla^4\left(P_x\frac{\partial^2\omega}{\partial^2 x} + P_{xy}\frac{\partial^2\omega}{\partial x\partial y} + P_y\frac{\partial^2\omega}{\partial^2 y}\right) = 0 \tag{8-34}$$

式中　ω——垂直于套管截面的位移，mm；
　　　D——单位宽度套管的弯曲刚度；
　　　r,δ——套管的半径和厚度，mm；
　　　P——套管径向外压力，Pa。
其中：

$$D = \frac{E\delta^3}{12(1-\nu^2)} \tag{8-35}$$

$$\nabla^8\omega = \frac{\partial^8\omega}{\partial x^8} + 4\frac{\partial^8\omega}{\partial x^6\partial y^2} + 6\frac{\partial^8\omega}{\partial x^4\partial y^4} + 4\frac{\partial^8\omega}{\partial x^2\partial y^6} + \frac{\partial^8\omega}{\partial y^8} \tag{8-36}$$

$$\nabla^4 = \frac{\partial^4}{\partial x^4} + 2\frac{\partial^4}{\partial^2 x\partial^2 y} + \frac{\partial^4}{\partial y^4} \tag{8-37}$$

设套管长度为 L，直径为 D，承受外向压力 P 作用，有 $P_x=0$，$P_y=-\dfrac{P\delta}{2}$，套管管壁有环向压应力 $\sigma_\varphi = -\dfrac{q_2 D}{2\delta}$，则由式（8-32）可得：

$$D \nabla^8 \omega + \frac{E\delta}{r^2} \frac{\partial^2 \omega}{\partial x^4} + \sigma_\varphi \delta \nabla^4 \frac{\partial^2 \omega}{\partial^2 y} = 0 \qquad (8-38)$$

即

$$\omega = \omega_1 \sin \frac{m\pi x}{L} \sin \frac{ny}{r} \qquad (8-39)$$

式中　　m——套管轴向失稳半波个数，个；

　　　　n——套管径向失稳全波个数，个。

套管轴向失稳半波个数为 1 时，套管环向屈曲应力最小，由式（8-38）可得：

$$\sigma_{cr} = \frac{E}{3(1-\nu^2)} \left(\frac{\delta}{D}\right)^2 \left(\frac{\pi D}{2L} + n^2\right)^2 + E\left(\frac{\pi D}{2L}\right)^4 \frac{1}{n^2\left(\frac{\pi D}{2L} + n^2\right)} \qquad (8-40)$$

考虑套管长度远大于套管直径，则式（8-40）可简化为

$$\sigma_{cr} = \frac{E\delta^2(n^2-1)}{3(1-\nu^2)D^2} \qquad (8-41)$$

当 $n=2$ 时，套管环向屈曲应力有最小值，可得：

$$\sigma_{cr} = \frac{E}{1-\nu^2} \frac{\delta^2}{D^2} \qquad (8-42)$$

将式（8-32）代入式（8-41），可得：

$$P_{cr} = \frac{2E}{1-\nu^2} \frac{\delta^3}{D^3} \qquad (8-43)$$

式中　　σ_{cr}——套管环向屈曲应力，Pa；

　　　　P_{cr}——临界压力，Pa；

　　　　E——材料弹性模量，GPa；

　　　　δ——套管厚度，mm；

　　　　D——套管管径，mm；

　　　　ν——材料泊松比。

三、套管抗拉强度

套管由于自身重量，在其轴向存在着拉应力，当拉应力达到材料管壁材料的屈服应力时，套管可能产生破坏。其抗拉载荷的计算公式为

$$P_g = \pi(R^2 - r^2)\sigma \qquad (8-44)$$

式中　　P_g——抗拉载荷，N；

　　　　σ——管壁材料屈服强度，N/mm^2；

　　　　R, r——套管的外径和内径，mm。

四、钻孔套管参数的确定方法

矿井逃生钻孔施工完成之后，在垂直方向存在着由上层岩土重力引起的垂直应力，假设地层在水平方向的变形受到限制，应变为零，则在水平方向上的应力也由上层岩土产生。

垂直方向的应力随着底层密度和深度而变化，其计算公式为

$$\sigma_v = \int_0^H \rho(H) g \mathrm{d}H \qquad (8-45)$$

式中　　σ_v——由岩土上覆引起的垂直地应力，Pa；

　　　　$\rho(H)$——地层密度随地层深度变化函数；

　　　　g——重力加速度，m/s^2；

　　　　H——钻孔深度，m。

水平方向应力大小与垂直地应力大小正向相关，根据胡克定律可知：

$$\sigma_H = \frac{\nu}{1-\nu}\sigma_v = \frac{\nu}{1-\nu}\int_0^H \rho(H) g \mathrm{d}H \qquad (8-46)$$

式中　　σ_H——H深度下水平地应力，Pa；

　　　　ν——套管材料的泊松比。

套管质量计算方法见式（8-47）：

$$F_G = \rho_{套管} gH \frac{\pi(D\delta - 2\delta^2)}{2} \qquad (8-47)$$

式中　　F_G——套管质量，g；

　　　　$\rho_{套管}$——套管材料的密度，g/cm^3；

　　　　D——套管外径，mm；

　　　　δ——套管壁厚，mm。

第四节　王家岭煤矿逃生钻孔稳定性数值模拟

为验证王家岭煤矿逃生钻孔实施方案的可靠性，在钻孔开凿前，采用3D数值模拟软件对逃生钻孔钻进后护孔前后的应力、应变情况进行模拟，从而为工程的实施提供依据和指导。

一、钻孔物理模型的建立

根据王家岭煤矿逃生钻孔实际情况建立模型，如图8-12所示。围岩块体模型高320 m，上下地面长度均为30 m，模型包含29184个单元，58953个单元节点，钻孔中心处为坐标原点，垂直方向为z方向，水平方向为x、y方向。岩土体模型分为7层，分别为黏土、中粒砂岩、细粒砂岩、粉砂岩、砂质泥岩、泥岩和煤层等。其中，黏土、细粒砂岩和泥岩占围岩模型的绝大部分。为使模拟计算过程可行，忽略距离钻孔较远位置的岩土的变形，设置$x=15$ m与$x=-15$ m在x方向的位移为0，并设置$y=15$ m与$y=-15$ m在y方向的位移为0；约束模型底部（$z=-320$ m）面上的变形为0，即忽略钻孔底部的岩土垂直方向上的位移；设定加速度为10 m/s^2。

对设定边界条件之后的模型进行应力平衡计算，其结果如图8-13所示。由图可知，在垂直方向上模型应力呈梯度分布，应力分布、应力值与实际情况基本一致。

二、孔壁应力应变模拟结果分析

（一）护孔前钻孔应力及位移情况

图 8-12 王家岭煤矿逃生钻孔　　　图 8-13 应力平衡后围岩垂直
围岩模型建立　　　　　　　　方向上应力分布云图

钻孔开挖之后，垂直方向应力分布如图 8-14 所示。由图可知，在垂直方向，应力由钻孔表面至钻孔底部压力逐渐增大，其底部最大应力为 7.47 MPa。同时，因钻孔的开挖，在孔壁周边垂直方向应力比离孔壁较远区域的应力大。

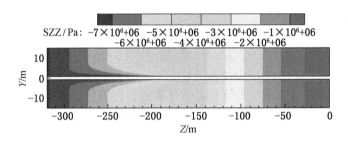

图 8-14 垂直方向应力分布

水平方向应力分布情况如图 8-15 所示。由图可知，水平方向最大应力为 3.15 MPa，最大水平应力位置发生在钻孔底部。Z 为 0 m、-100 m、-200 m、-300 m 截面的水平位移分布情况如图 8-16 所示。

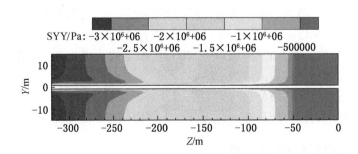

图 8-15 水平应力分布

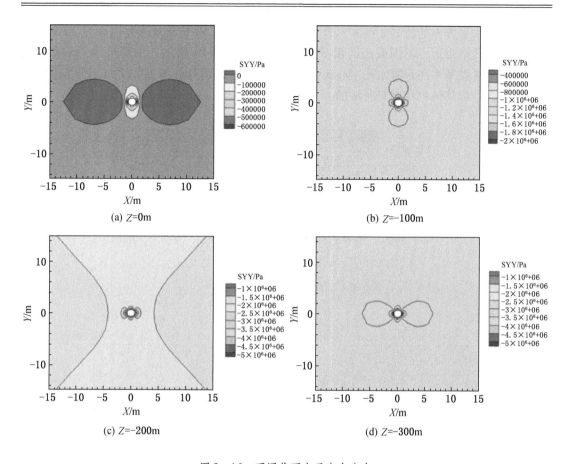

图 8-16 不同截面水平应力分布

由图 8-15、图 8-16 可知，在钻孔孔壁附近，由于受钻孔缩孔的影响，孔壁产生位移，应力得到释放，孔壁附近岩体的水平应力大于远离孔壁的岩体。在靠近地面附近的小部分区域，存在相反的情况，即孔壁周边的水平应力大于远离孔壁的岩体应力。主要原因是钻孔开挖之后，地面存在向下的塌陷，导致应力向钻孔壁集中，而孔壁的位移释放的应力小于地表沉陷所增加的应力，因此在靠近地表的小部分区域内，钻孔孔壁的水平应力增大。

岩体在垂直方向的位移如图 8-17 所示。由图可知，垂直方向上最大位移为 8.4 mm，主要分布在钻孔附近。在模型顶部及地面上钻孔附近垂直方向的最大位移为 4.5 mm。

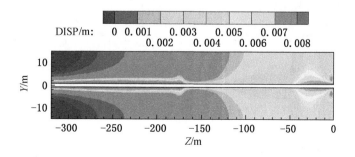

图 8-17 垂直方向位移分布

　　岩体在水平方向的位移如图 8 - 18 所示。由图可知，水平方向最大位移为 24.1 mm，主要在钻孔孔壁附近。不同截面的水平位移分布如图 8 - 19 所示。由图可知，钻孔孔壁位移较大的区域基本在距离钻孔中心 5 m 范围之内，且随着钻孔深度的增大，位移大的区域逐渐增大，位移值也相应有所增加。

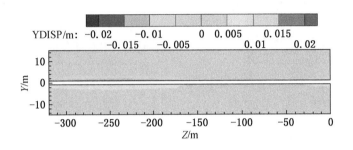

图 8 - 18　水平方向位移情况

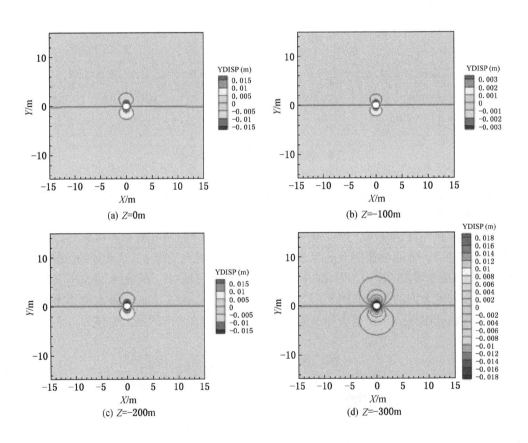

图 8 - 19　不同截面水平应力分布

（二）护孔后应力及位移情况

　　护孔后垂直方向最大应力为 7.3 MPa，最大位移为 8.36 mm，如图 8 - 20、图 8 - 21 所示。由图可知，护孔对垂直方向的应力和位移最大值并无太大的影响，但护孔后，孔壁垂直方向应力集中情况有所改变，位移的影响范围也较护孔前小，且最大位移主要集中在混凝土与岩体交界区域。

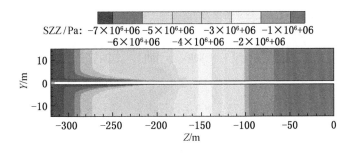

图 8-20　护孔后垂直方向应力分布

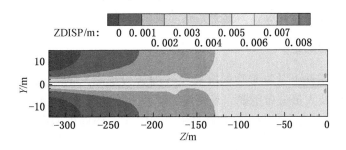

图 8-21　护孔后垂直位移应力分布

护孔后水平方向最大应力主要分布在钻孔底部上方 100 m 附近的区域，集中于在钻孔和支护之间的剖面上，最大应力为 3.15 MPa，如图 8-22 所示。由图 8-23 可知，水平方向最大位移为 4.2 mm，位移远小于护孔之前的 24.1 mm，且发生位移的岩土范围也较护孔之前小。通过模拟可知，护孔后钻孔孔壁位移降低约 70%，具有较好的稳定性。

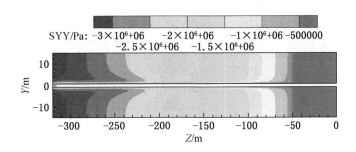

图 8-22　护孔后水平方向应力分布

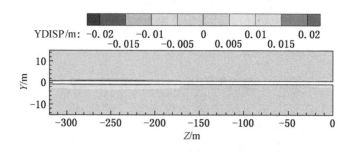

图 8 – 23　护孔后水平方向位移分布

第五节　王家岭煤矿逃生钻孔的构建

根据本章前文研究结果，本节针对王家岭煤矿的实际情况，对逃生钻孔参数、施工工艺、固井套管强度等进行确定，为逃生钻孔的实施提供依据。

一、钻孔参数的确定

按照国家《煤矿井下紧急避险系统建设管理暂行规定》的相关要求，综合考虑巷道地质条件、工作面及人员分布情况、采掘接续等井下情况以及钻孔地层地质条件、地面地形情况等因素，确定王家岭煤矿避难硐室位于 20106 工作面外两条进风主巷之间，如图 8 – 24 所示。

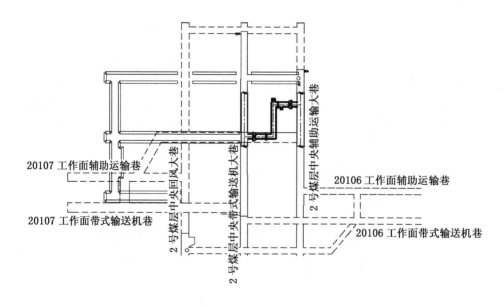

图 8 – 24　逃生钻孔型避难硐室选址

本节研究的救援提升舱外径为 540 mm，考虑钻孔外的导向轮尺寸、舱体与孔壁套管的空间、现有钻具及套管尺寸等因素，设计逃生钻孔孔径为 960 mm，最终成孔孔径为 790 mm，钻孔孔身结构如图 8－25 所示。

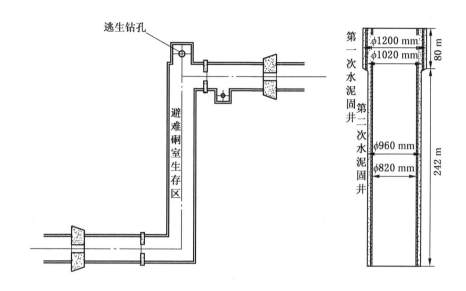

图 8－25　避难硐室内逃生孔布置及孔身结构

二、钻孔施工工艺

逃生钻孔要求精确打入避难硐室内部设计区域，成孔孔径大、钻进深度深，且对孔斜控制要求较大。为确保钻孔的精确度，控制钻孔斜度，采用多级成孔的方式钻孔，先钻井小直径前导孔，后逐级扩孔至目标孔径。以本书研究成果应用矿井王家岭煤矿为例，所开凿的逃生钻孔孔深为 317 m、成孔孔径为 790 mm，其具体工艺流程如下。

（一）钻井定位与安装

钻机的定位与安装对钻孔的顺利施工及孔偏斜率有很大的影响，钻机安装时应将钻井的混凝土基座安装在坚固的岩石上，若现场条件不能满足要求时，应根据工程实际情况，将地基进行加固处理。为保证钻机与钻机基座之间作用的有效传递，将钻孔通过地角螺栓等方式安装在基座上，调整钻机机架与基础面垂直，防止钻机偏移震动对钻杆钻头等设备损坏。

（二）一开第四系覆盖层入基岩

王家岭煤矿逃生钻孔钻进过程中，自上而下揭露的地层情况见表 8－3。由表可知，第四系覆盖层为表土层，主要岩性为黄土，硬度较低且结构松散，井壁结构不稳定，易发生垮塌、掉块等现象。一开时采用 φ1200 mm 钻头进行钻进，多点测斜仪监测井斜，钻至基岩后钻孔内下套管并用水泥固井。

（三）前导孔钻进及逐级扩孔

表 8-3　逃生钻孔综合地层表

地 层 系 统			主 要 岩 性
系	统	组	
第四系 Q			黄　土　层
K	上统 P₂	上石盒子组 P₂s	岩性主要以紫色泥岩、砂质泥岩及浅灰粉色粉砂岩组成。砂质泥岩多为紫红色，粉砂岩、砂岩多为黄绿色。底部 K10 砂岩与下石盒子组呈整合接住
	下统 P₁	下石盒子组 P₁s	岩性主要以泥岩、砂质泥岩，含中细粒砂岩。底部 K8 砂岩为浅灰色。局部含菱铁矿，夹煤线
		山西组 P₁s	岩性主要以灰色、深灰色、灰黑色粉砂岩、泥岩与浅灰色细粒砂岩、中砂岩及煤互层
		太原组 C₃ₜ	

二开前导孔采用 ϕ244 mm 钻头施工，钻至避难硐室内部后进行逐级扩孔。一级扩孔采用 ϕ400 mm 钻头钻进，二级扩孔采用 ϕ700 mm 钻头钻进，三级扩孔采用 ϕ960 mm 钻头钻进。前导孔及逐线扩孔钻进参数见表 8-4。

表 8-4　前导孔及逐级扩孔钻进参数

井段/m	钻头/mm	钻压/kN	转速/(r·min⁻¹)	泵量/(L·min⁻¹)
79~310.04	ϕ244	16~20	43~63	1400
79~310	ϕ400	40	63	1400
79~309.06	ϕ700	40~60	43~63	1400
79~309	ϕ960	40~70	43~63	1400

钻进过程中每 10 m 测孔斜一次，保证孔偏移不超过 0.3 m；每 100 m 丈量钻具校正井深。

（四）成孔及固孔

逐级扩孔结束后，放无缝钢套管，套管与钻孔之间用水泥密封。

三、钻孔套管强度的确定

王家岭煤矿逃生钻孔所穿岩层主要力学参数见表 8-5。为考虑较大安全系数，在进行水平应力计算时，取岩层泊松比 ν 为最大值 0.5，则可得水平方向最大应力 σ_H 为 -7.08 MPa。

套管外径由使用需求和钻孔尺寸决定。按屈服挤毁强度计算套管强度，套管外径为 820 mm，外部挤压应力为 -7.08 MPa，则可得

$$[\sigma]\delta > 2901.8 \qquad\qquad (8-48)$$

式中　$[\sigma]$——材料屈服强度，MPa；

　　　　δ——套管厚度，mm。

表8-5 王家岭煤矿逃生钻孔所穿岩层主要力学参数

名 称	密度/ $(kg \cdot m^{-3})$	体积模量/ MPa	剪切模量/ MPa	内摩擦角/ (°)	内聚力/ MPa	抗拉强度/ MPa
黏土	1800	19.0	17.2	25	2.00	0.58
中粒砂岩	2300	274	84.6	24	7.30	0.42
细粒砂岩	2400	449	128	33	8.00	6.88
粉砂岩	2400	305	70.1	30	0.80	0.25
砂质泥岩	2600	422	141	28	0.75	0.30
泥岩	2200	130	56.5	27	5.83	0.26
煤层	1370	40.0	24.0	22	3.50	0.16

按弹性失稳挤毁强度计算套管强度，套管尺寸为820 mm，弹性模量取206 GPa，泊松比取0.28，外部压应力为 -7.09 MPa，则可得

$$\frac{[\sigma]}{\delta} > 0.001 \qquad (8-49)$$

按抗拉强度计算套管强度，取套管钢材密度为7850 kg/m³，钻孔套管深度为317 m，重力加速度 g 为 10 m/s²，则计算可得

$$[\sigma] > 24.39 \text{ MPa} \qquad (8-50)$$

由计算结果可知，逃生钻孔套管的屈服强度与管壁厚度应当满足式(8-48)至式(8-50)的要求，结合现有套管标准规格尺寸，确定套管采用 Q345 钢，套管外径为820 mm，管壁厚度为15 mm。

第九章　应急救援装备

应急救援装备车与具有地面供给钻孔和逃生钻孔的避难硐室相配套，为井下避难硐室提供地面紧急救援。应急救援装备车包括车载紧急救援移动站和车载紧急救援提升系统，其中车载紧急救援移动站主要通过地面供给钻孔为井下避难硐室提供风、电、水及流食的供给，车载紧急救援提升系统可通过地面逃生钻孔将井下避难硐室中被困人员从井下提升到地面脱离危险。

第一节　车载紧急救援移动站

车载紧急救援移动站主要用于在地下矿井发生事故需紧急避险时，为地下紧急避难硐室提供水、风、电、通信等紧急救援需求，同时为地面车载紧急救援提升系统提供动力。车载紧急救援移动站主要包括供电系统、供水系统、压风系统、通信系统以及照明系统。

一、供电系统

（一）供电载荷理论计算
整个避难硐室内用电设备见表9-1。

表9-1　避难硐室内用电设备明细

名　　称	数量/台（盏）	功率（每台）/W
空气净化器	2	60
七合一	5	10
应急照明灯	12	1.8
矿用隔爆荧光灯	12	12
电视、广播控制柜	1	55
电视	1	127
隔爆型光纤摄像仪	2	12
井下人员定位系统读卡分站	1	10

为保证避难硐室内部设备在灾变情况下的正常运行，硐室内部除了正常与井下变电所电缆连接，还采用另一套独立供电系统，将矿用阻燃动力电缆通过钻孔连接至地面。钻孔地面用电设备明细见表9-2。

表9-2　钻孔地面用电设备明细

名　　称	数量/台	功率/kW
车载救援提升系统	1	75
ZHD-300型直通电话调度系统	1	55
螺杆式空气压缩机	1	55

（二）供电系统的选型配备

供电系统主要包括柴油发电机组一台、发动机一台、GU640CC控制器一台、KSG系列矿用隔爆型干式变压器一台。柴油发电机组由柴油机、三相交流无刷同步发电机、控制箱（屏）、散热水箱、联轴器、燃油箱、消声器及公共底座等组件组成整体。本次车载紧急救援移动站供电系统选用的发电机组机型为RH-350，该机具有技术经济指标先进、结构紧凑、体积小、功率大、零部件通用性高、工作安全可靠、操作维修方便等特点。发电机参数见表9-3。

表9-3　柴油发电机组

项　目	参　数	项　目	参　数
型号	RH-350	外形尺寸（长×宽×高）/（mm×mm×mm）	3100×1100×1630
额定电压/V	400	功率因素PF	0.8
频率/Hz	50	相数PHASE	3
额定转数/（r·min⁻¹）	1500	质量/kg	3800
额定功率/kW	350	—	—
额定频率/Hz	50	—	—
额定电流/A	630		

其内部三相交流无刷同步发电机主要技术参数见表9-4。

表9-4　交流同步发电机技术参数

项　目	参　数	项　目	参　数
型号	HDQ-360	额定频率/Hz	50
额定电压/V	400	额定电流/A	648
频率/Hz	50	功率因素PF	0.8
额定转数/（r·min⁻¹）	1500	相数PHASE	3
额定功率/kW	360	—	—

柴油发电机组如图9-1、图9-2所示。

由以上数据可知，该柴油发电机组的发电额定功率为350 kW，大于永久避难硐室与地面紧急救援系统设备供电总功率156.73 kW，满足设计需求。

图 9 - 1　柴油发电机组　　　　　　图 9 - 2　柴油发电机组控制屏

变压器采用 KSG 系列矿用隔爆型干式变压器，其基本参数、技术数据见表 9 - 5、表 9 - 6。

表 9 - 5　变 压 器 基 本 参 数 表

项　　目	参　　数	项　　目	参　　数
型号	KSG - 15KVA	频率特性	低频
冷却形式	干式	绕组形式	三绕组
防潮方式	密封式	铁芯形状	E 型

表 9 - 6　变 压 器 技 术 数 据 表

容量/(kV·A)	额定电压/V 初级	额定电压/V 次极	额定电流/A 初级	额定电流/A 次极	空载损耗/W	负载损耗/W	空载电流/A	阻抗电压/V
2.5	660	133	2.19	10.85	45	81	14	4
	380	127	3.80	11.38				
4.0	660	133	3.50	17.35	55	125	12	4
	380	127	6.06	18.90				

图 9 - 3　KSG 系列矿用隔爆型干式变压器

KSG 系列矿用隔爆型干式变压器如图 9 - 3 所示。

二、流食供给系统

流食供给系统主要用于当地下避难硐室内部供水系统出现故障、内部食物供给出现不足时，作为备用水源及食源为地下避难硐室提供生命生存所需的紧急用水与能量。

流食供给系统主要包括流食供给设备、水箱。流食供给设备的动力选用 15 m 扬程真空吸水泵供给，水箱容积为 600 L，流食储存设备选用保温罐。流食管采用内径为 25 mm、外径为 32 mm、壁厚为 3.5 mm 的钢管，采用活接加焊接连接管线。

液体经过流食管输送到避难硐室时，由于流体的重力作用，到达硐室内部时流体的动压、静压均较大，在硐室内部安设减压、缓冲装置，确保流食输送的安全可靠。流食供给系统理论分析如下。

（一）储水箱大小计算

规定人员避险状态日饮用水不少于 1.5 L/（天·人）。王家岭煤矿避难硐室的额定服务人数为 100 人，永久避难硐室应保证 1.2 的富余系数，则计算硐室每天需水量 180 L。考虑到相关要求的额定防护时间不低于 96 h，则王家岭煤矿避难硐室保证最低防护时间所需水量 540 L。

根据理论计算可以知道，地面流食供给系统的最小供水量为 540 L，而本次车载紧急救援移动站选用 600 L 的储水罐可以满足对地下避难硐室的紧急供水需求。

（二）水击压强理论计算

避难硐室通过钻孔为避难人员提供流食供给，延长避难人员等待救援时间。管道在输送流体时会产生不稳定流的情况，即产生所谓"水击"现象。水击的冲击力会引起管道系统中高压与低压的产生，形成超压和气穴，损坏管道结构。因此防止和减少系统不稳定流的发生，减少水击的破坏作用，保证避难硐室流食供给输送系统安全稳定的运行十分重要。

水击压强计算见式（9-1）、式（9-2）。

$$\Delta P = \rho c v_0 \tag{9-1}$$

式中　ΔP——水击压强，MPa；

　　　ρ——流体密度，kg/m³；

　　　c——水击波速度，m/s；

　　　v_0——流体速度，m/s。

其中：

$$c = \frac{\sqrt{K/\rho}}{\sqrt{1 + \left(\dfrac{Kd}{E\delta}\right)}} \tag{9-2}$$

式中　K——流体体积模量，Pa；

　　　E——材料弹性模量，Pa；

　　　d——管道直径，mm；

　　　ρ——流体密度，kg/m³；

　　　δ——管道壁厚，m。

通过理论计算，王家领避难硐室流食供给系统水击压强为 125 MPa。水击压力很大，在兆帕级，因此需要减弱水击压强。

（三）防止水击危害的措施

流食供给输送系统须采取适当措施，从而防止或减弱水击的现象对管道产生的影响。

1. 阀门开关控制

通过延长阀门开关闭时间，控制水击压强的上升速度，将直接水击改变为间接水击。间接水击时最大水击压强小于直接水击。

2. 弹性控制

通过水击压力与水击波传播速度有关。减小水击波速度就能减小水击压力。在液体已确定的情况下，为了减小水击压力，可以采用大管径薄壁厚的管道。增大管径减小流速，可以部分地减小水击压强。由于本系统采用垂直输送，管道内速度与管径无关，与管道性质有关，所以通过选择富于弹性的高压胶管，吸收冲击能量减轻水击。

3. 减压缓冲控制

管路设置减压阀和缓冲罐，在水击发生瞬间，将其引入缓冲罐，起到缓冲减压作用。流食供给减压缓冲控制如图 9 - 4 所示。

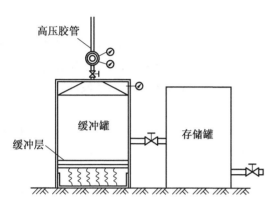

图 9 - 4　流食供给减压缓冲控制

三、供风系统

供风系统主要用于在地下避难硐室内部供风系统出现故障时，作为备用风源为井下避难硐室提供紧急避难用风。

（一）空气压缩机选型对比分析

1. 活塞式空气压缩机

工作原理：活塞式压缩机的工作室由一个有活塞在其内作往复运动的气缸所组成。对于螺杆式压缩机，其工作室则由一对斜齿的转子副的齿槽所组成。如果利用壳体在两端及外周的表面把槽空间封闭，当转子转动时，在齿槽间输送的气体容积变小，理论上可将气体压缩至任意高的压力。

优点：活塞式空压机生产成本低、价格便宜。

缺点：①体积大，占地面积大；②机组重量大；③噪声大；④维修工作量大；⑤操作复杂，运行成本高。

2. 螺杆式空气压缩机

工作原理：螺杆式压缩机是一种按容积变化原理而工作的双轴回转式压缩机。其工作原理和一般已知的活塞式压缩机类似，即待压缩的气体被吸入至工作室，工作室随即关闭及缩小空间，被压缩气体在其内经受一种多变压缩过程。当工作室内的气体达到预期的压力时，工作室立即与压出管接通，工作室再继续缩小空间，受压缩的气体便被排出至排气管道内。

优点：①机组重量轻；②体积小，占地面积小；③噪声低；④自动化程度高；⑤维护量小；⑥运行费用低。

缺点：螺杆式空气压缩机制造难度大，价格高，用户一次性投资大。

空压机基本技术参数见表 9 - 7。

表 9 - 7 空压机基本技术参数表

项　目	参　数	项　目	参　数
型号	JN55 - 3	电机功率/kW	55
额定电压/V	380	外形尺寸（长×宽×高）/（mm×mm×mm）	2990×1710×2000
频率/Hz	50		
排气压力/MPa	0.3	噪声/dB	72
排气接口	DN65	质量/kg	2850
排气量/（m³·min⁻¹）	17.49		

通过一系列对比分析，考虑到车载紧急救援移动站的使用特性，以及螺杆式空气压缩机具有重量轻、体积小、噪声低、自动化程度高等优点，十分符合车载紧急救援移动站的需求特点。因此在设计中采用了方案 2 中的螺杆式空气压缩机作为地面供风系统的主要设备。

（二）供风控制系统研究

地面钻孔供风原理如图 9 - 5 所示。由于管路内的压缩空气具有较高的压力和流量，不能直接用于呼吸，所以必须经过减压、节流使其达到适宜人体呼吸的压力和流量值。

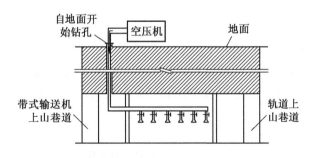

图 9 - 5 地面钻孔供风原理示意图

压风通过压风控制箱进行压力、流量控制，出风口安装有消声器和散流器达到减压、均匀布风目的。压风控制箱的进气压力为 0.3 ~ 0.7 MPa，通过控制柜保证其终端出气压力为 0.1 ~ 0.2 MPa。压风控制系统如图 9 - 6 所示。

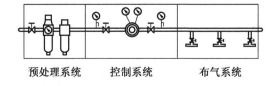

图 9 - 6 压风控制系统

四、通信系统

在地面供给钻孔中预先装备了通信电缆，地面紧急救援队可通过该通信电缆与井下避难硐室保持实时联系，以确保整体救援工作协调一致。由于该通信电缆是从地面供给钻孔直接连接的，所以可以在井下通信系统被破坏的情况下仍保证地面与避难硐室内的信息交互不间断。地面通信设备采用 ZHD – 300 型直通电话调度系统 1 台以及矿用防爆电话 3 台，如图 9 – 7 所示。

图 9 – 7　地面通信设备示意图

五、照明系统

（一）照明系统理论计算

参考《民用建筑照明设计标准》（GB/J 133—1990）中关于露天场所不同作业类型的照度规范，见表 9 – 8。地面紧急救援工作属于间断使用仪表的露天作业，根据该标准要求，照度范围应在 10 ~ 20 lx 之间。

表 9 – 8　露天作业场所照度要求

	类　别	规定照度的平面	照度范围/lx
露 天 作 业	视觉要求高的作业	作业面	30 ~ 75
	用眼睛检查质量的金属焊接	作业面	15 ~ 30
	用仪器检查质量的金属焊接	作业面	10 ~ 20
	间断检查仪表	作业面	10 ~ 20
	装卸工作	地面	5 ~ 15
	露天堆场	地面	0.5 ~ 2

照度计算公式为

$$平均照度 = \frac{光源总通光量 \times 利用系数 \times 维护系数}{区域面积} \tag{9 – 3}$$

式中，室内利用系数一般取 0.4，室外取 0.3；维护系数一般取 0.7 ~ 0.8。

根据计算，地面紧急救援平台的平均照度为 63.8 Lx，满足露天作业的工作标准。

（二）照明系统的选型配备

GAD506 - F 大型升降照明装置由照明灯具部件、气动升降部件、发电机部件、控制部件、行走支架部件五大部分组成。

1. 照明灯具部件

照明灯具部件主要是采用 4 个 500 W 灯具集中固定在灯盘上，可手动调整以实现大面积范围的各种角度照明。

照明灯具部件主要技术参数见表 9 - 9。

表 9 - 9　照明灯具部件主要技术参数表

项　目	参　数	项　目	参　数
工作电压/V	220	平均使用寿命/h	2000
灯头功率/W	4 × 500	质量/kg	5

照明灯具示意图如图 9 - 8 所示。

图 9 - 8　照明灯具示意图

2. 气动升降杆部件

气动升降杆部件采用三级高强度铝合金升降气杆，最大升起高度为 4.5 m，由专用气泵控制升降，以实现不同范围照明。

升降灯杆部件的主要技术参数见表 9 - 10。

表 9 - 10　升降灯杆部件的主要技术参数表

项　目	参　数	项　目	参　数
最小高度/m	1.8	下降时间/s	≤50
最大升起高度/m	4.5	质量/kg	15
上升时间/s	≤40	—	—

3. 发电机部件

发电机部件采用 EC2500CX 型本田发电机。当工作灯使用发电机作为电源时，发电机组一次充满燃油连续工作时间可达 13 h，在有市电的场合可直接使用市电满足长时间的照明需要。

发电机部件的主要技术参数见表 9 – 11。

表 9 – 11　发电机部件的主要技术参数

项　目	参　数	项　目	参　数
额定输出电压/V	200	型号	四冲程空冷式
一次充满燃料续航时间/h	13	噪声水平/dB	65
外形尺寸（长×宽×高）/（mm×mm×mm）	680×500×550	质量/kg	65
		—	—
启动方式	手动式		

图 9 – 9　照明系统发电机

照明系统发电机如图 9 – 9 所示。

4. 控制部件

控制部件由无线遥控器和接收系统组成。使用无线遥控器可实现 50 m 范围内控制每盏灯的开启和关闭。

5. 行走支架部件

行走支架部件既可以采用万向轮，在坑洼不平的碎石路面上方便移动，也可根据用户需求选装铁轨轮，满足在铁轨上的运行，方便安全。

第二节　车载紧急救援提升系统

车载紧急救援提升系统在地面紧急救援工程中主要承担由地面钻孔对井下避难硐室实施提升救援的工作任务，其中包含独立的起重装置和提升装置，具有可随车行走的特点，能同时覆盖多钻孔，方便快捷、经济适用性较强。

一、提升方案选择

（一）地面设备布置

王家岭煤矿救援逃生系统地面提升设备布置方案有以下两种：

1. 方案一

方案一布置内容包括：地面布置提升机房及井口设施；井口上方设置井架、绞车、天轮等；利用固定设备设施进行单绳缠绕式提升，并配备专用的提升式救生舱。方案一布置平面图如图 9 – 10 所示。

2. 方案二

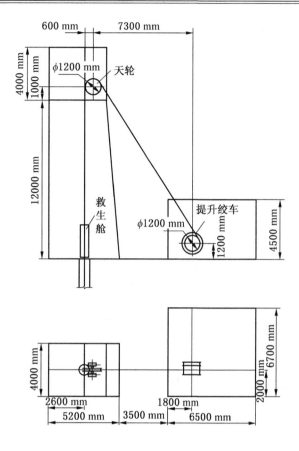

图 9 - 10 提升钻孔系统地面设备平面图（方案一）

方案二布置内容包括：地面的固定设施仅配备井口设施；提升设备使用石家庄煤矿机械有限责任公司设计制造的车载救援提升装备；将提升绞车、起重机、井架、电气设备、控制台、提升容器等设备整合配置于载重汽车上。方案二装备示意图如图 9 - 11 所示。

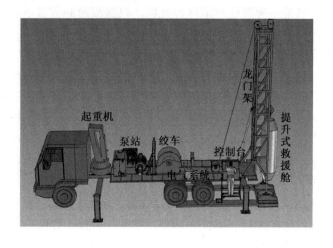

图 9 - 11 提升钻孔系统地面车载救援提升装备示意图（方案二）

　　对方案一和方案二进行对比可知，采用地面提升机房需要一定的基础配套设施，如供电设备、供水设备，还需配备专业人员进行值班和定期维护，费用相对较高；而采用车载提升系统成本相对较低，且可覆盖多矿区，但是设计比较复杂，可靠性较低，对工艺要求比较严格。地面提升方案对比见表9-12。

表9-12　地面提升方案对比

方　案	名　称	特　点	优　势	劣　势	成　本
一	地面固定提升设备	配备专用提升机房，可作为小型井口使用	安全稳定，便于维护	占地面积大，基础设施多	较高
二	车载救援提升设备	车载可移动装备，高效便捷，随时调用	防护范围大，覆盖多矿井	日常维护不便，工艺要求高	一般

　　根据王家岭煤矿地面条件，综合考虑其经济适用性以及多矿区可能需要的钻孔救援，王家岭煤矿避难与钻孔逃生救援系统提升设备最终采用车载救援装备车。

　　（二）提升方式的选择

　　矿井提升系统主要由提升机、提升钢丝绳、提升容器、井架或井塔、天轮或导向轮以及装卸载设备、井筒罐道和井口设施等组成。适合提升钻孔的立井提升方式主要有以下几种：

　　1. 立井单绳缠绕式提升

　　立井单绳缠绕式提升系统又分箕斗提升系统和罐笼提升系统。单绳缠绕式提升机的工作原理是将两根钢丝绳的一端以相反的方向分别缠绕并固定在提升机的两个滚筒上，另一端绕过井架上的天轮分别与两个提升容器连接。通过电动机改变滚筒的转动方向，可将提升钢丝绳分别在两个滚筒上缠绕和松放，以达到提升或下放容器，完成提升任务的目的。

　　单绳缠绕式提升机是一种圆柱形滚筒提升机，根据滚筒的数目不同，可分为双滚筒和单滚筒两种。双滚筒提升机的两个滚筒在与轴的连接方式上有所不同。其中一个滚筒通过楔键或热装与主轴固接在一起，称为固定滚筒；另一个滚筒滑装在主轴上，通过离合器与主轴连接，称为游动滚筒。单滚筒提升机只有单个滚筒，一般只用于单钩提升。如果单滚筒提升机作双钩提升，则要在一个滚筒上固定两根缠绕方向相反的提升钢丝绳。提升机运行时，一根钢丝绳向滚筒上缠绕，同时另一根钢丝绳松放。其优点是滚筒钢丝绳表面得到了充分的利用，从而使得提升机的体积和重力较小；缺点是用作双钩提升时，两个容器分别在井口和井底水平的位置不易调整。

　　2. 多绳摩擦式提升

　　多绳摩擦式提升系统分为塔式和落地式，载荷由多根钢丝绳承担，耗电低，安全性高。其缺点为数根钢丝绳的悬挂、更换、调整、维护、检修工作复杂，而且当一根钢丝绳损坏需要更换时，其他钢丝绳也需要更换，故不能调节绳长；在超深井中，钢丝绳应力波动较大。多绳摩擦提升设备适用于提升重量大，井筒比较深的矿井。

由于受王家岭煤矿避难硐室地表地形限制，要求提升装置地表占地面积小，同时硐室深度为 317 m，利用立井单绳缠绕式提升即可满足需求，所以选用立井单绳缠绕式提升方式。

二、车载救援提升装备设计

车载救援提升设备是指将固定式救援提升设备加装在随车起重运输上，实现可移动式的煤矿井下事故钻孔提升救援。当事故发生后，救援车可对较重救援物资进行快速装车，迅速驶入事故现场到达井口，并通过提升系统将带有音频视频监控系统的提升式救援舱运往井下，实时跟踪监控被救人员状况，救生舱内配有氧气供给装置，保证被困人员安全。该救援提升设备集救援、行走装运于一身，机动性强、提升速度快，可为钻孔救援提供有力支持，争取宝贵时间。

整个系统采用车载式结构，包括随车起重机、动力泵站、提升绞车操作台、龙门架体、救援舱等部件。各组成部分集成在起重运输车底盘上，结构紧凑、便于运输。车载救援提升设备如图 9 - 12 所示。

当矿井发生灾难，需要通过提升钻孔进行人员提升或应用与其他钻孔救援时，救援车利用随车起重机对救援物资进行装车，前往提升钻孔井口，利用液压设备升起龙门架，起到井架作用。车载救援提升设备工作状态如图 9 - 13 所示。

图 9 - 12　车载救援提升设备　　　　　图 9 - 13　车载救援提升设备工作状态

（一）绞车

车载救援提升设备配备的绞车为液压绞车，主要由卷筒、排绳器、马达、蓄能器、安全闸和工作闸组成。绞车制动采用多重制动，由变量马达和工作闸、安全闸组成安全回路，并在回路中配有蓄能器，可以在泵意外失压时，工作闸、安全闸能同时刹住提升卷筒，具备安全性。绞车还配备监测系统，可实时监测钢丝绳拉力和绳速。

1. 卷筒

卷筒由变量马达驱动，通过恒功率变量泵和变量马达容积节流调速，实现绞车提升速度的无级变速，最大提升能力为 40 kN，最大提升速度为 120 m/min，最大下降速度为 240 m/min。同时，卷筒采用有绳槽设计，配备排绳器，便于缠、放绳。

2. 制动器

绞车采用多重制动，一重制动为马达自带制动器制动，二重制动为工作闸制动，三重制动为安全闸制动。正常工作时，采用工作闸制动，可以实现提升系统柔性刹车，避免产生冲击对救援舱内人员造成伤害，以及对救援舱内救援设备和钢丝绳造成破坏；正常停车时，由马达制动器制动。绞车卷筒如图 9 - 14 所示。

当遇到紧急情况时或司机有事离开操作台时，按下急停或关闭工作闸和安全闸电气开关，马达制动器、工作闸、安全闸全部参与制动，实现紧急制动或驻车制动。蓄能器的作用是可以降低液压回路中的压力脉动，并能在液压泵意外失压无法正常工作时提供一定的储存能量，工作闸、安全闸能同时刹住卷筒，保证安全，储存能量保证在 10 min 内可正常制动 3~4 次。绞车制动器如图 9 - 15 所示。

图 9 - 14　绞车卷筒示意图

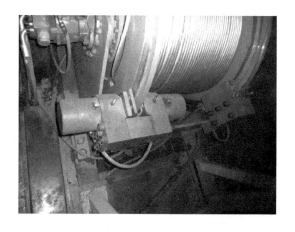

图 9 - 15　绞车制动器示意图

图 9 - 16　QYS - 8ZⅢ型随车起重机

（二）起重机

随运输车配备的 QYS - 8ZⅢ 型折臂式随车起重机可快速装运重型救灾物资，并在地面紧急救援提升系统中作为主要机动设备，保障提升的安全可靠。其传动方式采用全液压传动。液压系统有加热器和散热器，可在严寒或酷热天气下施工，适用范围广。该起重机最大起升载荷 8000 kg，最大起升高度 11.6 m（距横梁底面），最大工作幅度 9.76 m，自重 3250 kg。QYS - 8ZⅢ 型随车起重机如图 9 - 16 所示。

1. 主要技术参数

QYS - 8ZⅢ型随车起重机主要技术参数见表 9 - 13。

表 9 - 13   QYS - 8ZⅢ型随车起重机主要技术参数

参　　数	单　　位	参　　数　　值
最大起升力矩	kN·m	160
最大起升载荷	kg	8000
最大工作幅度	m	9.85
最大起升高度	m	12.7（底盘车大梁高 1 m 时）
变幅角度	(°)	-49 ～ +75
回转角度	(°)	±360 连续
额定工作压力	MPa	30
起重机质量	kg	3500

2. QYS - 8ZⅢ型随车起重机起重特性曲线

QYS - 8ZⅢ型随车起重机起重特性曲线如图 9 - 17 所示。

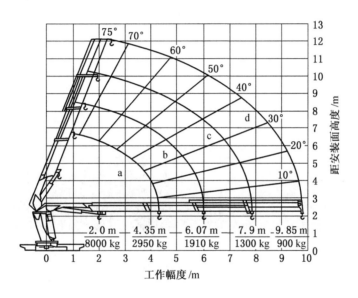

图 9 - 17   QYS - 8ZⅢ型随车起重机起重特性曲线

3. QYS - 8ZⅢ型随车起重机额定起升质量

QYS - 8ZⅢ型随车起重机额定起升质量见表 9 - 14。

表 9 - 14   QYS - 8ZⅢ型随车起重机额定起升质量表

臂长/m	幅度/m								
	2	3	4	5	6	7	8	9	9.85
	额定起升质量/kg								
4.62	8000	4700	3300	—	—	—	—	—	—
6.34	—	4650	3250	2500	1950	—	—	—	—
7.17	—	4600	3200	2450	1900	1550	—	—	—
10.12	—	—	3150	2400	1850	1500	1250	1050	900

图 9 - 18　液压泵站

（三）其他设备

1. 液压泵站

液压泵站由电动机、联轴器、双联变量泵组成，主泵为绞车马达、起塔油缸和井口板油缸供油，辅泵为安全闸、工作闸和蓄能器等供油。液压泵站如图 9 - 18 所示。

2. 龙门架

龙门架使用液压缸起降，净高大于 7.25 m，可满足救援舱起降。其顶部装有监测系统，可实时测量系统的提升力和救援舱速度，同时主操作台仪表可显示提升力、救援舱速度和深度等参数，方便操作人员掌握提升系统的运行情况。龙门架如图 9 - 19 所示。

图 9 - 19　龙门架

3. 操作台

操作台由操作手柄、监测系统仪表、各部压力表、油温表、电器开关及仪表等组成。操作人员在主操作台可以控制整个系统的工作。操作台采用可翻转工作台，便于操作和运输，如图 9 - 20 所示。

三、提升系统理论计算与分析

（一）最大提升高度理论计算

缠绕式提升机是把钢丝绳的一端固定并缠绕在提升机卷筒上，另一端绕过天轮连接到提升容器上，当卷筒的转动方向不同时，将钢丝绳缠上或放下。

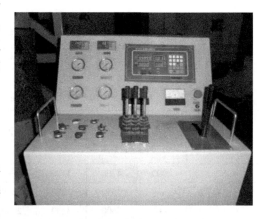

图 9 - 20　操作台

缠绕式提升机的最大提升高度受钢丝绳允许的最大静载荷与缠绕面积的限制，但最小提升高度不受限制。

缠绕式提升机的最大提升高度 H_{max} 的计算式为

$$H_{max} \leqslant L_0 - \frac{Q - Q_r}{p} \tag{9-4}$$

其中，$L_0 = \dfrac{\sigma_b}{m\rho_o g}$。

缠绕面积的限制：

$$S = \frac{H_{max}(\pi B D n_c)}{d} \tag{9-5}$$

式中　　m——钢丝绳安全系数，根据安全规定选定；

g——重力加速度，m/s^2；

ρ_o——钢丝绳的密度，对于常用点接触圆钢丝绳可视为常数，kg/m^3；

σ_b——钢丝绳公称抗拉强度，Pa；

p——钢丝绳每米长度质量，kg/m；

Q——容器载重，kg；

Q_r——容器自重，kg；

B——卷筒宽度，m；

D——卷筒直径，m；

n_c——钢丝绳缠绕层数；

d——钢丝绳直径，m；

L_o——长度，m；

S——缠绕面积，m^2；

H_{max}——最大提升高度，m。

根据理论计算，车载提升系统中缠绕式提升机的最大提升高度为458 m，大于钻孔深度317 m，符合设计要求。

（二）提升速度理论计算

提升速度是提升设备选型的一个重要参数。提升速度的大小直接影响到一次提升循环时间、一次提升量和提升容器的选型。而提升容器的大小又影响到提升钢丝绳的直径、提升机滚筒的直径、电动机功率及提升设备的电耗和效率，从而直接影响到矿井的基本建设及设备的运转费用。同时提升速度也关系到提升功能的实现和安全性的保证。

1. 最大提升速度

根据《煤矿安全规程》，立井最大提升速度应满足式（9-6），且 $V_{max} \leqslant 16\ m/s$。因此，针对提升钻孔317 m的深度，计算得出最大提升速度 $V_{max} = 8.9\ m/s$。

$$V_{max} = \sqrt{H} \tag{9-6}$$

2. 最小提升速度

根据避难硐室的设计人数、防护时间，提升钻孔系统需在24 h内完成100人救援提升工作。因此，结合提升钻孔深度、进出提升容器时间，得出最小提升速度计算公式，经过计算，提升或下降的最低速率 $v = 1.4\ m/s$。

$$\alpha\left(2\frac{H}{v}+t_1+t_2\right)\varepsilon=t_总 \tag{9-7}$$

式中　ε——时间富余系数，取 1.15；

　　　α——救援提升总人数，取 100 人；

　　　H——提升钻孔深度，取 317 m；

　　　t_1——避险人员进入提升容器时间，取 150 s；

　　　t_2——避险人员离开提升容器时间，取 150 s；

　　　$t_总$——避难硐室有效防护时间，取 24 h。

3. 实际提升速度确定

考虑提升钻孔系统在提升过程中的稳定性和安全性，提升速度不宜过大。根据地面配备提升绞车的提升能力，考虑救援时间的富余系数，确定提升系统安全提升速度为 1.5 m/s。

（三）提升绳选型

为了满足紧急救援提升车安全有效地提升，需要对提升过程中救援舱内部情况及提升数据进行实时监控。王家岭煤矿结合石油勘探过程中采用承荷探测电缆的经验，将承荷探测电缆的应用引进到矿山紧急救援中，并根据矿山紧急救援的具体需求，自主研制了矿山紧急救援承荷探测电缆。

根据提升系统提升速度，载人条件下载荷及绞车、天轮等设备参数，依照相关规定，该承荷探测电缆设计直径为 16 mm，内部设有 12 根电缆，其中电缆导体直径 0.2 mm，绝缘厚度 1 mm。铠装钢丝外层 28 根，直径 1.47 mm；内层 26 根，直径 1.25 mm。铠装钢丝节距 110 mm，额定破断拉力为 100 kN。对其安全性进行验证计算，总载荷计算式为

$$G_总=(m_1+m_2)g \tag{9-8}$$

式中　m_1——提升容器质量，kg；

　　　m_2——为钢丝绳总质量，kg；

　　　g——重力加速度，9.8 N/kg。

钢丝绳最小破断拉力总和为

$$F_总=\eta F_0 \tag{9-9}$$

式中　η——最小钢丝破断拉力总和换算系数，取 1.214；

　　　F_0——钢丝绳最小破断拉力，kN。

安全系数为钢丝绳额定破断拉力总和与总载荷比值。经过计算，安全系数为 14.28，符合相关要求。

（四）龙门架校核计算

龙门架主要由三节支腿、横梁、横梁支架、转轴架等组成，用于固定和起升伸缩梯架。龙门架主要有两种状态，一种是不工作时平躺在车架上；另一种是工作时直立起来。

结合三维模型，主架的质量 $m_1=200$ kg。负载后，主架的质量 $m_2=700$ kg（紧急救援提升舱 600 kg + 一名被救人员约 100 kg）。质量分布 $q=70.4$ kg/m，则龙门架横梁质量 $m_3=147.1$ kg，取 $m_3=150$ kg。

龙门架横梁两端固定在横梁支架上，横梁支架焊接在支腿上，支腿是对其约束的固定端。通过简化力学模型，此梁所受载荷对称分布，沿对称轴将此梁切开，就可解除三个多余约束得到基本静定系。

龙门架横梁、横梁支架、支腿采用的都是矩形管 80 mm × 80 mm × 10 mm。根据龙门架横梁横截面 A 的尺寸求出对 Z 轴的惯性矩 $I_Z = 9.877 \times 10^{-5}$ m⁴,横梁所受的最大弯矩 $M_{max} = 8.64$ kN·m。

四、紧急救援提升设备的 ANSYS 模拟

（一）龙门架的 ANSYS 模拟

1. 龙门架分析中的基本假设

建立三维实体模型时，应该在满足整体主要力学特征和不影响分析结果的前提下，将实体结构中一些部件简化，使问题简单化。简化模型的原则一般要遵循：在满足计算精度的前提下，忽略不受力或者受力较小的非主要结构，保留主要的受力结构。对车载紧急救援提升系统龙门架结构的模型做了如下简化。

（1）在建立龙门架的有限元模型时，尽量使模型与实际结构相一致。

（2）忽略不是为保证结构的刚度、强度而设立的且受力较小的结构。

（3）建模时可以不考虑在网格划分过程中比较困难的结构，如滑轮等。

（4）在滑轮支撑板与龙门架顶部连接部分有加强肋，为减少有限元网格划分难度，将其省略。但省略的这些肋板对结构强度有一定的影响，此问题在结果分析时要充分考虑。

（5）龙门架模型尺寸与实际尺寸位置相同，由于各管承受的弯扭矩较小，为避免出现单元奇异，建模过程中忽略小的倒角，将其改为直角。

2. 龙门架模型的建立

鉴于龙门架结构比较复杂,形状尺寸规模相对比较大,本文通过在建模功能强大 Pro/E 软件中建立龙门架的几何模型,利用 ANSYS 与 Pro/E 无缝连接技术,将整个龙门架三维实体模型所有信息毫无保留地全部传递到 ANSYS 中。龙门架物理模型如图 9-21 所示。

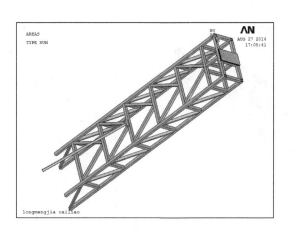

图 9-21　龙门架物理模型图

3. 单元属性与网格划分

1）单元类型的选择

单元的选择十分重要，选择的好坏直接关系到计算的速度和结果的精度。ANSYS 提供的有限元单元种类丰富，每一种单元类型在形状、节点数或计算精度等方面存在着一定的差异。

当分析的实体结构比较简单时，可以直接对实体划出六面体单元网格，实体结构复杂时，需要对实体进行布尔操作使其满足划分六面体形状规则。车载紧急救援提升系统龙门架虽然结构比较复杂，但经过必要的布尔操作后，可以划分成各个规则体，满足 ANSYS 中划分六面体条件。在六面体单元中，Solid185 比 Solid45 计算误差相对小一点。因此本次对梯架网格划分采用 Solid185 实体单元。

2）单元的材料属性

单元类型都需要定义材料属性，如弹性模量、泊松比、密度等，即不同的材料赋予不同的材料属性。本节的研究对象龙门架的材料选用 Q345 钢，其基本参数包括弹性模量为 200 GPa、密度为 7800 kg/m³、泊松比为 0.3、摩擦系数为 0.2。

3）网格划分

一般情况下网格划分越小，计算精度越高，所需的计算机资源和运算时间也越多。在划分网格时，应在保证计算精度的同时，尽量减少网格数量以节省计算机资源。网格划分的优劣不仅对有限元分析的计算量和计算精度产生影响，同时也会影响到非线性问题的收敛性。

龙门架结构复杂，形状尺寸规模较大，如果采用自由网格划分，计算精度不仅不高，而且产生的单元过多，计算过程会占用大量计算机资源。因此整个模型采取扫掠方式划分网格。模型导入后，首先利用 vglue 和 ad 命令分别对体进行粘贴和对相邻面进行相加，使其满足网格划分条件，设 Size = 10 mm；然后对有限元模型网格质量进行检查，将不合格的单元做进一步处理；最后形成有限元模型包含 148135 个六面体单元，230331 个节点。有限元模型网格分布及其局部分布如图 9 – 22、图 9 – 23 所示。

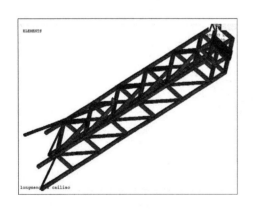

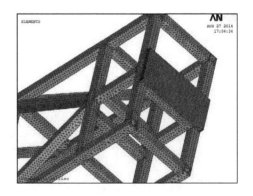

图 9 – 22　有限元模型网格分布　　　　图 9 – 23　有限元模型局部网格分布

4. 模型加载及求解

在结构静力分析中载荷与约束的施加方法对计算结果往往具有较大的影响，不同的施加方法甚至会导致计算结果截然不同，因此在施加载荷与约束时要尽量还原结构在实际工况中的真实约束和受力情况。

1）龙门架约束的施加

龙门架横管与立管之间是焊接在一起的，由于焊缝数量较多，在进行分析时如果采用焊缝连接关系，则计算时间较长，对计算机硬件设备的需求较高。所以，本次分析中采用刚性扣紧连接，两个被连接件可以看作一个实体，但是网格划分可以不同，在受力不大的情况下同焊缝连接等效。

龙门架底部一侧与紧急救援提升车连接在一起，只可绕 X 轴转动，底部另一侧与提升钻孔底座连接，对其施加 Z 轴方向的位移约束。

2）载荷处理

在构建龙门架有限元模型时，先对龙门架进行了受力分析和理论计算。通过计算可知，龙门架的垂直方向受 13791 N 的合力，沿车身方向受 1671 N 的力。对龙门架施加自身重力载荷，设置 Z 方向重力加速度大小为 9.85 m/s^2。

3）求解

ANSYS 软件提供多种求解方法，每种方法对应一种求解器，主要有稀疏矩阵直接解法、雅可比共轭梯度法（JCG）、不完全乔勒斯基共轭梯度法（ICCG）、预条件共轭梯度法（PCG）和自动迭代法（ITER）。其中预条件共轭梯度法是一种直接求解方法，它在单元刚度矩阵形成后，由求解器读取单元的自由度信息，通过三角化消去所有非独立自由度，并对模型中所有单元重复此过程，最终在文件中得到一个三角矩阵。本次采用默认设置——预条件共轭梯度法（PCG）。

5. 后处理与结果分析

图9-24 和图9-25 为梯架在工作状态时的总体位移分布云图。从图9-24、图9-25 可知，龙门架在传动系统工作时，结构总体变形比较小，最大变形发生在滑轮支撑板面上，变形数值为 0.589 mm。除此其他地方基本变形比较小，不会出现由变形引起的破坏和损坏。变形较大的吊装板与龙门架连接处，在龙门架结构加工制作时，可以适当处理，增加刚度。变形云图说明了龙门架结构的设计比较合理，具有足够的刚度。

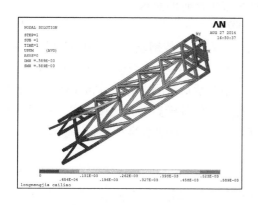

图9-24 龙门架整体位移图

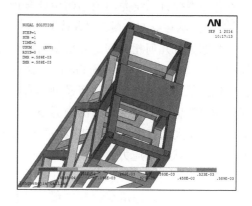

图9-25 龙门架局部位移图

图9-26 和图9-27 是龙门架承载时的等效应力分布云图。从图9-26、图9-27 可

以看出，龙门架的整体受力较小，特别是龙门架的中下部，应力极大值出现在支撑滑轮板的横管与梯架竖管的连接处，最大应力为 7.33 MPa。最大应力处是由于在拉力的作用下，产生了较大的弯矩所致。梯架选用材料为 Q345 钢，取安全系数为 3，其许用应力为 115 MPa，尚未达到材料的塑性阶段，这表明龙门架结构具有足够的强度，满足设计的要求。由于这两处容易产生焊缝开裂，梯架焊接时，对焊接工艺要求较高，应注意焊接方法，尽量消除因应力集中带来的影响。

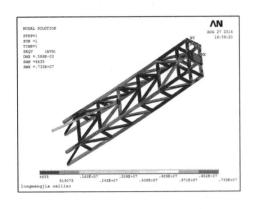

图 9 - 26　龙门架等效应力云图

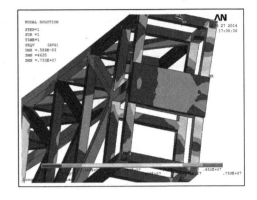

图 9 - 27　局部放大龙门架等效应力云图

从图 9 - 26 和图 9 - 27 可以看出，龙门架应力分布不均匀，下部应力远远小于上部应力，因此在应力最大的位置对其局部加强可以明显提高架结构整体的可靠性。支撑滑轮板的横管与梯架竖管的连接处附近最大应力大小为 7.33 MPa。

由于龙门架整体结构比较复杂，管与管之间的连接都采用的是焊接，所以必须保证安全可靠。通过对车载紧急救援提升系统龙门架的有限元分析，可以看出，在龙门架正常工作时，局部虽然出现应力集中，最大应力发生在滑轮支撑板与龙门架顶部接触处，最大应变发生在滑轮支撑板上。但不管是最大应力还是最大应变都小于许用应力和应变，说明车载紧急救援提升系统龙门架结构设计合理，满足正常工作时的要求。

（二）承荷探测电缆的 ANSYS 模拟

根据微分几何相关理论分析承荷探测电缆结构特点及铠装钢丝的空间螺旋缠绕关系，利用 ANSYS 软件中的 B - Splines（三次螺旋线）功能生成各铠装钢丝母线，再用计算机软件建立承荷探测电缆的几何模型和有限元模型。结合承荷探测电缆的分析条件，建立承荷探测电缆应力、应变分析的边界条件，确立合理的软件分析类型和计算模式，利用 AN-SYS 软件强大的有限元分析功能进行电缆内部应力、应变的计算机数值模拟，获得承荷探测电缆工作状态下应力、应变的分布规律。

1. 实体模型

W12BPP - 16 型承荷探测电缆，整体直径 16 mm，内部设有 12 根电缆，其中电缆导体直径 0.2 mm，绝缘厚度 1 mm；铠装钢丝外层 28 根，直径 1.47 mm，内层 26 根，直径 1.25 mm，铠装钢丝节距 110 mm。根据 ANSYS 软件自上向下的建模方法创建 W12BPP - 16 型承荷探测电缆各丝的横截面，其单节几何模型如图 9 - 28 所示。

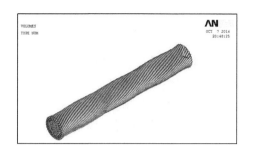

图9-28 承荷探测电缆几何模型

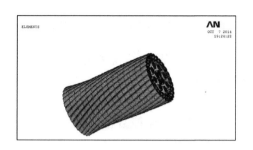

图9-29 承荷探测电缆有限元模型

2. 有限元模型

在 ANSYS 软件中，设置 W12BPP-16 型承荷探测电缆本体单元类型为 8 节点实体单元 Solid45，铠装钢丝的弹性模量 $E = 180$ GPa，泊松比 $\mu = 0.3$；导体的弹性模量 $E = 11.7$ GPa，泊松比 $\mu = 0.3$；绝缘弹性模量 $E = 1.42$ GPa，泊松比 $\mu = 0.42$。承荷探测电缆有限元模型如图9-29所示。

3. 边界条件与加载

在 ANSYS 程序中，对模型进行加载方法较多。对于 Solid45 单元，可以在单元节点施加力或力矩，也可以在单元的平面上施加面力（单位面积上的力），以及在单元的边界上施加线力（单位长度上的力）。对于不同的分析类型，ANSYS 一般提供不同的求解控制。考虑到承荷探测电缆工作时，铠装钢丝横截面有较大的转动，受力问题属于大转动小应变几何非线性弹塑性问题，在 PHILLIPS 等的工作中，忽略钢丝间接触摩擦，得出的结论接近于实际。

4. 求解与结果分析

在对承荷探测电缆求解后，得到整体位移分布如图9-30所示。由图9-30可以看出，在加载的一端位移比较大，最大位移为4.49 mm，而有自由度约束的一端位移为0。该位移云图符合实际规律。

由图9-31可知，承荷探测电缆在工作状态下受到的最大应力为1530 MPa，低于 SY-T6600-2004 型承荷探测电缆标准中镀锌钢丝最小抗拉强度1770 MPa，符合设计标准。

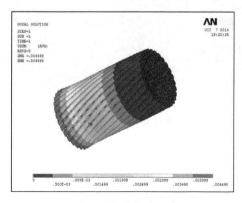

图9-30 整体位移分布图

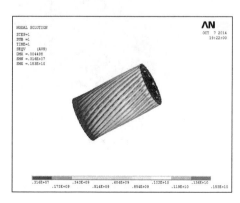

图9-31 整体应力云图

五、紧急救援提升监测监控系统

紧急救援提升监测监控系统主要用于在使用紧急救援提升设备时,对提升装置进行实时监测监控,以确保整个过程安全可靠。整个监测监控过程主要包括以下几个方面:提升舱下降深度、提升索张力、提升舱内氧气及二氧化碳浓度、提升舱内温湿度、提升舱内实时视频与语音。监控数据通过自主研发的矿山紧急救援用承荷探测电缆传输至地面控制端。

(一) 救援提升系统监测仪

救援提升系统监测仪适用于煤矿救援系统运行监测,为救援安全提供保障。该系统采用美国进口器件和微智能系统组成,操作简单方便。紧急救援提升检测监控系统现场操作示意图如图 9 – 32 所示。监控系统技术参数见表 9 – 15。

表 9 – 15 监控系统技术参数

项　　目	参　　数	项　　目	参　　数
探测电缆	W12BPP – 16	电压/V	220
计量轮周长/m	1/0.75 (可选)	电流/A	0.5
编码器	960	工作温度/℃	– 40 ~ 70
张力传感器/kg	1000	适用	煤矿救援提升系统
尺寸 (长×宽×高)/ (mm × mm × mm)	360 × 200 × 70	—	—

救援提升系统监测仪界面如图 9 – 33 所示。

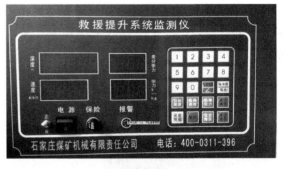

图 9 – 32 紧急救援提升检测监控系统
现场操作示意图

图 9 – 33 救援提升系统监测仪界面

(二) 救援提升系统通信装置

救援提升系统通信装置由控制系统、防爆摄像机、对讲机、通信电缆等组成。救援舱内有微型电话等通信工具，受困人员升井过程中可与营救人员外界联络，通报情况。同时配备上下提升确认装置，即只有井下与地面都进行提升信号确认之后，救援舱方可进行提升。防爆摄像机为两路，舱内一路，舱外一路，对讲机一部，可双向通话。操控采用鼠标、键盘控制，便于操作。控制系统包括显示器、控制主机、刻录设备等。通信装置及其控制系统示意图如图9－34、图9－35所示。

图9－34　通信装置示意图

图9－35　控制系统示意图

第三节　应急救援舱

应急救援舱是将避难硐室内避险人员通过大孔径钻孔提升至地面的主要工具。通过在避难硐室内部配备大孔径逃生钻孔，同时地面装配提升装置，在矿井发生意外时，避险人员进入避难硐室后，使用应急救援舱可逃生至地面。

应急救援舱的地面提升装置采用单绳缠绕式提升绞车，通过天轮将避难硐室遇险人员提升至地面，达到救援目的。

一、救援舱功能

（一）救援舱功能需求分析

应急救援舱的主要功能是通过逃生钻孔，及时将避难硐室内的避险人员提升至地面，因此，应急救援舱需要具备基本载人提升功能和其他必备的辅助功能。

1. 载人提升功能

应急救援舱从设计上考虑，舱内应有一定空间，可容纳一定数量的避险人员，尤其是舱内的空间结构应充分考虑我国男性人群的体质特征。根据《2010年国民体质监测公报》，我国男性人群的体质特征见表9－16。

应急救援舱需要在避难硐室的大孔径逃生钻孔内运动，因此，救援舱在提升或下降过程中，舱顶与提升钢丝绳连接处要可靠，舱体外与钻孔壁的接触部分要保证阻力合适和运动流畅。

表 9 – 16　我国男性国民的体质特征

性　别	年龄组/岁	身高/cm	体重/kg	胸围/cm	腰围/cm	臀围/cm
男	20 ~ 24	171.1	65.6	87.3	77.9	91.5
	25 ~ 29	170.7	68.7	89.8	81.8	93.3
	30 ~ 34	169.8	69.8	91.1	84.0	93.9
	35 ~ 39	169.2	69.7	91.6	84.8	93.9
	40 ~ 44	168.6	70	92.2	85.9	94.2
	45 ~ 59	168.2	69.9	92.5	86.5	94.3
	50 ~ 54	167.6	69	92.5	86.2	93.8
	55 ~ 59	167.0	68.5	92.4	86.0	93.8

2. 监测通信功能

应急救援舱是适用于矿井灾害事故的应急救援装备，在发生矿井灾害后，将受灾及避险人员安全及时地转移到安全地带，是应急救援工作的核心内容，在此过程中，保持与受灾及避险人员的及时联系是应急救援中必不可少的部分。因此，应急救援舱应配备通信系统，保证地面指挥控制部门与舱内逃生人员的联系。

目前，应急救援舱采用在煤矿上的应急救援装备，在救援舱使用中，舱内人员生存所需空气主要来源于救援舱所处的环境中的空气，因此，必须实时监测救援舱运行环境中 O_2、CO_2、CO 和 CH_4 等气体浓度情况，保障人员安全。

3. 紧急供氧功能

应急救援舱在大孔径逃生钻孔中运动时，若出现突发情况，导致舱内环境恶化，不适宜人体呼吸时，应当有能及时为舱内人员提供生存保障的紧急供氧系统。紧急供氧功能能够有效保证救援舱在恶劣环境中及时有效救援井下人员。

4. 处置特殊情况功能

应急救援舱的救援对象主要是井下避难硐室内的避险人员，当避险人员中出现伤员时，救援舱内应该有适合伤员乘载的系统，从而保证救援舱全方位的救援能力。由于钻孔较长，监测难度大，若发生突发情况，救援舱在钻孔中出现卡死，无法动弹的情况时，救援舱应配置特殊情况处置装置，以保障舱内人员安全地重新返回井底，等待其他方式的救援。

（二）救援舱各功能系统确定

根据应急救援舱功能需求分析，应急救援舱功能结构如图 9 – 36 所示。应急救援舱外观如图 9 – 37 所示。应急救援舱各功能系统具体如下。

1. 提升系统

应急救援舱的主体结构包括舱体、连接装置和导向装置 3 个部分，由此构成了整个提升系统。

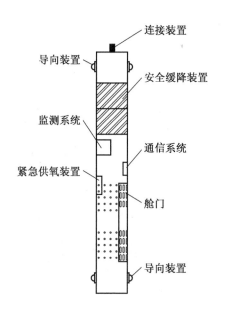

图9-36　应急救援舱功能结构图

图9-37　应急救援舱外观

救援舱体主要用于载人和搭载各个系统设备，其具有一个推拉舱门，设计内径为540 mm，高度为3800 mm。另外，救援舱体材料采用钢、合金等坚固材料制成，具有高强度、高刚度，运行平稳，在救援通道中不易卡死等特点。同时舱体顶部加固，能够抗意外坠落物撞击，避免在提升过程中受坠落的岩石碎片伤害，提高安全性。

救援舱连接装置是连接提升钢丝绳和救援舱的装置，主要包括钢丝绳重型套环和承接板。该钢丝绳重型套环符合《钢丝绳用重型套环》(GB/T 5974.2—2006) 要求，而承接板采用特殊工艺，具有比一般承接板更出色的承接能力，从而保障救援舱的顺利提升。连接装置如图9-38所示。

救援舱导向装置主要作用是在应急救援舱下降或提升时，控制舱体与钻孔间的距离，使救援舱在钻孔内顺利通行。导向装置主要包括舱体顶部的导向板及上部和下部的导向轮组。当救援舱与孔壁碰撞时，导向轮起缓冲作用，从而保证救援舱能在钻孔内流畅运行。导向轮如图9-39所示。

2. 监测通信系统

应急救援舱的监测通信系统主要起着对救援舱提升中位置监测、救援舱内外部环境监测、有毒有害气体监测及受困人员升井过程中与营救人员的外界联络等作用。

救援舱提升中位置监测装置位于救援舱内，监测终端位于地面，结合提升控制系统，共同构成提升控制系统操作台。

救援舱内外部环境监测系统主要利用防爆摄像机，如图9-40、图9-41所示。防爆摄像机安装于应急救援舱上，分为两路，舱内一路，舱外一路，舱内摄像机用于观察舱内人员状态，舱外摄像机用于实时观察井壁情况，确保被困人员安全地提升到地面。防爆摄像机得到的视频信号可以两路同时显示，也可以单独放大显示单路视频，其操控采用鼠标、键盘控制，操作方便。

图 9 - 38　连接装置

图 9 - 39　导向轮

图 9 - 40　舱内防爆摄像机

图 9 - 41　舱外防爆摄像机

有毒有害气体监测采用气体检测仪，安装在应急救援舱内部，采集被营救人员周围四种气体参数，分别是 O_2、CO_2、CO 和 CH_4，然后通过电信号传输到地面总监测控制台。

同时，救援舱内配备有对讲机、微型电话等通信工具，其中对讲机可用于受困人员升井过程中与营救人员的外界联络，随时通报情况；同时配备上下提升确认装置，即井下与地面都进行提升信号确认之后，救援舱方可进行提升。

3. 紧急供氧系统

针对救援舱内乘载人员可能出现的缺氧、呼吸不畅等情况，在应急救援舱内配置自救

器，为逃生人员提供急救。舱内供氧装置如图 9 - 42
所示。

图 9 - 42　舱内供氧装置图

4. 特殊情况处置系统

针对应急救援舱可能需要提升昏迷矿工的情况，在
应急救援舱内安装有人员固定装置。当井下有矿工昏迷
时，其他人可用其将人员固定在救援舱内，保持安全站
立，同时防止在提升过程中人员与罐笼本体碰撞造成
伤害。

针对应急救援舱在升井提升中可能出现的卡死且无
法处理的情况，在应急救援舱内安装安全缓降装置。该
装置包括救生缓降器和钢丝绳。当发生突发情况时，舱
内人员系好救生缓降器一端的安全带，然后打开救援舱
底部的盖板，利用救生缓降器，人员可缓慢安全地下降到井底原处，如图 9 - 43、图 9 -
44 所示。针对提升钻孔总深度 317 m，应急救援舱配备钢丝绳长度 500 m，救生缓降器使
用载荷范围为 35 ~ 100 kg，下降速度为 0.16 ~ 1.5 m/s。

图 9 - 43　安全下降装置图

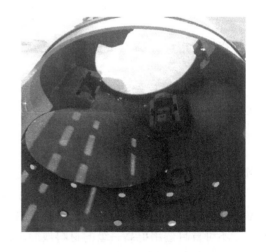

图 9 - 44　提升救援舱底部可拆卸底板

二、救援舱材料

（一）金属材料的选用原则

金属材料的选用同其他各类材料一样，是一个比较复杂的问题，是各机械产品设计中
极为重要的一环。因此，要生产出高质量的产品，必须从产品的结构设计、选材、冷热工
艺、生产成本等方面进行综合考虑。但对于要赶超世界先进水平的产品来说，能否达到国
际水平，关键还在于材料和工艺水平，当然管理水平也是重要一环。正确、合理选材是保
证产品最佳性能、工作寿命、使用安全和经济性的基础。现就金属材料选用的一般原则做
以下介绍。

1. 所选用材料必须满足产品零部件工作的要求

各种机械产品，由于它们的用途、工作条件等因素的不同，对其组成的零部件也自然有着不同的要求，具体表现在受载大小、形式及性质、受力状态、工作温度、环境介质、摩擦条件等的不同。在选材时，应根据零部件工作条件的不同，具体分析对材料使用性能的不同要求。通常，机械零件的失效形式有以下 3 种：①断裂失效，包括塑性断裂、疲劳断裂、蠕变断裂、低应力断裂、介质加速断裂；②过量变形失效，包括过量的弹性变形和塑性变形失效；③表面损伤的失效，如磨损、腐蚀、表面疲劳失效等。

2. 所选材料必须满足产品零部件工艺性能的要求

材料工艺性能的好坏，对零部件加工的难易程度、生产效率和生产成本等方面都起着十分重要的作用。金属材料的基本加工方法包括切削加工、压力加工、焊接和热处理等。

切削加工性能（包括车、铣、刨、磨、钻等）是指通过切削抗力大小、零件表面粗糙度、切屑排除的难易及切削刀具磨损程度来衡量其好坏，如 1Cr18Ni9Ti 材料，切削加工性能就比较差。

压力加工性能（包括锻造性能、冲压性和轧制性能）是指低碳钢的压力加工性能比高碳钢好，而碳钢则比合金钢好。其中，铸造性能主要包括流动性、收缩率、偏析及产生裂纹、缩孔等。不同的材料，其铸造性能差异很大，在铁碳合金中铸铁的铸造性能要比铸钢好。

焊接性是指以焊缝处出现裂纹、脆性、气孔或其他缺陷的倾向来衡量焊接性能的好坏。

热处理工艺性主要包括淬硬性、淬透性、淬火变形、开裂、过热敏感性、回火脆性、回火稳定性等。

3. 所选材料应满足经济的要求

在满足零件使用性能和质量的前提下，应注意材料的经济性。另外，还应从材料的加工费来考虑，尽量采用无切屑或少切屑新工艺（如精铸、精锻等新工艺）。

此外，在选材时还应尽量立足于国内条件和国家资源，同时应尽量减少材料的品种、规格等。在选用代用材料时，一般应考虑材料的要求及具体零部件的使用条件和对寿命的要求，不可盲目选用更高一级的材料或简单地以优代劣，以保证选用材料的经济性。

（二）救援舱材料确定

救援舱材料选用工程结构钢，根据金属材料的选用原则，选用低合金高强度结构钢 Q345，它是目前我国用量最多、产量最大的一种低合金高强度钢。低合金高强度结构钢 Q345 有 5 个质量等级，分别是 A、B、C、D、E。它们的化学成分(质量分数)情况见表 9 - 17。

表 9 - 17　低合金高强度结构钢 Q345 的化学成分（质量分数）　　　　%

牌号	质量等级	C	Si	Mn	P	S	V	Nb	Al	Ti
Q345	A	0.20	≤0.55	≤1.70	≤0.045	≤0.045	0.02 ~ 0.15	0.015 ~ 0.060	—	0.02 ~ 0.20
	B	≤0.20	≤0.55	≤1.70	≤0.040	0.040	0.02 ~ 0.15	0.015 ~ 0.060	—	0.02 ~ 0.20
	C	≤0.20	≤0.55	≤1.70	≤0.035	0.035	0.02 ~ 0.15	0.015 ~ 0.060	≥0.015	0.02 ~ 0.20
	D	0.18	≤0.55	≤1.80	≤0.030	≤0.030	0.02 ~ 0.15	0.015 ~ 0.060	≥0.015	0.02 ~ 0.20
	E	≤0.18	≤0.55	≤1.80	≤0.025	≤0.025	0.02 ~ 0.15	0.015 ~ 0.060	≥0.015	0.02 ~ 0.20

根据《低合金高强度结构钢》(GB/T 1591—2008)，低合金高强度结构钢 Q345 不同质量等级钢材力学性能见表 9 - 18 至表 9 - 20。

表 9 - 18　低合金高强度结构钢 Q345 的屈服强度

牌号	质量等级	拉 伸 试 验								
		不同公称厚度（直径，边长）下屈服强度（Rel）/MPa								
		≤16 mm	>16~40 mm	>40~63 mm	>63~80 mm	>80~100 mm	>100~150 mm	>150~200 mm	>200~250 mm	>250~400 mm
Q345	A	≥345	≥335	≥325	≥315	≥305	≥285	≥275	≥265	—
	B	≥345	≥335	≥325	≥315	≥305	≥285	≥275	≥265	—
	C	≥345	≥335	≥325	≥315	≥305	≥285	≥275	≥265	—
	D	≥345	≥335	≥325	≥315	≥305	≥285	≥275	≥265	≥265
	E	≥345	≥335	≥325	≥315	≥305	≥285	≥275	≥265	≥265

表 9 - 19　低合金高强度结构钢 Q345 的抗拉强度

牌号	质量等级	拉 伸 试 验						
		不同公称厚度（直径，边长）下抗拉强度（Rm）/MPa						
		≤40 mm	>40~63 mm	>63~80 mm	>80~100 mm	>100~150 mm	>150~250 mm	>250~400 mm
Q345	A	470~630	470~630	470~630	470~630	450~600	450~600	—
	B	470~630	470~630	470~630	470~630	450~600	450~600	—
	C	470~630	470~630	470~630	470~630	450~600	450~600	450~600
	D	470~630	470~630	470~630	470~630	450~600	450~600	450~600
	E	470~630	470~630	470~630	470~630	450~600	450~600	450~600

表 9 - 20　低合金高强度结构钢 Q345 的断后伸长率

牌号	质量等级	拉 伸 试 验					
		不同公称厚度（直径，边长）下断后伸长率（A）/%					
		≤40 mm	>40~63 mm	>63~100 mm	>100~150 mm	>150~250 mm	>250~400 mm
Q345	A	≥20	≥19	≥19	≥18	≥17	—
	B	≥20	≥19	≥19	≥18	≥17	—
	C	≥21	≥20	≥20	≥19	≥18	—
	D	≥21	≥20	≥20	≥19	≥18	≥17
	E	≥21	≥20	≥20	≥19	≥18	≥17

通过比较，根据金属材料的选用原则和上述不同钢材的力学性能，结合市场情况，Q345 作为救援舱舱体的主要材料是合适的，满足实际要求。

三、救援舱抗拉性能分析

（一）救援舱结构组成

1. 结构组成

应急救援舱主要包括救援舱本体、连接装置、导向装置、推拉舱门、安全下降装置、固定装置、氧气供应装置、应急通信装置和照明装置等部分。

2. 结构特点

应急救援舱有一定容积，用钢、合金等坚固材料制成，具有高强度、高刚度，运行平稳，在救援通道中不易卡死等特点。同时，应急救援舱能够抗意外坠落物撞击，避免矿工在上升过程中免受坠落的岩石碎片伤害，提高安全性。

（二）救援舱抗拉性能有限元分析

1. 有限元分析方法

目前，常用的数值模拟方法包括有限元法（Finite Element Method，简称 FEM）、有限差分法（Finite Difference Method，简称 FDM）以及边界元法（Boundary Element Method，简称 BEM）。这些方法有其各自的特点和应用范围，其中有限元法的应用领域最为广泛。

有限元法是利用计算机进行的一种数值近似计算分析方法，由 R. Courant 于 1943 年首先提出，用来求解扭转问题。1960 年 Clough 在一篇论文中首先采用有限单元（Finite Element）这个术语，并把解决弹性力学平面问题的方法称为有限元法。进入 20 世纪 80 年代以后，计算机的硬件出现了突破性的进展，计算能力得到极大的提高，同时开发出一系列的大型通用有限元分析软件，其中包括 ANSYS、NASTRAN、ABAQUS、ADINA 和 SA 等。有限元法在技术领域中应用十分广泛，几乎所有的弹塑性结构静力学和动力学问题都可用它求得满意的数值近似结果，且已推广到处理大位移、塑性和蠕变等非线性问题中。

1）有限元法概述

有限元法的核心是将连续介质离散化，即将实际系统离散为有限单元数目的规则系统，并通过建立数学方程获得有限自由度的解，从而解决复杂工程问题。理论研究表明，只要将系统结构离散为足够小的单元，有限元的求解结果就能够很精确地逼近真实解。从应用角度来看，有限元分析过程可以划分为前处理、计算和后处理 3 个阶段。

（1）前处理阶段。该阶段任务是建立有限元模型，即将实际物体或研究对象抽象成能为数值计算提供所有输入数据的有限元模型。此模型能定量反映分析对象的几何、材料、载荷、约束等各个方面的特性。

（2）计算阶段。该阶段主要任务是以有限元模型为基础完成相关的数值计算，并输出需要的计算结果。其工作主要包括单元和总体矩阵的形成、边界条件的处理和特性方程的求解，即包括从单元特性分析到求解出需要的物理量等步骤。

（3）后处理阶段。该阶段用各种方式将分析结果显示出来并进行评估。

2）有限元模型

有限元分析的关键任务就是建立有限元模型。用于仿真分析的有限元模型的建立一般有 3 种途径：一是在有限元软件的前处理器中进行几何实体建模，然后划分网格得到有限元模型；二是直接创建节点与网格；三是从实体建模软件中直接引入几何模型，经模型修改和网格划分而得到。

3）有限元分析方法的主要优点

能够高度模拟物体几何与材料的特性；既能精确地反映区域性的信息，又能完整地反映全域性的信息；既可以进行精确的数值分析，又可以从事形象的、直观的定性研究；能够通过数值仿真分析方法研究试验方法所不能研究的情况，得到客观实体试验法难以得到的研究结果。

2. 舱体抗拉性能有限元分析方案

1）救援舱几何模型

救援舱整体为圆柱体，上下两端各有 4 个导向轮，并在下部开设 1.24 m 高的舱门，舱门与舱体之间用铰链连接。救援舱底部设有紧急逃生舱门，也采用铰链连接。救援舱顶部为圆形钢材，钢材上有栓座，圆形钢材、栓座、舱体间均采用焊接方式连接。

救援舱整体结构模型主要依据舱体实际尺寸进行建模，保留主体结构特征，细小部件做合理简化。其重点部位模型主要是对区域内细小构件按实际结构建立计算模型。救援舱几何模型如图 9 - 45 所示。

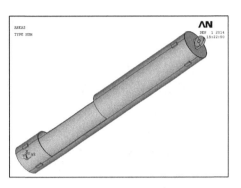

图 9 - 45　救援舱几何模型图

2）救援舱材料参数

救援舱有限元分析使用的是弹塑性材料模型，该模型认为材料的变形包括弹性变形和塑性变形两部分，是利用直接输入弹性应变和塑性应变分别来表示材料在弹性阶段和塑性阶段应力、应变行为的一种材料力学模型。当最大应力值小于材料的抗拉强度时，舱体结构属于弹性变形，卸载后舱体结构恢复原状。当最大应力值大于材料的抗拉强度时，结构产生塑性变形，但卸载后结构塑性变形不可恢复并且会造成破坏。利用弹塑性材料模型进行救生舱结构强度数值模拟试验，可以较客观准确地判断救援舱结构安全性。

救援舱和其他主要零部件材料为 Q345 钢。救援舱材料参数设置见表 9 - 21。

表 9 - 21　救援舱材料参数设置

名　　称	弹性模量/GPa	泊　松　比	抗拉强度/MPa
Q345	206	0.3	630

3）救援舱单元类型及网格

在有限元分析中，单元类型的选取在很大程度上影响着求解时间和精度，同时对单元网格的划分和重划分也有重要影响。合理选择单元类型，对缩短求解时间提高求解精度，有效模拟救援舱在提升时舱体结构位移有着重要作用。对救援舱进行拉伸作用下的有限元数值模拟，选取单元时，要考虑模型实际尺寸及计算需要。根据舱体结构设计尺寸、结构特点及受力情况，单元类型选用 Solid182。救援舱网格划分如图 9 - 46、图 9 - 47 所示。

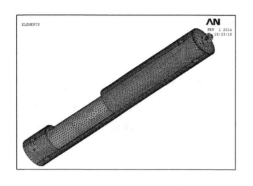

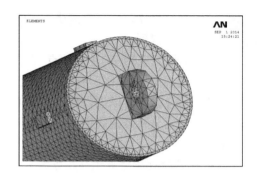

图 9-46　救援舱网格划分　　　　　　图 9-47　救援舱顶部网格划分

4）救援舱载荷施加方案

救援舱结构强度数值模拟试验载荷施加方案是在救援舱顶部栓座处施加向上拉伸力，通过模拟计算并分析救援舱的强度安全性，得出救援舱结构在一般载人情况下，舱体整体结构的应力、应变规律。

（三）救援舱结构抗拉模拟计算分析

利用有限元 ANSYS 软件对救援舱结构进行数值模拟计算及分析，其应力分布规律如图 9-48 至图 9-50 所示。

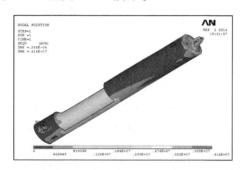

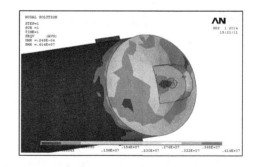

图 9-48　救援舱整体应力分布规律　　　　图 9-49　救援舱顶部应力分布规律

在救援舱顶部栓座处施加向上拉伸力，得到救援舱结构应变分布规律，如图 9-51 至图 9-53 所示。

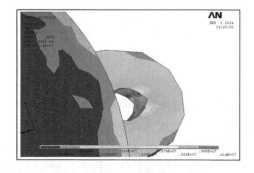

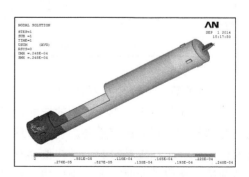

图 9-50　救援舱顶部栓座应力分布规律　　　图 9-51　救援舱整体结构应变分布规律

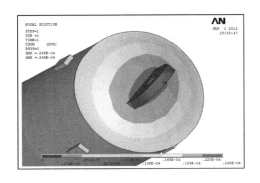
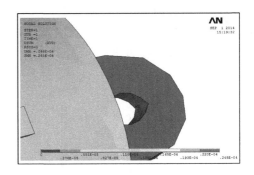

图9-52　救援舱顶部结构应变分布规律　　　图9-53　救援舱顶部栓座应变分布规律

从救援舱结构的有限元数值模拟分析结果可以看出，救援舱在承受7000 N拉力（救援舱设计载人后额定质量为700 kg，其中人的质量设为100 kg）情况下，舱体结构最大变形位于救援舱顶部栓座处，最大变形位移为2.48×10⁻⁵ m，该变形不会对救援舱舱体结构产生影响。

四、救援舱提升过程中噪声分析

（一）噪声来源

应急救援舱在逃生钻孔内运行方式：应急救援舱外侧的四组导向轮，紧贴钻孔内壁滚动，上升时，提升系统克服应急救援舱自身的重力和导向轮与钻孔内壁间的摩擦力，提动应急救援舱上升；下降时，应急救援舱自身重力克服导向轮与钻孔内壁间的摩擦力，应急救援舱下降。由于钻孔总长度317 m，在实际施工中，钻孔内径局部可能与设计不一致，所以导向轮内部设计有弹簧装置，可使应急救援舱在钻孔内运行时，导向轮与钻孔内壁有轻微接触，从而可以在钻孔内壁自由滚动，控制了导向轮与钻孔内壁间的摩擦力在合理范围内，降低了应急救援舱卡死在钻孔中引发事故发生的可能性。

由于应急救援舱在钻孔中的运行是依靠导向轮在钻孔内壁上滚动，所以轮子在钻孔金属内壁上的滚动将产生噪声。应急救援舱在钻孔内运行如图9-54所示。

（二）噪声试验检测

为了研究应急救援舱在下降和提升过程中噪声的大小程度以及噪声随提升时间的变化情况，针对应急救援舱在下降提升过程中利用AWA6218B型噪声统计分析仪对噪声进行了测试。测试发现，应急救援舱在下降和提升过程中，噪声值大部分在60~85 dB之间，有的甚至集中在45~70 dB之间，噪声值整体不高。

1. 下降试验噪声分析

1）第一次空载下降试验

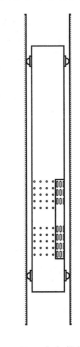

图9-54　应急救援舱在
钻孔内运行示意图

在第一次应急救援舱下降试验中，救援舱内无重物，其噪声值整体在 35～120 dB 之间，噪声最小值 37.9 dB，最大值 115.8 dB，并且大部分数据主要集中在 50～70 dB 之间。下降过程中，具体噪声值大小情况如图 9－55 所示。

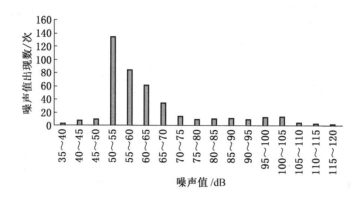

图 9－55　第一次下降试验中噪声值分布图

2）第二次空载下降试验

在第二次应急救援舱空载下降试验中，应急救援舱内噪声值整体在 35～120 dB 之间，噪声最小值 36.9 dB，最大值 116.3 dB，其中大部分数据主要集中在 45～65 dB 之间。下降过程中，具体噪声值大小情况如图 9－56 所示。

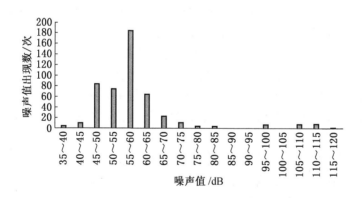

图 9－56　第二次下降试验中噪声值分布图

3）第三次活羊载重下降试验

在第三次试验时，应急救援舱中放置活羊一头，重 70 kg，拴好后，进行应急救援舱载重下降试验。试验中，救援舱内噪声值整体在 35～120 dB 之间，噪声最小值 35.2 dB，最大值 114.5 dB，其中大部分数据主要集中在 40～65 dB 之间。下降过程中，具体噪声值大小情况如图 9－57 所示。

2. 提升试验噪声分析

1）第一次空载提升试验

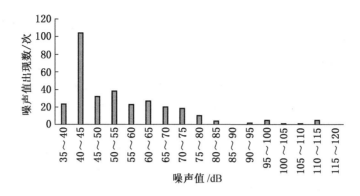

图9-57　第三次活羊下降试验中噪声值分布图

第一次应急救援舱空载提升试验中，应急救援舱内噪声值整体在30～115 dB之间，噪声最小值32.4 dB，最大值113.2 dB，其中大部分数据主要集中在65～105 dB之间。提升过程中，具体噪声值大小情况如图9-58所示。其中，噪声随提升时间变化如图9-59所示。

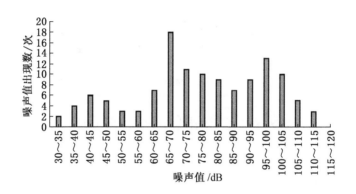

图9-58　第一次提升试验中噪声值分布图

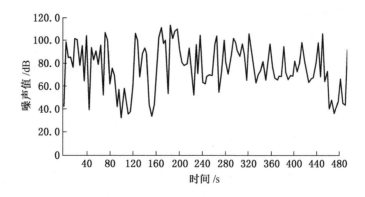

图9-59　第一次提升试验中噪声值随时间变化图

从图中可以看出，救援舱刚启动时，噪声首先从 40 dB 升到 80~100 dB 之间，并且稳定了 80 s；80~120 s 时，救援舱噪声下降至 40~60 dB 的水平；120~200 s 时，救援舱噪声首先迅速增大，然后呈现不规则变化，160 s 左右出现了噪声最小值，180 s 左右出现了噪声最大值；200~440 s 时，救援舱噪声值基本稳定在 60~100 dB 之间；440~480 s 时，救援舱接近地面，噪声值下降至 40~70 dB，随后试验结束。

2）第二次空载提升试验

第二次应急救援舱空载提升试验中，应急救援舱内噪声值整体在 30~100 dB 之间，噪声最小值 59.6 dB，最大值 99.2 dB，其中大部分数据主要集中在 60~90 dB 之间。提升过程中，具体噪声值大小情况如图 9-60 所示。其中，噪声随提升时间变化如图 9-61 所示。

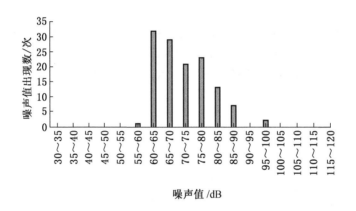

图 9-60　第二次提升试验中噪声值分布图

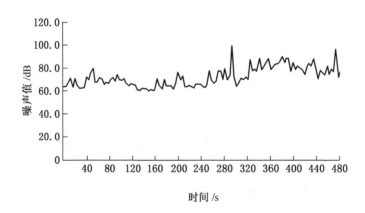

图 9-61　第二次提升试验中噪声值随时间变化图

从图中可以看出，救援舱从一开始提升，噪声值比较稳定，没有较大变化；0~280 s 时，噪声值基本稳定在 60~80 dB 之间；280~320 s 时，噪声值有一次明显的升高，达到 100 dB，然后迅速下降，重新回落至 60~80 dB 水平；320~440 s 时，救援舱噪声值水平整体升高，基本维持在 80 dB 左右，有部分时间内，甚至接近 90 dB；440 ~ 480 s 时，救援舱接近地面，噪声值基本回落至 80 dB 以下，但出现一次明显升高，噪声值接近 100 dB，之后迅速下降，回落至 80 dB 以下，随后试验结束。

　　3）第三次活羊载重提升试验

　　在第三次提升试验时，类同活羊下降试验，在应急救援舱中放置活羊一头，重 70 kg，拴好后，进行载重提升试验。试验中，救援舱内噪声值整体在 70 ~ 110 dB 之间，噪声最小值 73.2 dB，最大值 107.2 dB，其中大部分数据主要集中在 75 ~ 100 dB 之间。提升过程中，具体噪声值大小情况如图 9 - 62 所示。其中，噪声随提升时间变化如图 9 - 63 所示。

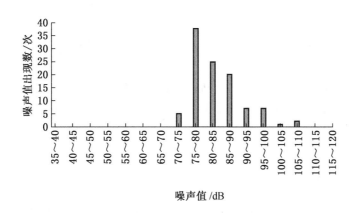

图 9 - 62　第三次活羊提升试验中噪声值分布图

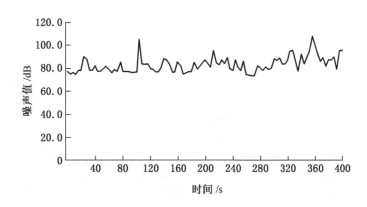

图 9 - 63　第三次提升试验中噪声值随时间变化图

　　从图中可以看出，救援舱刚启动后，0 ~ 80 s 时，噪声值稳定在 80 dB 左右，其中 20 s 时噪声有一次小幅度升高，达 90 dB，随后迅速回落；80 ~ 120 s 时，救援舱噪声有一次明显升高，噪声值超过 100 dB，随后回落至 80 dB 左右；120 ~ 240 s 时，噪声值在 80 dB 左右明显波动，大多数情况下噪声超过 80 dB，甚至接近 100 dB；240 ~ 360 s 时，噪声首先逐渐降至 80 dB 以下，然后缓慢升高至最大噪声值后降低；360 ~ 400 s 时，噪声先处于 90 dB 水平，出现一次降低后，噪声升高接近 100 dB 直至试验结束。

3. 试验结果分析

总体来说，对应急救援舱在提升过程中的噪声测试表明，救援舱下降时，载重情况下的舱内噪声略小于空载时舱内的噪声，提升时，载重情况下的舱内噪声略大于空载时舱内的噪声。救援舱下降和提升过程中的噪声值，整体都处于 45 ~ 100 dB 之间，最大值不超过 115 dB，处于载人提升的可接受范围之内，适合避难硐室内被困人员的逃生。

提升过程中，应急救援舱内噪声尽管处于可接受的范围，短时间的接触对人员身体健康不会造成影响，但仍建议对逃生人员采用耳塞、耳罩等防护措施。

第四节　应急救援装备辅助设施

在配备地面救援车载紧急救援移动站与车载紧急救援提升系统的同时，为保证救援设备能安全、快捷地到达地面钻孔对避难硐室人员实施救援，还需配备相应的辅助设施，如规划紧急救援路线并修建公路，修建地面紧急救援操作平台，建立紧急救援车维护站。本节以王家岭煤矿为例，对辅助设施作如下说明。

一、紧急救援公路

为确保地面救援工作的成功实施，紧急救援车快速、安全的到达避难硐室地面钻孔处，王家岭煤矿由东掌村路口到地面钻孔路段修筑了专门的紧急救援公路，公路全长 7.9 km，路宽 3 m，如图 9 - 64 所示。该紧急救援公路的修建，为紧急救援车前往地面钻孔实施救援开辟了绿色通道，缩短了装备车到钻孔地面的时间，为应急救援赢得时间。

图 9 - 64　紧急救援公路路面　　　　　图 9 - 65　紧急救援公路排水通道

为防止山体滑坡现象，紧急救援公路在道路两边修建了排水通道，如图 9 - 65 所示。

二、紧急救援作业平台

为确保紧急救援车到达钻孔后救援工作的有效开展，王家岭煤矿在避难硐室地面钻孔出口处修建了紧急救援作业平台,该平台长35 m,宽20 m,平台上预先划定了各车辆工作时的停车地点,使整个紧急救援过程更加快捷有序,如图9-66所示。在紧急救援平台上还对地面钻孔进行了加盖保护处理,对钻孔起到防护作用,如图9-67所示。

图9-66 紧急救援作业平台 　　　　　　　图9-67 紧急救援作业平台钻孔防护

三、逃生钻孔安全防护基座

为了提高提升效率,保证提升过程中的安全性,王家岭煤矿避难硐室提升钻孔地面出口端设计了可移动式逃生钻孔安全防护基座。该基座内部设置有可开关式防护门,在提升过程中防护门呈开启状态。该基座内设置有油压装置,可与紧急救援提升车内油压系统连接,从而调控基座内防护门的开关,如图9-68所示。

图9-68 提升钻孔安全防护基座

四、碟子沟紧急救援车维护站

鉴于由王家岭煤矿到达避难硐室地面钻孔的距离比较长,且山路路况崎岖等因素可能给紧急救援车日常演练、维护及实际应急过程中带来不便,王家岭煤矿救护队在距避难硐室地面钻孔相对较近的碟子沟建立了紧急救援车维护站,如图9-69所示。紧急救援车维护专门小组常驻碟子沟进行紧急救援车的日常维护工作。

图 9-69 碟子沟紧急救援车维护站

第十章　避险空间及逃生钻孔内空气流场

避险空间及逃生钻孔内的风流组织直接关系到避险空间内的有毒有害气体浓度、温湿度、人员舒适度以及提升过程中的安全性，本章在现场试验测试的基础上，利用 Fluent 软件对避险空间及逃生钻孔内的空气流场分布规律进行数值模拟研究，为钻孔逃生救援系统的气流组织设计提供指导。

第一节　避险空间回风口及逃生钻孔风流试验测试

为研究逃生钻孔影响下避险空间内空气流动规律，分别在王家岭煤矿钻孔逃生救援系统内对三种工况下，逃生钻孔孔口、避险空间回风口风速及各断面风速进行测试，见表 10 - 1。

表 10 - 1　钻孔逃生救援系统风流模拟工况

类　别	硐室回风口	硐室压风	逃生钻孔
工况一	开	关	开
工况二	关	开	开
工况三	关	关	开

在试验过程中，在孔口断面内取 5 个测点分别测试风速，测点分布如图 10 - 1 所示。由测试结果可知，在硐室内无压风、回风口关闭、逃生孔地面孔盖关闭的情况下，钻孔口的风速小于 0.1 m/s，可认为此时钻孔内无风流。

在开启压风、风量为 300 m³/h、回风口打开、逃生孔地面孔盖关闭的情况下，此时因受地面及硐室内压力差的影响，有微量的风流从钻孔孔口进入硐室，钻孔口风速约 0.1 ~ 0.2 m/s，回风口的风速在 1 ~ 2.5 m/s 之间。当回风口打开、逃生孔也打开进行提升的时候，钻孔孔口风速约在 1 ~ 2 m/s 之间，回风口

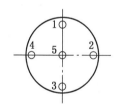

1, 2, 3, 4, 5—测点

图 10 - 1　风速测点分布

风速增大至 8 ~ 11 m/s，此时地面、硐室、矿井外部巷道相互连通，逃生孔可近似为一个小型风井，新鲜空气由地面进入避难硐室内。

第二节　避险空间内空气流场数值模拟

根据井下巷道尺寸及供风系统布置情况，在 Gambit 中建立人员生存避险空间物理模型，网格划分主要采用该网格类型中的四面体单元，但是在顶部供风管道等地方采用了六

图 10 - 2 物理模型建立及网格划分

面体单元，网格数约 110 万个，网格划分如图 10 - 2 所示。

图 10 - 3、图 10 - 4 分别为 300 m³/h、600 m³/h 供风量下硐室内空气流线图，由图可以看出硐室内的流场呈现不规则的紊流状态，总体表现为从出气口出气之后形成独立小涡流，各涡流之间又相互作用。

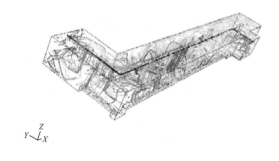

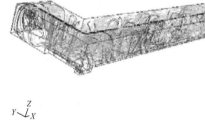

图 10 - 3 300 m³/h 供风量下硐室内流线　　图 10 - 4 600 m³/h 供风量下硐室内流线

图 10 - 5、图 10 - 6 分别为硐室内 $x = 14.1$ m 处截面在供风量为 300 m³/h、600 m³/h 工况下的速度流场。

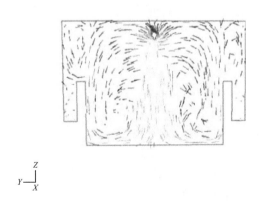

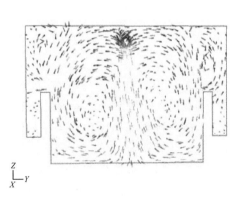

图 10 - 5 300 m³/h 风量 $x = 14.1$ m 断面流场　　图 10 - 6 600 m³/h 风量 $x = 14.1$ m 断面流场

由图可以看出，硐室内的空气流速分布呈现出明显的区域特性，在供风量为 300 m³/h 的工况下，该断面出气口下方区域的风速最高可达 3 m/s，气流流至硐室底板后速度降至约 1 m/s，受巷帮阻挡之后上升的气流速度约 0.5 m/s；在供风量为 600 m³/h 的工况下，在断面出气口下方区域的风速最高可达 6 m/s，气流流至硐室底板后速度降至约 2 m/s，受巷帮阻挡之后上升的气流速度约 1 m/s。由此可认为在该断面中，压风作用下新鲜空气通过射流流动到人员活动的下部区域，空气流动有利于提高人员的舒适度。

将不同断面风速模拟结果与试验数据进行对比可知，供气口正下方的测点在 x、y 方向上的试验值与测试值出现较大的偏差。分析认为受试验仪器及测试人员的影响，在风速较大时，并不能够准确的测定测点在三维方向上的速度，x、y 方向所测速度受垂直向下的风流影响较大，为此本文选取模拟值中 z 方向速度与试验测试结果进行对比，如图 10 - 7 所示。

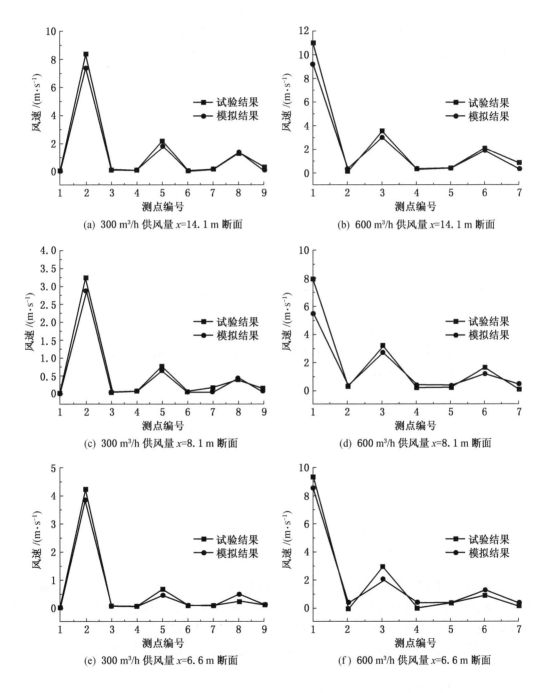

(a) 300 m³/h 供风量 x=14.1 m 断面　　　　(b) 600 m³/h 供风量 x=14.1 m 断面

(c) 300 m³/h 供风量 x=8.1 m 断面　　　　(d) 600 m³/h 供风量 x=8.1 m 断面

(e) 300 m³/h 供风量 x=6.6 m 断面　　　　(f) 600 m³/h 供风量 x=6.6 m 断面

图 10 - 7　试验结果与模拟结果对比

由图可知，模拟结果略小于试验结果，但在整体趋势上能够与试验结果保持一致，可认为模拟结果是可信的。分析认为模拟值略小于实测数据是因为所取模拟值为 z 方向的风速，未考虑 x、y 方向的风速，而试验测试过程中，风流运动是多向的，测定 z 方向风速时，势必会受 x、y 方向风流的影响，导致试验结果略大于模拟结果，且风速越大时，x、y 方向的风流对 z 方向的影响越明显，模拟结果与试验测试结果的偏差也将越大。

图 10 - 8、图 10 - 9 分别为硐室内 $y = 2.1$ m 截面在不同供风量断面内 x 方向（沿巷道走向方向）的速度流场。300 $\mathrm{m^3/h}$ 工况下在 x 方向的速度约 0.2 ~ 0.5 m/s；600 $\mathrm{m^3/h}$ 工况下在 x 方向的速度约 0.2 ~ 1 m/s。

图 10 - 8　300 $\mathrm{m^3/h}$ 供风量下 $y = 2.1$ m 断面 x 方向速度流场

图 10 - 9　600 $\mathrm{m^3/h}$ 供风量下 $y = 2.1$ m 断面 x 方向速度流场

当避难硐室内逃生孔打开时，地面、硐室、外部巷道相互连通，因矿井为负压通风，所以大量的风流将通过逃生孔进入避难硐室，再经过硐室两端回风口流入外部巷道中，其速度矢量图如图 10 - 10 所示。

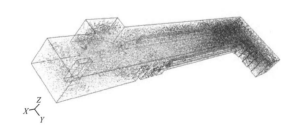

图 10 - 10　逃生孔打开后避险空间内速风流速度矢量图

风流通过钻孔进入避险空间后，在钻孔下部空间形成涡流后，风流向避险空间内流动。巷道下部风向为远离钻孔，而巷道上部风向为流向钻孔，如图 10 - 11 所示。在巷道上部及底部空间，风速可达 0.5 m/s，在巷道中部空间风速则较小，趋近于 0 m/s，可视为无风区，且距离钻孔距离越远，巷道顶部和底部风速越小，无风区域越大。

图 10 - 11　逃生孔打开后 $Y = 2.1$ m 截面流场

第三节　逃生钻孔内空气流场数值模拟

为研究救援提升舱在逃生钻孔内运动过程中钻孔内空气流动的变化规律，本节对不同工况、不同钻孔孔径、不同提升速度下逃生钻孔内空气流场分布规律进行数值模拟研究。

一、不同工况下逃生钻孔内空气流场分布规律

因逃生钻孔呈狭长形，模型尺寸长、宽比较大，网格划分要求尺寸较小，若对逃生钻孔进行三维建模，其网格数量较多，同时救援提升舱在钻孔内运动时间较长，随着救援提升舱的运动，网格的更新、重绘、迭代的计算量巨大，故对钻孔整体建立二维模型进行模拟。

物理模型建立及网格划分如图 10-12、图 10-13 所示。模型参数：逃生钻孔长317 m，直径 0.79 m；救援提升舱长 3.3 m，直径 0.54 m；网格采用非结构性网格，网格尺寸 0.05 mm。

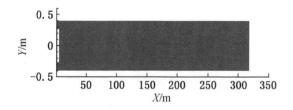

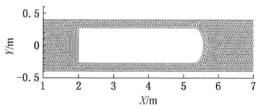

图 10-12　物理模型建立及网格划分　　图 10-13　物理模型及网格划分局部图

（一）工况一

在本章第一节所定义的工况下，未进行提升作业，逃生钻孔内的风速为 1.6 m/s，风向由钻孔地表向井下避险空间内流动。在该工况下，钻孔在 $t = 30$ s、70 s、100 s 时，风流速度分布如图 10-14 所示。

由图 10-14 可知，在 $t = 30$ s 时，救援提升舱运行速度为 0.9 m/s，其后部活塞风风速的大小约 2 m/s，前部活塞风风速的大小约 0.5 m/s；在 $t = 70$ s、100 s 时，救援提升舱运行速度为 1.5 m/s，其后部活塞风风速的大小约 2.8 m/s，前部活塞风风速的大小约0.8 m/s。由此可知，救援提升舱的速度影响活塞风的风速，速度越大，则活塞风风速越大，而救援提升舱运动的时间并不影响活塞风的大小。

在该工况下，提升舱在钻孔内运动过程中，因运行速度不快，其活塞风的影响范围局限于提升舱附近范围，对钻孔整体的风流运动并无较大影响，前部活塞风的影响范围不足1 m，后部活塞风的影响范围约在 3~5 m 之间。

（二）工况二

在该工况下，回风口关闭，避险空间内压风开启，供风量为 300 m³/h，此时逃生钻孔作为回风设施，风速约 0.5 m/s。钻孔在 $t = 10$ s、17 s、30 s、70 s、100 s 时，风流速度分布如图 10-15 所示。

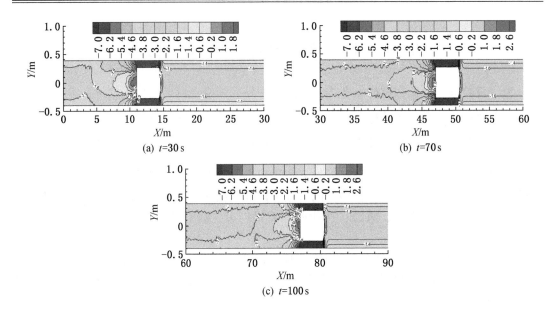

图 10 - 14　钻孔内风流分布情况（工况一）

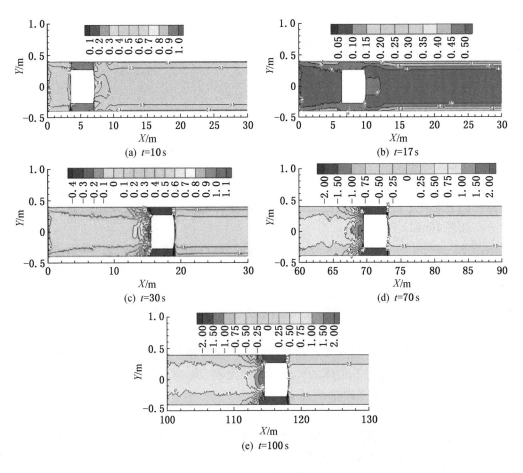

图 10 - 15　钻孔内风流分布情况（工况二）

当救援提升舱的运行速度小于或等于钻孔内风流速度时（$t=10$ s、17 s），钻孔内并无发现活塞风效应，当救援提升舱提升速度大于钻孔内风流速度时产生活塞风效应，且相差速度越大，则活塞风的风速越大，在救援提升舱达到额定速度 1.5 m/s 时，活塞风的最大风速约为 2.2 m/s，同时可发现风速越大，则活塞风的影响范围越大，但各阶段活塞风的影响范围均未超过提升舱附近 5 m 范围。

（三）工况三

在该工况下，避险空间内供风和回风装置均处于关闭状态，此时逃生钻孔内视为无风，定义其风速为 0 m/s。钻孔内在 $t=30$ s、70 s、100 s 时，风流速度分布如图 10 - 16 所示。

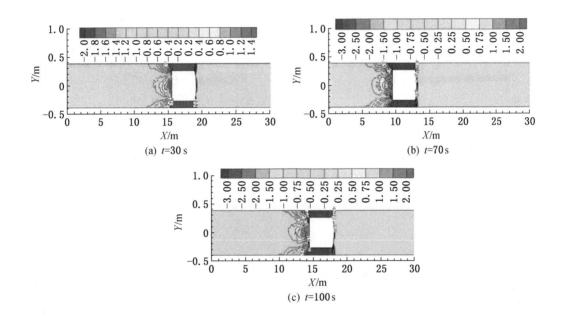

图 10 - 16　钻孔内风流分布情况（工况三）

由图可知，当钻孔内无风流运动时，在救援提升舱附近存在着活塞风效应，舱前部空间为正压区，后部空气为负压区，空气向负压区域流动，形成活塞效应，救援提升舱运动速度越快，则活塞风的风速越大，其影响范围也较大，但由于救援提升舱的额定提升速度仅为 1.5 m/s，活塞风的影响范围有限，提升舱的运动对逃生孔内整体空气流动并无太大影响。

二、逃生钻孔孔径对孔内空气流场的影响

为研究孔径对钻孔内风流的影响，分别在孔径 $D=650$ mm、750 mm、850 mm 3 种情况下，对救援提升舱按照额定工作状态 1.5 m/s 的速度提升时钻孔内的风速、压力分布情况进行模拟研究。

由前文模拟结果可知，救援提升舱在逃生钻孔内运动时，所产生的活塞风对钻孔整体风流影响并不大，为此在对不同孔径的钻孔内的空气流场进行模拟时，建立 100 m 长的钻孔模型最为合适，可以减少网格数量并提高计算精度，以获得更好的计算结果。

　　不同孔径的逃生钻孔中心线上及救援提升舱与孔壁间隙的压力值分别如图 10 – 17、图 10 – 18 所示。由图可知，提升舱在钻孔内的运动将导致在舱前端因进风风流受阻形成正压；在舱后端一定范围内因舱体的运动形成负压；在舱与孔壁的间隙处，压力将发生正负压的转变。

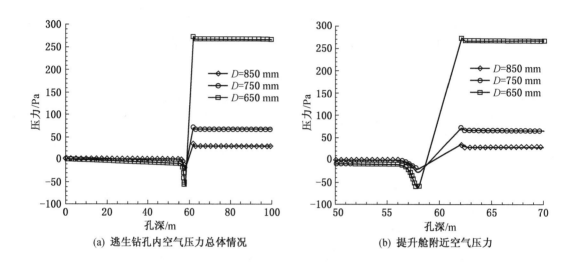

(a) 逃生钻孔内空气压力总体情况　　　　　　(b) 提升舱附近空气压力

图 10 – 17　逃生钻孔中线空气压力

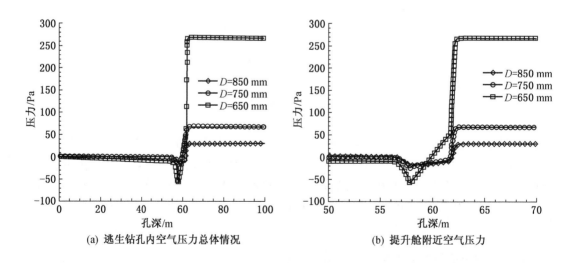

(a) 逃生钻孔内空气压力总体情况　　　　　　(b) 提升舱附近空气压力

图 10 – 18　提升舱与钻孔孔壁间隙空气压力

　　分别对 650 mm、750 mm、850 mm 孔径下救援提升舱周边及钻孔内的压力值进行对比分析可知，钻孔孔径越小，阻塞比越大，则舱前端正压值和后端负压值越大，且舱体运动对压力的影响范围也越大。孔径 750 mm 与 850 mm 的压差值较 650 mm 与 750 mm 的压差值小，可认为当孔径达到 750 mm 以上时，阻塞比对孔径内压力的影响效果降低。不同孔径的逃生钻孔中心线上及救援提升舱与孔壁间隙的风速大小分别如图 10 - 19、图 10 - 20 所示。由图可知，救援提升舱的提升运动将在舱体前端和后端引起与舱体运动方向一致的风流，且钻孔孔径越小，所引发的风流速度越大，影响范围也越广。钻孔直径为 650 mm 时，救援提升舱后部风流最大速度约 3.9 m/s，前端最大速度约 1.1 m/s；钻孔直径为 750 mm、850 mm 时，后部最大流速分别为 3.3 m/s、2.8 m/s。

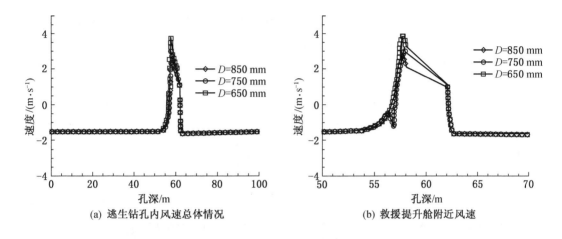

图 10 - 19　逃生钻孔中线风速

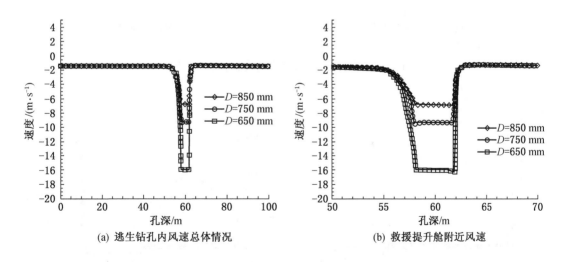

图 10 - 20　救援提升舱与钻孔孔壁间隙风速

对孔径分别为 650 mm、750 mm、850 mm 时救援提升舱周边及钻孔内的风流速度进行对比分析可知，钻孔孔径越小，在舱后端形成的活塞风风速越大，而在前端由于救援提升舱前端设计为圆弧形，有利于降低空气与舱的相互作用力，且因提升速度较小，致使不同孔径下舱体前端的风速差别较小。而在舱体与孔壁的间隙处的风速随着钻孔孔径的减小而增大，在孔径为 650 mm 时，间隙处的最大风速可达 16.3 m/s，过大的风速可能影响提升过程中装备和人员的安全性。

三、提升速度对钻孔内空气流场的影响

为研究提升速度对孔内风流的影响，建立了孔径为 750 mm、孔深为 100 m 的逃生钻孔模型，分别对救援提升舱运动速度为 1.5 m/s、3 m/s、5 m/s 3 种速度下孔内的风流情况进行模拟。

不同提升速度时的逃生钻孔中心线上及救援提升舱与孔壁间隙的压力分别如图 10 - 21、图 10 - 22 所示。由图可知，提升速度越快，救援提升舱前端和尾部的压力绝对值越大，且提升速度越快，其对钻孔内的风流影响范围越大。

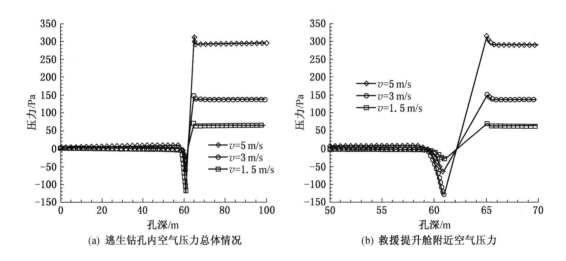

图 10 - 21　不同提升速度时的逃生钻孔中线空气压力

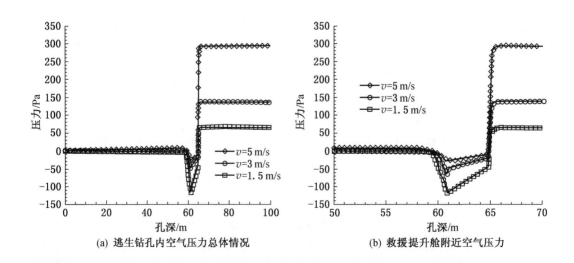

图 10 - 22　不同提升速时的救援提升舱与钻孔孔壁间隙空气压力

不同提升速度时的逃生钻孔中心线上及提升舱与孔壁间隙的风速如图 10-23、图 10-24 所示。由图可知，提升速度越快，所产生的活塞风风速越大。

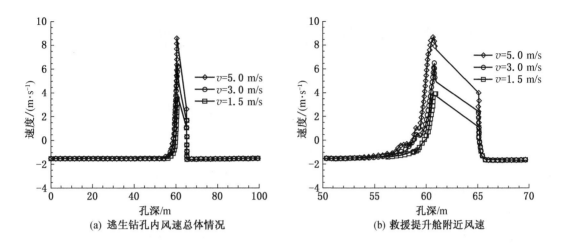

(a) 逃生钻孔内风速总体情况   (b) 救援提升舱附近风速

图 10-23 不同提升速度时逃生钻孔中线风速

对在 750 mm 孔径的逃生钻孔中 1.5 m/s、3 m/s、5 m/s 3 种提升速度下孔内的分流速度进行对比分析可知，提升速度的增加，将增大救援提升舱前端和后端的活塞风风速，同时也使舱体与孔壁间隙内的风流速度大大增大。此外提升速度越大，因提升产生的活塞风效应影响范围也越大。

综上所述，通过对不同孔径与提升速度时的逃生钻孔内的活塞风效应进行数值模拟研究可知，在逃生钻孔构建过程中，为降低活塞风效应，应增大钻孔孔径、降低提升速度，钻孔孔径宜大于 750 mm，提升速度宜不超过 3 m/s。

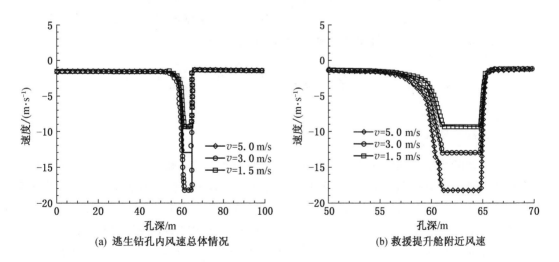

(a) 逃生钻孔内风速总体情况   (b) 救援提升舱附近风速

图 10-24 不同提升速时提升舱与钻孔孔壁间隙风速

第十一章　矿井避难与救援系统培训与管理

第一节　矿井避难与救援系统的培训

矿井避难与救援系统能否最大限度地实现其在矿井灾变情况下的应急救援功能，很大程度上受遇险人员及救援人员对系统的明确认知和正确操作的影响，因此需要制定相应的制度以及配合相应的日常培训机制，以提高相关人员的认知力，在紧急情况下充分发挥其主观能动性。

针对矿井避难与救援系统的培训应当囊括到矿井日常培训体系当中，对不同岗位职责的人员进行有针对性的培训，建立三级培训机制。

一级培训是针对煤矿企业高层管理人员和部门管理人员的培训；二级培训是针对本单位班组长以上员工、管理人员及救护队员的培训；三级培训是针对普通员工的培训。

一级培训主要包括为矿井避难与救援系统的构建原理、系统结构、系统各组成要素的功能及紧急情况下的应急响应流程，掌握灾害情况下井下人员的紧急避险原则及地面救护人员的应急救援模式。

二级培训主要包括熟练掌握矿井避难与救援系统的系统结构，系统各组成要素的功能及其使用，掌握紧急避险原则、避险设施的操作规程、紧急避险设施内生存环境及活动要求、内部设备使用方法及仪器仪表的读数和使用等，对于救护队员还应当熟练掌握应急救援流程、移动救援供给站、应急救援提升车的操作。

三级培训主要包括矿井避难与救援系统井下相关设备的操作规程、紧急避险设施内生存环境及活动要求、紧急避险原则、避险指示标识说明等。

第二节　维　护　管　理

一、系统管理人员组成

围绕王家岭煤矿避难硐室的紧急避险系统主要由井下避难硐室防护系统、地面紧急救援系统以及地面应急指挥体系三方面组成。其中井下避难硐室防护系统主要由大屯实业有限公司安排专人负责，对硐室内部设备设施进行日常检查、维护与管理；地面紧急救援系统主要由王家岭煤矿紧急救护队负责，主要工作内容包括两辆紧急救援车的日常维护与管理和两辆紧急救援车的实际操作使用；地面应急指挥体系主要由王家岭煤矿有限公司负责，主要负责王家岭煤矿矿区工作人员的应急演练、安全培训以及突发事故时的紧急救援指挥工作。通过三方面人员相互协调，共同维护王家岭煤矿避难硐室的紧急避险系统的高效、稳定运行。

二、避难硐室的定期维护

井下避难硐室是矿井事故发生后人员紧急避险过程中至关重要的一个环节，是能否保证井下作业人员成功获救的前提，因此对于避难硐室的定期检查与维护工作十分重要。根据王家岭煤矿的规定，需每月对避难硐室内部进行全面检查与维护一次。

硐室维护人员在对硐室进行定期检查与维护的过程中，主要针对硐室内部环控生保系统的 6 方面内容展开。

（一）压风供氧系统

定期检查与维护压风供氧系统工作，主要集中在以下几方面内容：采用矿井压风供氧是否正常；采用钻孔压风供氧是否正常；采用化学氧供氧是否正常以及矿井压风与钻孔压风之间的切换是否正常。

（二）空气净化系统

定期检查与维护空气净化系统的工作，主要集中在以下几方面内容：二氧化碳净化装置是否正常；一氧化碳净化装置是否正常；甲烷净化装置是否正常。

（三）温湿度控制系统

定期检查与维护温湿度控制系统的工作，主要集中在以下几方面内容：温度控制装置是否正常；湿度控制装置是否正常。

（四）动力系统

定期检查与维护动力系统的工作，主要集中在以下几方面内容：采用矿井供电是否正常；采用地面钻孔供电是否正常；采用蓄电池供电是否正常；3 种供电方式之间的切换是否正常。

（五）通信系统

定期检查与维护通信系统的工作，主要集中在以下几方面内容：硐室内部与地面调度中心通信是否正常；硐室内部与地面钻孔通信是否正常。

（六）监控系统

定期检查与维护通信系统的工作，主要集中在以下几方面内容：硐室内部环境监控设备（温湿度、二氧化碳、甲烷、一氧化碳、氧气、硫化氢等）是否正常；硐室内部人员定位系统是否正常。

三、车载紧急救援移动站的定期维护

车载紧急救援移动站主要包括供电系统、供风系统、流失供给系统、应急照明系统、通信系统等 5 个方面，我们的定期检查与维护工作正是围绕这五大系统展开的。根据王家岭煤矿地面紧急救援设备设施维护与管理的相关规定，每周一次对车载紧急救援移动站进行定期检查与维护。供电系统的定期检查工作见表 11 - 1。

（一）供电系统的定期检查与维护

在供电系统的定期检查与维护工作中，首先对供电系统内部的各部件运行状态进行检查，然后再根据检查结果维修其中存在故障的部分，最后再次检查，验证维修工作是否成功。

表 11 - 1　供电系统定期检查的主要内容

编　号	检 查 内 容	结　果	备　注
1	柴油机是否正常	是/否	
2	三相交流无刷同步发电机是否正常	是/否	
3	控制箱是否正常	是/否	
4	散热水箱是否正常	是/否	
5	联轴器是否正常	是/否	
6	燃油箱是否正常	是/否	
7	消声器是否正常	是/否	
8	GU640CC 型控制器是否正常	是/否	
9	KSG 系列矿用隔爆型干式变压器是否正常	是/否	
10	各部件间连接是否正常	是/否	

（二）供风系统的定期检查与维护

在供风系统的定期检查与维护工作中，首先对供风系统内部的各部件运行状态进行检查，然后再根据检查结果维修其中存在故障的部分，最后再次检查，验证维修工作是否成功。供风系统定期检查内容见表 11 - 2。

表 11 - 2　供风系统定期检查的主要内容

编　号	检 查 内 容	结　果	备　注
1	螺杆式空压机运行主体是否正常	是/否	
2	螺杆式空压机监控系统是否正常	是/否	
3	油液分离器是否正常	是/否	
4	储气罐是否正常	是/否	
5	各部件间连接阀、连接电路是否正常	是/否	

（三）流食供给系统的定期检查与维护

在流食供给系统的定期检查与维护工作中，首先对流食供给系统内部的各部件运行状态进行检查，然后再根据检查结果维修其中存在故障的部分，最后再次检查，验证维修工作是否成功。流食供给系统定期检查内容见表 11 - 3。

表 11 - 3　流食供给系统定期检查的主要内容

编　号	检 查 内 容	结　果	备　注
1	水箱是否正常	是/否	
2	流食存储设备是否正常	是/否	
3	真空吸水泵是否正常	是/否	
4	各部件之间连接阀门是否正常	是/否	

（四）应急照明系统的定期检查与维护

在应急照明系统的定期检查与维护工作中，首先对应急照明系统内部的各部件运行状态进行检查，然后再根据检查结果维修其中存在故障的部分，最后再次检查，验证维修工作是否成功。应急照明系统定期检查内容见表 11 – 4。

表 11 – 4　应急照明系统定期检查的主要内容

编　号	检　查　内　容	结　果	备　注
1	照明灯具是否正常	是/否	
2	发电机是否正常	是/否	
3	升降及行走支架是否正常	是/否	
4	无线遥控器和接受系统是否正常	是/否	
5	各部件间连接电路是否正常	是/否	

（五）通信系统的定期检查与维护

在通信系统的定期检查与维护工作中，首先对通信系统内部的各部件运行状态进行检查，然后再根据检查结果维修其中存在故障的部分，最后再次检查，验证维修工作是否成功。通信系统定期检查内容见表 11 – 5。

表 11 – 5　通信系统定期检查的主要内容

编　号	检　查　内　容	结　果	备　注
1	ZHD – 300 型直通电话调度系统是否正常	是/否	
2	矿用防爆电话是否正常	是/否	
3	通信电缆是否正常	是/否	

四、紧急救援提升车的定期维护

车载紧急救援提升系统主要功能装备包括车载起重机和车载提升装置，其中车载起重机在地面紧急救援工作中的物资装载环节起着至关重要的作用。车载提升装置是负责将人员由避难硐室成功提升到地面的最主要装置，该车的定期维护工作主要围绕这两大功能装备展开。

（一）车载起重机的定期维护

在车载起重机的定期检查与维护工作中，首先对车载起重机内部的各部件运行状态进行检查，然后再根据检查结果维修其中存在故障的部分，最后再次检查，验证维修工作是否成功。

起重机在磨合期过后继续工作，每 3 个月进行 1 次小型检修，小修项目可按表 11 – 6 中常规检查项目进行，重点处理有可能出现的渗漏油和管接头、紧固件松动的问题。

表11-6 车载起重机小型检修定期检查的主要内容

编号	检 查 内 容	结 果	备 注
1	各管路连接和固定密封处是否松动，渗漏油	是/否	
2	各紧固件是否松动，重点查看横梁和底盘车大梁之间的紧固件是否牢靠	是/否	
3	取力器控制开关是否正常	是/否	
4	液压油是否充足	是/否	
5	各零部件表面是否有损伤、变形现象	是/否	
6	起重机工作状态下，液压系统声音和温度是否正常	是/否	

起重机工作满15个月时，应进行1次较细致的中型检修，以后每6个月进行1次，检修项目和要求按表11-7进行（俗称中修）。

表11-7 起重机中型检修项目表

序号	检 修 项 目	性 能 要 求
1	按小型检修项目常规检查	各部正常
2	载荷升降、空中停置	起升最大额定载荷离地500 mm以上，升降自如，空中停置可靠
3	密封性	起升最大额定载荷离地300 mm以上，关闭发动机，15 min以后，测量载荷下沉量不得超过30 mm

起重机工作满3年时，应进行1次全面系统的检修（俗称大修）。检修内容包括：①拆检所有油缸，更换全部油缸密封件及连接密封件；②检测主要液压组件性能指标，如油泵、多路阀、马达、液压阀等；③最后按中修项目表检修各零部件。

起重机常见故障及排除方法见表11-8。

表11-8 常见故障及排除方法

序号	故 障	原 因 分 析	排 除 方 法
1	液压系统压力低	① 油箱液面过低或油管堵塞； ② 油泵损坏或泄漏量大； ③ 溢流阀开启压力低	① 检查、加油、清洗滤油器； ② 更换油泵； ③ 调整溢流阀开启压力
2	油路噪声大	① 管路内存有空气； ② 油温太低； ③ 滤油器堵塞； ④ 油箱油液不足； ⑤ 吸油管吸扁或折死	① 反复动作排除空气； ② 给油箱加温或换油； ③ 清洗或更换滤油器； ④ 加油； ⑤ 检查调整吸油管
3	油泵发热严重	① 油泵内泄严重； ② 压力过高； ③ 作业时间长、环境温度高； ④ 管路堵塞； ⑤ 油泵安装不合理	① 更换油泵； ② 调整压力； ③ 停车； ④ 检查、清理管路； ⑤ 调整油泵支架

表 11 - 8（续）

序号	故　障	原　因　分　析	排　除　方　法
4	支腿油缸收放失灵	双向液压锁失灵	检修或更换液压锁
5	油缸自行伸缩	① 平衡阀失灵； ② 油缸内泄	① 检修或更换平衡阀； ② 检修油缸、更换密封件
6	回转失灵	① 回转马达内泄严重或损坏； ② 回转支承卡死或损坏； ③ 制动器未完全打开	① 更换马达； ② 检修或更换回转支承； ③ 调节平衡阀开启压力
7	吊臂伸缩时抖动	① 滑板损坏或有异物卡阻； ② 缸内有空气或顺序阀堵塞	① 检修滑板或吊臂； ② 排除空气、清洗调整顺序阀

（二）紧急救援提升装置的定期维护

车载紧急救援提升装置主要包括绞车、液压泵站、龙门架、操作台、提升舱、钢丝绳。在车载起重机的定期检查与维护工作中，先对车载起重机内部的各部件运行状态进行检查，再根据检查结果维修其中存在故障的部分，最后再次检查，验证维修工作是否成功。车载紧急救援提升装置定期检查主要内容见表 11 - 9。

表 11 - 9　车载紧急救援提升装置定期检查的主要内容

编号	检　查　内　容	结　果	备注
1	绞车卷筒、制动器是否正常	是/否	
2	液压泵站中电动机、联轴器、双联变量泵是否正常	是/否	
3	龙门架使用是否正常	是/否	
4	操作台操作手柄、监测系统仪表、各部压力表、油温表、电器开关及仪表是否正常	是/否	
5	提升舱及其内部监控监测系统是否正常	是/否	
6	钢丝绳是否存在磨损	是/否	

五、紧急救援公路的定期维护

由于紧急救援公路修建在山区，道路蜿蜒崎岖，受当地山区地质条件的影响，尤其在暴雨大风等恶劣自然环境中，山体部分地区易发生水土流失的现象，这无疑为紧急救援公路的日常维护带来了困难。鉴于紧急救援公路作为地面紧急救援的绿色通道必须保持时刻的畅通，王家岭煤矿制定了专门的紧急救援公路定期维护管理办法。

（一）加强道路定期检查工作

为了保证紧急救援公路的时刻畅通，首先加强的是对该公路的定期检查。基于紧急救援公路的自身需求及当地的地质条件，王家岭煤矿规定对紧急救援公路的常规检查为每周一次，特殊气候条件下，如暴雨大风、暴雪天气，在恶劣气候结束后第一时间对该公路进行应急检查。检查的主要内容包括路面状况和路基状况两个方面。

（二）改进路面维修与养护工作

在紧急救援公路的维修工作中，考虑到紧急救援公路突发性事件的功能特殊性，紧急救援公路的维修一律采用道路快速修补技术，保证其 8～15 h 内可通车运行。

在紧急救援公路的养护工作中，针对路面两边的山体情况采取一定的防护措施，如在易发生山体滑坡地段对山体覆盖防护网、加设排水系统；在容易出现路基塌陷的地段，对路面边坡采取强化措施等。

第十二章　基于矿井避难与救援系统的避 灾 路 线

在矿井事故期间，抢救受困人员、组织人员撤离、控制危险源乃至指导井下工人防护等过程中，都涉及一个应急最佳救灾与避灾路线的问题。防护体系构建完成后，根据体系中各个救援舱和避难硐室的布置及井下人员的分布情况，设置避灾路线。避灾路线的设计以人员尽快撤离事故现场、迅速到达地面安全地点为第一原则，综合考虑了巷道当量长度（长度、坡度、风向、风流流量、巷道宽度、障碍物等）、烟流浓度及井下现场作业人员的分布地点、数量以及救援舱、避难硐室的位置等因素，在巷道交叉处设置明确的指示标志，可在灾变后黑暗的环境中清晰显示指示信息，引导巷道内各个区域人员逃生。避灾路线选择的基本原则包括：①正确判断发生火灾的地点，并分析灾变可能影响的区域，迅速组织、指挥人员的安全避险；②确定人员所在的位置、避灾设施位置，且当不能直接撤离出地面时，应首先让人员撤到合适的避灾设施内；③避灾路线应选择安全条件最好、距离最短的行动路线；对于可能发生灾变的地点，提供明确的避灾路标；④对井下人员进行必要的安全避灾知识培训，使其熟悉所在工作区域和避灾路线，熟悉避灾设施的使用和管理。

第一节　避灾路线计算的数学模型

避灾路线是指灾区及可能受灾变影响区域的井下工作人员撤退到安全地点的路线。井巷可通行性及矿井避灾路线的选择与灾情发展、井巷的条件有关。

井巷可通行性及矿井避灾和救灾路线的选择与灾情发展、井巷的条件有关。矿井发生火灾、瓦斯爆炸、水灾时，巷道可能受到高温、有毒有害气体、冲击波破坏、被淹的威胁。正常情况下可以通行的巷道，此时可能不能通行，而可以通行的巷道，受巷道高度、巷道宽度、路面坡度、路面黏度等因素的影响，并不是实际长度相等的巷道通行时间就相等。

井下巷道的长度通常要比它的高度及宽度大得多，易于用图形的形式直观地描述和表达，数学上把这种与图相关的结构称为网络，与图和网络相关的最优化问题就是网络最优化或网络优化问题。网络优化问题是一类特殊的组合优化问题。所谓组合优化就是离散优化，它是通过数学方法寻找离散事件的最优编排、分组、次序或筛选等，这类问题可用数学模型描述为

$$\begin{cases} \min f(x) \\ g(x) \leqslant 0 \\ x \mid D \end{cases} \qquad (12-1)$$

其中，$f(x)$ 为目标函数，$g(x)$ 为约束函数，x 为决策变量，D 表示有限个点组成的集合。

在求解最优避灾路线时，综合考虑巷道本身和灾变影响，将对影响人类行走速度较大的因素用一个系数表示，再对从出发地到目的地的巷道组合的当量长度求和。最优避灾路线数学模型为

$$\min F = \sum_{j=1}^{k} \sum_{i=1}^{k} A_{ij} l_{w_{ij}} \tag{12-2}$$

$$1 \leqslant \sum_{j}^{k} A_{ij} \leqslant k-1 \tag{12-3}$$

$$1 \leqslant \sum_{i}^{k} A_{ij} \leqslant k-1 \tag{12-4}$$

$$\sum_{j=1}^{k} \sum_{i=1}^{k} A_{ij} \leqslant 2(k-1) \tag{12-5}$$

式中　　F——从出发地到目的地的巷道当量长度之和，m；

　　　　k——节点总数；

　　i, j——巷道连接点；

　　　A_{ij}——决策变量；

　　$l_{w_{ij}}$——节点间巷道的当量长度，m。

式（12-2）为目标函数，其解使巷道的当量长度最短。式（12-3）、式（12-4）分别为节点约束。式（12-5）为巷道条数与节点间关系的约束。

第二节　井巷当量长度的计算

巷道的当量长度，不仅与巷道的实际长度有关，还与影响井下人员行走速度的因素有关。影响井下人员行走速度的因素包括巷道高度、巷道宽度、路面坡度、路面黏度、局部通行障碍物（风门、跨越胶带、爬行梯子间等）、可载人的交通工具速度、巷道积水深度等，对这些因素用一个系数来表示，i, j 节点间巷道的当量长度值为

$$l_{w_{ij}} = k_h k_w k_g k_v k_t k_d l_{ij} + \sum_{j=1}^{n} l_{ijm} \tag{12-6}$$

式中　　$l_{w_{ij}}$——i, j 节点间巷道的当量长度，m；

　　　k_h——取决于巷道高度的影响系数；

　　　k_w——取决于巷道宽度的影响系数；

　　　k_g——取决于路面坡度的影响系数；

　　　k_v——取决于路面黏度的影响系数；

　　　k_t——取决于可载人的交通工具速度的影响系数；

　　　k_d——取决于巷道积水深度的影响系数；

　　　l_{ij}——i, j 节点间巷道的实际长度，m；

　　l_{ijm}——i, j 节点间巷道中第 m 个局部通行障碍物当量长度值，$1 \leqslant m \leqslant n$；

　　　n——i, j 节点间巷道中局部通行障碍物的个数。

第三节　避灾路线网络求解算法

最优避灾路线都是求解两点之间在满足某些条件下用时最短的路线，属于最短路问题，本质上是网络流问题的一类特殊问题。

Dijkstra 算法用于计算一个源节点到其他节点的最短代价路径，有较高的应用价值。设图 $G=(V,E)$，图中每条边具有非负长度，有一个特异顶点 u 称为源。假定 (u,v) 是 E 中的边，c_u 和 v 是边的长度。如果把顶点集合 V 划分为两个集合 S 和 T，S 中所包含的顶点到 u 的距离已经确定，T 中所包含的顶点到 u 的距离尚未确定。同时，把源顶点 u 到 T 中顶点 x 的距离设为 d_u，x 定义为从 u 出发，经过 S 中的顶点，但不经过 T 中其他顶点，而直接到达 T 中的顶点 x 的最短路径的长度，则 Dijkstra 算法的思想方法如下：开始时，$S=\{u\}$，$T=V-\{u\}$。对 T 中的所有顶点 x，如果 u 到 x 存在边，置 $d_{u,x}=c_{u,x}$；否则置 $d_{u,x}=\infty$。然后，对 T 中的所有顶点 x，寻找 $d_{u,x}$ 最小的顶点 t，即

$$d_{u,t}=\min\left\{d_{u,x}\mid x\lceil T\right\} \tag{12-7}$$

则 $d_{u,t}$ 就是顶点 t 到顶点 u 的最短距离。同时，顶点 t 也是集合 T 中的所有顶点中距离 u 最近的顶点。把顶点 t 从 T 中删去，把它并入 S。然后，对 T 中与 t 相邻接的所有顶点 x，用下面的公式更新 $d_{u,x}$ 的值：

$$d_{u,x}=\min\left\{d_{u,x},d_{u,t}+c_{t,x}\right\} \tag{12-8}$$

继续上面的步骤，一直到 T 为空。由此，如果令 $p(x)$ 是从顶点 u 到顶点 x 的最短路径中 x 的前一顶点，那么，Dijkstra 算法步骤：①置 $S=\{u\}$，$T=V-\{u\}$；②对 $\forall x\lceil T$，若 $(u,x)\lceil E$，则 $d_{u,x}=c_{u,x}$，$p(x)=u$；否则 $d_{u,x}=x,p(x)=-1$；③寻找 $t\lceil T$，使得 $d_{u,t}=\min\left\{d_{u,x}\mid x\lceil T\right\}$，则 $d_{u,x}$ 就是 t 到 u 的距离；④$S=S\leftarrow\{t\}$，$T=T-\{t\}$；⑤若 $T=\varphi$ 算法结束；否则，转步骤⑥；⑥对与 t 相邻接的所有顶点 x，如果 $d_{u,x}<d_{u,t}+c_{t,x}$，直接转步骤③；否则，令 $d_{u,x}=d_{u,t}+c_{t,x}$，$p(x)=t$，转步骤③。

在选择矿井应急路线时，需要对 Dijkstra 算法进行改进并且编程实现。在弄清楚 Dijkstra 算法的基本思想和算法步骤后，编程实现显得比较容易，结合矿井救灾的实际情况，在以下几个方面对 Dijkstra 算法进行改进：

根据 Dijkstra 算法流程，顶点集合 V 的大小将直接影响算法的速度。步骤②到步骤⑤是一个循环比较的过程，如果没有经过任何处理，则选择一个权值最小的节点将需要扫描集合 V 中所有的节点，这无疑是一个制约算法速度的瓶颈。当 Dijkstra 算法求解最短路径的过程中，通常执行了许多与此无关的顶点的最短路径，增加了额外的运算量，从而降低了算法的效率。因此，不需要计算从出发点到所有地点的最短路径，只需计算从出发地到目的地之间的最短路径，将目的地是否进入集合 S，作为运算停止判断的条件，可减少 Dijkstra 算法的标记步数。

考虑将最短路径问题分解为多个子问题进行求解。这样可以降低问题复杂度，符合并行处理思想。Djkstra 最短路径算法是从起点到终点求最短路径，同样也可以表述为从终点到起点求最短路径。于是考虑最短路径问题可以分解为由起点到终点求解最短路径和由

终点到起点求解最短路径 2 个子问题。其算法步骤：①开始时，$P = \Phi$，$Q = \Phi$，$v_m = v_1$，$v_n = v_N$。P，Q 分别是由开始点 v_1、终点 v_N 开始的扩展点（固定标号）集合，v_m 和 v_n 分别是集合 P，Q 的当前扩展点；②$d(v_m) = \min\limits_{v_x | p} \{d(v_x)\}$，$e(v_n) = \min\limits_{v_y | Q} \{e(v_y)\}$，其中，$d(v_m), e(v_n)$ 分别为起点到 v_m、终点到 v_n 的最短路径，$P \leftarrow \{v_m\} \Rightarrow P$，$Q \leftarrow \{v_n\} \Rightarrow Q$；③重复②直到 $P | Q = \{v_m\}$，且 v_m 唯一时终止；④计算最短路径 $l_1 = d(v_m) + e(v_n)$，$l_2 = d(v_x) + e(v_y) + l(v_x, v_y)$，式中，$l(v_x, v_y)$ 表示 v_x，v_y 相邻两点间的权值。$l(v_x, v_y) > 0$；$v_x \int P$；$v_y \int Q$。最短路径为 $l_{\min} = \min\{l_1，l_2\}$。

第四节　灾变避灾原则

一、瓦斯突出避灾原则

根据Ⅰ、Ⅱ、Ⅲ级别的煤与瓦斯突出事故分级及不同危害程度的预测，确定出相应的避险原则如下：

在采煤工作面发现有突出预兆时，要以最快的速度通知人员迅速向进风侧撤离。撤离中快速打开并佩戴好隔离式自救器，迎着新鲜风流继续外撤直至救援舱。

掘进工作面发现煤与瓦斯突出的预兆时，必须向外迅速撤至防突反向风门之外，之后把防突风门关好，然后继续外撤。如自救器发生故障或佩用自救器不能安全到达新鲜风流时，应在撤出途中进入救援舱或避难硐室，等待救援队援救。

一旦瓦斯突出事故已经发生，应立即佩戴好隔离式自救器，并迅速外撤。可按避灾路线迅速前往救援舱或避难硐室处避险，或利用压风自救装置暂避。也可寻找有压缩空气管路的巷道、硐室躲避，这时要把管子的螺丝接头卸开，形成正压通风，延长避难时间，并设法与外界保持联系。

无论是有突出预兆还是突出已经发生，施工人员都应立即向矿调度室汇报并开展自救互救工作，调度室立即对灾区实施停电（掘进区不得停电，保证局部风机正常运行）。

（一）Ⅰ级（大型突出事故）避险原则

（1）事故地点或附近的人员立即佩戴自救器按预先制定的避灾路线撤到各采掘工作面救援舱、采区避难硐室或其他安全地点。佩戴自救器撤离时要匀速快步行走，切忌狂奔乱跑。

（2）受灾人员在撤到救援舱或安全地点后利用救援舱应急通信系统或安全地点电话迅速将发生事故的地点、性质、原因和灾害程度、自己所处救援舱或安全地点位置向矿调度室汇报。井下其他地点人员发现异常情况后，也应及时汇报，采取措施尽量选择最短的路线进入新鲜风流中。

（3）调度员接到井下灾情汇报后，立即按信息报告程序向有关部门及领导汇报并做好记录。值班领导接到通知后，立即到调度台并根据事故性质和受灾范围，电话通知灾区和受威胁区域人员，上述地区人员按本预案所附避灾路线进行撤退至各采掘工作面救援舱或采区避难硐室。在撤退时要听从安全员、跟班队长的指挥，严禁盲目撤退。

（4）在救援舱避难时，要由专人利用救援舱气体分析装置对舱外气体进行分析并将分析结果传输至地面指挥部。避灾时要严格遵守救援舱乘坐规定，以减少不必要的活动，减少救援舱的氧气消耗，等待救援。

（5）事故发生后，断开事故可能波及范围内的所有非本安电源，对发生突出事故区域，原则上开的电气设备不停电，停电的设备不送电，防止现场停电产生火花引爆瓦斯，确需停电时必须经指挥部仔细研究确认无危险后进行远程停电。

（二）Ⅱ级（中型突出事故）避险原则

（1）各采掘地点人员根据突出发生地点的不同，按预先制定的避灾路线撤人。

（2）当煤与瓦斯突出事故发生，无其他巷道躲避或来不及撤离时，冲击范围内的避灾人员要背着冲击波的来向，迅速佩戴好自救器，待冲击波过去后，快速迎着新鲜风流方向撤离到安全地点。

（3）避难人员要沉着、冷静地设置明显的标志，为救护人员指示营救目标，若发现附近情况变化有危险时应及时转移地点。

（4）撤退时，如果矿灯熄灭，应沿着轨道或摸着水管、绞车钢丝绳走。

（5）事故发生后，断开事故可能波及范围内的所有非本安电源，对发生突出事故区域，原则上开的电气设备不停电，停电的设备不送电，防止现场停电产生火花引爆瓦斯，确需停电时必须经指挥部仔细研究确认无危险后进行远程停电。

（三）Ⅲ级（小型突出事故）避险原则

（1）无其他巷道躲避或来不及撤离时，冲击范围内的避灾人员要背着冲击波的来向，迅速佩戴好自救器，待冲击波过去后，快速迎着新鲜风流方向撤离到安全地点。

（2）根据现场条件，现场人员可立即戴上自救器，在班长或老工人的带领下，迅速果断地进行现场抢救工作，并立即派人向矿调度室报告。矿调度室接到突出事故报告后，立即通知矿长、总工程师到调度室组织指挥抢救事故。

（3）事故发生后，断开事故可能波及范围内的所有非本安电源，对发生突出事故区域，原则上开的电气设备不停电，停电的设备不送电，防止现场停电产生火花引爆瓦斯，确需停电时必须经指挥部仔细研究确认无危险后进行远程停电。

二、瓦斯、煤尘爆炸避灾原则

由于煤矿井下环境复杂，瓦斯爆炸破坏效应也比较复杂。瓦斯爆炸不仅会产生大量有毒有害气体和高温火焰、高温气体，还会产生高压气体形成冲击波。瓦斯爆炸后，压力波远远超前于火焰（温度），灾害影响区域内的人员首先由于冲击波的冲击而死亡。瓦斯爆炸发生后，在爆炸产生的高温、高压作用下，爆源附近的气体以很快的速度向四周扩散，形成巨大的正向冲击波。正向冲击波能够造成人员伤亡、巷道和器材设施破坏。反向冲击是爆炸时产生的大量水蒸气由于温度降低而凝结，使爆源地区气压降低而引起的与原爆炸传播方向相反的冲击，由于反向冲击是沿着刚刚遭到破坏的巷道反过来冲击，所以破坏作用更大。在大断面巷道中，还可能形成所谓的斜向冲击波。此外冲击波的传播还可以破坏支架，引起巷道顶板岩石冒落，垮塌的岩石及支架堆积物可能导致通风系统的破坏，引起矿井通风紊乱，给矿井救灾带来更大困难。

选择避灾路线时，首先选择没有遭到破坏或破坏轻微的巷道，其次选择形成冒落或有密实的堆积物的巷道，并把清理堆积物的时间计算在内。

冲击波传播时间极短，当瓦斯、煤尘爆炸时在现场和附近巷道的工作人员听到爆炸声和感到冲击波造成的空气震动气浪时，应迅速背朝爆炸冲击波传来方向卧倒，脸部朝下，把头放低些，在有水沟地方最好侧卧在水沟里边，脸朝水沟侧面沟壁，然后迅速用湿毛巾将嘴、鼻捂住，同时用最快速度戴上自救器，拉严身上衣物盖住露出的部分，以防爆炸的高温灼伤。在听到爆炸瞬间，最好尽力屏住呼吸，防止吸入有毒高温气体灼伤内脏。用好自救器是自救的主要环节，戴上自救器后，绝不可轻易取下而呼吸外界气体，以免遭受有害气体的毒害，要一直坚持到安全地点。冲击波过后，火焰锋面紧随而至，火焰锋面通过时不仅会烧伤人员、烧坏设备，还可能点燃木材、支架和煤尘，引起井下火灾和煤尘爆炸事故，扩大灾情。

三、火灾避灾原则

火灾灾变时期灾情发展具有动态性，受灾人员由于火灾突然发生没有心理准备，所以避灾路线的选择应将避灾人员的安全性放在首位。火灾条件下，巷道的可通行性是依据巷道中是否有灾变烟流和高温气体进行判别。

矿井发生火灾后，井下受火灾污染范围内有毒有害气体大量增加，其中 CO 是火灾中产生的最重要的有毒气体，火灾气体的毒性很大程度上取决于 CO 的量，而其他毒物的作用常常是很小的，CO 的致命量很大程度上依赖于所涉及的个人状况。一氧化碳的毒性危害见表 12 - 1。

表 12 - 1　一氧化碳的毒性危害

一氧化碳浓度/($mg \cdot m^{-3}$)	影响人体健康的生理特征或症状
250	经 2 ~ 3 h 后有轻度头疼
500	1 h 后有头疼和恶心
1000	在 45 min 时出现头晕、头疼、恶心
1625	有强烈的头疼，皮肤呈樱桃红色
2000	在 30 min 时出现头疼、头晕、恶心，超过 2 h 会引起死亡
2500	1 h 后会危险或引起死亡
4000	在 5 ~ 10 min 时出现头疼、头晕，30 min 后会死亡
8000	在 10 min 内会死亡
超过 12500	超过 3 min 会死亡

井下人员 CO 中毒出现头痛、恶心后，逃生能力大大降低，此时巷道的通行性受 CO 浓度和井巷通行时间的影响。根据表 12 - 1 中数据，若出现头痛、恶心等症状的时间大于通过 i、j 节点间巷道的通行时间 t_{ij}，则巷道可通行；若出现头痛、恶心等症状的时间小于通过 i、j 节点间巷道的通行时间 t_{ij}，则此巷道不可通行。根据《煤矿救护规程》要求，井下空气的温度超过 30 ℃（测点高 1.6 ~ 1.8 m）时，即为高温；当井下巷道内温度超过 27 ℃时，就应限制佩戴氧气呼吸器的连续作业时间。佩戴氧气呼吸器允许停留（作业，值班）和行走时间见表 12 - 2。

表 12-2　不同温度下允许停留时间关系表

巷道中温度/℃	允许时间		
	在巷道中停留时间/min	水平巷道中前进、倾斜、急倾斜巷道中下行时间/min	倾斜、急倾斜巷道中上行时间/min
27	210	85	50
28	180	75	45
29	150	65	40
30	125	55	36
31	110	50	33
32	95	45	30
33	80	40	27
34	70	35	23
35	60	30	20
36	50	25	17
37	40	21	14
38	35	17	11
39	30	13	8
40	25	9	5
41	24	—	—
42	23	—	—
43	22	—	—
44	21	—	—
45	20	—	—
46	19	—	—
47	18	—	—
48	17	—	—
49	16	—	—
50	15	—	—
51	14	—	—
52	13	—	—
53	12	—	—
54	11	—	—
55	10	—	—
56	9	—	—
57	8	—	—
58	7	—	—
59	6	—	—
60	5	—	—

根据表 12 - 2 中数据，将避灾路线分为 3 个等级：

（一）第一等级

当巷道内温度低于 27 ℃时，此巷道可视为没有受到火灾影响的巷道。计算机选择避灾路线时，首先从温度低于 27 ℃的巷道中选择，此时将所有温度高于 27 ℃的巷道的当量长度赋值设为无穷大，只要找出从危险地点到安全地点当量长度之和最短的一组巷道即为最优的避灾路线。

（二）第二等级

若第一等级的避灾路线不存在，那么计算机将从温度低于 60 ℃的有载人工具的巷道和温度低于 40 ℃的无载人工具的巷道中选择避灾路线。为了便于计算，将巷道中空气的温度设为 27 ~ 60 ℃，巷道停留时间与温度的关系式为

$$T_1(\tau) = 2106.0036e^{-0.1004t} \tag{12 - 9}$$

巷道中空气的温度在 27 ℃ ~ 40 ℃时，水平巷道中前进，倾斜、急倾斜巷道中下行时间与温度的关系式为

$$T_2(\tau) = 6767.0175e^{-0.1584t} \tag{12 - 10}$$

倾斜、急倾斜巷道中上行时间与温度的关系式为

$$T_3(\tau) = 4242.9498e^{-0.1579t} \tag{12 - 11}$$

式中　　τ——穿越高温巷道允许的通行时间，min；

　　　　t——巷道中空气的温度，℃。

此时，第一等级判断为可通行的巷道均视为可通行；温度在 27 ~ 60 ℃之间，有载人工具的巷道，当通过巷道所需的时间小于式（12 - 9）得出的巷道允许通行时间时，此巷道可通行，反之不可通行；温度在 27 ~ 40 ℃之间，无载人工具的巷道，当通过巷道所需的时间小于根据式（12 - 10）或式（12 - 11）得出的巷道允许通行时间时，此巷道可通行，否则不可通行。将所有在此条件下判断为不可通行巷道的当量长度赋值为无穷大，那么从危险地点到安全地点当量长度之和最短的一组巷道即为最优的避灾路线。

（三）第三等级

依据大量人类对高温环境的耐受试验，用最小二乘法拟合出人在高温环境中最大耐受时间的指数曲线方程式为

$$T_{\max} = 1812\exp(-0.046t) \tag{12 - 12}$$

式中　　$T_{\max}$——人在高温环境中最大耐受时间，min；

　　　　t——巷道中空气的温度，℃。

此时，在第二等级判断为可通行的巷道均视为可通行，其余的巷道根据式（12 - 12）判断极限条件下的巷道通行性。

四、水灾时避灾路线原则

水灾事故发生后，在现场及附近地点的工作人员应首先做好自身安全防护，立即避开出水口和泄水流，躲避到硐室内、拐弯巷道或其他安全地点。如果情况紧急来不及转移躲避时，可抓牢棚梁、棚腿或其他固定物，防止被涌水冲倒。如果是老空水涌出，使所在地点的有毒、有害气体增加时，现场职工应立即佩戴好自救器。在未确定所在地点的空气成分能否保证人员的生命安全时，禁止任何人随意摘掉自救器的口具和鼻夹，以避免中毒事

故的发生。

当下部水平巷道有被水淹的危险时，井下人员应撤到上部水平，禁止在独头巷道中躲避。禁止由下往上进入突水点或被水、泥沙堵塞的小眼和上山，防止二次突水和淤泥的冲击。

一般情况下，水深0 m时，人正常行走速度为1 m/s，水深1.5 m时，人行走速度接近0 m/s。根据《矿山救援规程》要求，救护队员佩戴氧气呼吸器通过局部积水巷道，步行时水深不得过膝，爬行时水深不得超过152.4 mm。根据巷道淹没的程度，以及在不同水深下人行正常行走速度，受灾人员从危险地点撤退到安全地点时，将避灾路线选择分为以下3个等级。

（一）第一等级

巷道没有受到灾变的影响，计算机选择避灾路线时，从没有受到水灾影响的巷道中选择，此时将所有水深不为0的巷道（巷道中有水坑但没有受到水灾侵袭的巷道视水深为0）的当量长度赋值为无穷大，只要找出从危险地点到安全地点当量长度之和最短的一组巷道即为最优的避灾路线。

（二）第二等级

若第一等级的避灾路线不存在，那么计算机将从水深不超过膝盖的巷道中选择避灾路线，为计算方便设定水深小于0.5 m、高度大于1.8 m的巷道可通行。不符合此条件的巷道当量长度赋值为无穷大，再次计算最优的避灾路线。

（三）第三等级

若第二等级的避灾路线仍然不存在，在紧急情况下，受灾人员为了能够脱离危险环境到达安全的避难硐室或者逃出井外，计算机将在水深小于1.5 m的巷道中选择，再次搜索避灾路线。水深大于1.5 m，又没有临时避难所的巷道中生还的可能性很小。

五、顶板事故避灾原则

根据A、B级别的顶板事故概况及危害程度预测，确定出顶板事故的避险原则如下：

一是当事故发生时，首先确定冒顶事故的性质、范围，及时将事故基本情况向矿调度室汇报。

二是矿调度室接到汇报后，立即向相关领导及部门进行汇报，迅速成立由生产矿长为组长的事故抢救领导小组。

三是事故抢救领导小组及时预测受灾人员的基本状况，冷静沉着分析，果断准确制定切实可行的救灾方案。

四是事故发生后，指挥部人员和相关科队的责任人和工程技术人员及时到达现场制定营救、抢修措施，并负责组织监督实施，对一些危棚迅速进行修复加固。

（一）A类顶板事故避灾原则

（1）施工人员被堵在工作面时，要迅速撤至工作面救援舱或避难硐室等待救援。无救援舱时，为了防止人员缺氧窒息，应及时将工作面冒顶区内的风管拧开送风，确保人员的空气需求。

（2）被堵人员要保持情绪稳定，听从现场负责人的统一指挥，若条件允许，应及时加强支护未冒顶范围内的顶板，防止冒顶范围逐渐扩大而危急被堵人员的安全。加强顶板支护后，被堵人员尽量少活动，保存体力，等待救援。

（3）及时利用便携式瓦检仪测定冒顶区瓦斯浓度，根据需要，拆开风管进行稀释。

（4）与外界取得联系后，及时将封堵区电源切断，避免冒顶砸破电缆，造成触电事故。

（5）被封堵区人员积极配合营救队伍进行救灾工作，听从指挥。

（二）B类顶板事故避灾原则

（1）对发现的伤亡人员，应先管理顶板，然后再营救人员，避免事故扩大化。将伤员及时用担架抬到井口急救站，进行紧急救治，或直接送至医院治疗。

（2）对冒顶现场再进行修复加固，恢复至安全状态。

（3）严格按照救灾修复方案的程序展开工作。各相关部门救灾人员、物资不得影响事故抢险工作的进展。

第十三章　基于矿井避难与救援系统的应 急 预 案

事故应急救援预案是针对具体设备、设施、场所或环境，在安全评价的基础上，评估了事故形式、发展过程、危害范围和破坏区域，为降低事故损失，就事故发生后的应急救援机构和人员，应急救援的设备、设施、条件和环境，行动的步骤和纲领，控制事故发展的方法和程序，预先做出的科学和有效的计划和安排。

第一节　应急预案编制的原则与依据

一、编制原则

编制原则包括以下几项。

一是煤矿应急救援预案的编制应遵循"三个明确"，即明确职责、明确程序、明确能力与资源。

二是煤矿应急救援预案的编制应体现科学性、实用性、权威性的原则。

三是煤矿应急救援预案的编制必须坚持预防为主、防治并重、事实就是、慎重对待的原则。

四是煤矿应急救援预案的编制应遵循集中领导、统一指挥，安全第一、预防为主，结构完整、功能全面，反应灵敏、运转高效，分级负责、属地管理，奖惩兑现、责任追究的原则。

五是煤矿应急救援预案的编制必须具有针对性、可操作性和动态性。这是预案编制的出发点和落脚点。

二、编制依据

煤矿事故应急预案的编制必须以国家法律、法规及企业所在地的法规、有关行业标准、规范为依据，体现预案的权威性和科学性。此外，国务院、原国家安全生产监督管理总局也制订了《国家安全生产事故灾难应急预案》和《矿山事故灾害应急预案》，是国家、行业最高层面的应急预案，这些都是编制应急救援预案的重要依据。应急预案的编制依据主要包括：《中华人民共和国安全生产法》《中华人民共和国突发事件应对法》《中华人民共和国矿山安全法》《煤矿安全监察条例》《生产安全事故报告和调查处理条例》《生产经营单位应急预案管理办法》《煤矿安全规程》等。

第二节　灾变情况下人员心理及行为

人的心理是一种高级的反映形式，它具有两方面特征：第一，心理的内容来源于客观现实。第二，心理具有能动性。

面对灾害，个体的心理反应是个人在自身生命、财产受到巨大威胁时产生的情绪状态，灾害的危险性和突发性要求个人立即做出某种反应，因而对个体的心理构成巨大压力，使个体被迫进入心理应激状态。因此，面对灾害，个人的心理反应其实质是心理应激反应，是灾害情境与个人相互作用的结果。

应激状态改变了机体的激活水平，特别是使肌肉的紧张度、血压、腺体的分泌、心率、呼吸系统都会发生明显的变化。这种状态会使大脑皮质的调节与控制作用减弱，因而皮质下神经中枢显著地活跃起来，使动作、语言、内脏器官和腺体发生剧烈的变化。

一、灾变时期心理及行为分析

由于应激情绪波动程度的差异，会使人做出一系列不同的举动，理智的举动一般是积极的行动，而非理智的举动必定是消极的行动。凡积极的行动一般是有效的，可以得到良好的救助效果，而消极的行动只会贻误救助时机，是非常有害的。根据应激情绪波动的程度和预期效果，可以将应激情绪分为积极性应激和消极性应激。

（一）消极性应激心理及行为分析

在极度紧张的情况下，由于身体各部分机能的改变而发生全身性的兴奋泛化，往往使人行为紊乱，不能准确地实现行动目的，如出现语无伦次、情绪慌张等。同时，由于意识的自觉性降低，也会出现思维混乱，分析判断能力减弱，感知和记忆出现错误，注意力的分配与转移困难等情况。有的人在紧急情况下，会发生全身抑制，使机体的一切活动受阻；有的人在应激状态下，因机体功能失调而发生临时性休克。当应激情绪的强度过大时往往会减弱理智的思考作用，甚至使人失去控制自己的能力，做出不顾后果的行为。

（二）积极性应激心理及行为分析

激情适度才是积极的。一般说来，具有中等强度的应激情绪，人们思维判断明确，能够更好地发挥积极性，情绪适度紧张，能增强人的反应能力和决策能力。一个人要想在突发事件或危险的时刻也能够保持适度的应激状态，在相当大的程度上取决于是否具有果断、坚强的意志力，而这些又都是可以通过实践锻炼获得的。

积极应激情绪状态的表现是自救或互救行动，能够及时调整心态，保持积极的情绪并做到沉着、冷静，巧妙地利用身边的地形、地物，成功地救助别人和自救。受灾后能够迅速调整心态而沉着应对的人，转危为安或者获救成功的概率较高。这说明了积极性应激情绪的作用和重要价值。

二、灾害时心理的影响因素分析

面对灾害时影响个人心理反应的个体因素是很多的，但主要的有性别因素、经历因素、知识和能力因素、训练水平、年龄因素、现场状况和个性特点。由于煤矿企业中井下工作者全为男性，所以本文中只讨论后 6 个因素。

（一）经历因素

个人的灾难经历在某种程度上加剧了人们的恐惧和焦虑。先前的受难经历使经历过危机场面的人对任何显示危机再次发生的迹象高度敏捷，这通常使他们一旦觉察到灾难可能重又降临的征兆和暗示就会立即采取行动。

灾害经历加剧了个人心理的敏感倾向，以往灾难景象的重现加重了心理刺激的强度，使机体活动水平迅速提高。但灾难经历对个人心理反应的作用是正向还是负向，最终决定于个人的知识和能力。有了灾难经历的个体，在遇到相同的灾害时，就会根据自己的知识和能力，迅速地判断目前的灾害形势，并采取正确的自救和避灾的措施。但如果没有科学的避难知识，被激发的紧张心理和提高的活动水平只能转化为冲动和鲁莽。

（二）知识和能力因素

个体面对灾害的恐惧来自他本人对危险的认识以及对"如果不能克服或逃离危险对个人意味着什么"的判断。在这一过程中，个体所具备的有关灾害的知识和应付危险的能力对恐惧和紧张的强烈程度会产生重要影响。

人们关于应付各种灾害的知识越丰富，越有助于个人减轻心理压力，从而采取适应性行动。相反，如果人们对某种征兆一无所知，危险突然出现后又对如何采取有效行动一片茫然，就势必加剧心理紧张，产生极度惊慌或盲目呆滞等消极心理反应。

灾害知识包括：关于灾害征兆的知识；关于采取正确的避难措施，如对灾害环境的认识和熟悉程度、选择正确的避难方法、路线，出口及自我防护手段等知识；避免灾害诱发的次生灾害发生。

个人的能力与知识是不可分的，它们都决定了个人对危险的认识、评价和对后果的估计，知识越多、能力越强，个人的心理压力越小，越容易产生适应性心理反应。反之，灾害知识越缺乏，无力应付危险，个人受到的心理刺激越强，越紧张、惊慌，越容易产生不适应的心理反应。

（三）训练水平

防灾训练使人们避免了由于突发情况和意外危险导致的惊慌、混乱和不知所措。

（四）年龄因素

心理发展水平同年龄之间有大致对应的关系，随着年龄的增长，人的心理逐渐成熟，对应急事件的心理调整及行为的控制力都有明显的提高。这是影响安全疏散时的步行速度和对火灾反应灵敏度的主要因素。对于矿山企业来说，井下工作人员全部为男性，且都处于青壮年时期，正好是处于一个比较好的时期，故年龄因素对他们的影响比较小。

（五）现场状况

火灾现场如果有良好的消防设施，有管理人员组织疏散，则会对疏散人员的心理影响较小，心理比较平稳，否则对人员的心理刺激较大，使心理出现较大波动。实践证明，人员素质较高，消防设施完备，发生火灾时人员伤亡少，财产损失也小。

（六）个性特点

个性特点是影响心理反应个体差异的重要变量之一。性格和意识倾向不同对危机环境的解释和态度也不同。积极、乐观的性格有助于在应激情境中减轻心理压力，调动一切资源避险，是解决问题型性格；相反，则是情绪发泄型性格。前者虽然也会产生紧张和恐惧心理，但自制占上风，产生的紧张恰好刺激和激活了机体活动水平，高度的应激状态使个体能发挥出平时无法实现的潜能，如大脑思维异常活跃和搬运平时无法移动的沉重物体等。而后者消极悲观的性格加重了个人对危险的无能为力感，盲从和听天由命的心理情绪使机体情绪和机体活动水平下降，产生混乱和不知所措的行为反应。

个人素质和意志力不同，对紧张的敏感度和承受力也不同。前面的研究结论表明，灾害时紧张和焦虑是普遍存在的心理情绪，适当的紧张感有助于提高个体的应激能力。但紧张如果超出了一定的限度，则会降低应激能力。同样程度的焦虑水平，有人能控制而有人不能控制，这是个人不同的意志力和心理素质造成的差别。对于每个受灾个体而言都有一个承受紧张和心理压力的最高界限，低于临界点的紧张对个体的心理行为反应具有积极作用，高于临界点的紧张则会使有机体活动水平迅速下降，使个人产生意识狭窄、缺乏交替选择甚至暂时丧失思考和行动能力等不适应反应。对于不同个性和心理素质的个体来说，这个临界点的位置（即临界值）是不同的，这是由他们各自的个性特点决定的。

第三节　火灾应急救援预案编制

一、矿井火灾分析

（一）矿井火灾危害

矿井火灾又叫矿内火灾或井下火灾，是指发生在煤矿井下巷道、工作面、硐室、采空区等地点的火灾，能够波及和威胁井下安全的地面火灾。

矿井火灾会给井下人员的生命安全带来特别严重的危害，主要原因包括以下几项：

（1）井下空间狭小，矿井通风及巷道联通关系复杂，供风量有限，发生火灾时人员避灾会受到井下环境条件的限制。

（2）矿井火灾会产生大量的高温火烟，火源附近的温度常常在 1000 ℃以上。火灾所产生的大量烟气和热量在井下不易散失。在巷道通风的情况下高温烟流能随风迅速传播到很远很大的范围，使这些区域的人员受到高温的伤害。

（3）火灾烟气中带有大量的有毒有害气体以及蒸汽和烟尘等，不但对人的眼睛及呼吸器官有强烈的刺激和窒息作用，而且烟气中的一氧化碳等气体具有很强的毒性，人吸入后就会中毒以致死亡。

（4）矿井火灾发展到一定强度，当出现火风压，可能会造成矿井通风网路风流方向的变化，从而使烟气的流动失去控制，进一步扩大灾区范围，使更多的井下人员受到火灾烟气的毒害。同时给井下的安全撤退带来极大的困难和危险。

（5）煤矿井下到处都存在大量的易燃物，火灾极易发展蔓延，高温火烟在巷道流经的路程上，渗入新鲜风流时，将会在渗风地点形成新的火源。

（6）矿井火灾还会引起瓦斯、煤尘的爆炸。这类事故，无论是在高瓦斯矿井或低瓦斯矿井，历史上都曾经发生过。

（二）矿井火灾的分类及特征

矿井火灾的发生原因，按其热源可分为内因火灾和外因火灾。

内因火灾是由煤炭自燃而引起的火灾。它经常发生在采空区、终采线、断层、煤柱等煤区以及掘进冒顶处或封闭不严的旧采区内。目前比较普遍的看法是煤炭能在常温环境下，吸附空气中的氧而氧化，产生一定的热量。若氧化生成的热量较少并能及时散失，则煤温不会升高；若氧化生成的热量大于向周围散失的热量，煤温将升高。随着煤温的继续升高，氧化急剧加快，从而产生更多的热量，煤温也急剧上升，当煤温达到着火点（300～350 ℃）时，煤即自燃发火。煤炭从开始接触氧气到自燃，所经历的时间对不同的煤种是不一样的。人们把煤炭接触氧气到自燃的时间叫作发火期。我国煤层发火期最短的时间为1.5～3个月，长者可达15个月以上。煤炭自燃是一个复杂的过程，受着多种因素的影响，但煤炭自燃必须具备的条件包括：①煤有自燃倾向性，且以破碎状态存在；②有连续的供氧条件；③有积聚氧化热的环境；④上述3个条件持续足够的时间。

实践证明，具有同样自燃倾向性的煤层，在不同的生产技术条件下，有的煤能自燃，有的则不能；在同样的外部条件下，自燃倾向性也不一样。这是因为煤炭自燃过程受许多因素影响的缘故。其影响的主要因素包括：①煤的化学成分；②煤的物理性质；③煤层的地质条件；④开拓开采条件；⑤矿井通风条件。

外因火灾是指由外部火源，如明火、电缆着火、电气设备产生的电弧火花，瓦斯或煤尘爆炸以及爆破等而引起的火灾。一般来说，在电气化程度较低的中、小型煤矿，大多数外因火灾是由于使用明火或违章爆破等引起的。在机械化、电气化程度较高的矿井，则大多是由于机电设备管理维护不善，操作使用不当，设备运转故障等原因所引起的，而且随着矿井电气化程度的不断提高，机电设备引起的外因火灾的比重也有增长的趋势。在井下吸烟、取暖、违章爆破、电焊及其他原因引起的外因火灾，也时有发生。

（三）矿井火灾发展阶段

火灾发展大体上经历5个阶段，即初起阶段、发展阶段、猛烈阶段、下降阶段和熄灭阶段。

1. 初起阶段

火灾初起阶段是物质在起火后的十几分钟里，燃烧面积不大，烟气流动速度较缓慢，火焰辐射出的能量还不多，周围物品和结构开始受热，温度上升不快，但呈上升趋势。在这个阶段，用较少的人力和应急的灭火器材就能将火控制住或扑灭。

2. 发展阶段

火灾发展阶段是由于燃烧强度增大，载热500 ℃以上的烟气流加上火焰热辐射的作用，使周围可燃物品和结构受热并开始分解，气体对流加强，燃烧面积扩大，燃烧速度加快。在这个阶段需要投入较多的力量和灭火器材才能将火扑灭。

3. 猛烈阶段

火灾猛烈阶段是由于燃烧面积扩大，大量的热释放出来，空间温度急剧上升，使周围可燃物品几乎全部卷入燃烧，火势达到猛烈的程度。这个阶段，燃烧强度最大，热辐射最强，温度和烟气对流达到最大限度，不燃材料和结构的机械强度受到破坏，以致发生变形或倒塌，大火突破建筑物外壳，并向周围扩大蔓延，是火灾最难扑救的阶段，不仅需要很多的力量和灭火器材扑救火灾，而且要用相当多的力量和灭火器材保护周围建筑物和物质，以防止火势蔓延。

4. 下降和熄灭阶段

下降和熄灭阶段是火场火势被控制住以后，由于灭火剂的作用或因燃烧材料已烧至殆尽，火势逐渐减弱直至熄灭。

综观火势发展的过程来看，初起阶段易于控制和消灭，所以要千方百计抓住这个有利时机，扑灭初起火灾。如果错过初起阶段再去扑救，就必然动用更多的人力和物力，付出较大的代价，造成较为严重的损失和危害。

（四）矿井内因火灾的预测预防

根据对煤炭自燃过程的考察，当其达到干馏和燃着阶段时，就会出现一些比较明显的发火征兆。我们可以根据这些外部征兆，判别火灾的发展和寻找火源地点。外部征兆包括以下几项：

（1）在火区附近，温度、湿度增高，有时出现雾气或巷道壁出汗，井口或巷道口出现水汽等。这是因为煤炭氧化的初期，会从煤中泄出水分，使巷道内空气温度增加。同时，火区内热空气逸出时，遇到冷空气，会有水蒸气冷凝，巷道内往往出现雾气；潮湿的热空气与巷道壁接触，可在巷道壁上出现水珠；浅部开采时，冬季在地面塌陷区或钻孔附近，亦可发现水蒸气或冰雪融化等现象。

（2）巷道内可闻到特殊气味。煤炭在自燃过程中所产生的各种气体有一种类似煤油、松节油的特殊气味，当能闻到这种气味时，说明煤已自燃到一定程度。

（3）人体感到不舒服。煤炭温度上升时，必然产生一氧化碳、二氧化碳等气体，人呼吸到这种气体就会感到头疼、闷热、疲乏、四肢无力等。

（4）从火区流出的空气和水的温度增高。

从上述煤炭自燃的外部特征可以确认该地区煤炭是否已开始自燃。但是，某些征兆，对不同的人，感觉是不一样的。因此，利用气体分析法来识别初期火灾，是目前国内外普遍采用的比较可靠的方法。

长期以来的观测表明，当煤炭发生自燃后，可使附近区域的 O_2 减少，CO 增多，并出现 CO 及烷类、烯类气体。因此，分析可能有自燃火灾地区或工作面进、回风流中的空气成分及其变化情况，就可判定是否发生自燃。这是目前普遍采用的预测预报自燃火灾的方法。随着精密分析仪器的发展，这一方法已逐渐趋向连续自动监测的方向发展。能够反映煤炭自燃特征的气体，我们称之为煤炭自燃火灾的指标气体。正确选择指标气体及合理确定指标气体的临界值，是能否准确、适时预测预报自燃火灾的关键。

（五）矿井外因火灾的预测预防

外因火灾的发生都是突发性的，很难采用技术措施来加以预测。防止矿井外因火灾的措施包括以下几项：

（1）杜绝火源。严禁将烟和火带下井，更不许在井下吸烟与使用明火；地面井口房和通风机房附近 20 m 内，不得有烟火或用火炉取暖；地面木料场、矸石山、炉灰场与进风井的距离不得小于 80 m；井下严禁使用灯泡取暖和使用电炉。

（2）井下和地面井口房内不得从事电焊、气焊和使用喷灯等工作。如果必须在井下主要硐室、主要进风井巷和井口房内进行电焊、气焊和使用喷灯等工作，必须遵守《煤矿安全规程》第 206 条的规定。制订安全措施，经矿长批准，并由矿长指定专人在场检查和监督。

（3）按矿井瓦斯等级，使用规定的安全可靠的炸药和雷管，并严格执行爆破的有关规定。

（4）矿井必须设地面消防水池和井下消防管路系统。井下消防管路系统应每隔 100 m

设置支管和阀门，但在带式输送机的巷道中应每隔50 m设置支管和阀门。消防水池必须经常保持足够的水量。

（5）新建矿井的永久井架和井口房，以井口为中心的联合建筑，井筒、平硐、各水平的连接处及进底车场，主要绞车道同主要运输巷、回风巷的连接处，井下机电硐室，主要巷道内的带式输送机的机头前后两端各20 m范围内，都必须用不燃性材料建筑和支护。

（6）所有机电设备必须采用防爆型或防火花型。在必须使用某一种不防爆或防爆性能不好的仪表或设备时，要制定一套完善的安全措施。

（7）进风井口和通风平硐口都要装设防火铁门。如果不设防火铁门，必须有防止烟火进入矿井的安全措施。

（8）矿井必须在井上、下设置消防材料库。井上消防材料库应设在井口附近，并有轨道直达井口；井下消防材料库应设在每一个生产水平的井底车场或主要运输大巷中，并应装备消防列车。消防材料库储存的材料、工具的品种和数量由矿长确定，并备有明细卡片，指定专人定期检查和更换，及时补齐。

（9）井下爆破材料库、机电硐室、检修硐室、材料库、井底车场、使用带式输送机或液力耦合器的巷道以及采掘工作面附近的巷道中，都应备有灭火器材。所有井下工作人员都必须熟悉灭火器材的使用方法，并熟悉工作区域内灭火器材的存放地点。

二、矿井火灾应急处置

（一）矿井火灾应急响应程序研究

矿井火灾发生后，井下工作人员迅速向单位值班人员报告。最先发现的现场人员要根据当时的具体情况（有烟或有火焰、有爆炸的响声及其他等现象），判断火势大小，弄清这种情况对人们有无生命威胁，如果火势较小，火灾尚处于初起阶段，凭自己的力量可以处理并无危险，那么就应先去扑灭灾害，利用供水管路、灭火器或其他可能利用的工具直接灭火。电气设备着火时，必须首先切断电源，油类着火时禁止用水灭火。然后再把自己所做的工作报告当时在场的负责人。否则就要先报告当时在场的负责人，由负责人统一指挥，迅速组织现场人员，佩戴好救生自救器，利用现场的灭火工具快速消除火灾。

井下发生火灾时以下几种情况要考虑进入紧急避险设施：

1. 被困井下

井下发生火灾后，火灾中可燃物燃烧产生大量烟雾，其中含有一氧化碳（CO）、二氧化碳（CO_2）、氯化氢（HCl）、硫化氢（H_2S）、光气（$COCl_2$）等有毒气体。对人体有麻醉、窒息、刺激等作用，损害呼吸系统、中枢神经系统和血液循环系统，在火灾中严重影响人们的正常呼吸和逃生，直接危害人们的生命安全。而且井下发生火灾后，可燃物燃烧消耗氧气，使空气中的氧气浓度降低，此时人员有可能由于氧气减少而窒息死亡。

2. 高温

井下发生火灾后，由于可燃物质多，火灾发展蔓延迅速，气体温度在短时间内即可达到几百摄氏度。空气中的高温，能损伤呼吸道，若再加上空气潮湿，造成的损害更为严重。当温度达到49～50℃时，如果此时的空气吸入体内，能使血压迅速下降，导致循环系统衰竭。只要吸入的气体温度超过70℃，就会使气管、支气管内膜充血起水泡，组织坏死，并引起肺水肿而窒息死亡。人在100℃环境中即出现虚脱现象，丧失逃生能力，严重者会造成死亡。

3. 有爆炸的危险

井下存在瓦斯或煤尘时，发生火灾时，很有可能会导致瓦斯、煤尘爆炸，由于爆炸危害较大，而且是突发性的，时间比较短促，根本来不及逃生。

矿调度室值班人员接到井下报告后，应立即向矿值班领导汇报，并迅速通知其他有关领导及专业人员到矿调度室集合。

矿应急救援总指挥（矿长）到场后，在听取了有关汇报后，立即下令启动应急预案，成立应急救援指挥部，本着"积极抢救"的原则，争分夺秒组织救援队伍在现场实施紧急救援行动，与此同时，要向上级领导部门汇报，并向毗邻单位通报事故情况，必要时向有关单位发出救援请求。

（二）火灾事故时的自救和互救措施

1. 火灾事故时的安全撤退和避灾待救措施

（1）若火势很大，现场人员难以就近取材灭火或控制灾情时，应迅速戴好自救器（同时帮助受伤人员佩戴）退出灾区。撤退时要首先判明或了解事故的原因、地点、范围和事故区域的巷道情况、通风系统、风流及火灾烟气蔓延的速度、方向以及与自己所处巷道位置之间的关系，并根据应急救援预案及现场实际情况，确定撤退路线和避灾自救方法。

（2）撤退时，在任何情况下都不要惊慌，不能狂奔乱跑，应在本班班长及有经验老工人带领下有组织地撤退。

（3）处在火源上风侧的人员，应逆风撤退。

（4）处在火源下风侧的人员，火势小且越过火源没有危险时，可迅速穿过火区到火的上风侧；或顺风撤退，但必须找到捷径尽快进入新鲜风流中撤退。

（5）若在自救器有效作用时间内，不能安全撤出时，应在设有储存备用自救器的地方换用自救器后再撤退，或寻找有压风管路系统的地点，以压缩空气供呼吸之用，避灾待救。

（6）撤退行动既要迅速果断，又要快而不乱。撤退时应靠巷道有联通出口的一侧行进，避免错过脱离危险区的机会。同时，还要随时注意观察巷道和风流的变化情况，预防火风压可能造成的风流逆转。

2. 在烟雾巷道里的避灾自救措施

（1）一般不在无供风条件的烟雾巷道中停留避灾，应戴好自救器采取果断措施迅速撤离有烟雾的巷道。

（2）在自救器使用超过有效防护时间或无自救器时，应将毛巾润湿堵住嘴鼻寻找供风地点，然后切断或打开巷道中压风管路阀门，或者对着有风的风筒呼吸（必须是新鲜无害的），在任何情况下都要尽量避免深呼吸和急促呼吸。

（3）一般情况下不要逆烟撤退，除非在附近有脱离危险区的通道出口而又有脱离危险区的把握时，或者是只有逆烟撤退才有争取生存的希望时，才可以采取这种撤退方法。

（4）有烟雾且视线不清的情况下，应摸着巷道壁前进，以免错过通往新鲜风流的联通出口。

（5）烟雾不大时，也不要直立奔跑，应尽量躬身弯腰，低着头快速前进；烟雾大时，应贴着巷道底和巷壁，摸着管道等快速撤退。

（6）在高温浓烟的巷道中撤退时，应注意利用巷道内的水润湿毛巾、衣物或向身上淋水等办法降温，利用随身物体遮挡头面部，防止高温烟气的刺激等。

（7）烟雾对人身安全的影响，除了烟气的刺激性和使周围环境恶劣外，还会使人的精神处于恐慌紧张，造成呼吸、心跳加速，容易疲劳，抵抗能力、行动能力、分析判断能力减低。因此，在烟雾巷道中无论碰到多么危险的情况，都不能惊慌，不要狂奔乱跑，要坚定战胜困难的信念，善于根据感觉、经验和观察迅速判断辨认方向及自己所处的位置，善于根据风流的大小和方向、烟气的来源及温度的高低判断火灾情况，以便做出正确的决策，通过捷径脱离烟雾危险区。

3. 在不同火灾地点的避灾自救措施

1）独头巷道发火时的避灾自救措施

（1）独头掘进巷道火灾多因电器故障或违章爆破造成，其特点是发火突然，但初起火源一般不大，发现后应及时采取有效、果断措施扑灭。

（2）掘进巷道一般采用局部通风机进行压入式通风。风筒一旦被烧，工作面通风就被截断，人员逃生的出路也被切断。因此，巷道着火后，位于火源里侧的人员，应尽一切可能穿过火源撤至火源外侧，然后再根据实际情况确定灭火或撤退方法。

（3）人员被火灾堵截无法撤退到火源外侧时，应在保证安全的前提下，尽一切可能迅速拆除引燃的风筒，撤除部分木支架及一切可燃物，切断火灾向人员所在地点蔓延的通路。然后，迅速构筑临时避难硐室，并严加封堵，防止有害烟气侵入。若巷道内有压风管道，可放压气用以避灾自救。若有输水管道，可放水用以改善避灾条件。但在用水控制火势，阻止火灾向人员避灾地点蔓延时，应特别注意水蒸气或巷道冒顶给避灾人员带来的危害。

（4）如果其他地区着火使独头掘进巷道的巷口被火烟封堵，人员无法撤离时，应立即用风障（可利用巷道中的风筒建造）等将巷口封闭，并建立临时避难硐室。若火烟通过局部通风机被压入巷道时，则应立即将风筒拆除。

2）采煤工作面发火时的避灾自救措施

（1）发现火灾后，现场人员要立即佩戴好自救器，并帮助受伤人员戴好。在正确判定火源位置、火势大小后，立即向本班班长汇报，并通知工作面的其他工作人员。

（2）本班班长应把大家组织起来，利用现场的一切灭火设施和材料扑灭火灾，并迅速利用附近的电话向井上、井下调度室报告，向可能受波及区域发生警报。

（3）如果不能扑灭火灾，应组织人员沿逆风方向撤退。

3）机电硐室发火时的避灾自救措施

（1）发现火灾后，现场人员应迅速佩戴好自救器，利用现场存放的灭火工具灭火。为了不失时机地将火灾消灭在初段阶段，可在带电的状态下灭火，故不宜用水或使用有导电性的灭火器材。同时，应指派人员向井上、井下调度室报告，并向受威胁区人员报警。

（2）组织人员积极抢运硐室的易燃物品。

（3）切断硐室内的电源。

（4）当火势比较大，难以扑灭时，应立即撤出所有人员，关闭防火门或在硐室内外同时悬挂风障。

4）巷道中电缆着火时的临场抢救措施

（1）发现电缆着火后，应迅速切断电源，并立即截断着火电缆，防止延燃。

（2）切断电源后组织人员进行灭火，同时将与电缆接触的易燃物、材料等分开。

（3）在灭火时，要注意有毒有害气体的伤害，在这种情况下应佩戴自救器或将毛巾润湿堵住嘴鼻。

（4）若火势迅速蔓延，控制不住，应迅速组织人员撤退。

5）有爆炸危险地点的避灾自救措施

爆炸事故会产生很强烈的高温高压冲击波和大量的有毒有害气体。遇到这种情况最重要的就是要预防冲击波的伤害和中毒窒息事故的发生。千万不可惊慌，更不能乱跑。

在火灾事故中，当发现有发生爆炸的前兆时（当爆炸发生时，巷道内的风流会有短暂停顿或颤动），如果有可能应立即避开爆炸的正面巷道或进入巷道内的躲避硐室；如果情况紧急，应迅速背向爆源、靠巷道的一侧就地顺着巷道爬卧，面部朝下紧贴巷道底板、用双臂护住头、面部并尽量减少皮肤暴露部分；如果巷道内有水坑或水沟，则应顺势爬入水中。在爆炸发生的瞬间，要尽力屏住呼吸或闭气将头部浸入水中，防止吸入爆炸火焰和高温有毒有害气体，同时要以最快的动作佩戴好自救器。爆炸后应先观察，待没有异常变化迹象时要辨明情况和方向，沿着安全避灾路线尽快撤出灾区，转入有新鲜风流的安全地带。撤退中要由有经验和熟悉路线的老工人带领通行。如果巷道破坏严重又不知道撤退路线是否安全，就要设法到附近安全的地方躲避，这些地方要尽可能选择没有有毒有害气体、有压风管路和水或距水较近的地方，并要随时注意观察附近情况变化，发现有危险时应采取防范措施或转换地点。

（三）火灾事故处理时救护队的行动原则确定

（1）采取通风措施限制火风压。通常是采取控制风速、调节风量、减少回风道风阻或设水幕洒水措施。要注意防止因风速过大造成煤尘飞扬，而引起煤尘爆炸。

（2）在处理火灾事故的过程中，要十分注意顶板的变化，以防止因燃烧支架损坏造成顶板垮落伤人，或者是顶板垮落后造成风流方向、风量变化，而引起灾区一系列不利于安全抢救的连锁反应。

（3）在矿井火灾的初起阶段，应根据现场的实际情况，积极组织人力、物力、控制火势，用水、砂子、黄土、干粉、泡沫等直接灭火。

（4）在采用挖除火源的灭火措施时，应将火源附近的巷道加强支护，以免燃烧的煤和矸石下落，截断退路。

（5）扑灭瓦斯燃烧火灾时，可采用岩粉、砂子和泡沫、干粉、惰性气体灭火，并注意防止采用震动性的灭火手段。灭火时，多台灭火机要沿瓦斯的整个燃烧线一起喷射。

（6）火灾范围较大，火势发展较快，人员难以接近火源时，应采用高倍数泡沫灭火机和惰性气体发生装置等大型灭火设备直接灭火。

（7）在人力、物力不足或直接灭火无效时，为防止火势发展，应采取隔绝法灭火和综合灭火措施。

（四）处理火灾事故应遵循的原则和措施

1. 处理井下火灾应遵循的原则

（1）控制烟雾的蔓延。

（2）防止火灾扩大。

（3）防止引起瓦斯或煤尘爆炸，防止因火风压引起风流逆转而造成危害。

（4）保证救灾人员安全，并有利于抢救遇险人员。

（5）创造有利的灭火条件。

2. 处理火灾事故的措施

1）井口和井筒火灾

进风井筒中发生火灾时，为防止火灾气体侵入井下巷道。必须采取反风或停止主要通风机运转的措施。

回风井筒发生火灾时，风流方向不应改变。为了防止火势增大，应减少风量。其方法是控制入风防火门，打开通风机风道的闸门，停止通风机或执行抢救指挥部决定的其他方法（以不能引起可燃气体浓度达到爆炸危险为原则）。必要时，撤出井下受危及的人员。

竖井井筒发生火灾时，不管风流方向如何，应用喷水器自上而下的喷洒。只有在能确保救护队员生命安全时，才允许派遣救护队进入井筒从上部灭火。进风井口建筑物发生火灾时，应采取防止火灾气体及火焰侵入井下的措施。

2）井底火灾

当进风井井底车场和毗连硐室发生火灾时，必须进行反风或风流短路，不让火灾气体侵入工作区。

回风井井底发生火灾时，应保持正常风向，在可燃性气体不会聚集到爆炸限度的前提下，可减少流入火区的风量。

为防止混凝土支架和砌硐巷道上面木垛燃烧，可在硐上打眼或破硐，并设水幕。

3）井下硐室火灾

着火硐室位于矿井总进风道时，应反风或风流短路。着火硐室位于矿井一侧或采区进回风所在的两巷道的连接处时，则在可能的情况下，采取短路通风，条件具备时也可采用局部反风。

火药库着火时，应首先将雷管运出，然后将其他爆炸材料运出，如因高温运不出时，则关闭防火门，退往安全地点。

绞车房着火时，应将火源下方的矿车固定，防止烧断钢丝绳，造成跑车伤人。蓄电池机车库着火时，为防止氢气爆炸，应切断电源，停止充电，加强通风并及时把蓄电池运出硐室。

4）通风巷道火灾

倾斜进风巷道发生火灾时，必须采取措施防止火灾气体侵入有人作业的场所，特别是采煤工作面。为此可采取风流短路或局部反风、区域反风等措施。

火灾发生在倾斜上行回风风流巷道，则保持正常风流方向。在不引起瓦斯积聚的前提下应减少供风。

扑灭倾斜巷道下行风流火灾，必须采取措施，增加入风量，减少回风风阻、防止风流逆转，但决不允许停止通风机运转。

在倾斜巷道中，需要自下而上灭火时，应采取措施防止冒落岩石和燃烧物掉落伤人，如设置保护吊盘、保护隔板等护身设施。

在倾斜巷道中灭火时，应利用中间巷道、小顺槽、联络巷和行人巷接近火源。不能接近火源时，则可利用矿车、箕斗，将喷水器下到巷道中灭火，或发射高倍数泡沫、惰性气体进行远距离灭火。

位于矿井或一侧总进风道中的平巷、石门和其他水平巷道发生火灾时，要选择最有效的通风方式（反风、风流短路、多风井的区域反风和正常通风等）以便救人和灭火。在防止火灾扩大采取短路通风时，要确保火灾有害气体不致逆转。

在采区水平巷道中灭火时，一般保持正常通风，根据瓦斯情况增大或减少火区供风量。

5）采煤工作面火灾

采煤工作面及其进回风巷发生火灾后，现场人员应利用身边器材积极灭火，同时尽早向矿调度室汇报。在灭火无效后，工作面人员在班组长或有经验人员的带领下迅速撤离灾区。采煤工作面火灾处置，极易引起煤尘爆炸。整个灭火工作一般要在正常通风的情况下进行灭火。

6）独头巷道火灾

要保持独头巷道的通风原状，即风机停止运转的不要随便开启。风机开启的不要盲目停止。如发火巷道有爆炸危险，不得入内灭火，而要在远离火区的安全地点建密闭墙。

（五）火灾位置的确定

矿井火灾发生期间，确认火源位置是及时、有效、低消耗救灾的前提。矿井火灾根据发火的热源不同，通常可分为外因火灾和内因火灾。外因火灾可以发生在矿井的任何地方，但多发生井口楼、井筒、井下机电硐室、石门、火药库、工作面内以及安装有机电设备、电缆或木支架的巷道等。内因火灾大多发生在采空区、终采线、遗留的煤柱、破裂的煤壁、封闭不严的旧采区以及浮煤堆积的地点等。

1. 采空区火源位置的推断

煤炭自燃高温火源（≤100 ℃）区域的探测一直是煤矿安全生产中的重大难题之一。但由于这一问题的复杂性，至今仍没有得到很好的解决。国内外目前所采取的一些主要方法包括：①磁探测法；②电阻率探测法；③气体探测法（包括井下气体探测法和地面气体探测法）；④氡气探测法；⑤煤炭自燃温度探测法（包括测温仪表与测温传感器联合测温法）。

2. 外因火灾火源位置的推断

外因火灾如果发生在巷道、硐室等有人在附近工作，而且能及时汇报的地方，则没有必要应用相关技术推断火源位置。外因火灾火源位置推断的方法主要包括：①经验型推断方法；②定性判断法；③定量分析推断法；④定性与定量综合分析推断法。

（六）火灾燃烧物的确定

煤是最主要的可燃物，另外就是生产过程中产生的煤尘、瓦斯以及井下的坑木、机电设备中的油料、炸药、橡胶、高分子化合物等。了解可燃物的燃烧性和释放的气体组分、浓度及可燃物存在的环境可以帮助确定易发火区域和火灾燃烧物的类型，同时有利于确定相应的灭火方法。

1. 根据标志性气体来判断燃烧物的种类

1）煤类火灾的主要指标

煤类火灾的主要指标是 CO、H_2 和碳氢化合物如乙烯（C_2H_4）、丙烯（C_3H_6）、乙炔

（C_2H_2）等。它们按照 $CO \rightarrow H_2 \rightarrow C_2H_4 \rightarrow C_3H_6 \rightarrow C_2H_2$ 的顺序生成、释放并随温度而增加。当温度异常时，首先出现 CO，随着温度增加，出现 H_2，然后是 C_2H_4，紧接着是 C_3H_6，最后出现 C_2H_2 和其他气体。

2）木材类火灾的标志性气体

木材燃烧生成气体与煤类似，但生成的碳氢化合物少得多，也难以作为标志性气体显示火灾发展状况。

2. 根据标志性气体检测结果估计燃烧燃料的种类

标志性气体是指仅有一种燃料产生的气体，见表13-1。

表13-1　不同燃料的标志性气体

燃　料	标　志　性　气　体
煤、油	SO_2、CH_4（无 HCl 产生）
带式输送机胶带、绝缘材料、软管	HCl
未经处理的材料	甲醛、甲酸、乙酸

（1）若已证实 $CO_2(\%)$、$CO(\%)$ 和 ΔO_2 主要来自火灾生成气体，碳氧化合物［$CO_2(\%) + CO(\%)$］和氧耗量（ΔO_2）之间的关系也可以用来估计燃烧燃料的种类。

煤可能是主要燃料的情况：

$$\frac{CO_2(\%) + CO(\%)}{\Delta O_2} < 25\% \tag{13-1}$$

木材可能是主要燃料的情况：

$$\frac{CO_2(\%) + CO(\%)}{\Delta O_2} > 80\% \tag{13-2}$$

（2）若已证实 $CO_2(\%)$、$CO(\%)$、$H_2(\%)$ 和 ΔO_2 主要来自火灾生成气体，特里克特比率 T_r 也可以用来估计燃烧燃料的种类，其计算式为

$$T_r = \frac{CO_2(\%) + 0.75gCO(\%) - 0.25gH_2(\%)}{\Delta O_2} \tag{13-3}$$

当 $T_r = 0.4 \sim 0.5$ 时，燃料可能是 CH_4；当 $T_r = 0.5 \sim 0.9$ 时，燃料可能是煤；当 $T_r = 0.9 \sim 1.6$ 时，燃料可能是木材；当 $T_r < 0.4$ 时，意味着没有着火或火势熄灭。$T_r > 1.6$ 的可能性很小，此时应检查色谱分析等测试方法的正确性。

（七）火灾燃烧状况和发展趋势分析

1. 火区内火源燃烧状态分析

正确判断火区燃烧状态的基础是确定气样中各种气体检测值的可信度。单一的气样检测值很大或很小并不重要，主要是看检测值在单位时间内的变化率。通常以气体浓度的对数值为纵坐标，以时间为横坐标绘制浓度变化图，图中包括大气压力变化及氮气、氧气、一氧化碳、二氧化碳、甲烷、氢气等气体浓度变化。以便了解火源燃烧状态变化趋势及进行防灭火安全性分析，提出计算气体浓度变化速率公式：

$$R = \frac{\log y' - \log y''}{x' - x''} \tag{13-4}$$

式中　x'，x''——分析期间时间的初、末值；

　　　y'，y''——对应于时间 x'，x'' 的该气体的浓度百分比。

当气体浓度变化呈减少趋势时，R 为负值；气体浓度变化呈增加趋势时，R 为正值。

2. 火区内火源燃烧状态变化过程的推断

（1）当 O_2 的浓度减少速率近似 CO_2 和 CO 浓度的增加速率时，火势发展。

（2）当 CO_2、O_2 和 CO 浓度以稳定速率降低或其速率近似为零时，火势处于稳定状态。当火势维持稳定状态时，若火区尚未封闭，则此时是建立防火墙、阻塞漏风通道的适当时刻。若需证实索取气体样和判断结果的可靠性，在保证风量稳定和进出火源的通道不变的条件下，此时也是侦查未封闭区域的适当时期。

（3）判断了解灭火是否奏效的最有效办法是了解火势变大还是变小，温度是升高还是降低，这也可以帮助了解火是否熄灭。

（八）直接灭火方案制定应注意的问题

直接灭火方案主要有清除可燃物、降低燃烧物温度和减少供氧。但直接灭火方案制定时还应注意以下几个问题：

1. 烟流滚退的控制

直接灭火时，在火源上风侧，烟流异向流动并反卷入火源的现象称为烟流滚退。烟流滚退现象的快慢、滚退逆行长度，滚退烟流占巷道断面的比例（滚退烟流层的厚度）取决于火势和风速。在风速大的着火带会出现烟流滚退现象。直接灭火时，可以采取措施控制烟流滚退，但首先应检查巷道顶板是否稳定。因为炽热烟流滚退可能破坏支架和岩层、煤层，引起巷道垮塌和片帮，危及灭火人员的安全。防止和控制烟流滚退的具体措施有增加风速、雾状喷水和采用去雾剂。

2. 直接灭火时的控风措施

在直接扑灭明火火灾时，若没有肯定无疑的理由，绝不能减少更不能停止火区原有供风，这已成为各国矿井灭火遵循的原则。直接灭火时控风是为了保证进行直接灭火人员的安全，使其能安全接近火源或火源下风侧，避免救灾人员受到风流逆转、逆退或烟流滚退的威胁；控风也是为了避免富氧类火灾转变为富燃烧类火灾，减少火灾引起瓦斯爆炸的可能和危险。直接灭火的控风措施主要包括直接减少着火巷道的供风量和直接灭火时风流局部控制。

3. 可燃气体的控制

矿井火灾时期，在平巷和斜巷的顶部常可形成气体层，风速愈低，斜巷倾角愈大，可燃气体层逆主风流流动距离愈长，速度愈快，这种现象与烟流滚退相似。在矿井火灾中，CH_4 和 H_2 是最容易形成气体层的气体。直接灭火时，要防止气体层的形成和发展，主要是保持较高风速及使用导流板。防止气体层形成的最小风速可由经验公式来估算：

$$V = \sqrt{I^3 g 0.0423 g A^{\frac{1}{2}} g C_{CH_4}} \tag{13-5}$$

式中　I——成层指数；

　　　A——巷道断面面积，m^2；

$C_{\mathrm{CH_4}}$——CH_4 的浓度,% 。

4. 巷道顶板稳定性观察

由于高温烟流可能破坏火源上、下风侧巷道的顶板,所以直接灭火人员经常观察顶板的稳定性。

5. 气体监测

对于已经发展的火源进行直接灭火,必须监测气体浓度。按监测位置的重要性顺序是火源下风侧监测(包括检查风流是否稳定,是否出现压力脉动现象、检查 O_2 浓度和检测 CH_4 和 CO 浓度)、回风侧监测(主要依据 CH_4 和 CO 浓度的变化对灭火效果进行分析)、直接灭火人员上风侧的气体监测(主要检测 CO 浓度来判断撤退路线的安全性)和双巷间联络巷的气体监测。

(九)火区封闭的工作原则、方法和顺序

在火势迅猛、火区范围较大、直接灭火无效时,采取封闭火区的灭火方法最为合适,这种方法对于控制火势发展最为有效。

1. 工作原则

封闭火区要立足一个"早"字,早下决心,早做好物质准备,同时要遵循"密、小、少、快"4 字原则。"密"是指密闭墙要严密,尽量少漏风;"小"是指封闭范围要尽量小;"少"是指密闭墙的道数要少;"快"是指封闭墙的施工速度要快。在选择密闭墙的位置时,人们首先考虑的是把火源控制起来的迫切性,以及在进行施工时防止发生瓦斯爆炸,保证施工人员的安全。

2. 封闭火区的方法

封闭火区的方法分为 3 种:

(1)锁风封闭火区。对火区的进回风侧同时密闭,并不保持通风。这种方法适用于氧气浓度低于瓦斯爆炸界线的火区。

(2)通风封闭火区。在保持火区通风的条件下,同时构筑进回风两侧的密闭。这时火区中的氧气浓度高于瓦斯爆炸界线。由于封闭区内存在一定浓度的瓦斯,封闭时存在着瓦斯爆炸的危险性。封闭火区时保持通风的目的就在于最大限度地稀释和排除火区瓦斯,并使火区的风流方向保持不变。

(3)注惰封闭火区。在封闭火区的同时注入大量的惰性气体,使火区中的氧气浓度达到瓦斯爆炸界线所需要的时间比爆炸气体积聚到爆炸下限所需要的时间要短。

3. 封闭火区的顺序

火区封闭后必然会引起其内部压力、风量、氧气浓度和瓦斯等可燃气体浓度变化,一旦高浓度的可燃气体流过火源,则可能发生瓦斯爆炸。因此,正确选择封闭顺序,加快施工速度,对于防止瓦斯爆炸、保证救护人员的安全至关重要。

(1)"先进风后回风"封闭。优点:迅速减少火灾流向回风侧的烟流量,使火势减弱,为建造回风侧防火墙创造安全条件。缺点:进风侧施工防火墙将导致火区内风流压力急剧降低,与火区回风端负压值相近,造成火灾内瓦斯涌出量增大,可能从通往采空区及高瓦斯积存区的旧巷或裂隙中"抽吸"大量瓦斯,并因进风侧封闭隔断机械风压的影响,使自然风压起主要作用,引起风流紊乱流动,引起瓦斯爆炸或"二次"爆炸事故。

(2)"先回风后进风"封闭。优点:①燃烧生成物 CO_2 等惰性气体反转流回火区,可能使火区大气惰化，且有助于着火带熄灭；②火区内气压升高，减小火区内瓦斯涌出量，同时对相连采空区或高瓦斯积存区内瓦斯涌入火区有一定阻隔作用。缺点：①回风侧施工密闭艰苦、危险；②在上述阻隔作用下，火区巷道瓦斯涌出量上升速度快，氧气浓度下降慢，火区中易形成爆炸性大气，可能早于燃烧产生的惰性气体流入着火区而引起爆炸；③极易发生风流紊乱现象。

（3）"进风、回风"同时进行封闭。优点：①火区封闭期间短，能迅速切断供氧条件；②防火墙完全封闭前还可保持火区通风，使火区不易达到爆炸危险程度。缺点：同时封闭法的安全性与火区进风侧、回风侧密封的同步性和密封效果有密切关系。由于井下移动通信的困难和井下条件的复杂性，难以按预定时间同时完成进风侧、回风侧的封闭工作。

总之，在处理井下工作面火灾时，特别是封闭火区，合理确定封闭顺序，不仅关系到封闭火区能否顺利完成，还关系到施工人员和救护人员的生命安全，对此，我们应高度重视。

第四节　水灾应急预案编制

一、矿井水灾分析

矿井在建设和生产过程中，地面水和地下水通过各种通道涌入矿井，当矿井涌水超过正常排水能力时，就造成矿井水灾。矿井水灾（通常称为透水）是煤矿常见的主要灾害之一。一旦发生透水，不但影响矿井正常生产，而且有时还会造成人员伤亡，淹没矿井和采区，危害十分严重。煤矿水灾事故发生有 3 个必要条件，只有 3 个必要条件同时具备，才会发生水灾事故。这 3 个必要条件是水源、导水通道、释放水空间。

（一）矿井突水水源

矿井水源分为地面水和地下水。

1. 地面水引起的矿井水灾

矿井附近有江河、湖泊、池塘、水库、沟渠等积水，以及季节性雨水时，当水位暴涨，超过矿井井口标高而涌入井下，或由裂隙、断层或塌陷区渗入井下造成水灾，这种水源叫地表水。受这种水危害的情况，一般有以下几种情况：

（1）位于低洼地带的矿井，由地表水冲破矿井周围围堤而流入井口，或由于矸石山、炉灰等堆积位置选择不当，被洪水或雨水长年冲刷到附近的江河当中，使河床增高或造成河水超过堤或拦洪坝直接进入井口。这种地表水来势凶猛，而且伴有许多泥沙、砾石，若防备不当，常造成淹井事故。

（2）地表水与松软的沙砾岩层相通，当井筒掘进穿透冲积层含水层时，地表水将顺着砂砾岩层的裂隙涌入井下造成淹井。

（3）地表水与煤层顶底板的含水层相连通或由断层沟通，地表水通过含水层或断层进入井巷，致使发生水灾事故。

（4）煤层采掘以后，冒落带一旦进入老窑或与地表水系沟通，也会发生地表水涌入矿井，造成水灾事故。

2. 地下水引起的矿井水灾

地下水包括地下含水层水、溶洞、断层水、老窑水等。地下水造成水灾的情况，一般有以下几种情况：

（1）地下的砾岩层、流沙层和具有岩溶的石灰岩层都含有大量积水，称为含水层。当采掘工作接近或穿透这种积水区时，就会造成透水事故。

（2）断层及其附近的岩层均比较破碎，在这种破碎带内有时含水或与地表水、含水层沟通，掘进时碰到这种情况容易造成突水事故。

（3）已采掘的旧巷及空洞内，常有大量积水，称为老窑水。老窑水常为矿井水灾事故的主要原因。老窑水特点是水压大，一旦掘透，来势凶猛，具有很大破坏性。

（二）矿井主要突水地点

各矿区发生水灾事故的主导因素不一，事故类型也不同，但总体来看，工作面（包括掘进和回采）透水事故是煤矿最易发生的水灾事故，也是发生事故后，最容易发生人员伤亡的事故。煤矿水灾事故类型及原因见表13－2。

表13－2　煤矿水灾事故类型及原因

序号	类型	可能的致灾原因（各原因并不一定同时发生）
1	井口灌入水	井口标高低；遇暴雨发洪水；未筑拦水坝；拦水坝溃决
2	井筒溃水溃砂	井筒受采动影响破坏；井筒施工质量有问题，井壁由渗水到涌水、溃水、溃砂；松散层含水丰富
3	回采工作面突水	断层导通底板含水层；陷落柱导通底板含水层；底板含水层含水丰富；回采前未做探水工作；虽做探水工作但不准确；防水闸门失效；预计涌水量严重偏小；排水泵能力偏小；排水管路的外排能力偏小；防水煤柱受采动影响破坏；回采防水煤柱；防水煤柱设计不合理；越界开采；顶板岩层含水丰富
4	地表积水溃入回采工作面	断层发育；顶板裂隙发育；防水煤岩柱设计不合理；回采前未做探水工作；回采前未做放水工作；预计涌水量严重偏小；排水泵能力偏小；排水管路的外排能力偏小；水泵坏；停电或电压不足；地表岩溶发育；老窑多且位置不清；遇暴雨发洪水
5	回采工作面透水	采空区积水或水泥浆；未做探放水工作；探放水工作不力；隔离煤柱小；隔离煤柱受破坏
6	掘进工作面突水	断层导通含水层；陷落柱导通含水层；底板含水层含水丰富；顶板含水层含水丰富；掘进前未做探水工作；虽做探水工作但不准确；掘进前未做放水工作；预计涌水量严重偏小；排水泵能力偏小；排水管路的外排能力偏小；防治水知识缺乏
7	掘进工作面透水	老空区积水；防水煤岩柱破坏；未做探放水工作；防治水知识缺乏；违章指挥；违章作业
8	煤仓溃煤水	煤仓内大量进水；给煤机吊架破坏；放煤水安全距离不够
9	注浆跑水冲埋	疏水系统未清理好；未派专人查看；未告知相关作业人员；无安全措施；安全措施未落实
10	防水密闭失效透水	积水过多；设计不当；施工质量不好；未做好水压观测
11	水煤矸石溃出	顶板含水；采空区有浮煤；采放比考虑不周；煤壁有异常时未做探水工作
12	钻孔溃水、突水	未按规程进行探放水；探水孔口装置不合格；未装孔口装置；排水能力不足

（三）矿井水灾事故的预防

矿井水灾事故的预防主要包括以下几项：

（1）加强水文地质勘探，做好防治水的基础工作。

（2）认真做好地表防水工作。地表防水工作可以概括为"疏、防、排、蓄"。

（3）认真做好地下水防治水工作。

（4）完善防治水工程设施。

（5）切实做好雨季防治水工作检查和雨季受水威胁矿井的防治水工作。

（四）井下透水的预兆

煤层或岩层透水前，一般都会有一些征兆。井下工作人员都应熟悉发生透水事故前的预兆，以便及时采取防范措施。

1. 井下透水前的预兆常有下面几方面

（1）发潮。当工作面临近积水区时，就会发现局部的或大面积的发潮现象。干燥、光亮的煤由于水的渗入，使煤层变得潮湿，光泽变暗淡。如果挖去一层仍是这样，说明附近有积水。

（2）巷道壁或顶板"挂汗"。它是积水通过岩石微小裂隙时，凝聚于岩（煤）壁表面的一种现象。

（3）煤层变冷，空气变冷。工作面接近大量积水区以后，工作面气温降低，感到发凉。煤层含水时能吸收人体的热量，用手触摸时会有发凉的感觉。

（4）淋水加大，顶板来压或底板鼓起并有渗水。

（5）工作面温度降低。工作面可见到淡淡的雾气，使人感到阴凉。

（6）水叫。这是因为水位有了变动或受滚动岩石撞击影响的结果。煤岩层裂缝中有水挤出，发出"嘶嘶"的响声，有时还可听到像低沉的雷声或开锅水声，这都是透水的危险征兆。

（7）工作面有害气体增加。因积水区有气体向外散出，使工作面空气中的二氧化碳、硫化氢等气体的含量明显增大。

（8）挂红。水色挂红往往是流水现象出现后产生的，一般认为这是接近老窑积水的象征。老窑水，一般积存时间较长，水量补给少，通常称为"死水"，所以酸度大、水味发涩和有臭鸡蛋味，水内含有含铁的氧化物或硫化矿物。

（9）出现压力水流（或称水线）。这表明离水源已较近，如出水浑浊，说明水源很近；如出水清则说明水源稍远。

（10）钻孔底发软或出水。用探水钻或钎子探水时，如发现钻孔底发软，钻屑发潮，就说明钎子快到积水区，继续钻就有出水可能。

（11）流水或滴水。这种现象是"发汗"进一步发展的结果。

上述征兆，并不是每次透水前都会全部出现，有时可能发现一种或几种，极个别情况甚至不出现。因此，必须提高警惕，密切注视，认真分析。这对于及时采取防灾避灾措施有着至关重要的意义。

2. 不同水源的透水征兆

（1）约承压水与承压水有关断层水突水征兆：①工作面顶板来压、掉渣、冒顶、支架倾倒或折梁断柱现象；②底软膨胀；③先出小水后出大水也是较常见的征兆；④采场或巷道内瓦斯量显著增大。

（2）冲积层水突水征兆：①突水部位岩层发潮、滴水，且逐渐增大，仔细观察可发现水中有少量细砂；②发生局部冒顶，水量突增并出现流沙，流沙常呈间歇性，水色时清、时混；③发生大量溃水、溃砂，这种现象可能影响至地表，导致地表出现塌陷坑。

（3）老窑水突水征兆：①煤层发潮、色暗无光；②煤层"挂汗"；③采掘面、煤层和岩层内温度低；④在煤壁、岩层内听到"吱吱"的水呼声时，说明离水体不远了，有突水危险；⑤老窑水一般呈红色，含有铁，水面泛油花和有臭鸡蛋味。

（五）矿井突水预测

1. 易于突水构造部位预测

根据以往矿井突水事件统计，有很大一部分突水发生在断裂带附近，且煤层底板有强含水层存在，特别是在下列构造部位突水概率最大。

（1）断层交叉或汇合处；断层煤层岩石端一带；两条大断层相互对扭地带；与导水或窑水大断裂呈"人"字形连接的小断裂带。

（2）压性断裂下盘、张性断裂上盘因富水性强，井巷通过或接近时往往发生突水。

2. 采掘前的突水预测

（1）矿区或采区底板突水预测图。利用矿区已有的地质构造、突水水量、突水点位置、岩溶发育程度、放水试验数据、观测孔数据等资料进行综合整理分析，编制出不同块段的富水程度分布图，并划出相对安全区和突水危险区。

（2）导水陷落柱预测。将矿区采上层煤见到的陷落柱编绘到陷落柱分布图上，再将煤系砂岩水或薄层灰岩水和煤层底板厚层含水层的等水压线，综合制成导水陷落柱预测图。图上可以划出高水压区和低水压区。

3. 采掘过程中的突水预测

在上面两条预测的基础上，对突水危险地段、易于突水的构造部位，可采用下述方法进行预测。

（1）钻探方法。对各薄层含水层的水压值与下伏厚层含水层的水压值进行比较，如薄层水压值与厚层水压值接近，则有突水危险。

（2）放射性测量。主要是用测氡仪测量氡气含量来确定底板的导升高度及隔水层含水性。当底板有裂隙且富水性强时，氡气含量增高。

（3）物探方法。当采掘工作面的迎头或巷道底板接近含水、导水和富水性的破碎带时，其工作面周围的气温降低、湿度大，据此可用仪器监测工作面气温和湿度，从而预测突水。

二、矿井水灾应急处置

（一）矿井水灾应急响应程序研究

矿井水灾发生后，井下工作人员迅速向单位值班人员报告。现场人员在班组长或老工人的指挥下迅速抢救，加固工作地点的支护，堵住出水点，避免事故扩大。如果水灾较小，现场能够采取措施解决，则可在现场消除水灾，然后向单位值班人员汇报，单位值班人员再向矿调度室报告。

如果情况紧急，水势很猛，危及人员安全时，应立即停止作业，单位值班人员利用工作地点的通信工具，迅速报告矿调度室，同时通知出事地点和可能涉及的地区有关人员迅速撤离事故区。如果撤离有困难，则立即进入附近的救援舱进行躲避。

水灾出现后，区队值班人员应立即布置现场人员启动已有排水设备排水，并利用本区域的泄水工程疏放涌水。

矿调度室值班人员接到井下报告后，应立即向矿值班领导汇报，并迅速通知其他有关领导及专业人员到矿调度室集合。

矿应急救援总指挥（矿长）到场后，在听取了有关汇报后，立即下令启动应急预案，成立应急救援指挥部，本着"积极抢救"的原则，争分夺秒组织救援队伍在现场实施紧急救援行动。与此同时，要向上级领导部门汇报，并向毗邻单位通报事故情况，必要时向有关单位发出救援请求。

（二）水灾处理的一般原则

水灾处理的一般原则包括以下几项：

（1）必须了解突水的地点、性质，估计突出水量、静止水位，突水后涌水量、影响范围、补给水源及有影响的地面水体。

（2）掌握灾区范围，如事故前人员分布、矿井中有生存条件的地点，进入该地点的可能通道，以便迅速组织抢救。

（3）按涌水量组织强排，发动群众堵塞地面补给水源，排除有影响的地表水，必要时可采用灌浆堵水。

（4）加强排水和抢救中的通风，切断灾区电源，防止一切火源，防止沼气和其他有害气体积聚。

（5）排水后，在侦察、抢险中，要防止冒顶和二次突水。

（6）搬运和抢救人员，要防止突然改变伤员已适应的环境和生存条件，避免造成二次伤亡。

（三）矿山救护队处理透水事故的行动要点

矿山救护队处理透水事故的行动要点包括以下几项：

（1）接到事故电话后，迅速赶到事故矿井，弄清突水情况和灾区范围，克服畏难情绪，参加制定抢救方案。

（2）根据井下水位及涌水量，利用一切可能进入的通道，迅速引出灾区避难人员。

（3）人员必须通过局部积水巷道时，在积水位不高、距离不长的情况下，应选择熟悉水性的队员配用呼吸器通过。

（4）避难人员被水、砂、泥堵在巷道内难以接近时，应利用一切可能条件向灾区供风、输送饮料、食品，并设法接近他们。避难人员地点低于外部水位时，不能采用打钻的办法，以免独头泄压，水位上升，淹没避难地点。

（5）禁止由下往上进入突水点或被水、砂、泥堵塞的小眼、上山，防止二次突水或突泥沙。在清理斜巷中的淤泥、煤矸时，要打防护墙，防止泥沙积水突然冲下。

（6）在寻找避难人员时，应细心观察，注意有规律的敲击声，这是避难人员发出的求救信号，也可利用有规律地敲击巷道、煤岩壁的方法去找寻避难人员。

（7）组织排水时，应切断电源，加强通风，排除沼气和其他有害气体，并随时检查有害气体，防止火源产生。当排水接近硐室或车场时，要防止沼气和其他有害气体突然涌出。

（8）抢救人员通过淤泥、积砂的巷道时，应铺设木板，在木板上行进，以防止人员陷入泥沙中。

（9）在排水过程中，应尽可能分段恢复通风，排除有害气体，组织抢修危险巷道，以便从积泥、积砂、煤渣中找寻人员。在清理时，可以暂时利用可能堆积的空间，清通被堵区，以利于抢救人员。

（10）救护队员必须按进入灾区的有关规定带齐装备，进入避难人员躲避地点时，不经检查并确认无危险时，不得脱掉呼吸器。

第五节　煤尘瓦斯爆炸应急预案编制

一、煤尘瓦斯爆炸灾害分析

（一）瓦斯爆炸灾害分析及预防

1. 瓦斯爆炸的危害

瓦斯爆炸事故的规律，是煤矿生产中的瓦斯违背生产规律的异常运动，在与引爆的火源、空气中的氧气异常结合，发生了爆炸灾变的普遍性表现形式。其具体规律主要来自瓦斯积聚超限的异常状态、引爆火源产生的异常状态，以及瓦斯、引爆火源、空气中氧气三者异常结合而导致与构成的瓦斯爆炸事故。

瓦斯是和煤同时生成的，并存储于煤层和围岩之中，有煤的地方一般都有瓦斯。瓦斯是无色无味，看不见、摸不着、闻不出的气体，是煤矿井下各种有毒有害气体的总称，其中甲烷占的比例最大，造成的灾害最多。

2. 瓦斯爆炸条件

瓦斯爆炸的条件包括一定浓度的瓦斯、高温火源的存在和充足的氧气。

以上 3 个条件必须同时具备，缺一不可，即混合气体中瓦斯浓度在 6% ~15% 之间，氧气浓度达到 12% 以上，遇到 650~750 ℃ 以上的高温火源，这时混合气体才会爆炸。由此可以看出，只要控制住一个条件，就可以防止瓦斯爆炸的发生。

由于氧气浓度低于 12% 时井下工人无法作业，通过控制氧气浓度来预防瓦斯爆炸的发生是不可能的，所以可以通过控制井下混合气体中的瓦斯浓度、杜绝井下高温火源的存在，预防瓦斯爆炸的发生。

3. 矿井中产生瓦斯的来源

矿井中的瓦斯产生有 4 个来源：从工作面落下来的煤炭内放散出来的；从采掘工作面的煤壁内放散出来的；从煤巷两帮及顶底板放散出来的；从采空区周围煤壁中放散出来的。

4. 井下瓦斯爆炸的预防

瓦斯爆炸的预防主要可从降低瓦斯积聚浓度和防止明火两个环节入手，具体可以采取以下预防措施：

（1）加强井下通风，防止瓦斯积聚。

（2）严格检查制度，低瓦斯井下每班至少检查 2 次，高瓦斯矿井中每班至少检查 3

次。发现有害气体超过规定，应及时采取封闭等必要措施。

（3）杜绝火源，防止瓦斯被引燃。

（二）煤尘爆炸灾害分析及预防

1. 煤尘爆炸的机理

煤尘爆炸是在高温或一定点火能的热源作用下，空气中氧气与煤尘急剧氧化的反应过程，是一种非常复杂的链式反应，一般认为其爆炸机理及过程如下：

（1）煤本身是可燃物质，当它以粉末状态存在时，总表面积显著增加，吸氧和被氧化的能力大大增加，一旦遇见火源，氧化过程迅速展开。

（2）当温度达到 300 ~ 400 ℃时，煤的干馏现象急剧增强，放出大量的可燃性气体，主要成分为甲烷、乙烷、丙烷、丁烷、氢和 1% 左右的其他碳氢化合物。

（3）在形成的可燃气体与空气混合的高温作用下吸收能量，使尘粒周围形成气体外壳，即活化中心。当活化中心的能量达到一定程度后，链反应过程开始，游离基迅速增加，发生了尘粒的闪燃。闪燃所形成的热量再传递给周围的尘粒，并使之参与链反应，导致闪燃过程急剧地循环进生。当燃烧不断加剧使火焰速度达到每秒数百米后，煤尘的燃烧便在一定临界条件下跳跃式地转变为爆炸。

2. 煤尘爆炸的特征

煤尘爆炸的特征包括以下几项：

（1）形成高温、高压、冲击波。煤尘爆炸火焰温度为 1600 ~ 1900 ℃，爆源的温度达到 2000 ℃以上，这是煤尘爆炸得以自动传播的条件之一。

（2）煤尘爆炸具有连续性。由于煤尘爆炸具有很高的冲击波速，能将巷道中落尘扬起，甚至使煤体破碎形成新的煤尘，导致新的爆炸，有时可如此反复多次，形成连续爆炸。

（3）煤尘爆炸的感应期。煤尘爆炸也有一个感应期，即煤尘受热分解产生足够数量的可燃气体形成爆炸所需的时间。根据试验，煤尘爆炸的感应期主要决定于煤的挥发分含量，挥发分越高，感应期越短。

（4）挥发分减少或形成"黏焦"煤尘爆炸时，参与反应的挥发分约占煤尘挥发分含量的 40% ~ 70%，致使煤尘挥发分减少，根据这一特征，可以判断煤尘是否参与了井下的爆炸。对于气煤、肥煤、焦煤等黏结性煤的煤尘，一旦发生爆炸，一部分煤尘会被焦化，黏结在一起，沉积于支架的巷道壁上，形成煤尘爆炸所特有的产物。焦炭皮渣或黏块，统称"黏焦"，是判断井下发生爆炸事故时是否有煤尘参与的重要标志。

（5）产生大量的 CO。煤尘爆炸时产生的 CO，在灾区气体中浓度可达 2% ~ 3%，甚至高达到 8% 左右，爆炸事故中受害者的大多数（70% ~ 80%）是由于 CO 中毒造成的。

3. 煤尘爆炸的条件

煤尘爆炸必须同时具备 3 个条件，即煤尘本身具有爆炸性，煤尘必须悬浮于空气中，并达到一定的浓度，存在能引燃煤尘爆炸的高温热源。

1）煤尘的爆炸性

煤尘具有爆炸性是煤尘爆炸的必要条件。煤尘爆炸的危险性必须经过试验确定。

2）悬浮煤尘的浓度

井下空气中只有悬浮的煤尘达到一定浓度时，才可能引起爆炸，单位体积中能够发生煤尘爆炸的最低或最高煤尘量称为下限和上限浓度。低于下限浓度或高于上限浓度的煤尘都不会发生爆炸。煤尘爆炸的浓度范围与煤的成分、粒度、引火源的种类和温度及试验条件有关。一般说来，煤尘爆炸的下限浓度为 $30 \sim 50 \ g/m^3$，上限浓度为 $1000 \sim 2000 \ g/m^3$。其中爆炸力最强的浓度范围为 $300 \sim 500 \ g/m^3$。

一般情况下，浮游煤尘达到爆炸下限浓度的情况是不常有的，但是爆破、爆炸和其他震动冲击都能使大量落尘飞扬，在短时间内使浮尘量增加，达到爆炸浓度。因此，确定煤尘爆炸浓度时，必须考虑落尘这一因素。

3）引燃煤尘爆炸的高温热源

煤尘的引燃温度变化范围较大，它随着煤尘性质、浓度及试验条件的不同而变化。我国煤尘爆炸的引燃温度在 $610 \sim 1050 \ ℃$ 之间，一般为 $700 \sim 800 \ ℃$。煤尘爆炸的最小点火能为 $4.5 \sim 40 \ MJ$。这样的温度条件，几乎一切火源均可达到，如爆破火焰、电气火花、机械摩擦火花、瓦斯燃烧或爆炸、井下火灾等。根据 20 世纪 80 年代的统计资料，由于爆破和电气火花引起的煤尘爆炸事故分别占总数的 45% 和 35%。

4. 防止煤尘爆炸的主要措施

1）减少生产中煤尘发生量和浮尘量

（1）喷雾洒水。在采掘工作面、井下煤仓、溜煤眼、翻笼处、输送机头、装车站等井下凡能产生煤尘的地点，均应设置喷雾洒水装置。机采工作面的采煤机配有专门洒水装置。同时，对井下巷道，还要定期清扫，冲洗巷帮、井壁的煤尘。因为这些地方沉积的煤尘如果重新飞扬在空气中，可以迅速达到爆炸下限的浓度，也是许多局部性事故迅速扩大的主要原因。

（2）煤层注水。煤层注水是在尚未采动的煤体中，利用钻孔注入压力水，使水渗入煤层里、煤机理等微小空隙中，将煤体预先湿润，从而减少或消除在开采、运输过程中煤尘的生成和飞扬。

（3）水炮泥。在炮眼（炸药和炮泥之间）空隙处充入盛水的塑料袋，爆破时水被汽化结成雾滴，可使尘粒湿润、结团从而起到降尘作用。

（4）加强通风管理，严格控制采、掘工作面的风速，防止煤尘的飞扬。

2）防止煤尘引燃

（1）为防止电火花和其他明火引燃煤尘，井下电气设备一定要选用防爆型，电缆接头不许有"鸡爪子""羊尾巴"和明接头，防止产生电火花。井下禁止使用电炉子，职工禁止携带烟草、点火工具等。

（2）为防止爆破时引燃煤尘，井下要使用安全炸药，打眼、装药、封泥必须按规程要求进行，禁止放糊炮。

3）采取隔爆措施

采取隔爆措施限制煤尘爆炸范围扩大。该措施主要采用岩粉棚或水槽隔爆，阻止煤尘爆炸时火焰传播。

二、煤尘瓦斯爆炸应急处置

（一）煤尘瓦斯爆炸应急响应程序研究

煤尘瓦斯爆炸由于其危害性太大，现场基本上不可能消除，其发生时间也极短，而且有可能引起二次爆炸，甚至引起在一个区域连续几次爆炸。基于它的这种特殊性，发生煤尘瓦斯爆炸事故后，现场人员应该立即进入最近的紧急避险设施内进行躲避，并用紧急避险设施内的通信设备向矿调度室汇报。

矿调度室值班人员接到井下报告后，应立即向矿值班领导汇报，并迅速通知其他有关领导及专业人员到矿调度室集合。

矿应急救援总指挥（矿长）到场后，在听取了有关汇报后，立即下令启动应急预案，成立应急救援指挥部，组织救援队伍在现场实施紧急救援行动，与此同时，要向上级领导部门汇报。

（二）煤尘瓦斯爆炸事故时的自救与互救措施

发生煤尘瓦斯爆炸事故，井下人员不要太紧张，冷静下来，想想自己所在的位置和巷道名称，要迅速辨清方向，按照避灾路线以最快速度赶到新鲜风流方向。外撤时，要随时注意巷道风流方向，要迎着新鲜风流走。

用好自救器是自救的主要环节。因为井下发生瓦斯煤尘爆炸时，都会产生大量的一氧化碳气体，多数矿工遇难不是由于爆炸和燃烧直接受到伤害，而是由于有害气体中毒或缺氧窒息而造成间接死亡。当戴上自救器后，绝不可轻易取下，以免遭受有害气体的毒害，要一直坚持到安全地点方可取下。

1. 防止爆炸时遭受伤害的措施

据亲身经历过瓦斯爆炸的同志回忆，瓦斯爆炸前感觉到附近空气有颤动的现象发生，有时还发出咝咝的空气流动声。这可能是爆炸前爆源要吸入大量氧气所致，一般被认为是瓦斯爆炸前的预兆。

当听到爆炸声和感到冲击波造成的空气震动气浪时，应迅速背朝爆炸冲击波传来方向卧倒，脸部朝下，把头放低些，降低身体高度，避开冲击波的强力冲击，减少危险。在有水沟地方最好侧卧在水沟里边，脸朝水沟侧面沟壁，然后迅速用湿毛巾将嘴、鼻捂住，同时用最快速度佩戴自救器。在听到爆炸瞬间，最好尽力屏住呼吸，防止吸入有毒高温气体灼伤内脏。

2. 掘进工作面爆炸后矿工的自救与互救措施

如发生小型爆炸，掘进巷道和支架基本未遭破坏，遇险矿工未受直接伤害或受伤不重时，应立即打开随身携带的自救器，佩戴好后迅速撤出受灾巷道到达新鲜风流中。对于附近的伤员，要协助其佩戴好自救器，帮助撤出危险区。不能行走的伤员，在靠近新鲜风流 30 ~ 50 m 范围内，要设法抬运到新风中；如距离远，则只能为其佩戴自救器，不可抬运，撤出灾区后，要立即向矿领导或调度室报告。

如发生大型爆炸，掘进巷道遭到破坏，退路被阻，但遇险矿工受伤不重时，应佩戴好自救器，千方百计疏通巷道，尽快撤到新鲜风流中。如巷道难以疏通，应坐在支护良好的棚子下面，利用一切可能的条件建立临时避难硐室，相互安慰、稳定情绪，等待救助，并有规律地发出呼救信号。对于受伤严重的矿工，也要为其佩戴好自救器，使其静卧待救。

3. 采煤工作面瓦斯爆炸后矿工的自救与互救措施

如果采煤工作面发生小型爆炸，进、回风巷一般不会堵死，通风系统不会遭到大的破坏。爆炸所产生的一氧化碳和其他有害气体比较容易被排除。在这种情况下，采煤工作面爆源进风侧的人员一般不会严重中毒，应迎着风流退出；采煤工作面爆源回风侧的人员应迅速佩戴好自救器，经安全地带通过爆源到达上风侧，即可避灾脱险。

如采面发生严重的爆炸事故，可能造成工作面冒顶垮落，使通风系统遭到破坏，爆源的进、回风侧都会聚积大量的一氧化碳和其他有害气体。为此，在爆炸后，没有受到严重伤害的人员，都要立即佩戴好自救器。如果冒顶不严重，在爆源进风侧的人员，要逆风撤出；在爆源回风侧人员要经安全地带通过爆源处，撤到新鲜风流中。如果由于冒顶严重撤不出来，首先要把自救器佩戴好，并协助将重伤员转移到较安全地点，等待救援。附近有独头巷道时，也可进入暂避，并尽可能用木料、风筒等建立临时避难硐室。进入避难硐室前，应在硐室外留下衣物、矿灯等明显标志，以便引起矿山救护队的注意，便于进入救助。

4. 爆炸波及区域矿工的自救与互救措施

听到爆炸声或感受空气的颤动现象、看到浓烟等征兆时，爆炸波及区域的人员不要惊慌，应立即佩戴好自救器，就近报警，有组织地沿避灾路线撤出安全地点。

靠近事故地点的人员，一时来不及佩戴好自救器，应俯卧倒地，面部贴在地面上，用湿毛巾捂住口鼻，用衣物盖住身体露出部分，躲开冲击波，免受烧伤，并尽量减少呼吸，以防中毒。

由于自救器防护时间有限，当灾区范围大时，遇险矿工可进入矿井设置的避难硐室（或救援舱），戴上防护时间较长的自救器撤出灾区，或者利用硐室内集体供气装置呼吸，等待救援。

因爆炸导致巷道垮落、浓烟大火封住巷道无法通过及弄不清事故地点时，遇险人员应撤到就近的避难硐室（或救援舱）；或遇到顶板坚固、无有害气体，近水处等安全地点；或在两道风门间、机电硐室、独头巷道等处，利用身边的材料构筑临时避难硐室。

等待救援期间要随时注意附近情况的变化，发现有危险时就立即转移，在撤退和转移的路线上和躲避地点，都要留有明显的标记，并有规律地发出求救信号。

（三）煤尘瓦斯爆炸事故处理时救护队的行动原则确定

处理瓦斯煤尘爆炸事故的主要任务：一是首先组织救护队侦察灾区情况，抢救遇难人员；二是如果爆炸引起火灾，要及时扑灭，防止再次引起爆炸；三是采取最快的措施恢复灾区通风；四是寻找根源，查明引爆原因。

（四）爆源位置的推断

火源引爆瓦斯的地点，称为爆炸点。矿井发生瓦斯连续爆炸时，最初引爆瓦斯的地点称为爆源点，只有爆炸点才具备瓦斯、煤尘爆炸的条件。爆源点是爆炸声响、爆炸火焰、冲击波和暴风的发源地，可以根据传播特征进行判断。

爆炸声响在爆源点处声波强度最高，远离爆源点逐渐减弱。声波在空气中的传播速度为 340 m/s；在岩层中的传播速度为 4000 m/s。因此，距离爆源点 100 m 时人的听觉器官首先听到从岩层传来的一声巨响，并感到底层强烈震动，而后听到从空气中传来一声巨响，并随之见到爆炸产生的暴风和火焰。通过爆炸声响，可以判断人员距爆源点的远近，从而推断出爆源点的位置。爆源位置的推断是制定救灾方案的前提。

（五）爆炸后通风系统情况分析

根据灾区通风情况和风机房水柱数值变化情况判断通风系统的破坏程度。比正常通风时数值增大，说明灾区内巷道冒顶，通风系统被堵塞；比正常通风时数值减少，说明灾区风流短路。其产生的原因包括：①风门被摧毁；②人员撤退时未关闭风门；③回风井口防爆门被冲击波冲开；④反风进风闸门被冲击波落下堵塞了风硐，风流从反风进风口进入风硐，然后由风机排出；⑤也可能是爆炸后引起明火火灾，高温烟气在上行风流中产生火风压，使主要通风机风压降低。

（六）恢复通风的方法

1. 全风压排放

当排放区域处于封闭状态，且有两个分别与进回风巷相连的密闭墙时，可采用此法。启封时可先把回风侧的密闭墙扒开一个孔或打开检查孔，让封闭的瓦斯在负压作用下慢慢泄出。但要控制与全负压混合出的瓦斯浓度小于1.5%。

2. 局部通风机——风筒排放

如果待排放的巷道中有吊挂好的风筒，则合理控制入风量，采用限量法排放（可采用风筒增阻法），即在位于贯穿风流中的风筒上用绳子将其捆扎至一定程度，增加风机的风阻，以调节风量，使全负压排出的风流中瓦斯浓度符合规定；或者用三通控制风量，即在巷道口处的风筒上安装一个三通风筒，用其控制送往掘进头的风量，达到控制风流中的瓦斯浓度。如果待排放的巷道中需现接风筒，则采用逐段接风筒由外向内排放。

（七）灾区封闭及防止二次爆炸的方法

1. 封闭

（1）地表封闭。当火势很大，在井下封闭有很大困难和危险时，考虑全矿井封闭的方案。

（2）井下封闭。当井下直接灭火未能奏效时，应尽早构筑密闭空间。要避免火区内爆炸性混合气体的形成，即在封闭后尽可能加速 O_2 浓度下降速率，降低 CH_4 浓度上升速率。这是封闭火区时保证安全的基本出发点。

2. 防止二次爆炸的方法

（1）封闭火区作业时，注入惰性气体或高倍泡沫。

（2）提高防火墙质量，阻塞各类漏风通道，减少封闭火区的范围。

（3）在进行封闭火区规划，防火墙构筑和管理工作中，采取具体措施，减少爆炸的可能性。

（八）灾区气体惰化方法

1. 直接灭火和封闭火区时

在矿井救灾实践中，应根据火灾烟流气体检测的可燃气体组分来确定惰性气体用量。

（1）惰性气体对甲烷的惰化影响。即当注入相应体积气体，火区中空气中的甲烷就可以完全惰化。

（2）用空气和惰性气体混合，从而稀释瓦斯。若惰性气体用量太少，不足以惰化可燃气体，可利用空气的惰化作用使混合气体的组分特征处于非爆炸区。

2. 封闭火区后

（1）甲烷已被惰化后封闭火区。对可燃气体已经被惰化的火区进行封闭时，防止火区内气体组分特征进入爆炸三角形区域内的方法有两种：一是连续注入足够的惰气使火区内产生或涌入的可燃气体惰化，使火区内气体维持失爆状态；二是只要已被惰化的空气中甲烷浓度高于鼻点限，则封闭区内空气不会因减少或停止注入惰气而进入爆炸区。

（2）甲烷被空气和惰性气体稀释后封闭火区。这种注惰通风封闭火区，难以避免火区空气组分特征点进入爆炸三角形内，但它可以延长火区空气到达爆炸下限的时间，缩短空气保持爆炸的时间。

第十四章　灾变应急救援信息系统

第一节　系统开发平台

一、编程语言 Visual C#. NET

C#是微软推出的一种基于.NET 框架的、面向对象的高级编程语言。C#由 C 语言和 C ++ 派生而来，继承了其强大的性能，同时又以.NET 框架类库作为基础，拥有类似 Visual Basic 的快速开发能力。C#可以开发各类应用软件，从开发个人或小组使用的小工具，到大型企业应用系统，甚至通过 Internet 的遍及全球的分布式应用程序，都可以在 C# 提供的工具中各取所需。

visual C#. NET 具有如下特性：

（1）visual C#. NET 是一种"简单、现代、通用"以及面向对象的程序设计语言。与 C 语言和 C ++ 相比，该语言语法更简单，保留了 C ++ 的强大功能，拥有快速应用开发功能及强大的 Web 服务器控件。

（2）该语言便于支持与实现以下软件工程要素：强类型检查、数组维度检查、未初始化的变量引用检测、自动垃圾收集（Garbage Collection，指一种自动内存释放技术）。软件强大、持久，并具有较强的编程生产力。

（3）该语言为在分布式环境中的开发提供适用的组件开发应用，支持跨平台使用，与 XML 相融合。

（4）visual C#. NET 适合为独立和嵌入式的系统编写程序，从使用复杂操作系统的大型系统到特定应用的小型系统均适用。

二、数据库 SQL Server 2008

SQL Server 2008 是美国微软（Microsoft）公司发行的最新关系数据库管理系统。SQL Server 2008 是为创建可伸缩电子商务、在线商务和数据仓储解决方案而设计的真正意义上的关系型数据库管理与分析系统。与以往的 SQL Server 系统相比，SQL Server 2008 一方面强化了原来 SQL Server 系统的功能；另一方面增加了许多新功能，特别是增加了许多电子商务方面的新功能。

该软件具有以下功能：

（1）数据输入。数据输入的目的是将现有的地图、航空相片、遥感图像、文本资料等转换成 GIS 可以处理与接收的数字形式，使系统能够识别、管理和分析，通常要经过验证、修改、编辑等处理。GIS 软件的数据处理工作主要是几何纠正、图形和文本数据的编辑、图幅的拼接等，即完成 GIS 的空间数据在装入 GIS 的地理数据库前的各种工作。

（2）数据管理。在 GIS 的核心部分，有一个巨大的地理数据库，用于管理存储于 GIS 中的一切数据，具有数据库的定义、维护、查询、通信等功能。GIS 的地理数据库中主要存储有空间数据、专题数据以及多媒体数据等。

（3）空间查询与分析。它是 GIS 区别于一般事务数据库和计算机辅助系统（CAD）等相关系统的重要特征，通过对 GIS 中空间数据和属性数据的分析和运算，为 GIS 的具体应用提供分析处理后的信息，作为空间行为的决策依据。但 GIS 基础软件（或称工具型 GIS）往往只提供最通用、最基本的分析模型，如地形分析、叠置分析、缓冲区分析、网络分析等基本的分析功能，各种专业的应用模型需要专业人员进行二次开发。

（4）应用模块。一般是基础工具软件与编程语言进行二次开发，执行某种特定任务的 GIS 软件模块，如房地产管理、自然灾害分析等。

（5）数据输出。将 GIS 中的数据经过分析、转换、处理、组织，以某种用户可以理解的形式（如报表、地图等）提供给用户，网络 GIS 还可以直接通过 Internet 或局域网传给网络用户。

第二节　软件架构设计

开发煤矿应急救援系统的主要目的是依托 GIS 平台，将矿山生产工作范围内的电子地图、属性数据以及统计数据相结合，构成地理信息系统平台，通过此平台，实现生产工作范围内井下巷道、工作面和各种机械设备数据及其他数据的全面整合，达到数据统一管理和资源共享。同时在此基础上提供灾害预测、控制和应对方案，提高管理工作的科学性、规范性以及灾害处理工作的及时性、准确性。选择恰当的软件架构，能显著提高应急信息管理及响应的速度，准确性，以及企业信息的安全性和共享度。

一、C/S（Client/Server）结构

C/S（Client/Server）结构，即大家熟知的客户机和服务器结构。它是软件系统体系结构，通过它可以充分利用两端硬件环境的优势，将任务合理分配到 Client 端和 Server 端来实现，降低了系统的通信开销。目前大多数应用软件系统都是 Client/Server 形式的两层结构，由于现在的软件应用系统正在向分布式的 Web 应用发展，Web 和 Client/Server 应用都可以进行同样的业务处理，应用不同的模块共享逻辑组件，所以，内部的和外部的用户都可以访问新的和现有的应用系统，通过现有应用系统中的逻辑可以扩展出新的应用系统。这也就是目前应用系统的发展方向。

二、B/S（Browser/Server）结构

B/S（Browser/Server）结构，即浏览器和服务器结构。它是随着 Internet 技术的兴起，对 C/S 结构的一种变化或者改进的结构。在这种结构下，用户工作界面是通过 WWW 浏览器来实现，极少部分事务逻辑在前端（Browser）实现，但是主要事务逻辑在服务器端（Server）实现，形成所谓三层 3 - tier 结构。这样就大大简化了客户端电脑载荷，减轻了系统维护与升级的成本和工作量，降低了用户的总体成本。

三、软件结构模式的确定

考虑到煤矿企业对应急救援工作的实际情况和安全生产监督管理部门对应急救援工作的要求，本软件开发采用 B/S（即 Client/Server 客户机/服务器）结构模式。B/S（Browser/Server）模式综合了浏览器、信息服务和 Web 技术。其主要特点是可以通过一个浏览器访问多个不同平台上的服务器。相对两层 C/S 模式来说，B/S 模式是三层结构体系，即在客户机和服务器之间增加了一个 Web 服务器。当客户端发出请求时，由 Web 服务器向数据库服务器取出数据并计算，然后将计算结果返回给客户端，用户通过安装在客户端的浏览器浏览计算结果。而 C/S 模式主要由客户应用程序（Client）、服务器管理程序（Server）和中间件（Middle Ware）3 个部件组成。客户应用程序是系统中用户与数据进行交互的部件。服务器程序负责有效地管理系统资源，如管理一个信息数据库，其主要工作是当多个客户并发地请求服务器上的相同资源时，对这些资源进行最优化管理。中间件负责联结客户应用程序与服务器管理程序，协同完成一个作业，以满足用户查询管理数据的要求。

虽然 C/S 模式提供了更安全的存取模式，但是配对的点对点的结构模式，在实际软件安装运行和维护上较复杂，难度大，不易于软件系统后期的维护。结合实际情况，为更有便于软件平台内地图信息和数据信息的及时更新，因而选择 B/S 模式来建立煤矿应急救援信息管理系统。

第三节　数　据　库

由于本系统的开发涉及各专业知识领域的交叉和整合，数据库的设计需要将项目所涉及的各专业领域的参与方进行协同设计开发。系统首先要求能够在一个较长的时间内维持系统的主要结构，也就是保持数据库的主要关系结构，其次要求数据库系统能灵活地适应统计项目的改变和新增统计项目，再次还要求数据库的设计与现场的实际情况避免脱钩，保证相同的数据库结构能够适用于不同工矿企业。

一、数据源与数据输入

数据是本系统中重要的组成部分，建立一套完善的矿井安全信息管理及应急救援系统的一个关键问题就是数据的采集输入与数据的质量保证。由于矿山生产涉及地质、采矿、测量、建筑、机械、运输、经济、管理等各学科、各领域的数据资料，其数据来源则有实地观测数据、统计资料等图像、图形、表格、文本等形式保存的信息，所以是一个具有多源、多尺度数据的技术系统。而且由于数据形成与积累的时间长，格式不统一，精度不一致，因此对于建立本系统来说，数据源的选取、数据的采集输入与数据质量的保证是一项相当重要的工作。

数据的质量控制应从以下几方面进行控制：

（1）选用精度可靠、经过审核的原始数据资料。不管是图像、图形资料还是表格、文本资料，都要保证原始资料的可靠性，避免将不合格的数据进入系统。

（2）建立严格、科学的数据质量保证体系。对于进入系统的数据资料，要有完善的检验标准与检查方法，通过多种检查方法对数据进行处理，保证数据的可靠性，建立数据的自检、互检、复检等完善的检查体系，及时发现系统中数据存在的问题并进行解决。

（3）采用统一的、先进的数据采集输入方法。不同的数据源对应不同的采集输入方法，如图形的数字化、图像的扫描数字化、数据库的移植等，要针对数据特点，建立统一的数据采集输入规范，采用系统适用的多源数据综合采集输入方法，保证数据输入过程中数据的一致性、规范性、可靠性。

（4）数据过期的系统无法向相关人员提供准确有效的辅助决策信息，因此应制定管理制度，及时更新数据库内容，加强数据库的维护，保证数据的实时性。

二、建库流程

矿井相关信息各种各样，其数据有历史的、现代的、实时的，有孕育灾害环境的、致灾因子的。掌握灾害这一系列与地理空间分布有关的数据，对地理信息系统分析极为重要。依据导致事故的理论原则和条件，一个完善的安全信息系统应该有一个设计完善的地理空间数据库，各种属性数据库以及各种导致事故的事件数据库支持。

系统与数据库的关系如图 14-1 所示，系统与数据库界面如图 14-2 所示。

本系统涉及地面、地下，包含地质、采矿、测绘、管理等应用领域数据和信息，其数据库是具有多源性、复杂性的数据库。在各种数据输入系统后，对数据库进行维护和管理相当重要。在数据库的维护和管理中应注意以下几点：

（1）数据库的及时更新。随着生产的动态进行及时将数据库中的内容进行更新。

（2）数据库可靠性的保证。对于数据库中

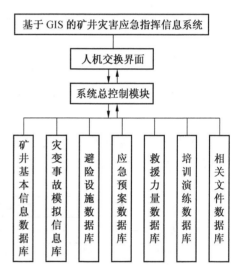

图 14-1　系统与数据库关系图

的数据与信息的变更、增删必须经过论证，保证不对数据库造成破坏。

（3）数据库的相对稳定性。数据库的内容要有连续性。

（4）数据库的安全。数据库不应受到外来的破坏，如非法的修改等。

三、数据的查询、显示与输出

在矿井安全信息管理及应急救援系统中，用于查询和显示等功能的数据全部存放于数据库中。用户在查询地图中的某个地物信息时，GIS 系统首先将此地物映射到地物所在图层的空间数据库中，并根据空间数据库中的有关字段检索与之相关联的属性数据库，获得此地物的属性信息并以图表的形式将查询结果显示出来。

四、软件功能分析

根据系统需求分析和开发目标，客户端程序主要是实现底图显示（放大、缩小、漫

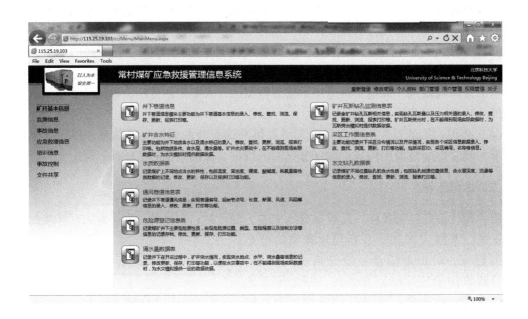

图 14-2　系统与数据库界面图

游、鹰眼和测距)、数据检索、数据维护、数据输出、视频管理和文件管理等。总体结构功能设计如图 14-3 所示。

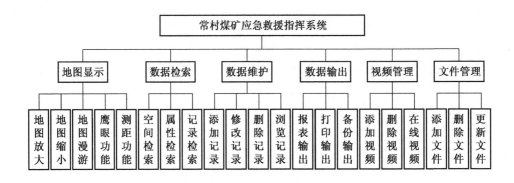

图 14-3　软件总体功能

第四节　应急救援指挥系统软件设计

一、软件开发原则

系统软件根据系统论和软件工程的思想,按可行性研究、用户需求分析、总体设计和详细设计的步骤进行。软件设计基本原则包括以下几项:

（1）实用、操作简单是系统设计开发的首要原则。实用性主要由系统的功能来体现，而易于使用是当前所有软件的必然要求，本系统的操作人员只需懂得矿井声场相关简单知识便可使用。

（2）采用模块化结构和面向对象技术相结合的设计方法是系统设计开发的第二个原则。利用模块化结构可以将系统分为若干个子块，易于实现功能的拓展。而面向对象技术是软件开发和软件工程的发展趋势，可提高编程的效率和规范性。

（3）界面清晰、友好，有较好的观赏性是该系统设计的第三个原则。在 Windows 等以图形化为界面的操作系统下，一个优秀的软件不仅要有良好的功能，也需提供友好的用户界面，以此来方便用户的使用、软件的推广及标准化。

（4）系统稳定、可靠。系统具有强大的纠错功能，能处理用户的非法输入，提示用户关键操作等。

二、软件功能模块总体设计

煤矿重大灾害应急救援指挥系统的设计必须要满足信息的输入、存储、修改、查询、避灾路线动态显示等功能。根据常村煤矿地质条件、开采条件、可能发生的灾害类型、危害程度，建立矿山基本情况和危险源数据库。通过广泛查阅国内外灾害应急救援系统的组成、技术措施和功能实现过程，以及相关法律、法规、技术标准和事故应急救援的要求，建立矿井煤与瓦斯突出、煤尘与瓦斯爆炸、火灾、水灾和顶板事故等应急救援系统及其相关信息的数据库。

本应急救援指挥系统的一个特点是能够达到各部门快速反应、联动、信息实时共享的要求，能够通畅信息渠道，尽可能提高救援行动速度，缩短救援作业时间。为此，整套救援系统将采用局域网作为系统运行的硬件工作环境。首先将在系统各职能部门中装备局域网网点，以此来完成信息实时共享。待条件许可，该局域网的覆盖范围还可包括社会救援资源中的消防、医院等部门，更大程度地提高救援工作效率。

根据系统需求分析和开发目标，煤矿重大灾害应急救援指挥系统主要包括矿井基本信息模块、安全信息管理模块、灾变事故模拟及避灾路线模块、应急救援力量模块、矿井状况数据库应急预案模块、应急培训模块、应急演练模块、矿井灾害模块、相关文件模块，其结构图如图 14 - 4 所示。系统功能模块界面如图 14 - 5 所示。

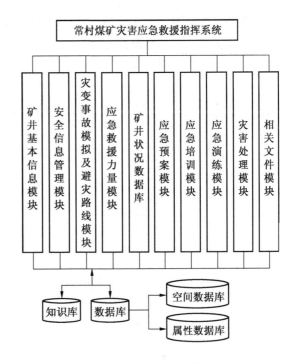

图 14 - 4　系统功能模块

图 14 - 5　系统功能模块界面图

三、矿井灾变模拟及避灾路线总控模块

在矿井灾变模拟模块内，首先确定灾变类型和发生地点，选择确认后，根据实际情况，填入有关参数数值（在无法及时得到实际参数下，可根据实际情况，参考矿井基础信息数据模块提供的信息数据），然后再点击模拟，即可在矿井地图上动态显示影响范围模拟结果，其结构图如图 14 - 6 所示。

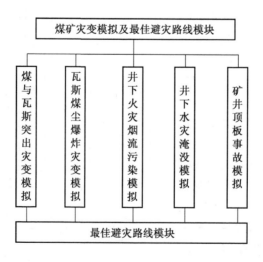

图 14 - 6　矿井灾变模拟及最佳避灾路线选择模块

四、应急救援模块

应急救援是整个矿井灾害应急救援系统的核心，具有维护和管理整个矿井灾害应急救援的基本功能，其主要包括应急响应基本程序、救灾专家数据库以及国家级矿山救援基地分布等内容。

应急救援系统模块主要包括应急响应基本程序、煤矿应急救援预案、企业救援力量信息、各单位人员联系电话表、国家级矿山救援基地分布、救灾专家数据库、领导联系电话信息表，其结构图如图14-7所示。应急救援系统模块界面如图14-8所示。

（一）应急响应基本程序

应急响应基本程序主要包括应急救援系统组织机构图、应急现场指挥机构图、接警和通知程序图、信息发布工作流程图及相应职责等，并在系统页面上显示事故处理流程，配合显示领导指挥部联系方式和人员配置，如图14-9所示。

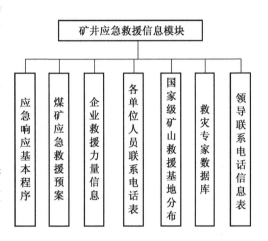

图14-7　应急救援系统模块结构图

图14-8　应急救援系统模块界面图

（二）煤矿应急救援预案

煤矿应急救援预案主要包括综合预案、专项预案和现场处置方案等内容，如图14-

10 所示。

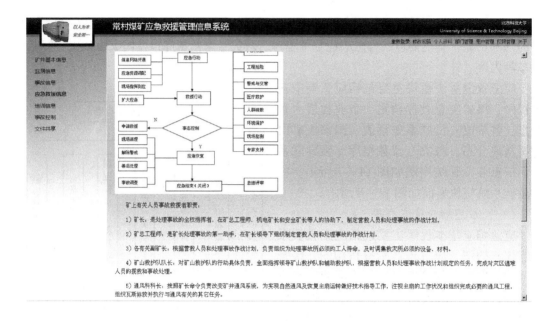

图 14-9　应急救援事故汇报程序界面图

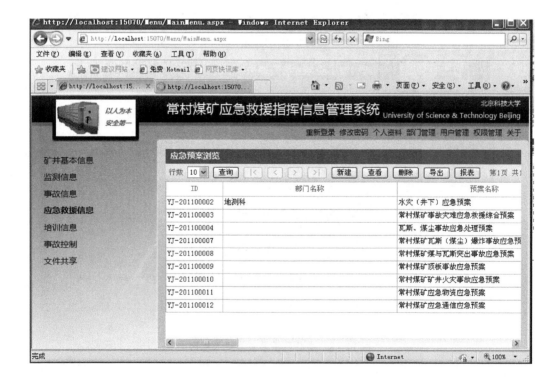

图 14-10　煤矿应急救援预案数据库统计功能界面图

（三）企业救援力量信息

企业救援力量信息主要包括救护队员情况、救护装备与设施情况等，如图 14－11 所示。

图 14－11　应急救援队伍数据库界面图

（四）国家级矿山救援基地分布

国有矿山救援基地界面在其地图上指出了 26 个国家级矿山救援基地的具体位置，并可查看每个基地的救援装备情况，见表 14－1，如图 14－12、图 14－13 所示。

表 14－1　26 个国家级矿山救援基地名称及所在地

序号	基 地 名 称	依 托 单 位	所 在 地
1	国家矿山救援开滦基地	开滦（集团）有限责任公司	河北省唐山市
2	国家矿山救援大同基地	大同煤矿集团有限责任公司	山西省大同市
3	国家矿山救援平庄基地	平庄煤业（集团）有限责任公司	内蒙古自治区赤峰市
4	国家矿山救援鹤岗基地	鹤岗矿业集团有限责任公司	黑龙江省鹤岗市
5	国家矿山救援淮南基地	淮南矿业（集团）有限责任公司	安徽省淮南市
6	国家矿山救援兖州基地	兖州矿业（集团）公司	山东省济宁市
7	国家矿山救援平顶山基地	平顶山煤业（集团）公司	河南省平顶山市
8	国家矿山救援华锡基地	华锡集团有限责任公司	广西壮族自治区柳州市
9	国家矿山救援芙蓉基地	芙蓉集团实业有限责任公司	四川省宜宾市
10	国家矿山救援六枝基地	六枝工矿集团公司	贵州省六盘水市

表 14-1（续）

序号	基 地 名 称	依 托 单 位	所 在 地
11	国家矿山救援铜川基地	铜川煤业有限公司	陕西省铜川市
12	国家矿山救援金川基地	金川集团有限公司	甘肃省金昌市
13	国家矿山救援新疆基地	新疆维吾尔自治区煤炭工业局	新疆维吾尔自治区乌鲁木齐市
14	国家矿山救援峰峰基地	峰峰集团有限公司	河北省邯郸市
15	国家矿山救援汾西基地	山西汾西矿业（集团）有限责任公司	山西省晋中市
16	国家矿山救援鄂尔多斯基地	中国神华能源股份有限公司神东煤炭分公司	内蒙古自治区鄂尔多斯市
17	国家矿山救援沈阳基地	沈阳煤业（集团）有限责任公司	辽宁省沈阳市
18	国家矿山救援江铜基地	乐平矿务局	江西省景德镇市
19	国家矿山救援郴州基地	资兴矿业公司	湖南省郴州市
20	国家矿山救援天府基地	重庆天府矿业有限责任公司	重庆市
21	国家矿山救援东源基地	云南东源煤业集团有限公司	云南省昆明市
22	国家矿山救援靖远基地	靖远煤业有限责任公司	甘肃省白银市
23	国家矿山救援宁煤基地	神华宁夏集团有限责任公司	宁夏回族自治区银川市
24	国家油气田救援川东北基地	中国石化中原油田普光气田开发项目管理部	四川省达州市
25	国家油气田救援广汉基地	四川石油管理局	四川省广汉市
26	国家油气田救援南疆基地	中国石油化工股份有限公司西北分公司	新疆维吾尔自治区巴州市

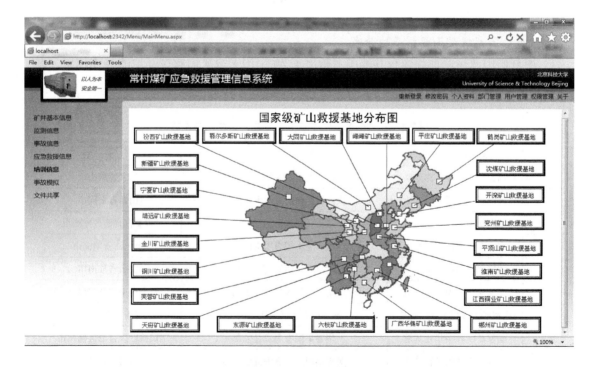

图 14-12　国有矿山救援基地界面图

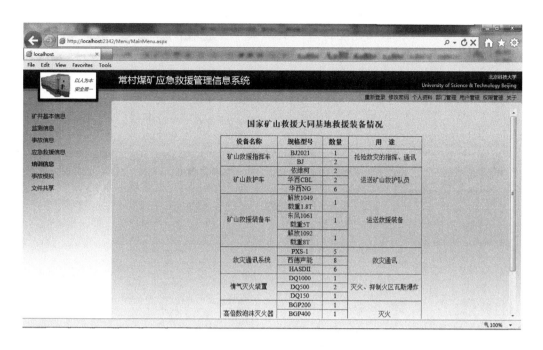

图 14 - 13　国有矿山救援基地装备情况界面图

（五）救灾专家数据库

救灾专家数据库可同时浏览所有救灾专家，也可以分别浏览生产事故专家、主要通风机、局部通风机事故专家、火灾事故专家、水灾事故专家、瓦斯煤尘事故专家、顶板事故专家等，如图 14 - 14 所示。

图 14 - 14　应急救援专家数据库界面图

（六）领导联系电话信息表

领导联系电话信息表包含了常村煤矿企业领导和各部门负责人的联系方式，如图 14 – 15 所示。

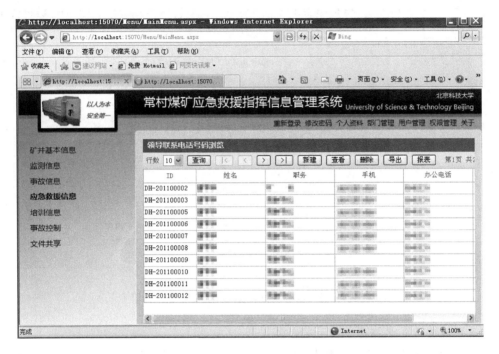

图 14 – 15　煤矿领导和负责人联系电话信息表界面图

五、矿井灾害模块

图 14 – 16　矿井灾害
模块结构图

矿井灾害模块具有矿井灾害知识库的功能，囊括了矿井灾害从预测预报到控制处理的一般方法，主要包括矿井灾害控制方法、矿井灾害处理方法，同时还提供了矿井灾害案例库功能，方便查找相关的矿井灾害案例，以期达到学习借鉴的目的。此模块所有内容均按照水灾、火灾等矿井常见灾害类型进行分类编排，便于查找使用，其结构如图 14 – 16 所示。

（一）矿井灾害案例库

矿井灾害案例库可查询近几年发生的水灾、火灾灾害的典型案例，其中包括灾害发生的时间、地点、原因以及采取的措施等，可为灾害的处理提供参考。

（二）矿井灾害控制方法（图 14 – 17）

1. 水灾控制方法

水灾控制方法包括设置防水闸门、安装孔口管、注浆堵水、带压开采、疏干降压、大水量钻孔毁坏的补救、沉陷积水治理方法及评价。

2. 火灾控制方法

图 14 - 17　矿井灾害控制方法文件界面图

火灾控制方法包括惰化技术防灭火（黄泥灌浆、粉煤灰、阻化剂及阻化泥浆等）、堵漏技术防灭火（凝胶堵漏技术、抗压水泥泡沫、尾矿砂堵漏和均压灭火等）。

（三）矿井灾害处理方法

矿井灾害处理方法文件界面可查阅矿井水灾、火灾的相关处理方法，如图 14 - 18 所示。

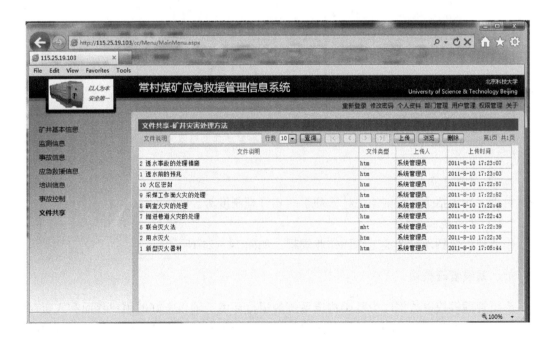

图 14 - 18　矿井灾害处理方法文件界面图

（四）相关地图显示

（1）浏览查看全矿井主图及其相关地图，各采区地图（工程布置平面图、通风系统图等）。

（2）动态显示每个采区和工作面井下救灾和逃生路线分布图（包括水、火等），并用文字说明。

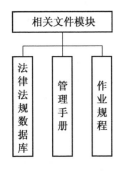

图 14 - 19　相关
模块结构

六、相关文件模块

相关文件模块以电子文档的形式提供了矿山生产适用的各项法律法规和部门规章制度、企业内部相关文件和各工作面作业规程等资料，用户可以随实际变化增减和更新相关文件，有效地减少了查阅规章制度文件的时间，为领导的决策提供依据。其结构图如图 14 - 19 所示。

（一）法律法规数据库

法律法规数据库包括国家有关煤矿管理方面的相关法律法规，如图 14 - 20 所示。

图 14 - 20　法律法规数据库文件界面图

（二）管理手册

管理手册包括企业目前的一些管理手册和管理制度等。

（三）作业规程

作业规程包括现有企业工作面作业规程，如图 14 - 21 所示。

七、系统管理模块

系统管理模块以数据库为基础构筑系统的运行环境，辅以友好的用户界面和人机对话过程，有效地实现了矿井相关地图和图层的维护，相关文件的更新，数据表管理权限的维护等功能，如图 14 - 22 至图 14 - 24 所示。

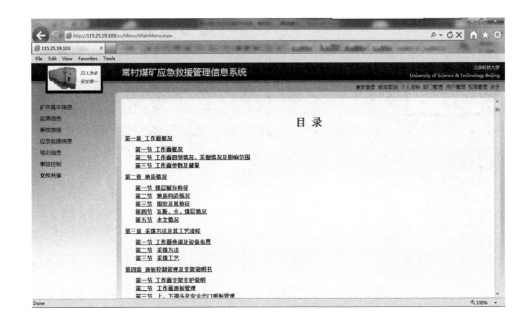

图 14-21　企业作业规程文件浏览界面图

图 14-22　系统登录界面

针对不同用户需求和系统安全考虑，本系统将用户分为 3 个级别。

（1）超级用户。其负责系统维护和数据管理，权限最高。

（2）普通用户。其具备普通用户所有权限外，负责所属部门数据输入和输出报表，

图 14 – 23　系统部门管理信息

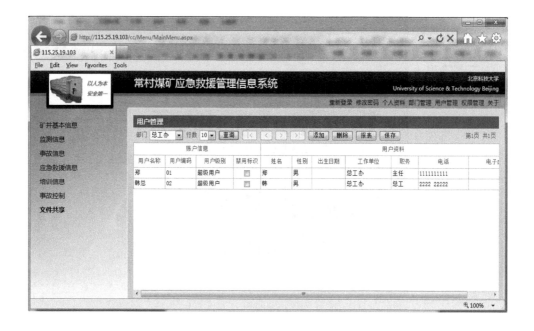

图 14 – 24　系统用户管理信息

权限中等。

（3）客户。其只具备地图浏览和数据查询权限，权限最低。系统用户只查询相关记录，对相关记录进行添加、修改和删除，查询结果以报表的形式输出。

参 考 文 献

[1] 金龙哲. 井下紧急避险技术 [M]. 北京: 煤炭工业出版社, 2013.

[2] 金龙哲. 矿山安全工程 [M]. 北京: 机械工业出版社, 2006.

[3] 王德明, 李永生. 矿井火灾救灾决策支持系统 [M]. 北京: 煤炭工业出版社, 1996.

[4] 范维澄, 孙金华, 陆守香. 火灾风险评估方法学 [M]. 北京: 科学出版社, 2006.

[5] 王海桥, 李锐. 空气洁净技术 [M]. 北京: 机械工业出版社, 2006.

[6] 陈明祥. 弹塑性力学 [M]. 上海: 科学出版社, 2010.

[7] 钟春晖. 矿山运输与提升 [M]. 北京: 化学工业出版社, 2009.

[8] 南京航空学院. 航空个人防护设备 [M]. 北京: 国防工业出版社, 1982.

[9] 张守中. 爆炸基本原理 [M]. 北京: 国防工业出版社, 1988.

[10] 黄翔. 空调工程 [M]. 北京: 机械工业出版社, 2006.

[11] 布赫曼, 莫洛特科夫. 矿井密闭工程 [M]. 北京: 中国工业出版社, 1964.

[12] 许钟麟. 空气洁净技术原理 [M]. 北京: 科学出版社, 2003.

[13] 钱七虎. 防护结构计算原理 [M]. 南京: 工程兵工业出版社, 1980.

[14] 夏玉亮. 空气中有害物质手册 [M]. 北京: 机械工业出版社, 1989.

[15] 方贵银. 蓄能空调技术 [M]. 北京: 机械工业出版社, 2006.

[16] 王普秀. 航天环境控制与生命保障工程基础（上册）[M]. 北京: 国防工业出版社, 2003.

[17] 魏润柏, 徐文华. 热环境 [M]. 上海: 同济大学出版社, 1994.

[18] 建筑装饰材料手册编写组. 建筑装饰材料手册 [M]. 北京: 机械工业出版社, 2002.

[19] 朱颖心. 建筑环境学 [M]. 北京: 中国建筑工业出版社, 2005.

[20] 赵以惠. 矿井通风与空气调节 [M]. 徐州: 中国矿业大学出版社, 1990.

[21] 张也影. 流体力学 [M]. 北京: 高等教育出版社, 2003.

[22] 李国彰. 生理学 [M]. 北京: 科学出版社, 2008.

[23] 王汉青. 通风工程 [M]. 北京: 机械工业出版社, 2005.

[24] 盛森芝, 沈熊, 舒玮. 流速测量技术 [M]. 北京: 北京大学出版社, 1987.

[25] 丛晓春. 空气污染控制工程 [M]. 北京: 化学工业出版社, 2009.

[26] 潜艇空气再生和分析编写组. 潜艇空气再生和分析 [M]. 北京: 国防工业出版社, 1983.

[27] 张立志. 除湿技术 [M]. 北京: 化学工业出版社, 2005.

[28] 史德, 谢唯杰, 倪健. 潜艇舱室环境概论 [M]. 北京: 兵器工业出版社, 2002.

[29] 杨世铭, 陶文铨. 传热学 [M]. 3版. 北京: 高等教育出版社, 1998.